数字农业技术与应用

李　杨　王红蕾　刘克宝　张国庆　编著

黑龙江科学技术出版社
HEILONGJIANG SCIENCE AND TECHNOLOGY PRESS

图书在版编目（CIP）数据

数字农业技术与应用 / 李杨等编著. -- 哈尔滨 ：
黑龙江科学技术出版社, 2023.12
ISBN 978-7-5719-2191-0

Ⅰ. ①数… Ⅱ. ①李… Ⅲ. ①数字技术 – 应用 – 农业
技术 – 研究 – 中国 Ⅳ. ①S126

中国国家版本馆 CIP 数据核字(2023)第 230363 号

数字农业技术与应用

SHUZI NONGYE JISHU YU YINGYONG

李　杨　王红蕾　刘克宝　张国庆　编著

责任编辑	刘　路　许俊鹏
封面设计	单　迪
出　　版	黑龙江科学技术出版社
	地址：哈尔滨市南岗区公安街 70-2 号　邮编：150007
	电话：（0451）53642106　传真：（0451）53642143
	网址：www.lkcbs.cn
发　　行	全国新华书店
印　　刷	哈尔滨午阳印刷有限公司
开　　本	787 mm×1092 mm　　1/16
印　　张	24
字　　数	550 千字
版　　次	2023 年 12 月第 1 版
印　　次	2023 年 12 月第 1 次印刷
书　　号	ISBN　978-7-5719-2191-0
定　　价	98.80 元

前　言

随着人工智能、数字化、物联网、5G 等先进技术的发展及广泛应用于农业领域，数字技术的应用已经改变了传统的农业生产和经营方式，为乡村振兴注入新的活力，农业生产向精细化、数字化和智能化迈进。数字农业是集信息化、数字化、网络化等多种技术于一体的应用系统，主要包括农业物联网、农业大数据、精准农业、智慧农业等方面。数字农业利用大数据对农业生产经营、监测管理、信息服务，以及农业资源环境保护等领域进行设计和改造，最终实现农业数字化。

近年来，我国高度重视数字农业发展，习近平总书记在全国网络安全和信息化工作会议上强调："要推动互联网、大数据、人工智能和实体经济深度融合，加快制造业、农业、服务业、数字化、网络化、智能化。"《中共中央　国务院关于实施乡村振兴战略的意见》中提出"要大力发展数字农业，实施数字乡村战略，推动农业数字化转型"。2019年，农业农村部、中央网络安全与信息化委员会办公室联合印发了《数字农业农村发展规划（2019—2025 年）》，对推进我国数字农业农村发展作出了顶层设计和系统谋划，对推动信息技术与农业农村全面深度融合、引领驱动乡村振兴具有重要意义。因此，进一步认识我国数字农业的发展现状，深刻分析问题，提出解决对策，对于推动我国农业数字化进程至关重要。

本书分成四部分，第一部分由第 1 章组成，主要是数字农业概述。第二部分由第 2、第 3 和第 4 章组成，分别介绍了农业数据的分类与采集、数字农业发展中的关键技术、数字农业平台建设。第三部分包括第 5、第 6 和第 7 章，介绍无人农场、数字农业之数字乡村/数字农村、现阶段发展数字农业的问题与建议。

　　随着我国未来农业人口的减少，数字农业是我国未来农业的发展趋势，数字农业将会给中国农业带来巨大的机会，引领农业朝着智能化、生态化、精准化的方向提升，推进农业由传统耕种模式向无人自动化转型，实现农业高质量发展。

目　录

1 数字农业概述

近年来，随着农业现代化进程的不断加快，数字农业作为农业生产现代化最前沿的发展领域，有效促进了农业生产和现代化信息技术的有机结合，给农业生产发展注入了新鲜血液。本章简要介绍数字农业的基本含义、建设目的和意义，总结了国内外发展现状及其发展趋势，并提出了数字农业技术平台的构架。

1.1 农业发展历程

1.1.1 农业的发展

从广义上看，农业的范围十分广泛，包括农、林、牧、副、渔等；从狭义上看，农业主要是指种植业。农业经过了上千年的发展，经历了原始农业、古代农业、近代农业和现代农业的辉煌历程，它的每个阶段都成为人类社会整体发展的重要标志。

1.1.1.1 原始农业（石器时代）

人类自诞生以来，就与地球上的其他生物一样，需要从环境中持续地获取能量，以保证自身的生存和发展。在远古时期，整个地球森林繁茂，人类的祖先生活在树上，后来由于气候变化，森林面积减少、草原扩大，他们为了寻找更多的食物，终于走到了地上，迈开了人类进步和文明的第一步。

在与猛兽的搏斗中，人类的祖先逐渐学会了借助外力、使用工具，也就是粗制的、没有磨制的石器，而且学会了用火。火的使用不仅使原始人类食用到了熟的食物，而且增加了他们的活动时间，帮他们驱走猛兽，并拓展了寻求食物的空间，促使人类从采集和狩猎转变为定居。在此阶段，人类只是利用自然界的动植物，并未从事生产。

在新石器阶段，人类学会了打制石器并将其作为工具，发明了弓箭，制作了陶器。在狩猎中开始驯养动物，在采集中发现了适合种植的作物，开创了最原始的生产，从而造就了人类灿烂的农业文明。

在原始农业阶段，农业主要出现在南纬 10°至北纬 40°地理气候条件大体相似的几个地区。这几个地区各自独立、自发地发展了原始农业，但时间上相差达数千年之久。由于驯化的动物种类不同，特别是青铜器和铁器冶炼技术方面的差异，致使这些地区的农业发展道路也不一致。

原始农业的技术进步，首先表现在工具上，其次表现在耕作方式上，再次表现在野生动物的驯化上，最后表现在对农业生产条件的改善上。原始农业的特征为：石器农具的应用；动植物驯化和自然生态条件下的粗放种植与养殖；劳动的动力是人力；原始农业逐步替代了采集和狩猎。

1.1.1.2　古代农业（铁制工具的使用）

古代农业是指从铁制农具的使用到近代农业机械出现之前这段时间发展起来的农业，也称传统农业。古代的农业生产技术主要以轮作、农牧结合的二圃、三圃、四圃制，灌溉农业、传统耕作等方法为主，农业生产仍然比较落后，生产管理粗放，播种采用撒播式，几乎没有田间管理。古代农业时间跨度长达 2 000 年，其基本特征是：以手工制造的铁木工具为主要操作工具；以人力和畜力为动力；在农业技术上，依靠精耕细作的传统经验；长期处于自给自足的自然经济状态；农业生产效率低，发展速度慢。

古代农业的发展贡献在于采用精耕细作的方法，提高了土地生产率，初步实现了土地的用养结合，保持了生态系统的相对稳定。古代农业的特征为：金属质农具和木质农具的应用；精耕细作是古代农业的鲜明特点；劳动的动力是人力、畜力和其他自然力，如风力、水力，铁犁牛耕既是古代农业的主要耕作工具，又是主要耕作方式；以家庭为单位，与家庭手工业相结合。

1.1.1.3　近代农业（19 世纪中叶至 20 世纪中叶）

近代农业是农业机械发展最快的阶段。19 世纪以后，农业生产由以手工生产为主过渡到应用各种农业机械开展生产。农业机械的应用大幅度降低了农业劳动的强度，提高了劳动生产率，满足了日益增长的工业对农业原料的需要。近代农业正处于人类社会第二次科技革命时期，物理学、化学、生物学、地学等学科的研究成果不断涌现，并且大量渗入农业领域，科学的农业生产技术体系开始形成。

近代农业的基本特征是：工业生产的半机械化和机械化农具开始普及使用；近代自然科学和农业科学成果应用于农业；农业的生产技术体系开始形成；农业从自然经济转变为商品经济；农业开始在经济危机中以波动的形态发展，农业产值和农民收入的比重不断下降。

近代农业的贡献表现为：由于生产工具、科技的飞跃进步和农业领域以外能源的大量流入，极大地提高了农业劳动生产效率，引发了社会分工的改变，从此，农业的商品经济取代了自然经济。

近代农业的缺陷为：能源浪费、化学品污染、环境污染、自然环境破坏；城乡经济发展不平衡；农业受到严重盘剥，致使农业严重落后于工业，农村严重落后于城市。

近代农业的特征为：机电工具和无机能源的大量使用；动植物育种，科学种植与养殖；投入增加，化学品广泛使用，技术密集；产业分化，形成专业化、社会化的商品经济结构。

1.1.1.4 现代农业（20世纪中叶至今）

在近代农业生产中，人类逐渐认识到农业生产带来的环境污染问题和不可持续发展问题，随着第三次科技革命的兴起，农业生产进入了现代农业阶段。现代农业的生产工具以智能化和机械化为特征，现代农业依托高新技术的发展，正向信息化、农业生态化和海洋开发等方向发展。

随着世界经济的一体化发展，人们对农产品的相关要求越来越高：要成为商品，即在标准、均一、规模上满足人们的需要；要求多品种、多品牌、多规格，以适应不同层次和类型的需求；要品质优、成本低、价格低。这就要求农业生产走标准、集约、高效的发展道路。可持续发展的理念，世界经济一体化的市场需求，以生物技术和信息技术为代表的新的农业科技革命等，将近代农业推进到现代农业。现代农业是以资本高投入为基础，以工业化的生产手段和先进的科学技术为支撑，以社会化的服务体系相配套，用科学的经营理念来管理的农业形态。

现代农业的核心是科学化，特征是商品化，方向是集约化，目标是产业化。现代农业的主要特征为：现代农业是可持续发展的农业；现代农业是现代生物技术与传统技术相结合的农业；现代农业是以现代工业装备和信息技术来武装的农业；现代农业是标准化的农业。以农产品深加工为主体的食品等多元化产品制造技术迅猛发展，成为现代农业发展的重要动力。农业发展趋势表现为：农业生产日益科技化，高新技术成为农业发展的强大动力；农业日益走向商品化、国际化；农产品朝着多品种、高品质、无公害的方向发展；从专业化生产向农工商一体化发展；各国政府都把发展农业科技作为振兴农业的一项重要事业来抓；世界农业发展的潮流是建立实现"高效、低耗、持续"的农业发展模式。

1.1.2　我国农业发展存在的问题

数字农业技术与应用的农业劳动力缺乏，难以满足现代农业发展的需求。我国农业劳动力主体的文化教育程度普遍较低，农村受过较高教育、年富力强的"精英"大多外出就业，留下从事农业生产的多为妇女和老人，由于他们大多文化知识水平不高，阻碍了其接受新事物、学习新技术。同时，由于缺乏科技知识，一些高新技术成果难以得到推广和应用，难以实现农业生产过程机械化、生产技术科学化。低素质、低技能农业劳动力过剩，高素质、高技能农业劳动力短缺，农业升级存在劳动力技能障碍。

第二，农业产业化水平欠佳，难以强化现代农业发展的基础。我国的农业发展总体上处于由传统农业向现代农业过渡阶段，产业化进程缓慢，仍然没有跳出小规模、低水平、传统粗放的生产方式，农业机械化作业水平低，生产效率低。细碎化的土地小规模经营和兼业化的养殖方式，造成农业生产的专业化和标准化程度低，农产品产量低、质量差，无法满足规模化农产品加工业对成片规划的种植和养殖基地的需求。许多加工企业需从众多分散种植的小农户手中收购农产品，大大增加了收购成本。

第三，农产品质量不高，难以保障现代农业发展。我国经济在过去一段时间处于加速发展阶段，该阶段正是能源资源消耗、污染排放强度较大的时期。工业、城市用水急剧增加，与农业用水的矛盾越来越难以调和；由于缺乏严格的保护和治理措施，水质污染导致水资源质量进一步下降。在这些因素的共同影响下，我国可用水资源的供给更加匮乏。工业污染导致许多农产品原料质量偏低，达不到加工业对农产品质量的要求。一些农业生产者受利益驱使滥用化肥农药，导致农产品安全问题频发，加工品在国际和国内市场上的销售受到影响，进而影响现代农业的发展进程。

第四，综合服务体系不够健全，难以推进现代农业发展。农业社会服务体系是为农业生产提供产前、产中、产后全程综合配套服务的专业组织，服务内容涉及销售、信息、科技、物资、加工、劳务、金融、经营决策、政策和法律服务等诸多方面。我国很多地区各类行业协会与专业合作组织发展不平衡，整体规模小、服务形式单一，推进现代农业发展的布局规划、项目科研、决策咨询及相关的农业担保、保险等系列服务还较欠缺。

第五，耕地面积不断减少，人均耕地面积远低于世界平均水平，优等地占比较少。根据世界银行及我国国家统计局统计的数据，我国人均耕地面积（总耕地面积/总人口）逐年减少，远低于世界平均水平。同时，由于建设占用、自然灾害、生态退耕，以及农业结构调整等，我国耕地面积不断减少。2016年，我国耕地面积为 1.35 亿 hm², 占世界总耕地面积的 8%; 总人口为 13.8 亿, 占世界总人口的 19%。也就是说, 我国需要用占世界 8% 的耕地养活占世界 19% 的人口。不仅如此, 农业农村部发布《2019 年全国耕地质量等级情况公报》, 将全国 1.35 亿 hm² 耕地质量等级由高到低依次划分为一至十等。其中, 评价为一至三等的耕地面积为 0.42 亿 hm², 占耕地总面积的 31.24%; 评价为四至六等的耕地面积为 0.63 亿 hm², 占耕地总面积的 46.81%; 评价为七至十等的耕地面积为 0.30 亿 hm², 占耕地总面积的 21.95%。

第六, 我国农业生产服务价格逐年增高, 农业经营人员受教育程度较低。农业生产服务价格指的是服务农业生产所花费的费用, 可通过农业生产服务价格指数来体现。农业生产服务价格指数表示的是一定时期内农业生产服务价格变动的趋势, 以 2007 年生产服务价格指数 100 为基准, 当超过 100 时, 说明生产服务价格上涨; 反之, 则说明生产服务价格下跌。根据 2017 年 12 月统计的全国农业普查数据, 全国农业生产经营人员共计 31 422 万人, 且受教育程度在初中及以下的占比为 91.8%, 全国受教育程度在初中及以下的人数占比为 76.1%, 由此可见, 农业经营人员受教育程度偏低。

第七, 化肥、农药过度使用, 粮食产量受天气影响严重。2015 年, 农业部 (2018 年 3 月, 国务院机构改革后组建农业农村部) 出台《到 2020 年化肥使用量零增长行动方案》和《到 2020 年农药使用量零增长行动方案》指出, 2013 年, 我国农作物化肥用量为 328.5 kg/hm², 远高于世界平均水平 (120.0 kg/hm²), 化肥农药的过度使用严重影响了耕地的质量及农产品的品质。据统计, 农药和化肥的使用量几乎逐年增长, 直到 2015 年, 农药的使用量才出现小幅度下降的趋势。据农业农村部的统计, 自 2015 年农业部组织开展 "到 2020 年农药使用量零增长行动" 以来, 全国农药使用量连续 3 年实现负增长。我国农作物自然灾害主要有四大类, 即水灾、旱灾、风雹和冰冻, 其中, 水灾和旱灾的影响最为严重, 每年农作物受灾面积近 2 万 hm², 粮食减产总量为 300 亿 ~ 400 亿 kg。可见, 粮食产量与当年自然灾害受灾面积高度正相关。

1.2 人工智能及其在农业领域的应用

1.2.1 人工智能定义

人工智能 (artificial intelligence, AI) 研究作为一门前沿交叉学科, 像许多新兴学科一样, 至今尚无统一的定义。"人工智能" 一词最初是在 1956 年达特茅斯会议上提出的。自此，研究者们发展了众多理论和原理，人工智能的概念也随之扩展。著名的美国斯坦福大学人工智能研究中心尼尔逊教授对人工智能下了这样一个定义："人工智能是关于知识的学科——怎样表示知识及怎样获得知识并使用知识的科学。"而另一位美国麻省理工学院的温斯顿教授认为："人工智能就是研究如何使计算机去做过去只有人才能做的智能工作。"这些说法反映了人工智能学科的基本思想和基本内容，即人工智能是研究人类智能活动的规律，构造具有一定智能的人工系统，研究如何让计算机去完成以往需要人的智力才能胜任的工作，也就是研究如何应用计算机的软件和硬件来模拟人类某些智能行为的基本理论、方法和技术。

人工智能作为计算机科学的一个分支，是研究、开发用于模拟、延伸和扩展人的智能的理论、方法、技术及应用系统的一门新的技术科学。它的目标是希望计算机拥有像人类一样的智力能力，可以替代人类而实现识别、认知、分类和决策等多种功能。该领域的研究包括机器人、语言识别、图像识别、自然语言处理和专家系统等。除计算机科学以外，人工智能还涉及信息论、控制论、自动化、仿生学、生物学、心理学、数理逻辑、语言学、医学和哲学等。

人工智能自诞生以来，理论和技术日益成熟，应用领域不断扩大，如知识表示、自动推理和搜索方法、机器学习和知识获取、知识处理系统、自然语言理解、计算机视觉、智能机器人、自动程序设计等。总之，人工智能研究的一个主要目标是使机器能够胜任一些通常需要人类智能才能完成的复杂工作。

1.2.2　人工智能的发展

近年来，随着计算机技术的迅猛发展和日益广泛应用，自然而然地会提出人类智力活动能不能由计算机来实现的问题。几十年来，人们一向把计算机当作只能极快地、熟练地、准确地计算数字的机器。但是，当今世界要解决的问题并不完全是数值计算，像语言的理解和翻译、图形和声音的识别、决策管理等都不属于数值计算，特别是医疗诊断，要由有专门经验和相关背景知识的医师才能做出正确的诊断，这就要求计算机能从"数据处理"扩展到"知识处理"的范畴。计算机能力范畴的转化是"人工智能"快速发展的重要因素。

1956 年，约翰·麦卡锡（John McCarthy，达特茅斯学院数学助理教授）、马文·闵斯基（Marvin Minsky，人工智能与认知学专家）、克劳德·香农（Claude Shannon，信息论的创始人）、内森·罗切斯特（Nathan Rochester，IBM 信息研究经理）、艾伦·纽厄尔（Allen Newell，计算机科学家）、赫伯特·西蒙（Herbert Simon，诺贝尔经济学奖得主）等科学家一起组织了达特茅斯会议。此次会议中的一个提案断言：任何一种学习或者其他形式的人类智能都能够通过机器进行模拟。首次提出"人工智能"这一概念，标志着人工智能学科的诞生。

为了使机器具备人类智能，从 20 世纪 60 年代开始，人工智能的研究者们开创了众多研究方向，从知识表示、自动推理与搜索、知识获取，到机器学习、计算机视觉、语音处理、自然语言理解、智能机器人等。然而，人工智能领域的研究并非一帆风顺，经历了数次热潮与寒冬。直至 2006 年，"神经网络之父""深度学习之父"、加拿大多伦多大学教授杰弗里·欣顿（Geoffrey Hinton）在 *Science* 上发表文章，首次解决了深层神经网络的训练问题，开始将深度学习（Deep Learning）理论带入学术界的视野。随后的 2007 年，当时仍在普林斯顿大学任教的李飞飞和她的团队开始建立大规模图像数据库 ImageNet 项目（截至 2009 年，该数据库已超过 1 500 万张人工标定的图像数据）。随着计算机计算能力的提高，借助上述大规模图像数据库，2012 年，杰弗里·欣顿（Geoffrey Hinton）和他的学生亚历克斯·克里泽夫斯基（Alex Krizhevsky）训练出了深度神经网络模型 AlexNet，以破纪录的大比分赢得 ImageNet 竞赛，初次向学术界展示了深度学习的强大优势。2016 年，谷歌旗下 DeepMind 公司基于深度学习开发出的 AlphaGo 围棋程序成为第一个战胜围棋世界冠军的人工智能机器人，真正让人工智能的概念从学术界走向普通大众，并在世界范围内持续发酵。

在深度学习、大数据、云计算、物联网、移动互联等新理论、新技术、新硬件，以及经济社会发展强烈需求的共同驱动下，当前，人工智能在计算机视觉、语音识别、自然语言处理、智能机器人、无人驾驶等方面得到了快速发展和应用，部分技术成果接近甚至超过人类能力的极限，并促使人工智能成为引领未来发展的战略性技术。人工智能已逐步成为计算机学科的一个独立分支，无论是在理论上，还是在实践上，都已自成系统。

1.2.3　人工智能的研究领域

人工智能的知识领域浩繁，各个领域的思想与方法有许多是可以互相借鉴的。随着人工智能理论研究的发展与成熟，人工智能的应用领域更为宽广，应用效果更为显著。从应用的角度看，人工智能的研究主要集中在以下几个方面。

第一，专家系统。专家系统是一类具有专门知识和经验的计算机智能程序系统，通过对人类专家的问题求解能力建模，采用人工智能中的知识表示和知识推理技术来模拟通常由专家才能解决的复杂问题，达到具有与专家同等解决问题能力的水平。专家系统与传统计算机程序的本质区别在于，专家系统所要解决的问题一般没有算法去求解，并且经常要在不完全、不精确或不确定的信息基础上得出结论，可以解决的问题一般包括解释、预测、诊断、设计、规划、监视、修理、指导和控制等。

第二，自然语言理解。自然语言理解是研究实现人类与计算机系统之间用自然语言进行有效通信的各种理论和方法。由于目前计算机系统与人类之间的交互还只能使用严格限制的各种非自然语言，因此解决计算机系统能够理解自然语言的问题，一直是人工智能领域的重要研究课题之一。虽然在理解有限范围的自然语言对话和理解用自然语言表达的小段文章或故事方面的程序系统已有一定的进展，但由于自然语言的多义性、上下文有关性、模糊性、非系统性和环境密切相关性、涉及的知识面广等，要实现功能较强的理解系统仍十分困难。从目前的理论和技术看，它主要应用于机器翻译、自动文摘、全文检索等方面，而通用的和高质量的自然语言处理系统仍然是较长期的努力目标。

第三，机器学习。机器学习是一门多领域交叉学科，涉及概率论、统计学、逼近论、凸分析、算法复杂度理论等多门学科。它是计算机具有智能的根本途径，专门研究计算机怎样模拟或实现人类的学习行为，以获取新的知识或技能，重新组织已有的知识结构使之不断改善自身的性能。机器学习研究的主要目标是让机器自身具有获取知识的能力，使机器能够总结经验、修正错误、发现规律、改进性能，对环境具有更强的适应能力。目前，机器学习的研究还处于初级阶段，但却是一个必须大力开展研究的阶段。只有机器学习的研究取得进展，人工智能和知识工程才会取得重大突破。

第四，自动定理证明。自动定理证明，又称机器定理证明，它是数学与计算机科学相结合的研究课题。数学定理的证明是人类思维中演绎推理能力的重要体现，尽管其过程中的每一步都严格有据，但决定采取什么样的证明步骤却依赖于经验、直觉、想象力和洞察力，需要人的智能。演绎推理实质上是符号运算，因此原则上可以用机械化的方法来进行。数理逻辑的建立，使自动定理证明的设想有了更明确的数学形式。自动定理证明的理论价值和应用范围并不局限于数学领域，许多非数学领域的任务，如医疗诊断、信息检索、规划制定、问题求解、自然语言理解和程序验证等，都可以转化成相应的定理证明问题，或者转化成与定理证明有关的问题，所以自动定理证明的研究具有普遍意义。

第五，自动程序设计。自动程序设计是指根据给定问题的原始描述，自动生成满足要求的程序，是采用自动化手段进行程序设计的技术和过程。它是软件工程与人工智能相结合的研究课题。自动程序设计主要包含程序综合和程序验证两方面的内容。前者实现自动编程，即用户只需告知机器"做什么"，无需告诉"怎么做"，之后的工作由机器自动完成；后者是程序的自动验证，自动完成正确性检查。

第六，机器人学。机器人学是机械结构学、传感技术和人工智能结合的产物。1948年，美国研制成功第一代遥控机械手，17年后第一台工业机器人诞生，从此相关研究不断取得进展。从功能方面来考虑，机器人学的研究主要涉及两个方面：一方面是模式识别，即给机器人配备视觉和触觉装置，使其能够识别空间景物的实体和阴影，甚至可以辨别出两幅图像的微小差别，从而完成模式识别；另一方面是运动协调推理，机器人的运动协调推理是指机器人在接受外界的刺激后，驱动机器人行动的过程。机器人学的研究促进了人工智能思想的发展，与其相关的一些技术可在人工智能研究中用来建立世界状态模型和描述世界状态变化的过程。

第七，模式识别。模式识别研究的是计算机的模式识别系统，即用计算机代替人类或帮助人类感知模式。模式识别呈现多样性和多元化趋势，可以在不同的概念粒度上进行。其中，生物特征识别成为模式识别研究的新热点，包括语音识别、文字识别、图像识别、人物景象识别和手语识别等。人们还要求通过识别语种、乐种和方言来检索相关的语音信息，通过识别人种、性别和表情来检索所需要的人脸图像，通过识别指纹（掌纹）、人脸、签名、虹膜和行为姿态识别身份。模式识别普遍利用小波变换、模糊聚类、遗传算法、贝叶斯理论和支持向量机等方法进行识别对象分割、特征提取、分类、聚类和模式匹配。模式识别是一种不断发展的新科学，它的理论基础和研究范围也在不断发展。

第八，计算机博弈。计算机博弈（也称机器博弈）是人工智能领域的重要研究方向，是机器智能、兵棋推演、智能决策系统等人工智能领域的重要科研基础。它从模仿人脑智能的角度出发，以计算机下棋为研究载体，通过模拟人类棋手的思维过程，构建一种更接近人类智能的博弈信息处理系统，并可以拓展到其他相关领域，解决实际工程和科学研究领域中与博弈相关的难以解决的复杂问题。博弈问题为搜索策略、机器学习等问题的研究提供了很好的实际背景，所发展起来的一些概念和方法对人工智能的其他问题也很有用。

第九，计算机视觉。计算机视觉是使用计算机及相关设备对生物视觉的一种模拟，主要任务就是通过对采集的图片或视频进行处理以获得相应场景的三维信息。计算机视觉涉及计算机科学与工程、信号处理、物理学、应用数学和统计学、神经生理学和认知科学等多个领域的知识，它的研究内容可以概括为：采集图片或视频，对图片或视频进行处理分析，从中获取相应的信息。换言之，就是运用照相机和计算机来获取所需的信息。研究的最终目标是使计算机能够像人类那样通过视觉观察和理解世界，并具有自主适应环境的能力。

第十，智能控制。智能控制是具有智能信息处理、智能信息反馈和智能控制决策的控制方式，是控制理论发展的高级阶段，主要用来解决那些用传统方法难以解决的复杂系统的控制问题。智能控制研究对象的主要特点是：具有不确定性的数学模型、高度的非线性和复杂的任务要求。智能控制具有两个显著的特点：一是智能控制是具有知识表示的非数学广义世界模型和传统数学模型混合表示的控制过程，并以知识进行推理，以启发来引导求解过程。二是智能控制的核心为高层控制，即组织级控制，其任务在于对实际环境或过程进行组织，即决策和规划，以实现广义问题的求解。

1.2.4　人工智能在农业领域的应用

人工智能作为当今科技的前沿技术已经深入各行各业中。从 20 世纪 70 年代开始，人工智能技术，特别是专家系统技术就开始应用于现代农业领域。根据联合国粮食及农业组织的预测，到 2050 年全球人口将超过 90 亿，虽然人口较目前只增长 25%左右，但由于人类生活水平的提高及膳食结构的改善，对粮食的需求量将增长 70%左右。与此同时，全球又面临着土地资源紧缺、化肥农药使用过度造成的环境污染等问题，人工智能作为解决方式之一，展示出了其强大的实力。

在 21 世纪初，人工智能在农业领域的研发及应用就已经开始，其中，既有耕作、播种和采摘等智能机器人，又有智能探测土壤、探测病虫害、气候灾难预警等智能识别系统，还有在家畜养殖业中使用的禽畜智能穿戴产品等。这些应用正在帮助我们提高产出、提高效率，同时减少农药和化肥的使用。

1.2.4.1　农业信息感知

在农业生产的很多方面，大部分工作是通过对农作物外观的判断进行的，如农作物的生长状态、病虫害监测，以及杂草辨别等。在过去，这些工作主要是通过人的肉眼去观察的，存在两方面问题：其一，农民并不能保证根据经验做出的判断是完全正确的；其二，由于没有专业人士及时到现场诊断，可能会使农作物病情延误或加重。

现代化农场利用以卫星遥感、无人机、近地传感器和手持装备等设备组成的"空、天、地、人"一体化信息感知体系，并借助物联网设备和无线网络传输技术来获取海量的农作物生长与环境数据，再结合云计算、大数据分析与人工智能技术，实现种植面积测算、农作物长势监测、农作物产量预估、灾害及病虫害预警与应急响应等功能。借助近红外光谱、X 射线、超声波等多种传感器及成像设备，人工智能技术还实现了对农产品营养成分、功能成分、有害成分等内部品质与外部性状指标的无损检测。通过在诱虫架和捕虫仪中放置视觉传感器，并借助计算机视觉分析方法，可实现对田间虫情的自动监测。利用移动设备的便携性，并在移动端部署人工智能技术，可实现田间自助采集大豆、玉米等种质资源性状特征。

1.2.4.2 精确生产作业

在获取相关农业信息后，人工智能技术还被进一步应用到农业生产过程中，并已深刻改变了传统的农业生产模式，促进了我国农业生产方式的提档升级。农业植保无人机是当前人工智能技术在农业生产作业过程中应用、普及最重要的方向之一。借助视频传感器，利用智能分析技术，农业植保无人机可实现农田、果树等植保工作的精准变量喷药。此外，通过融合地形跟随、自主避障、实时动态定位（real-time kinematic，RTK）的高精度定位技术，植保无人机已实现一站式多机全自主协同作业，极大地促进了农业植保无人机精准作业的普及。

果树采摘机器人继农业植保无人机后，成为人工智能技术引爆新一轮农业科技创新发展的领域。通过搭配机械手臂，并借助多源传感器与先进的控制、智能分析等技术，国内外智能科技企业已先后开发出草莓、芦笋、黄瓜、苹果、蘑菇等智能采摘机器人。另外，通过与运送机器人、换行机器人等进行多机协同作业，还将进一步促进果蔬种植业的标准化、规模化与工厂化。此外，诸如施肥机器人、喷药机器人、除草机器人、分拣机器人、剪枝机器人等也是众多科技公司和科研院所重点突破的方向，通过智能计算机视觉系统与智能硬件的配合，已实现自动化、智能化、精准化的相关生产作业，有效提高了作业效率，大大降低了人工作业成本。

同样，大田精准作业也是人工智能技术重点突破的领域。当前，已有国内外知名大型农机装备企业将无人驾驶系统、自动变量施肥与喷药技术应用于现代化大拖拉机装备，可实现农业机械 24 h 自动导航、自动驾驶地进行土地耕整、精量播种等田间作业，并结合智能分析系统依据农作物长势情况实现精准施肥与喷药。其他如无人驾驶打浆平地机、无人驾驶侧深施肥撒药高速插秧机、无人驾驶联合收割机、无人驾驶喷雾机等大田作业智能农机装备，也都相继完成田间耕作实验，并逐渐开始量产和示范作业，最终将形成全过程、成体系的作业模式并运用于实际生产。高强度的农业人工劳动终将被智能化的农业设备所取代，这些智能农机作业装备，将物联网、云计算、大数据、移动互联，以及人工智能等新一代信息技术与农业产业深度融合，势必会加快我国农机装备的技术创新和转型升级。

1.2.4.3　智能生产决策

由于人工智能、物联网、云计算等技术的快速发展，传统的基于专家系统技术的农业生产决策系统将逐渐被新形态的"农业大脑"平台所代替。该类平台通过将众多传感器终端嵌入农业研、供、产、销、服务等各个环节，系统分析各环节相关信息与数据，通过云计算、大数据与智能分析技术，最终做出最合理、最经济、最高效的实施与决策。作为农业全产业链人工智能工程，"农业大脑"平台通过对农业环境与资源、农业生产、农业市场和农业管理等数据进行收集、处理和分析，从而对相关过程进行指导，实现了跨行业、跨专业、跨业务的数据分析与挖掘，以及数据可视化，将推动我国农业的转型升级。

1.2.4.4　农业智能机器人

将人工智能识别技术与智能机器人技术相结合，可广泛应用于农业生产中的播种、耕作、采摘等场景，极大提升农业生产效率，同时降低农药和化肥消耗。在播种环节，美国发明家 David Dorhout 研发了一款智能播种机器人 Prospero，其可以通过探测装置获取土壤信息，通过算法得出最优化的播种密度并且自动播种。在耕作环节，美国 Blue River Technologies 生产的 LettuceBot 农业智能机器人可以在耕作过程中为沿途经过的植株拍摄照片，利用电脑图像识别和机器学习技术判断是否为杂草，或长势不好、间距不合适的农作物，从而精准喷洒农药杀死杂草，或拔除长势不好或间距不合适的农作物。据测算，LettuceBot 可以帮助农民减施90%的农药和化肥。在采摘环节，美国 Aboundant Robotics 公司开发了一款苹果采摘机器人，其通过摄像装置获取果树照片，用图片识别技术识别适合采摘的苹果，结合机器人的精确操控技术，可以在不破坏果树和苹果的前提下实现一秒采摘一个，大大提升工作效率，降低人力成本。

1.3　数字农业基础

1.3.1　数字农业发展的背景

世界农业发展历经原始农业阶段、传统农业阶段和石油农业阶段，当前正在向数字农业迈进。在传统农业阶段的漫长历史时期，世界各国积累了丰富的农业生产经验，创造了丰富、灿烂的农耕文明。

　　传统农业以自产自销、自给自足的小农经济为主体，农业生产主要依赖世世代代累积的经验，劳动方式主要以手工劳动为主，奉行精耕细作。农业形态以种植业为主，同时辅助以畜牧、采集、渔猎等形式。这一时期的农业生产严重依赖自然环境，生产力水平不高，商业化和规模化程度也不高，产量低下，以满足生存所需为其核心目的。因为较少受到化学物质影响，所以长期以来保持了生态友好、可持续发展的优势，总体能够满足这一时期人们衣食方面的基本生活需求。传统的农业生产缺点也显而易见，生产技术落后，受自然条件（如温度、光照、自然灾害）影响非常大，抵御自然风险能力很弱，农业科技进步十分缓慢，长期不能摆脱"靠天吃饭"的局限。中国古代的"虾稻共作""桑基鱼塘"等可视为传统农业的代表性生产方式。

　　自工业革命以来，随着生产力水平的提高，人类可用的资源得到极大丰富，农业发展进入石油农业时期。这一时期的农业高度依赖石油、煤和天然气等能源及其衍生物，农业生产力水平大幅提高，农业的生产链条显著延伸，农业生产经营逐步实现机械化和规模化，并且出现了农业各上下游产业的细分及畜牧、水果、蔬菜、花卉、烟草等专业化生产。与过去相比，农业的科技贡献率有了很大提升，石油农业通常投资和产出较大，农产品的储藏、运输和深加工能力大幅提高。

　　这一阶段的农业逐步摆脱了满足人类基本生存需求的功能，开始优先追求经济效益、企业化和集中式经营，这些情况在农业发达地区非常普遍。1990 年，美国的大田种植业、荷兰的蔬菜和花卉产业、比利时的畜牧业、挪威的水产养殖业等农业类型都是石油农业的模板。这一时期的农业高产高效，基本缓解了全球人口激增引发的食物短缺局面，解决了人类的生存问题。

　　然而，石油农业的过度发展导致农药等化学物质的滥用，从而不断诱发生态危机。由于化肥、农药、农用地膜的大量及超量使用，人类赖以生存的土壤、地下水遭到严重污染，甚至面临退化的威胁，农药和农业抗生素的滥用也引发了一系列食品安全问题等。自 20 世纪 60 年代以来，上述问题日益引起人们的关注，人们尝试对这种农药、化肥、地膜等滥用的现象做出扭转，使粮食和其他农作物变得安全，使环境变得友好和安全，由此生态农业开始萌芽。

　　近年来，以互联网、物联网等为代表的数字技术席卷各个行业，为各行业的发展带来巨大的变革，农业也在新一代信息技术的改造下逐步迈向数字农业的新阶段。农业物联网技术、大数据技术和农业云平台共同构成数字农业的技术体系，在数字农业阶段，实现了农业生产智能化和精准化、农产品品牌化、农产品流通网络化和可视化，农业的整体信息化水平得以全面提升，生态问题得以显著改善，农业从业者的收入得以大幅提高，农产品的安全性和多样性得到有效保障。通过农业生产、经营、流通和服务等环节的数字化和网络化，实际上将农业从第一产业与第二产业、第三产业串在一起，形成一个完整的全链条的产业结构，数字农业代表了农业发展的新方向。

我国是农业大国，幅员辽阔，农业人口众多，拥有良好的农业发展基础、历史悠久的农业文明、丰富多样的农业发展类型，但是各地经济发展的不同步导致其农业发展水平参差不齐，主要依靠人力和畜力生产的传统农业、依靠机械生产的工业化农业（石油农业）、初步运用现代信息技术的数字农业在我国同时存在。可以说，中国的农业数字化进程是伴随着农业的工业化和信息化进程同步展开的。

1.3.2 数字农业的由来

我国是农业大国，但是我国的农业科学技术研究及应用还比较落后。党中央多次提出要加速我国农业信息化进程，保障我国的粮食安全，推动农业科学技术发展，促使传统农业向现代农业转变，推动粗放生产向集约经营转变。数字农业是农业信息化的核心和具体表现形式，是"数字地球""数字中国"的重要组成部分。而"数字地球""数字中国"也推动着数字农业的深入发展，进而推动农业技术革命，促进农业的两个转变和农业的新发展。因此，数字农业是"数字中国"和"数字地球"的切入点，数字化是实现我国农业信息化的基础。

数字农业是在"数字地球"的大背景下产生的。1998年1月31日，美国副总统戈尔在加利福尼亚科学中心作了题为"数字地球——21世纪人类认识地球的方式"的演讲，提出了"数字地球"的战略口号，描绘了"数字地球"的虚幻轮廓。戈尔在报告中提出：数字地球以地球坐标为依据，具有海量地理信息，能对地球进行多分辨率三维描述。一般认为，"数字地球"是对真实地球及其相关现象的统一的数字化认识，是以因特网为基础，以空间数据为依托，以虚拟现实技术为特征，具有三维界面和多种分辨率浏览器的面向公众开放的系统。"数字地球"要将地球上所有信息数字化，让地球上各种信息无缝链接，将地球设想成以地球坐标为依据、有多种分辨率、由海量数据库组成，并能立体表达的虚拟地球。

美国率先提出"数字地球"战略后，在其实施上下了大量功夫。"数字地球"争先抢占了科技、产业和经济的制高点，成为世界各国21世纪的发展战略，受到了普遍重视。许多政治家和科学家发表了有关"数字地球"的科普、学术文章和论著。各层面各行业在理解和总结原有管理信息系统（MIS）和地理信息系统（GIS）的基础上，提出了自己的"数字"理念。以生物技术和信息技术为主导的新型农业模式——数字农业，就是在这种形势之下应运而生的，并得到了快速发展。

"数字地球"提出来以后，我国学者也发表文章，阐述数字地球对国民经济发展的重要性，政府对数字地球给予了高度重视。1998年6月1日，江泽民主席在中国科学院第九次院士大会和中国工程院第四次院士大会上，将数字地球与知识经济相提并论；1999 年 11 月，李岚清副总理在北京举行的"数字地球"国际学术会议上强调，数字地球对促进社会可持续发展、提高人们的生活质量、推动科学与技术发展、开拓未来知识经济的新天地具有重要意义。我国提出了"数字中国"建设的内容，国家信息基础设施建设、国家空间数据基础设施建设、中国数字地球试验基地建设，这为数字农业提供了赖以生存和发展的基础。数字农业是"数字中国"的重要组成部分，是"数字中国"科技体系在农业领域应用的具体体现，它伴随着"数字中国"的建设而日益凸现。目前，数字农业已被公认为21 世纪最先进的农业技术，它的应用和发展极大地改变了传统农业生产管理方式，使其发生了革命性的变化。

1.3.3　数字农业的概念

数字农业又被称为数字化农业，是农业信息化的核心，也是其具体表现形式，涵盖了"精准农业""智能农业""虚拟农业""网络农业"等概念的所有内容。数字农业的发展历程还不久，科技界对它还没有确切的学术定义。

1997 年，美国科学院、工程院两院院士首次提出了数字农业的概念：在地学空间和信息技术支持下的集约化和信息化的农业技术。具体地讲，数字农业技术系统是以大田耕作为基础，定位到每一寸土地，它从耕地、播种、灌溉、施肥、中耕、田间管理、植物保护和产量预测，到收获、保存和管理的全过程，实现数字化、网络化和智能化，全部应用遥感、遥测、遥控、计算机等先进技术，以实现农业生产的信息驱动、科学经营、知识管理、合理作业。它以促进农业增产为目的，使每一寸土地都得到最优化使用，形成一个包括对农作物、土地和土壤从宏观到微观的监测预测、农作物生产发育状况监测，以及环境要素的现状和动态分析、诊断、预测、耕作措施和管理方案的决策支持在内的信息农业技术系统。1998 年，美国副总统戈尔再次将其定义为：数字地球与智能农机技术相结合产生的农业生产和管理技术。

我国对数字农业的认识仍处于启蒙阶段。随着相关研究的增多，专家与学者也纷纷提出了数字农业的定义。李树君（2008）依据数字地球的概念和含义，提出数字农业是指在数字地球技术的框架下，以有关标准和规范为指导，以各种信息获取技术为支撑，运用计算机网络技术和通信技术实现数据获取的自动化，解决海量数据的存储与分析问题，实现数字农业数据发布的网络化、数字农业预测决策的智能化，最终实现农业的信息化。陈立平等（2004）提出数字农业是以现代信息技术和农业工程技术为支撑，用数字化技术对农业所涉及的对象和全过程进行数字化和可视化表达、设计、控制和管理的现代农业高新技术体系，是一种全新的农业生产方式。唐世浩等（2002）提出数字农业是以农业生产数字化为特色的农业，是数字驱动的农业，其主要目标是建成融数据采集、数字传输网络、数据分析处理和数控农业机械为一体的数字驱动的农业生产管理体系，实现农业生产的数字化、网络化和自动化。梁勇和穆玉阁（2005）提出数字农业是以计算机技术、多媒体技术、大规模存储技术为基础，以宽带网为纽带，根据海量农业信息、运用 3S 技术（遥感技术、地理信息系统和全球定位系统的统称）对农业进行多分辨率、多尺度、多时空和多维空间的描述，使之最大限度地为人类的生存、可持续发展、学习和生活等服务。

农业词典上对数字农业的定义为：就理论定义而言，数字农业指的是将遥感、地理信息、全球定位系统，以及计算机、通信和网络、自动化设备等高新技术，与地理学、农学、生态学、植物生理学和土壤学等基础学科有机结合起来，对农作物发育生长、病虫害发生、水肥状况变化，以及相应的环境因素进行实时监测，定期获取信息，建立动态空间多维系统，模拟农业生产过程中的种种现象，达到合理利用农业资源、降低生产成本、改善生态环境、提高农作物产量和质量的目的。事实上，数字农业是一个学术性很强的综合概念。

简而言之，数字农业是利用数字化技术对农业（种植业、畜牧业、渔业和林业等）生产和管理的全过程进行数字化和可视化表达、设计、控制与管理。其本质是把信息技术作为农业生产力的重要因素，将工业可控生产和计算机辅助设计的思想引入农业，通过计算机、地学空间、网络通信、电子工程技术与农业的融合，在数字水平上对农业生产、管理、经营、流通、服务，以及农业资源环境等领域，进行数字化设计、可视化表达和智能化控制，使农业按照人类的需求目标发展。

1.3.4 数字农业主要研究领域

1.3.4.1 农业要素的数字信息化

任何农业系统都包含四大要素，即生物、环境、技术和社会经济要素。在每个要素中又包含多个因素，如在生物要素中，在农作物方面，有小麦、水稻、玉米、棉花等要素。而同一种农作物的生长发育，又包含光合作用、呼吸、蒸腾、营养等因素。所有这些因素，按照数字农业的数字信息化要求，都需用二进制数字表达。

数字农业技术标准化体系研究内容包括：研究制定数字农业的实施标准、开发标准、接口标准、信息采集标准、元数据标准和信息共享标准；研究制定数字农业实施规范，指导数字农业建设规范化实施和发展，形成数字农业的发展体系；跟踪国内外数字农业的发展动态，研究制定数字农业发展战略，并对数字农业的发展进行动态跟踪和评估。

共享农业信息资源数据库的研究开发。在统一标准下，建成主要包括气象、土壤、种植业、养殖业、林业、加工业等行业，关联技术、生产、管理、市场、政策法规等方面的信息数据库。共享农业信息资源数据库是一个比较宽泛的概念，因此，对它的研究不仅在于具体数据库的结构，还在于对农业宏观和微观过程的数字化分析研究，是数字农业技术体系的底层结构。

1.3.4.2　农业相关技术的数字信息化

各种农业过程的内在规律及外部联系，可以用农业数学模型予以揭示、表达。农业数学模型将农业过程数字化，使农业科学从经验的认知提高到理论的概括，是 20 世纪农业科学发展的一项重要成就，也是数字农业中一项关键技术。

农作物生长模型与数字化设计技术研究。研究粮油、蔬菜、果树等主要农作物生长发育状况的数字化信息采集技术、处理技术，并利用这些技术开发农作物生长发育规律提取系统；建立植物器官形态描述模型库与参数库，开发实现数字植物设计的三维可视化系统；建立基于植物结构、功能的反馈机制，能精确模拟主要农作物随环境条件而改变的生长状况的虚拟模型；基于数字植物和冠层结构的光分布模型，开发主要农作物的形态结构优化系统，并开发超高产农作物的数字化形态结构设计系统原型；建立可优化典型果树修剪措施，提高果品产量与品质的数字果树原型；开发主要农作物根系构型模型与养分、水分吸收最优化根系构型的数字化设计系统。基于以上研究内容，建立从试验观测与参数提取、模型库与参数库构建，到植物的数字化设计、数字植物的实际应用的完整的数字植物研究、设计与应用体系。

农业生物信息学研究与产品开发。利用农业生物信息学和农业生物模型的研究基础，开展农业动植物分子水平的数字化育种研究。同时，开展以生物信息学理论为基础的分子水平的生物种质、药物数字化设计的理论和试验研究。

数字化宏观监测技术与动态决策系统研究开发。以大范围发生的农业灾害和经济环境为主要对象，以模型与模拟技术、计算机网络技术、3S 技术和现代数字通信技术为手段，以有害农业生物的发生和迁移空间模型、旱情信息提取模型、区域农作物产量预测和估算模型、国内外农产品的宏观供求关系模型、生产力评价模型、农业产业比较优势模型、空间集聚与分异模型等模型研究为核心，通过多项现代信息技术的集成研究，构建具有新的信息传递结构、大区域、精确定位、准确实时的数字化农业宏观环境的监测体系。

1.3.4.3 农业管理的数字信息化

农业管理大致包括农业行政管理、农业生产管理、农业科技管理及农业企业管理。按照数字信息化的要求，目前，已经形成由农业信息技术支撑的各类农业管理系统。例如，农业数据库系统，对各级各类农业数据进行科学、集中的管理，包括农业生物数据库、农业环境数据库及农业经济数据库；农业规划系统，应用各种数学规划方法对农业问题进行辅助决策；农业专家系统，充分利用专家经验对某些农业决策提供支持；农业模拟优化决策系统，将农业过程的模拟与农业的优化原理相结合，提供农业决策的支持。

数字农业技术软件平台的研究开发。这些平台主要包括农业远程诊断软件系统开发平台、农业专家系统开发平台、便携式农业信息系统开发平台、作物虚拟现实平台、设施种养环境监控软件平台、空间信息获取处理平台（遥感平台）、空间信息分析平台（地理信息系统）、农村发展智能动态规划决策支持平台、农业企业综合信息管理平台、电子商务平台，以及远程多媒体教育平台等。

远程诊断与农业专家系统的研究开发。在研制基于远程诊断技术的智能农业专家系统开发平台和不断开发农业信息数据库的基础上，建立农业知识库、模型库，通过系统集成，研制面向特定领域（粮食、蔬菜、果树、畜禽、水产生产管理等）的农业管理智能应用系统及宏观决策支持系统。重点是水稻、油菜、小麦、玉米、棉花、大豆等主要粮棉油作物，黄瓜、番茄、西瓜、白菜、蘑菇、香菇等主要蔬菜、设施园艺作物和食用菌，柑橘、桃、梨、葡萄、杨梅等主要果树和茶叶、竹笋等主要林特产，猪、鸡、鸭、奶牛、淡海水水产等畜禽和水产养殖领域的综合管理远程诊断系统，基于农业综合信息的宏观决策支持系统。

手持农业技术咨询产品的研究开发。面向经济作物（蔬菜、花卉、果树）和畜禽养殖领域，研究开发一批成本低、方便快捷的便携式农业信息咨询与辅助决策设备，传播各类实用农业生产技术知识，提供名、特、优、新品种和新技术，实现在田间地头即时输入观察数据，通过推理机进行病虫害诊断与防治决策、农作物营养状况诊断与施肥决策、土壤及农作物水分状况诊断与灌溉决策、种养模式决策及农产品质量检测等。

数字化温室环境智能控制系统的研究开发。主要研究温室环境信息、水分信息的自动监测控制，以及信息的模型分析处理技术；构建园艺作物等主要温室作物基质栽培条件下的温、光、水、气、肥管理模型及相关的知识库、数据库；研究开发基于农作物生长模型、综合环境预测分析模型和栽培专家系统的温室智能管理系统；研究开发温室群智能控制接口、无线网络通信技术和计算机分布式控制系统；研究开发温室高效生产智能化控制系统软硬件，包括温室专用传感器、高效水、肥、药一体化灌溉设备与控制软件等；通过系统集成，形成拥有自主知识产权的系列温室智能控制与智能管理技术及产品，使数据采集、智能控制系统、配套工程设施成为一体。

农业远程教育多媒体信息系统的开发。在统一的数据库技术标准下，研究开发基于气象、土壤、种植业、养殖业、林业、加工业等有关技术、生产、管理、市场、政策法规等方面知识的多媒体课件库，以及与之配套的课件管理与编播软硬件系统，实现同步双向交互和异步非交互兼容、基于 IP 的农业科技远程教育系统。

1.3.4.4 农业生产过程的数字化

农田信息采集技术研究与产品开发。采用统一的技术标准和信息管理方式，研究适宜农业生产管理数字化的植物和土壤信息采集技术与产品。主要有：农田植株生长与营养状况无损检测技术与产品，包括植物生长信息如密度状况、病虫害状况、农作物营养状况、样点产量等信息的采集与处理技术等，研发农作物营养诊断仪、农作物生长状况测定仪、农作物病虫为害监测仪等产品；以农田养分精准管理为目标的土壤信息采集技术与产品，包括大、中、微量元素含量的综合系统评价技术、3S 技术指导下的取样技术、快速准确的测定技术、实验室数据自动采集与管理技术、管理目标自动生成技术等。

现代农业已经由过去的手工操作走向现代的机械化和现代化操作。数字农业要求农业生产与管理实现自动化，即播种、育苗、灌溉、施肥、撒药和收割等过程全部实现精准化、自动化和智能化。

精准农业（也称精确农业、精细农业）关键技术及设备。第一，遥感信息的获取与分析处理技术，从精准农业的需求出发，以肥、水监控为重点，利用国内外先进技术设备，建立农作物信息的航空遥感获取与分析技术体系，包括遥感平台和相关的应用方法等。第二，农田信息快速获取与诊断技术，研究开发农田信息采样设计理论及方法；土壤与农作物水分、养分信息快速获取及诊断技术；产量和品质信息快速获取技术；病、虫、草害信息快速获取及诊断技术。第三，精准农业关键设备研究开发，研究开发拥有自主知识产权、适应精准农业实施的农业机械关键设备。第四，基于 3S 技术的精准农业软件系统平台。

1.3.5　数字农业的基本构成

1.3.5.1　农业信息标准化建设

我国农业领域经过长期的科研和生产实践，积累了大量的农业数据信息。但是对农业信息描述、定义、获取、表示形式和信息应用环境等尚未形成统一的标准，利用率低。因此，数字农业建设要求开展农业信息标准化工作，对农业信息活动的各个环节都实行标准化管理，将信息获取、传输、存储、分析和应用有机衔接在一起，切实、有效地开发和利用农业信息资源，扩大信息共享范围。

农业信息标准化是农业标准化体系的重要组成部分。它紧密围绕农业信息技术的发展，瞄准精准农业、智能农业、设施农业和虚拟农业等新型的农业生产方式而展开。广义的农业信息标准化是指对农业信息及信息技术领域内最基础、最通用、最有规律性、最值得推广和最需共同遵守的重复性事物和概念，通过制定、发布和实施标准，使其在一定范围内达到某种统一或一致，从而推广和普及信息技术，实现信息资源共享。它有利于农业信息资源的较好开发利用和农业信息产业的形成。狭义的农业信息标准化，仅指农业信息表达上的标准化。

1.3.5.2　农业信息实时获取与处理

农业信息是在实现数字农业过程中最重要的基础信息设施建设的内容之一。数字农业建设要充分依靠各种农业信息的支持，而农业资源分布、农业生产信息等大部分农业数据是基于空间分布的。因此，在数字化的农业时代，如何快速准确地获取农业信息资源并进行开发利用就成了人们的工作重点。随着科学技术的发展，农业信息获取的手段不断改进，遥感技术和全球定位系统的有机配合，使得实时、高精确定位的农业信息获得成为可能，结合计算机网络技术快速、准确的数据传输能力，以及地理信息系统强大的数据处理能力，为数字农业的信息基础提供了技术保障。

1.3.5.3　农业信息数据库建设

农业信息数据库建设是实施数字农业的基础，主要包括基础数据库、专业数据库、模型库、方法库、知识库和元数据库。基础数据库中存储基础地理数据（包括行政、地形、地质、地貌、植被、土壤和土地利用等）、水文气象数据、社会经济数据和遥感影像数据等；专业数据库包括标准法规数据、农业生物数据、农业环境资源数据、农业经济数据和收费数据等，它是农业信息数据库的核心；模型库、方法库和知识库中分别存储与数字农业相关的专业模型及其参数、数据处理方法的公式和解决具体问题的知识规则；元数据库中存储以上各类数据的元数据，是实现信息资源共享的前提。

1.3.5.4 信息服务平台建设

信息服务平台由信息服务中间件、模型库、知识库和资源服务管理器等组成。数字农业涉及农业生产、农业管理的各方面，这样一个庞大的系统工程必须有先进的技术手段和框架体系作为支撑，使各个部分构成一个有机的整体，以实现数据、农业模型及知识等多层次资源的高度集成。信息服务平台能有效解决高吞吐量的计算、远程数据访问与服务和分布式异构环境及协同计算等难题，是实现共享机制的关键，其主要功能是应用服务和资源管理。

1.3.5.5 农业信息管理系统建设

数字农业的另一个主要方面就是农业信息管理系统建设，包括农业各子专题系统的建设，如土壤水分监测子系统、肥力监测子系统、病虫害监测子系统、自动灌溉子系统、农业机械传感控制子系统、影像识别子系统、作物长势监控子系统、自动/人工智能化监测系统和决策支持系统等。它存在于数字农业系统中的各个阶段，这些都需要综合利用 RS（遥感技术）、GIS（地理信息系统）、GPS（全球定位系统）及互联网技术和农业电子、电气化技术，从而实现现代化的高效农业生产。

1.3.6 数字农业的特点

数字农业是当代科学技术发展和农业生产、管理需求紧密结合的农业生产管理技术系统，它具有以下特点。

首先，数字农业是多领域、多学科技术综合利用的产物。数字农业是地球科学技术、信息科学技术、空间科学技术等现代科学技术与传统农业生产交融的前沿学科，是交叉形成的综合技术体系。它是卫星遥感遥测技术、全球定位技术、地理信息系统、计算机网络技术、虚拟现实技术和自动化农机技术等高新技术与地理学、农学、生态学、植物生理学、土壤学和气象学等基础学科的有机结合，以实现农业生产过程中对农作物、土壤从微观（土壤、水分、养分、发育等）到宏观（作物估产、虫害监测或中长期天气预报等）的管理与监测，从而实现农业生产空间信息的有效管理，达到增产、增收、增效的目的。数字农业主要是从宏观层面出发，以高科技手段为支撑，实现信息化和集约化经营。同时，在宏观指导下，又包括了精准农业的内容，它不仅存在于农业生产的农、林、牧、渔各大产业之间，而且还存在于种、养、收、储、销等各环节之中。因此，数字农业是技术进步与农业生产过程高度结合的产物。

其次，数字农业涉及多源、异构、多维、动态的海量数据。基础地理信息、农业资源信息、农业生产信息和农业经济信息等农业数据大部分是基于空间分布的，具有多源、异构、多维、多比例尺、动态和大数据量等特点。多源是指获取数据的途径多样，可以通过遥感、遥测和实地调查等多种不同的手段获取。异构是指数据格式不同，包括遥感影像、图形的栅格数据和矢量数据，还包括音频、视频和文本等格式的数据。多维是指数据高达五维，包括空间立体三维、时间维，以及相对五维空间。多维特性的时空数据必然导致数据是动态变化的（历史数据和现时数据）、海量的（多级比例尺空间数据）。对于多维、海量数据的组织和管理，特别是对时态数据的组织与管理，需要时态空间数据库管理系统，它不仅能有效地存储空间数据，而且能形象地显示多维数据和时空分析后的结果。

最后，数字农业要实现农业自然现象或生产、经济过程的模拟仿真和虚拟现实。数字农业要在大量的时空数据基础上，综合运用各类农业模型，采用三维虚拟现实的技术手段，对农业生产、经济活动进行模拟，为管理阶层提供形象、直观的展示，以便更好地进行农业宏观决策，如土壤中残留农药的模拟和农作物生长的虚拟现实、农业自然灾害及农产品市场流通的虚拟现实。

1.3.7 数字农业的发展趋势

当前，数字农业的重点是对农业生产所涉及的对象和全过程进行数字化表达、设计、控制和管理。由于数字农业的关键技术是数字化农业模型，因此模型的构建和运用是数字农业发展的基础性工作。一方面，需要进一步建立和完善主要农作物生长系统的过程模拟模型，实现生物生长的动态模拟和预测；另一方面，需要建立农业产业系统的管理知识模型，实现农业生产管理设计与决策的智能化、科学化和数字化。从种植业来看，今后的研究重点是提高数字农作关键技术与应用系统的机理性、数字化、可靠性和通用性水平，并研制出综合性和科学性较强的大型数字农业技术平台及软硬件产品。有关农作系统模型的构建，表现为由局部到整体、由经验性到机理性、由智能化到数字化、由功能化到可视化的发展态势，重点是提高农作系统模拟模型的完整性和解释性，改善农作管理决策的广适性和准确性。

信息共享是目前数字农业建设工程的关键之一，也是当前信息产业中面临的瓶颈问题。信息共享先要解决数据标准化，还要有适用的数据共享政策。要加快信息标准的制定和实施，建立涉农部门信息交流共享政策与机制，推进农业信息系统、网站、信息资源的集成与整合，实现涉农公共数据的兼容与共享，使政府、企业和农户获得充分、有效的农业信息。对于政府投资的数据资源，在保护知识产权的前提下，应优先实现数据共享。而对于非政府投资的数据和信息资源，可以通过市场机制实行有偿使用和交换。

RS 技术表现为由遥感估产到品质监测、由生长特征到生理参数、由空中遥感到空地结合的趋势，重点是提高农情信息无损获取的有效性、精确度及诊断调控的数字化和指导性。GIS 技术表现为由单一功能到复合功能、由单机版到网络版、由应用系统到组件开发的趋势，重点是改善 GIS 的组件化开发水平和高效集成能力。管理决策系统的研制则需要综合过程模型的动态预测功能、管理模型的优化决策功能、RS 技术的实时监测功能、GIS 的空间信息管理功能，进一步结合农作生态区划与生产力分析技术，以及数据库和网络通信技术等，建立综合性、定量化和智能化的数字农业技术平台和应用系统。可以预计，数字农业的未来发展将需要综合运用信息管理、自动监测、动态模拟、虚拟现实、知识工程、精确控制和网络通信等现代信息技术，以农业生产要素与生产过程的信息化和数字化为主要研究目标，发展农业资源的信息化管理、农作状态的自动化监测、农作过程的数字化模拟、农作系统的可视化设计、农作知识的模型化表达、农作管理的精确化控制等关键技术，进一步构建综合性的数字农业技术平台与应用系统，并研制出相关支撑设备和仪器，实现农业系统监测、预测、设计、管理、控制的数字化、精确化、可视化和网络化，从而提升农业生产系统的综合管理水平和核心生产力，实现以农业系统的数字化和自动化带动农业产业的信息化和现代化。

1.3.8 农业发展的现实需求

质量安全信任问题。消费者信任危机是我国农产品生产销售面临的突出问题。中国全面小康研究中心联合清华大学媒介调查实验室发布的"中国消费者食品安全信心"调查结果表明，近七成人对中国的食品安全状况"没有安全感"，其中15.6%的人表示"特别没有安全感"。虽然近年来食品质量安全有所提高，但"铬超标大米""毒水饺""过期牛奶"等层出不穷的食品安全事件在消费者心中仍然留下了重重阴影，导致消费者对国产农产品的信任难以恢复。可以说，重塑信任、打造质量安全的农产品是发展农业的根基。现代农产品质量问题主要来自如下方面：农产品生长环境中的土壤污染（如重金属超标）、农产品生产环节中的农药和化肥污染、监管体系制度保障不力、农产品质量安全检验检测体系不健全、农产品安全标准体系总体水平较低。与发达国家食品安全监管体系相比，我国农产品和食品监管体系在立法建设、数字化改造、公众参与机制和溯源性制度等方面仍然有待完善。运用二维码、大数据、物联网、区块链等现代信息技术手段，可以实现农产品从田间到餐桌的全流程可视化管理，消费者扫描商品二维码即可了解产品从种到收的全部信息，可以有效推进农产品质量追溯体系建设，加速农产品质量追溯的智能化和高效化，保障消费者的消费安全，促进农产品流通的转型升级。

农业综合生产能力问题。当前，我国农业仍然属于弱质产业，农业基础设施建设滞后，农业科技支撑力不强，农产品市场面临较高的市场风险。综合历史和现实因素，我国农业总体生产力水平不高，无法满足快速上升的农产品需求，导致大量农产品需要进口。2019 年上半年，我国农产品出口额为 368.1 亿美元，进口额为 718.4 亿美元，贸易逆差为 350.3 亿美元，出口产品主要为劳动密集型产品（如蔬菜、水果和水产品），进口产品主要为土地密集型产品（如油料作物、棉花等），其中，棉花、食用植物油、大豆等重要农产品对外依存度较大。在数字技术支撑下的现代农业，如主要依托农业物联网技术的设施农业，能够在很大程度上摆脱对自然环境的依赖，提高基础设施的自动化水平，从而更好地发挥各项资源的利用价值，提高农业劳动效率和土地产出水平。

农业生产成本问题。我国农业正进入高成本发展阶段，农业成本抬升对农业盈利水平的挤压效应日益显著。整体而言，我国的农业产业化不充分、不完整，经过多年发展，依然呈现分散的、小规模的经营格局，在传统的农业生产方式下，土地、资本、劳动力、科技等农业生产要素投入的质量和农业生产要素配置效率都处于较低的水平。当前，我国人均耕地面积仅为 1.39 亩（1 亩 ≈ 667 m²），农业机械生产效益优势不容易发挥，从而无法简单地通过提高机械化程度来达到降低生产成本、最终造福农民的目的。近年来，农机作业成本、农事作业人力成本大幅增加，此外，农药、化肥和种子等农业投入品价格涨幅较大，导致农业生产成本逐年增加。随着国家近年来对环境保护力度的增大，农业生产所需的环境生态成本逐步显现，间接提高了农业生产成本。农用植保无人机、农业机器人、利用计算机技术育种等数字技术的应用，可以极大地减少农业生产对人力的需求，从而降低人工成本。此外，精准施肥、精准施药也可以有效减少农药、化肥等投入品的使用。

农业生产与消费端的信息不对称问题。农产品生产和市场对接效率低是长期存在的老问题，有效实现对接产销、破解"菜贵伤民、菜贱伤农"的问题，是我国农业一项长期而艰巨的任务。一方面，因为多数生产经营者缺乏直接接触市场的渠道，不了解最新的市场需求信息，容易盲目生产，同时因不具备囤货冷储条件，难以承担市场不稳定性所带来的后果，从而出现大量的滞销和浪费情况。另一方面，由于农产品种植呈现出鲜明的地域性特征，从产地到终端环节繁多，大多数农产品流通链条过长，消费者需要负担较高的运输成本和储藏成本。信息化手段为农业生产者和消费者搭建起便捷、高效的农产品供求信息对接服务平台，供需信息及时发布，生产、储运、采购、消费情况一目了然，减少了中间环节。

环境污染问题。农业环境污染带来的潜在环境成本问题不可忽视，其中包括农药污染、化肥污染、农用地膜污染、禽畜养殖污染等。在农药污染方面，我国每年有 180 万 t 的农药用量，但有效利用率不足 30%，多种农药造成了土壤污染，甚至使病虫害对化学药剂的免疫能力增强。我国亩均化肥用量同样严重超标，2017 年，我国粮食产量占世界的 16%，化肥用量占世界的 31%，每公顷化肥用量是世界平均用量的 4 倍，大量化肥投入造成土壤营养结构失衡、水污染严重且出现大范围的农业环境污染。化肥农药的不规范使用及超标施用，带来了严重的农村面源污染现象，加重了土壤板结与污染，导致土壤质量有所退化，我国土壤有机质含量仅为世界平均水平的一半。信息技术支持下的精准农业能够对不同地块提供有针对性的农作解决方案，实现定位、定量、定时地在每一地块上进行精准的灌溉、施肥和喷药，可以最大限度地达到满足高效利用水肥和农药、减少农业面源污染的目的。

我国农业生产受到农产品价格"天花板"不断下压和生产成本"地板"持续上涨的双重制约，利用信息技术发展数字农业，是破解农业发展难题、推动农业转型升级的关键举措，也是实现乡村振兴的必然要求。

1.4 数字农业技术体系及平台

1.4.1 数字农业技术体系

人们研究事物、管理事物总是由定性到定量，达到定量则表明人们的认识已经接近事物的本质。有史以来，在各个科学技术领域，人们都在力求将工作对象和研究成果数字化，但由于技术水平尚未达到应有的层次，一直未能完全实现，而现代信息技术及其今后的发展可以为研究工作的数字化创造条件。数字农业有着丰富的科学技术内涵，农业的生产、管理及科学研究的对象是有生命的物质，而且生命现象是最为复杂的现象，用数字化的理念去指导、从事农业生产、管理及科学研究，无疑会将农业全面提升到一个新的层面。数字农业是将动植物的繁殖、发育直至成熟的全过程，以及与之相关的自然环境演化过程数字化，又将农业的产前、产中及产后与生产有关的各个环节、各个因素数字化，从中寻找规律，求得生产与管理的最佳效益，包括经济效益与环境效益。显然，相比其他领域，数字农业具有特殊的复杂性，又是涵盖内容极其广阔的技术领域。

数字农业技术的内容主要包括农业要素（生物要素、环境要素、技术要素和社会经济要素）的数字化、农业过程的数字化、农业管理的数字化，它覆盖了农业生产、管理，以及农产品产业化的全过程。从应用的角度看，数字农业技术体系大致可分为以下系列。

第一，精准农业。基于农作物生长的农田地块环境条件的差异性，精确定位，定量、定时获取农作物及其生长环境的信息数据，按照效益最优、环境污染最小的原则，根据这些信息及时或实时做出合理决策，自动生成耕作指令数字图，指领智能化农机具实施灌溉、施肥、杀虫、除草等相应的耕作措施，这样一整套农业生产技术称为精准农业。它以大田耕作为基础，定位到每一寸土地，从耕地、播种、灌溉、施肥、中耕、田间管理、植物保护、产量预测到收获、保存、管理的全过程，实现数字化、网络化和智能化，全部应用遥感、遥测、遥控、计算机等先进技术，以实现农业生产的信息驱动、科学经营、知识管理、合理作业。实施精准农业可分为获取农作物相关信息数据与诊断农作物营养亏缺、综合决策耕作措施、数控智能农机具作业三个步骤。空间信息技术，即 3S 技术，贯穿其全过程。精准农业开始实施以后，其范围又从种植业推广到畜牧业，演变成精确大农业的概念。

第二，虚拟农业。虚拟农业是将农作物或家畜在各种条件下的生长发育全过程用计算机模拟构建出来，用户向计算机输入农作物或家畜的各个生长发育阶段相应的试验参数，计算机就可以按照这些试验参数条件，将虚拟对象的生长发育全程以系列数据或逼真的动画图像的形式显示出来。虚拟农业的意义在于将动植物一年或数年生长周期仿真浓缩在几分钟之内，克服农业科学试验周期长、难以重复的研究障碍，为优化农作物栽培技术研究、优选家畜饲养方案，以及动植物品种改良提供技术支撑。虚拟农业是一个定量化的研究过程，它在改变传统的凭经验的种植模式的同时，还可以快速模拟农作物生长的全过程，在很大程度上缩短了育种的年限。同时，它可以模拟农作物满足最大经济产量时的株型，为育种工作指明了方向。虚拟农业可以模拟同种作物之间、不同种作物之间连作、间作、套作等的相互影响、相互作用，为有限的耕地合理搭配、合理耕种提供比较理想的规划，加快数字农业的研究进程。

第三，农业管理信息系统。农业管理信息系统是覆盖范围相当大的数字农业技术领域，囊括了大部分农业领域。它从大量数据中获取信息，模拟农业生产、农业管理的全过程，为农业生产者、政府农业部门，以及农业科技工作者提供高效的工作环境，辅助人们做出科学决策。已经开发出的应用系统有：农田生产管理信息系统、农业资源管理系统、农业科技信息管理系统、农作物估产系统、畜禽水产养殖管理系统、农业市场管理系统和动植物遗传育种信息管理系统等。这一技术领域又进一步发展为农业电子商务系统、农业电子政务系统和农业专家系统等。农业专家系统，是一个具有大量农业专业知识与经验的计算机系统，是农业信息系列技术中的一项重要技术。农业专家系统融合专家的经验，在农业生产与经营中，对一些主要依靠专家经验的农业问题进行决策，采取相应的最优对策。它应用人工智能的专家系统技术，依据一个或多个农业专家提供的特殊领域知识、经验进行推理和判断，模拟农业专家就某个复杂的农业生产过程中的问题提供决策支持。

第四，生物信息表达与存储。这是数字农业技术的外延，与生物技术有部分重叠。它是将农用动植物、微生物的遗传基因信息进行数字表达，构造基因模型、DNA 三维空间表象模型，为生物技术研究提供基础信息，通过综合利用生物学、计算机科学和信息技术去揭示大量而复杂的生物数据所具有的生物学奥秘，由此发展了生物信息学。生物信息学是分子生物学与信息技术的结合体，其研究材料和结果就是各种各样的生物学数据，研究工具是计算机，研究方法包括对生物学数据的搜索、处理及利用。伴随着各种基因组测序计划的展开和分子结构测定技术的突破与互联网的普及，数以百计的生物学数据库如雨后春笋般迅速出现和成长，给生物信息学工作者带来了严峻的挑战。

1.4.2　数字农业技术平台

数字农业技术平台可划分为基础信息平台、信息服务平台、决策应用平台。基础信息平台是基础，信息服务平台是保障，决策应用平台是最终目的。三者之间既相对独立，又相辅相成，互为补充。

1.4.2.1　基础信息平台

基础信息平台主要是通过综合运用 RS、GPS 和数字化控制系统（DCS）等技术手段快速、准确地采集与数字农业相关的自然地理信息、农业基础设施信息、农业生产信息和社会经济信息等数据，并结合 GIS、计算机网络技术和数据库技术等建立空间数据库及其对应的属性数据库，实现数据的有效存储和管理。它是支撑数字农业建设的底层基础。

为了实现农业信息资源的良好共享和高效利用，基础信息平台的构建要求充分考虑农业信息标准化，建立元数据标准和数据共享机制，将获取的各类信息严格按照共享规范和标准，统一规划、统一流程、统一规范和统一数据格式进行数据规范化处理，最后统一入库，构建标准化和规范化的农业信息数据仓库与共享平台机制。

1.4.2.2　信息服务平台

信息服务平台是实现资源共享、统一标准的保障，由信息服务中间件、模型库、知识库和资源服务管理器等组成。信息服务平台能有效解决高吞吐量的计算、远程数据访问与服务、分布式异构环境及协同计算等难题。

信息服务中间件。信息服务中间件是信息服务平台的核心，是连接基础信息和应用系统的桥梁，具有标准的接口和协议，能够屏蔽操作系统和网络协议的差异，为应用系统提供各种服务。数字农业的信息服务中间件主要包括时空 GIS 中间件、WebGIS（网络地理信息系统）中间件及三维虚拟显示中间件。时空 GIS 中间件用于空间数据动态更新、存储和空间分析，WebGIS 中间件用于公众信息发布，三维虚拟显示中间件用于基于地图的三维显示和各种效果模拟。

模型库。模型库是一个庞大的业务处理集，是按照共享协议与相关标准而编制的功能单元的集合。模型是实现业务应用数字化处理的技术核心，是进行数据分析、评价和仿真模拟的基础，直接为各种业务服务，实现以可视的方式及时、准确地揭示农业生产的现状和内在的规律。

知识库。知识库是数据库概念在知识处理领域的拓展和延伸。知识库中知识的来源主要有两条途径，一是领域内的概念、事实、规则与专家知识，二是通过数据挖掘等知识发现技术从数据库及数据仓库中发现的知识。知识库管理系统所涉及的关键技术主要有知识获取、知识表示，以及知识库组织、维护及调用等几个方面。

资源服务管理器。资源服务管理器是面向用户的，通过应用服务平台的一个窗口，实现用户对共享资源的查询检索、登记注册，以及获取使用等功能。

1.4.2.3　决策应用平台

决策应用平台是数字农业建设的最终目的，也是数字农业的表示层，直接面向农业管理部门的工作人员。它是在信息服务平台的支持下，调用基础信息平台获取的农业基础信息和动态监测信息，并对信息进行分析、优化、模拟、预测和评价，以满足农业管理的业务需求，为各管理决策部门提供方便、快捷的信息管理工具，提供科学、合理的优化方案和决策信息。决策应用平台的建设要充分结合业务需求，开发相应的应用系统，如农业资源与环境综合评价、动植物危险疫情风险分析、农产品及食品安全监测评价，以及农业信息综合分析等。

1.5　国内外数字农业发展情况

1.5.1　中国数字农业发展情况

近年来，与数字农业技术体系有关的理论基础和应用技术研究，已经成为发达国家发展高新技术农业的侧重点，成为极其活跃的科技创新领域。数字农业是一项集农业科学、地球科学、信息科学、计算机科学、空间对地观测、数字通信和环境科学等众多学科理论与技术于一体的现代科学体系，是由理论、技术和工程构成的"三位一体"的庞大系统工程。数字农业是对有关农业资源（植物、动物、土地等）、技术（品种、栽培、病虫害防治、开发利用等）、环境及经济等各类数据的获取、存储、处理、分析、查询、预测与决策支持系统的总称。数字农业是信息技术在农业中应用的高级阶段，是农业信息化的必由之路，农业信息化、智能化、精确化与数字化将是信息技术在农业中应用的结果。实现农业农村现代化、保障我国的食品安全等问题的关键在于推动农业科技的发展，创造条件进行一次新的技术革命，促使传统农业向现代农业转变，促使粗放生产向集约化经营转变。可以预言，数字农业及其相关技术的快速发展与推广应用，必将成为21世纪农业科技革命不可缺少的重要内容，必将推动农业向高产、优质、高效及可持续方向发展，在带动广大农民致富中发挥越来越重要的作用。

1.5.1.1　中国数字农业发展现状

数字农业是20世纪90年代在美国首先提出并发展的，我国数字农业较国外起步晚，开始于"七五"期间，1998年6月1日，在中国科学院和中国工程院院士大会上提出了发展"数字中国"的战略。随后，对"数字社会""数字城市""数字农业""数字水利""数字林业"和"数字地质"等的探索与研究在我国全面展开。全国各地实施了智能化农业信息技术和数字农业应用示范工程，建立了一批智能化高效数字农业示范区。"十五"期间，国家把在不同生态经济类型和不同农业生产管理类型地区对数字农业技术进行集成应用示范列入发展目标，国家"863"计划、国家"973"计划支持了大量数字农业技术的应用示范项目的研究，包括现代化农业数字化技术应用示范、设施农业数字化技术应用示范和城郊型集约化农业数字化技术应用示范等。

我国建立了相当一部分与农业有关的数据库，开发了农业管理专家系统。我国在农业专家系统、精准农业技术、信息管理系统和智能化农业信息网络平台建设等方面积累了一定的基础，建立了相当一部分与农业有关的土地资源及利用、水资源及利用、气候资源和作物品种资源等方面的数据库。1992 年，北京市顺义区用 GPS 开展了防蚜试验示范；1997 年，辽宁、吉林、北京等开展 GIS 农业应用研究。北京的小汤山现代科技示范园区可进行谷物产量、水分的在线测量，田间农作物信息的采集，监测农作物长势、水分，病、虫、草害防治，以及环境监测等。园区中的精准农业区占地面积约 167 hm²，以 3S 技术为支撑。该技术使大田种植管理从地块水平精确到平方米水平，这样不仅极大地节约了各种原料的投入，而且大大降低了生产成本，提高了土地的收益率，同时有利于环境保护。园区研制出棉花、水稻、芒果等多种作物的生育全程调控和农事管理的专家系统，以及鱼病防治、苹果生产管理专家系统，推出了 5 个具有较高水平的农业专家系统开发平台；开发出"高产型""经济型"和"优质型"的实用农业专家系统 200多个，在示范区应用取得了显著的经济社会效益。与此同时，我国研究开发了具有互联网和移动网络多形式接入，并具有 WebGIS 功能的智能化农业信息网络通用平台；研制了采用卫星遥感信息提取技术结合农业气候气象分析模型的农情预报和作物估产的服务系统和基于 WebGIS 的农业气象信息服务应用系统；研制了精准农业地理信息管理、联合收割机产量数据处理、变量施肥处方图生成和农田信息采集等系列软件及相关配套设备。

初步构建了我国"数字农业"的技术框架，加速了我国农业信息化进程。"十五"期间，国家对农业数字化的投入力度逐年加大，以"精准农业""虚拟农业""智能农业"和"网络农业"等内容为切入点，组织实施"数字农业科技行动"，建立数字农业技术平台，开发国家农业信息资源数据库，研究开发出一批实用性强的农业信息服务系统，初步构建了我国"数字农业"的技术框架。

我国的虚拟农业研究得到迅速发展。其中，中国农业大学初步建立了玉米、棉花地上部三维可视化模型，为建立精确反映农作物生长与农业环境条件关系的虚拟农田系统打下了坚实的基础。严定春等以玉米为研究对象，在已有的工作基础上，运用系统分析方法和动态模拟技术，构建基于过程的玉米生长模拟模型、基于三维可视化的虚拟模型，继而应用组件化程序设计思想，采用标准化接口和模块化封装技术，研究基于模型集成的数字化玉米生长模拟和虚拟设计系统，从而实现玉米生长模拟和虚拟显示等的数字化和科学化，取得了一定的成果。我国在温室控制技术方面也开展了较多研究。1996 年，江苏理工大学毛罕平等成功研制了使用工业控制计算机进行管理的植物工厂系统。该系统能对温度、光照、CO_2浓度、营养液和施肥等进行综合控制，是目前国产化温室控制技术中比较典型的研究成果。中国农业大学研制的温室环境监控系统，通过在每个独立温室放置温室机，内置温湿度、CO_2 等多种传感器，控制设备及摄像机镜头，可以实时将温室内农作物的生长状况传输到办公现场，同时可以通过电话线、数字信号传输线及互联网等，将监测的室内外环境条件和植物生长状况传输到农业专家的计算机屏幕上，以便农业专家根据这些信息进行生产指导，实现对温室环境的监测控制。

综上所述，我国数字农业的发展呈现如下特点：在操作实施的科学性方面，数字农业与我国精耕细作的传统农业是一致的，但又与其有所不同，数字农业是建立在现代高新技术基础之上的现代化精耕细作型农业，远远超过传统农业；在资源利用的高效性方面，强调最大限度地节省资源，重视环境保护和生态均衡，追求以最少的资源耗费获得最优、最大的产出，以保持农业的可持续发展；在信息处理的精准性方面，包括信息获取的自动化、信息分析处理的智能化、信息传播的网络化、多项信息技术运用的集成与整合化、实施过程的定量化。农业信息化建设虽然具备了一定的发展基础，但与发达国家相比仍有较大差距，主要表现在：农业信息基础设施薄弱、信息化与网络化发展不均衡、农业信息网络建设缺乏统一的协调和规划、农用软件研究与开发明显滞后、成果转化与实际应用的推广存在严重困难，以及产业化水平低等。

1.5.1.2　中国数字农业发展成就

近年来，我国数字农业快速发展，突破了一批数字农业关键技术，开发了一批实用的数字农业技术产品，建立了网络化数字农业技术平台。在农业数字信息标准体系、农业信息采集技术、大比例尺的农业空间信息资源数据库、农作物生长模型、动植物数字化虚拟设计技术、农业问题远程诊断、农业专家系统与决策支持系统、农业远程教育多媒体信息系统、嵌入式手持农业信息技术产品、温室环境智能控制系统、数字化农业宏观监测系统，以及农业生物信息学方面的研究应用上，中国企业都取得了重要的阶段性成果，通过不同类型地区的应用示范，初步形成了我国数字农业技术框架及数字农业技术体系、应用体系和运行管理体系，促进了我国农业信息化和农业现代化进程。

然而，数字农业在我国仍然处于初级阶段。2019 年 4 月 20 日发布的《2019 全国县域数字农业农村发展水平评价报告》显示，2018 年全国县域数字农业农村发展总体水平达到 33%，其中，农业生产数字化水平达到 18.6%。中国农业生产数字化建设虽然快速起步，但与发达国家相比，还有很长的一段路要走。与工业和服务业相比，农业不仅数字化水平相对较低，数字化速度也相对较慢。2018 年，工业、服务业、农业的数字经济占行业增加值比重分别为 18.3%、35.9% 和 7.3%，数字经济占比从高到低依次为林产品、渔产品、农产品、畜牧产品，均低于大多数服务业和工业，可见我国农业存在较大的数字化提升空间。《2019 全国县域数字农业农村发展水平评价报告》还显示，中国农作物种植数字化水平为 16.2%，设施栽培信息化水平为 27.2%，畜禽养殖信息化水平为 19.3%，水产养殖信息化水平为 15.3%。这些数字技术包括生产环境监测、体征监测、农作物病虫害和动物疫情精准诊断及防控等，率先应用在经济效益较高的行业。

技术储备不断增强。经过多年发展，我国在农业物联网、人工智能、农业大数据、3S 技术、农用植保无人机，以及设施农业等方面的技术取得了长足进步，积累了较为丰富的技术储备。数字农业领域国家工程技术研究中心、农业信息技术和农业遥感学科群、国家智慧农业创新联盟相继建成，智慧农业实验室、数字农业创新中心正加快建设。

物联网应用成效显著。在各级政府部门的大力推动下，加上农业科研机构的辅助和支持，我国部分省市在"物联网+农业"方面展开了应用，并取得部分成果，在全国多地开展的农业物联网试验示范基地建设已经具备了一定的规模。自 2011 年以来，农业部（2018 年机构改革之后为农业农村部）成立了国家农业物联网行业应用标准工作组和农业应用研究项目组，进一步推进物联网标准体系建设工作，做好物联网产业标准化工作的顶层设计和统筹规划。近几年，农业农村部结合国家物联网示范工程，组织北京、黑龙江、江苏、上海、天津等 9 个省市，展开了农业物联网区域试验示范建设，截至 2018 年 7 月，共发布了 426 项节本增效农业物联网产品技术和应用模式，示范建设在几个省市内取得了积极成效。

农产品销售模式加速转变。农产品电子商务为公众所熟知的数字农业形态，也是我国数字农业发展最为成功和成熟的领域。伴随着农村信息化建设的提速，农村基础设施的改善和人们消费升级的大趋势，打破传统的农产品销售渠道、加速电商化转型成为农产品流通消费领域的一大特点，全国已建立种类繁多、形式多样的综合型和垂直型农村电子商务平台。随着农产品电子商务的快速崛起，与之关联的各类新业态也随之蓬勃开展，如电商扶贫等。

人才支撑日益加强。人才是任何行业兴旺发达的基础，农业也不例外。当前，国家对于"三农"政策的加码及农村各项事业的蓬勃发展，吸引了大批社会资本投入到"三农"领域，分别在电商、物流、物联网、大数据、农村金融等领域展开布局。农业的利好政策催生了志在投身现代农业、建设新农村的新时代农民，这些新农人多数都接受过高等教育，有一定的知识与技能，他们的出现为数字农业的开展注入了新的理念和力量，同时也是知识反哺农村的典型事例。新农人的构成多样，其中既有投资者、返乡农民工，又包括选择在农村创业的大学毕业生、大学生村干部等。

"三农"信息服务水平不断提升。我国"三农"信息资源共享开放不断深化，利用农业大数据进行信息服务的工作正在逐步展开。各级各类机构部署的支农、益农信息服务进展良好，如覆盖全国的 12316 信息平台。接下来，农业农村部将加大益农信息社建设力度。

1.5.1.3 中国数字农业支撑体系

近年来，国家各个层面积极推进数字农业体系建设，数字农业发展的驱动政策不断出台，有关数字农业方面的顶层设计逐步展开，对数字农业的发展起到了巨大的推动作用。《促进大数据发展行动纲要》《数字乡村发展战略纲要》等接连出台，农业农村部也相继印发《"互联网+"现代农业三年行动实施方案》《关于推进农业农村大数据发展的实施意见》《"十三五"全国农业农村信息化发展规划》等，推动数字农业发展落地见效。大力发展数字农业，已经成为我国推动乡村振兴、建设数字中国的重要组成部分。

2015 年，国务院出台《关于积极推进"互联网+"行动的指导意见》，其中提出了包括创业创新和现代农业等在内的 11 项重点行动。该意见提出：推进"互联网+"电子商务，开展电子商务进农村综合示范，支持新型农业经营主体和农产品、农资批发市场对接电商平台，积极发展以销定产模式；完善农村电子商务配送及综合服务网络，着力解决农副产品标准化、物流标准化、冷链仓储建设等关键问题，发展农产品个性化定制服务；开展生鲜农产和农业生产资料电子商务试点，促进农业大宗商品电子商务发展。

2015 年，国务院办公厅发布《关于促进农村电子商务加快发展的指导意见》，提出到 2020 年，初步建成统一开放、竞争有序、诚信守法、安全可靠、绿色环保的农村电子商务市场体系，农村电子商务与农村第一、第二、第三产业深度融合，在推动农民创业就业、开拓农村消费市场、带动农村扶贫开发等方面取得明显成效。该意见提出三大重点任务，包括：积极培育农村电子商务市场主体、扩大电子商务在农业农村的应用和改善农村电子商务发展环境。同时，在政策措施方面，该意见还提出加强政策扶持，深入开展电子商务进农村综合示范。

2016年，农业部、发展改革委、科技部等8部门联合印发了《"互联网+"现代农业三年行动实施方案》，该方案提出：在经营方面，重点推进农业电子商务；在管理方面，重点推进以大数据为核心的数据资源共享开放、支撑决策，着力点在互联网技术运用，全面提升政务信息能力和水平；在服务方面，重点强调以互联网运用推进涉农信息综合服务，加快推进信息进村入户；在农业农村方面，加强新型职业农民培育、新农村建设，大力推动网络、物流等基础设施建设。

2016年，国务院办公厅印发《关于进一步促进农产品加工业发展的意见》，对今后一个时期我国农产品加工业发展作出全面部署。该意见支持农民合作社、种养大户、家庭农场发展加工流通；鼓励企业打造全产业链，让农民分享加工流通增值收益；创新模式和业态，利用信息技术培育现代加工新模式。

2016年，《国务院办公厅关于推进农村一二三产业融合发展的指导意见》指出，从三个方面重点发展农业新型业态：第一，互联网+现代农业，推进现代信息技术应用于农业生产、经营、管理和服务，鼓励对大田种植、畜禽养殖和渔业生产等进行物联网改造。第二，大数据、电商，国家要采用大数据、云计算等技术，改进监测统计、分析预警和信息发布等手段，健全农业信息监测预警体系。第三，创意农业，发展农田艺术景观和阳台农艺。

2016年，农业部印发《农业农村大数据试点方案》，决定自2016年起，在北京等21个省（区、市）开展农业农村大数据试点，建设生猪、柑橘等8类农产品单品种大数据。鼓励基础较好的地方结合自身实际，积极探索发展农业农村大数据的机制和模式，带动不同地区、不同领域大数据的发展和应用。

2019年5月，中共中央办公厅、国务院印发《数字乡村发展战略纲要》，要求将数字乡村作为数字中国建设的重要方面，加快信息化发展，整体带动和提升农业农村现代化发展。《数字乡村发展战略纲要》还明确了加快乡村信息基础设施建设、发展农村数字经济、强化农业农村科技创新供给、建设智慧绿色乡村、繁荣发展乡村网络文化、推进乡村治理能力现代化、深化信息惠民服务、激发乡村振兴内生动力、推动网络扶贫向纵深发展、统筹推动城乡信息化融合发展等十项重点任务。

农业农村部、中央网络安全和信息化委员会办公室印发的《数字农业农村发展规划（2019—2025年）》，明确了数字乡村建设具体目标。为实现这些目标，该规划围绕推进数字产业化、产业数字化的主线，提出了构建基础数据资源体系、加快生产经营数字化改造、推进管理服务数字化转型、强化关键技术装备创新四方面任务。

数字农业建设离不开科技支撑。我国十分重视农业科技的发展，农业科研院所和涉农企业是我国农业科技发展创新的主力军。近年来，我国高新技术在农业领域的加速应用，带动了农村新产业和新业态的发展，对确保国家粮食与食品安全、促进农民增收和农业可持续发展起到了重要作用。资本和技术正从供给端和需求端共同推动农业科技的快速发展与应用。据统计，中国农业领域的科技含量与全球的平均水平大体相同。同时，参考中国农业 GDP 占全球农业 GDP 的比重（2017 年为 33.95%），并综合考量各细分领域发展水平的不同，估算中国的智能农机与机器人、无人机植保服务、农业物联网、植物工厂和农业大数据等板块占全球农业科技市场的比例分别为 34%、45%、34%、30% 和 30%，市场规模分别为 581 亿元、556 亿元、227 亿元、134 亿元和 62 亿元。将以上市场规模加总，预计 2023 年国内农业科技市场规模可达到 1 560 亿元。在新一代信息科技的推动下，中国的农业生产方式正在发生如下变化：对于农业科技领域的投资布局，中国的科技互联网领军企业在这一方面有所动作。近年来，阿里巴巴、京东、苏宁、联想等中国科技巨头不断加大在农业科技领域的投资布局，物联网、遥感、区块链等先进技术应用于农业领域的案例在全国范围内不断涌现，在农业的生产、流通、消费、服务各个环节都能看到科技的作用力，科技对农业的支撑作用不断提升。

数字农业建设离不开基础设施建设支撑和人才支撑。农村网络基础设施建设是开展农村信息化建设的前提和基础，是推进数字农业发展的物质保障。截至 2019 年年底，行政村通光纤、通 4G 的比例双双超过 98%，城乡数字鸿沟不断缩小。经过连续数年的农民手机应用技能培训，智能手机已经成为农民必不可少的"新农具"。为了更好地支撑农村电商的发展，全国已有约 1/4 的村庄设立了电子商务配送站点。农村信息基础设施的完善，缩小了城乡信息化鸿沟，提升了农村互联网服务水平，让广大农民共享国家信息化发展的成果。我国土地流转采取转包、出租、互换和入股等多种形式，逐步形成了专业大户、家庭农场、农机合作社、农民专业合作社、农企合作、场县共建、农民联合体、场村共建规模经营模式。新型农业经营主体为数字农业发展提供了宝贵的人力资源。国家一直重视培育新型农业经营主体，将新型农业经营主体建设作为建设新农村、发展现代农业的重要力量。我国的农业社会化服务组织超过 115 万个，在推进农业供给侧结构性改革、促进现代农业建设、带动小农户发展等方面，日益发挥着突出的引领作用。

1.5.2　国外数字农业发展现状

国外计算机及信息技术在农业上的应用发展，大致经历了五个阶段：第一阶段，20 世纪 50—60 年代，农业应用计算机技术的重点为农业数据的科学计算，促进农业科技的定量化；第二阶段，70 年代，农业应用计算机技术处理农业数据，重点发展农业数据库；第三阶段，80 年代，以农业知识工程、专家系统的研究为重点；第四阶段，90 年代，应用网络技术，开展农业信息服务网络的研究与开发；第五阶段，21 世纪，采用标准化网络新技术，实施三维农业信息服务标准化网络连接。

数字农业在国外的研究已经达到了较高的水平，具体体现在：应用计算机处理农业数据，建立数据库，开发农业知识工程及专家系统，应用标准化网络技术，开展农业信息服务网络的研究与开发。在信息采集与动态监测方面，遥感发挥了巨大的作用。20 世纪 70 年代，美国发射了 Landsat 系列卫星，以分析植物和土壤反射的太阳光谱进行生物量和农作物、土壤湿度感测。1995 年，美国地球物理环境公司（GER）发射了一个小卫星群，用来监测整个农业的生产过程，同时对农业生产提供信息服务。该系统主要是通过广域网向农户提供耕作、农作物长势、施肥、灌溉、病虫害等信息，方便用户及时采取措施。农作物的生长发育模型与模拟是现在最前沿的农业科技发展领域之一。美国、以色列、荷兰在这方面的研究和应用都处于世界前列，美国已经成功地将其应用到实际生产中。例如，模拟玉米、小麦、水稻等农作物生产的 CERES 模型系统，就是最具代表性的系统之一。荷兰的 SWAN5 是在农作物生长模拟模型和土壤水分、养分转移过程模型研究的基础上完成的两类模型的初步整合，其研究和建立对于目前农作物生长机理模型的改进与农田水肥调控都具有重要作用。

发达国家通过计算机网络、RS 和 CIS 技术来获取、处理和传递各类农业信息的应用技术已进入实用化阶段。美国伊利诺伊州的农户、农场主通过信息网络，随时可以查询农业生产、销售的各种信息，制定生产经营方案。政府和管理部门可以随时调用有关国家、地区的农业资源、农业经济、农业生产和环境动态变化的信息，并利用有关信息预测未来，进行农业管理决策。例如，美国农业部建立了全国耕地、草地、农作物生产等监测网，并通过该网获取或传递各类农业信息。又如，欧洲共同体将信息技术应用于农业列为重点发展规划，将数据库技术、专家系统技术、决策支持技术、CIS 技术、模式识别、图像处理和机器人等应用于农业生产和管理。发达国家的信息高速公路正在迅速伸向农村，美国的卫星数据传输系统已被农业生产者广泛应用，3S 技术在农业环境领域中应用迅速。网络信息技术已成为发达国家农业发展的技术支撑，不仅在技术上完全实用化，而且运行服务机制也比较健全。

发展中国家对信息网络技术应用于农业方面也十分重视。韩国开展了农业信息系统十年计划，菲律宾、印度、巴西、捷克、波兰、土耳其、伊朗、埃及等国都较早地采用了信息技术对农业资源、农业管理和农业生产进行管理与服务。由于网络技术的发展，原先独立分散的网络正逐步连成一片，并向全球互联网过渡。网络技术发展较快，基于分组交换概念的数字网络已经扩展到二维图形显示，二维图形应用于桌面出版和电子表格，三维图形用于专用领域。随着信息的可视化和多媒体化，基于互联网的多媒体技术和应用数据库得到迅速发展，一些传统技术已被图形、动画、声音和图像等新技术所代替。

温室设施及温室自动监控技术发展迅速，已得到广泛应用，如奥地利 Ruttuner 教授设计的 ComplexSystem 和日本中央电力研究所推出的蔬菜工厂等。这类植物工厂采取全封闭生产方式，人工补充光照，实行立体旋转式栽培，不仅全部采用电脑监测，而且利用机器人、机械手进行播种、移栽等作业，基本摆脱了自然条件的束缚。针对数字农业的发展趋势和应用前景，美国、加拿大、荷兰、英国、法国等国家十分重视建立农作系统模型和 GIS 技术的数字农业生产试验系统，并在示范应用中获得显著的社会、经济、生态效益。随着信息技术在农业各个领域的广泛应用，计算机技术、微电子技术、通信技术、光电技术和遥感技术等多项信息技术已广泛应用于农业生产的各个领域。据美国伊利诺伊州统计，有 67% 的农户使用了计算机，其中 27% 使用了网络技术。目前，日本全国电脑自动化技术已在农业生产部门中广泛应用，普及率达到 92%；日本农林水产省的农副产品情报中心已与全国 77 个蔬菜市场、23 个畜产品市场联机，向各县农业协会提供农副产品价格、产地、市场交流等方面的信息。以 GPS 为代表的高科技设备已应用于农业生产，促进精准农业的产生，大大提高了农业生产水平。

1.5.2.1　国外发达国家数字农业建设的现状

第一，运用数字技术，以作物、土壤和大气等环境要素相互作用机理为基础，在模拟各虚拟作物生长、发育过程方面已有深入研究。在生产中，提高了作物生产管理水平和产品品质。作物模型的前沿领域是把生理生态功能与形态模型相结合，向解决机理性和通用性方向发展，在微观水平上与作物育种、基因工程相连接，逐步从机理上量化根—冠信号传递对同化产物分配的影响；以动力学模型为基础的土壤水分、养分运移过程模型与作物生理生态过程及形态发育模型的结合，是国际数字农业相关领域研究的前沿和热点。对动物（畜、禽和鱼）生产过程的模拟处于发展阶段。

第二，将农业信息、知识转化为以遗传算法、模糊逻辑等为基础的智能化的生产工具在农业领域的各个行业得到了普遍的重视和迅速发展，如（动植物）专家系统、智能机械和温室智能控制等。美国、荷兰和日本等国家的温室厂家大多开始采用计算机辅助设计方法，大大优化了生产结构，缩短了设计周期，提高了工作效率，并降低了生产成本。环境信息和生物信息获取的自动化和实时性，生产设备的智能化、精确化和自动化，是数字技术在设施农业中的集中体现。

第三，以信息技术为纽带，将计算机网络、3S 技术和其他信息技术集成，应用于农业资源环境监测和宏观决策管理。3S 技术与现代农业技术和农业工程技术结合，进行农田级水平的精准生产管理，提高农产品产量、品质和改善环境，在北美、欧洲及澳大利亚方兴未艾，带动了农业技术装备的更新换代，某些发展中国家如巴西等也在加大对其的研究力度。精准农业为数字农业的核心，是 21 世纪农业发展的重要方向之一。

第四，把信息技术作为生产力的重要因素，参与农业生产、决策管理和流通的各个环节，研究成果产品化和硬件化是国际上另一个明显的特征。数字农业软件开发进入迅速发展时期，如农场管理、作物种植、畜牧养殖、饲料生产、农产品加工企业管理和林业管理等，提高了农业生产效率和产品质量，使农民获得了较大利润。数字农业技术硬件产品不断推出，特别是田间信息快速获取技术产品、数字化网络终端产品和便携式的数字化技术产品日新月异。

1.5.2.2 美国数字农业发展概述

美国农业的基本情况是：土地资源丰富，人均耕地面积可达 0.66 hm^2，是全球人均耕地面积的 3 倍，是中国人均耕地面积的 6 ~ 7 倍，劳动力紧缺，劳动价格昂贵，工业化水平和农业机械化水平较高，美国农业发展成为以科技代替人力的现代化农业。美国利用互联网技术（如物联网、大数据、区块链等）开展的农业生产已处于世界领先地位。

美国农业生产采取物联网技术和大数据分析，实现了农产品的全生命周期和全产业流程的数据同步和数据共享。物联网技术系统在农业领域的应用非常普遍，涉及农田灌溉、变量施肥喷药、杂草自动识别、病虫害防治等精准控制技术的规模化、产业化应用，通过生物传感器等手段，实时监控农作物生长过程中的土壤情况和生产力状况（水分、温度、氧气浓度等），使用红外成像系统配合卫星鸟瞰观察作物的生长状况，借助生物量地图系统及时判断作物的营养及水分需求，并给出智能解决方案。据统计，美国 69.6% 的农场采用传感器采集数据，进行与农业有关的经营活动。

在农产品流通、销售领域，美国是世界上最早开展农产品电子商务的国家之一，并保持世界领先。早在 20 世纪 80 年代，美国就开始尝试农业电商。2014 年，接入农业电商的农户比例已达 57.6%，大型农产品网站有 450 个，产值达 200 亿美元。按照美国法律规定，由农业部下设的生鲜农产品销售局负责这项工作。农业经营者可以从网上查阅农产品的实时市场信息，并寻找交易对象和时机，提高了商品流通销售的效率。

美国实现了对农业数据的全面收集和整理，也较早完成了农业数据开发。农业信息化基础设施和农业信息数据库的建设是发展信息化农业的基础，早在 19 世纪 90 年代，美国已着手打造农业信息网络，迄今已基本完成了全国性基础设施的铺设。美国已建成世界最大的农业计算机网络系统 AGNET，该系统涉及面广泛，包括美国本土 46 个州和加拿大 6 个省。通过该数据库系统，美国境内所有涉农单位都实现了数据的无障碍查询与使用。

1.5.2.3　日本数字农业发展概述

由于日本人多地少、人口老龄化问题十分突出，所以日本大力发展适度规模经营精细化农业生产方式，提高农业生产技术手段和基础设施现代化。日本以轻便型智能农机为发展重点，结合土壤采集设备、作物生长传感器系统、病虫害防治系统、无人机操作系统等物联网技术手段，针对劳动力不足的现状，力争实现农业的数字化和自动化水平。由于人口老龄化问题突出，日本始终把低人工成本的农业科技研发工作作为农业领域的主攻方向。例如，日本农机企业已经开始推出无人驾驶农机，此类农机具有智能化功能，带有卫星定位系统和各类传感器，只需预先在操作平台上输入操作环境信息等，无人驾驶农机就可以利用全球卫星定位系统在设定的轨道上自动行驶和耕作，有效减少了人力，提高了工作精度。

1.5.2.4　荷兰数字农业发展概述

荷兰是典型的人多地少、可耕地面积贫乏的国家，号称"低地之国"，全国有 27% 的国土低于海平面，但它却是世界人口密度最高的国家之一，其人口密度是我国的两倍以上。荷兰有 58% 的土地用于农业，农业结构中种植业、畜牧业和园艺业占比分别为 12%、54% 和 38%。荷兰全年光照时间只有 1 600 h，远低于我国的平均光照时间 2 600 h，正因如此，荷兰竭尽所能地提高现有土地的利用率和农业附加值，严格规划土地使用，利用农业科技力量大幅提高单位面积的产量，成为全球农业强国。

荷兰的玻璃温室农业是其农业现代化的典范，玻璃温室建筑面积约有 1.1 亿 m²，占全球玻璃温室面积的 1/4，玻璃温室约 60%用于花卉生产，40%主要用于果蔬类作物（主要是番茄、甜椒和黄瓜）生产。荷兰是全世界温室最集中的国家，年产值高达 10 亿欧元。荷兰在 1970 年前后开始实施温室大棚种植，通过欧洲先进的工业自动化技术，以提升自动化生产水平为核心，大力发展温室内部自动化生产装备。荷兰温室作物生产从设施建造到栽培管理大多实现了自动化控制，包括光照系统、加温系统、喷药机、液体肥料灌溉、施肥系统、二氧化碳补充装置、机械化采摘系统、无人运输车、轨道式分选包装系统及冷链系统等各种机械化设备和智能化控制系统。荷兰建立了温室农业高效生产体系，成为世界农业生产机械化、自动化程度领先的国家。以工厂化的设施农业物联网发展模式为代表的数字农业成，为荷兰设施农业生产的主要技术应用模式。

荷兰设施农业物联网的应用主要包括三大方面：一是温室环境的自动化控制。荷兰大部分的农户已经使用 3S 系统，由荷兰政府提供卫星支持，利用其捕捉农田信息，对农田情况进行科学分析，分辨有益和有害行为，从而更精准、更有效地给出种植建议，并进行综合病虫害治理。在设施农业中，普遍使用生物防治，化学农药使用比例较小，只有 10%～20%，物理和生物防控比例基本在 60%～80%。另外，在自动化控制方面，有基于机器人学习的温室黄瓜自动采摘机器人、基于物理的温室知识模型和多幅图像的水果自动识别与计数控制器等设施农业生产智能化技术产品得到发展应用。例如，Jansen 等证实可以利用计算机系统对气相色谱质谱仪获取的温室作物挥发数据进行自动处理，以准确测定温室中与作物健康相关的有机物浓度。二是设施农业智能化节水控水技术的广泛应用。荷兰特别重视水资源的利用，每个家庭都有网络控制的喷淋、滴管滥溉和人工气候系统，灌溉用水需要进行再收集、处理，反复使用，水的计量单位精确到了"滴"。三是养殖场（小区）管理的自动化。荷兰在养殖场（小区）采用计算机自动化管理信息系统，以奶牛为例，对奶牛编号、存档、生长发育、奶产量、饲料消耗、疾病防治、贮藏、流通和销售等各环节进行全程监控，实现农业生产经营全过程自动化和智能化。

1.5.2.5 澳大利亚数字农业发展概述

澳大利亚政府非常重视互联网技术在农业领域的应用，投入大量资金用于卫星定位系统及农业信息监测系统的建设、更新和运行，为农民提供土地测量、资源管理、环境监测、作业调度中的定位服务，可以显著提高作业精度，最大限度节约种子、农药和化肥等农资成本，提高农作物的产量。澳大利亚国家信息与通信技术研究机构（NICTA）利用 Frrnet 平台研发了各种便于农民使用的智能应用软件，农民可免费下载，其他公司也可参加平台上各项应用软件的研发。该平台在电脑、手机等终端都可以使用。澳大利亚农业与资源经济局建立了农业信息平台，包括监测信息系统、预测系统和农产品信息系统等。其中，监测信息系统负责相关情况的监测，如降水量、干旱区域及土地减少的情况等。信息的采集点、采集区域由相关部门确定，信息采集点的监测系统自动采集数据，部分信息由人工更新。信息数据包括卫星系统的信息和土地管理局的信息等，相关的信息可以被其他部门共享，也可以为农业管理部门决策提供参考。另外，澳大利亚农业与资源经济局开发了"多项目分析系统"（MCAS-S），帮助农民评估可种植的土地，可持续发展和环保部使用定位系统 GNSS 来获得水文、海拔、交通、住址和物业等信息的准确定位。在农业产业方面，结合 CPS 精准耕作，使作物布局更加合理，可以获得每一块用地的准确数据；在灾害防治方面，可监测到细微的土地移动情况（在全澳大利亚范围内精确到 0.5 mm），监测地质灾害、山体滑坡及森林火险等，有效保障农作物的生长，避免自然灾害的影响。

1.5.3　黑龙江省数字农业发展情况

黑龙江省是我国重要的商品粮生产基地，2021 年，粮食生产实现"十八连丰"，全省农业科技贡献率达到 69%，主要粮食作物耕种收综合机械化率达到 98%，分别比 2016 年提高 3.5 个百分点和 2.1 个百分点；2022 年，黑龙江省人民政府出台《黑龙江省支持数字经济加快发展若干政策措施》，就做强做优做大数字经济、打造数字经济发展新优势进行规划。在黑龙江省农业生产中构建以"数字"为关键要素、以现代信息网络为重要载体、以信息通信技术为重要推动力的数字农业，是"大粮仓"实现乡村振兴发展数字化、网络化、智能化的有效途径之一，对建设"数字龙江"、率先实现农业现代化具有重大意义。

当前，黑龙江省数字农业发展迎来了前所未有的机遇。党中央、国务院和黑龙江省委、省政府高度重视数字经济发展工作，并作出了一系列重要部署，为发展数字农业创造了良好环境。黑龙江省出台《"数字龙江"发展规划（2019—2025年）》，加快"数字龙江"建设，推动互联网、大数据、人工智能和实体经济深度融合。数字农业是"数字龙江"建设的重要组成部分和亟须补齐的短板，加快数字农业建设，弥合城乡数字鸿沟，让农业、农村、农民共享数字经济发展红利，将为"数字龙江"建设提供有力支撑。

世界主要农业发达国家都将数字农业作为国家战略重点和优先发展方向，将互联网、大数据、遥感、人工智能等现代信息技术广泛应用于农业发展全过程，构筑新一轮产业革命新优势。这就要求黑龙江省继续巩固农业优势，必须顺应世界农业发展趋势，将数字技术与农业生产进行深度融合，通过种、管、收、加、销等农业全产业链的虚拟可视化与流程可追溯化，极大地降低农业生产"靠天吃饭"的不确定性和人为干扰因素，有效释放农业的潜在价值，从而掌握农业发展先机、赢得主动。

1.5.3.1 数字平台已经在农业生产的部分环节建设应用

在数字化赋能农业生产服务方面，黑龙江省探索建立了高标准农业物联网平台、农业生产托管服务平台、农机调度指挥系统、渔业调试指挥平台、植保大数据平台及养殖信息云平台等多个平台，实现了数据云端存储；在全国建设了首个农机调度指挥系统，利用北斗卫星导航系统和全球定位系统双模设备，可以解决多种田间作业监测需求；北大荒农垦集团有限公司建三江分公司七星农场建设完成了国家首批大田农业物联网应用示范项目，通过物联网设备自动采集生成、按设定的程序人工智能输入、管理软件在办公过程中不断更新的方式，形成了以自然环境、生产种植、资源资产和业务管理四个方面为重点内容的农业大数据。

在数字化支撑农村信息服务方面，黑龙江省已建设了 90 个县级中心社和 825 个乡级中心社，初步建成了以村级益农社为基础、乡级中心社为衔接、县级中心社为核心，覆盖全省农业农村的益农信息服务网络，为全面推进信息进村入户整省推进示范工作打牢了基础；2020 年以来，搭建了"全省农业农村系统疫情防控云平台""互联网医院在线问诊""农民劳务输出服务平台"等平台，以及通过工程网站、微信公众号、"惠农助手"App 及触摸屏终端等，累计发布信息 6 396 条，极大限度地做好了新冠肺炎疫情防控期间全省农业农村综合信息服务，初步实现了农业信息服务与"三农"的融合。

在数字化助力农业科技创新方面，以黑龙江省农业科学院为代表的农业科研单位，依托 11 个国家野外观测实验站、12 个物联网监控平台、8 个专业数据管理平台和 1 个综合气象站，已积累了 42 年的土壤肥力、50 年的土壤样本数据，21 年的全省大宗农作物面积、长势、灾害千余景影像数据，6 年的全省耕地休耕轮作、高标准农田建设试点等监管与核查数据，这些积累为数字农业提供了技术和数据支撑。

在数字化支持农业示范推广方面，2020 年，黑龙江省佳木斯市桦南县、绥化市望奎县、齐齐哈尔市依安县和牡丹江市西安区入选国家数字乡村试点，重点在数字乡村体系平台、技术应用、政策制定、制度设计和发展模式等方面积极开展试点；建设了富锦、五常、宁安、讷河和嫩江等数字农业基地项目，重点围绕病虫害防治、精准化种植、自动化控制、高端农产品质量监控等领域推进科研成果应用和技术创新；黑龙江省鹤岗市绥滨县、绥化市海伦市和大庆市林甸县入选农业农村部"互联网+"农产品出村进城工程试点县，重点探索完善农产品供应链体系、运营服务体系和支撑保障体系。诸多较大规模和适度规模经营的农业种植公司、国营农场和农业合作社的数字化发展，为黑龙江省数字农业技术的发展与应用奠定了重要基础。

1.5.3.2　数字技术逐渐在农业生产的部分领域发挥作用

在农业物联网方面，黑龙江省农业农村厅搭建黑龙江省物联网中心云服务平台，以 1 316 个农业高标准示范基地为基础和 321 个物联网样板基地为重点，将 13 个市 60 多个县（区）的农业生产视频监测设备接入省级物联网系统，实现农业生产可视化智能管控；北大荒农垦集团有限公司七星农场以物联网技术为基础，深度融合互联网、3S 和大数据等技术，不断提高农业生产智能化管理水平，建设田间监控点，监控农业生产，覆盖地块面积 8.133 万 hm^2（122 万亩），实现了作物长势的监测全覆盖。

在农业遥感监测方面，以黑龙江省农业科学院农业遥感与信息研究所为代表的农业遥感科研单位，开展了基于多载荷遥感数据的面积、长势、估产、旱情、洪涝灾害、土壤养分等方面的研究与应用，先后完成了黑龙江省主要农作物"一张图"遥感调查、"东北大田规模化种植数字农业试验示范区"建设等工作，打造了集科研、中试、转化、培训和展示功能于一体的"天地空"现代数字农业示范基地，实现了农作物遥感监测的业务化运行。

在智能农机应用方面，大力发展植保无人机，2022 年，黑龙江省植保无人机保有量已超过 2 万台，年作业面积超过 2 亿亩次，成为全国植保无人机保有数量最多、作业面积最大的省份。黑龙江省依托 2020 年开始实施的农机智能终端补助项目，在大型农业机械上安装定位、具有深松自动检测功能，以及具有秸秆还田监测功能的各类终端，实现了深松和秸秆还田补助面积核定的自动化和信息化。

1.5.3.3　数字金融开始在农业生产的经济终端普惠应用

在农村金融改革方面，通过信息化技术与金融机构的合作，进行农户、新型农业主体的精准画像施策，共建低风险、低成本、良性循环的涉农金融环境。目前，七大国有银行已全部将专线接入了黑龙江省农业数据中心，依托土地确权、流转、种植者补贴等数据，开展土地经营权抵押和信用贷款，大幅降低了农民贷款成本，实现了按日计息、即时到账、随借随还。在此基础上，黑龙江省还开发了集"生产托管+农村金融+农业保险+粮食银行"于一体的农业生产全程托管服务。

　　在农产品销售方面，充分发挥龙江"寒地黑土"、绿色生态品牌优势，不断拓宽销售渠道和发展空间，打造线上线下融合农业发展模式，在全省自建的137个活跃电商平台中，涉农电商平台占到56.9%。2020年，全省农产品网络零售额为67.4亿元，同比增长了58.2%，8 857个益农信息社实现电商交易额1.92亿元。综合性扶贫电子商务平台"小康龙江"实现零售额6.56亿元，引导推动贫困村从"种得好"向"卖得好"转变、从"卖产品"向"卖商品"转变、从"大粮仓"向"大餐桌"转变。

2 农业数据的采集与处理

2.1 农业数据分类

我国是农业大国，农业的地位特殊而重要，对农业相关各类数据开展研究与应用有着重要的战略意义。农业数据资源是发展农业大数据的基础，当前，我国正处于由传统农业向现代农业的转型期，利用大数据思维和方法助力农业改革与发展势在必行。通过整合农业数据资源，并对这些数据资源进行分析挖掘，可以更科学地预测和指导农业生产，为政府决策提供科学可靠的依据，为农业经营、服务、科研等提供坚实的数据支撑。

农业数据资料来源广泛、结构复杂、种类多样，蕴含着巨大的价值。以农田数据为例，农田基本信息的采集和处理是人们了解农作物生长环境和长势的基本途径，气候、土壤和生物是构成农业资源的三大主体，它们的集合及表现决定了农业资源环境的质量。随着网络信息化的发展，农业数据资源更是快速增长。从数据生产和应用角度看，农业数据资源可包括农业自然资源与环境、农业生产过程、农业市场和农业管理、农业科研等领域。

2.1.1 农业自然资源与环境数据

农业自然资源与环境数据是与农业源头生产直接相关的数据资源，主要包括土地资源数据、水资源数据、气象资源数据、生物资源数据和灾害数据。

土地资源数据，包括土地类型、地形、位置、地块面积、海拔高度、质量、权属、利用现状等静态数据，土壤水分、温度、pH 值、有机质和化学元素等动态数据。

水资源数据，包括实时雨情数据、实时地下水数据、水利工程、江河水质数据、水功能区水质数据、重要水源地水质数据和入河排污口等水质数据，河流、水库、堤防、湖泊、水闸、灌区名称位置及其参数等防汛数据，检测点水土流失数据、主要河流径流泥沙情况等。

气象资源数据，包括风速、风向、气温、气压、紫外线、雨量和蒸发等基础气象数据，干旱、洪涝、雷暴、风暴、冰雹和冻害等重大气象预警数据，气温、雨水、土壤墒情、光照等级及春种、夏收、夏种、秋收、秋种季节的农用专题气象预报数据等。

生物资源数据，包括大豆、玉米、小麦和水稻等粮食作物及蔬菜、花卉、草、树木、油料作物等经济作物的品种、系谱、形态特征、生长习性、地理分布、种植栽培技术和病虫害防治等数据，猪、牛、羊等牲畜及鸡、鸭、鹅等家禽的品种、系谱、生活习性、形态特征、养殖技术和病害防治等数据，种子、农药、化肥和饲料等农业投入品的品种、特征、结构、成分、适用范围和投入标准等。

灾害数据主要包括常见病害、虫害的危害症状、病原特征、传播途径、发病原因、发病机制和防治方法等数据。

2.1.2　农业生产过程数据

农业生产过程数据是开展农业生产活动本身所产生的数据资源，包括种植业生产过程数据和养殖业生产过程数据。

种植业生产过程数据，包括地块基础数据、投入品数据、农事作业数据和农情监测数据。地块基础数据主要包括权属、位置、地形、地势、海拔、面积、承包人和农作物种类等；投入品数据主要包括种子、种苗、农药、化肥等农用生产资料和农膜、农机、温室大棚、灌溉设施及其他农业工程设施设备等农用工程物资的供应商、采购方式、采购渠道、投入量、投入成本和投入效果等；农事作业数据主要包括清田、犁地、整地、深松、铺膜、移栽、播种、灌溉、施肥、除草、病虫害防治和中耕等农事作业的作业标准、开始时间、完成时间、作业效果和责任人等；农情监测数据主要包括农作物的长势、营养、病虫害、种植面积、倒伏状况和产量预测等。

养殖业生产过程数据，包括投入品数据和圈舍环境数据。投入品数据主要包括兽药、饲料及饲料添加剂等生产资料和养殖设施、环境调节设施等工程物资的供应商、采购方式、采购渠道、投入量、投入成本和投入效果等；圈舍环境数据主要包括气温、相对湿度、气流、畜舍的通风换气量等温热环境数据，光照度、光照时间和畜舍的采光系数等光环境数据，恶臭气体、有害气体、细菌、灰尘、噪声、总悬浮颗粒、SO_2 和 CO 等空气质量数据，畜牧场水源温度、颜色、浑浊度、悬浮物等物理数据，溶解氧、化学需氧量、生化需氧量、铵态氮和 pH 值等化学数据，细菌总数、总大肠菌数和蛔虫卵等细菌数据，畜牧场土壤的有机质、氮、磷、钾等土壤肥力数据。

疫情数据，主要包括疫情发生地点、疫情类别、动物类别、发病动物品种、病名、养殖规模、疫情来源、易感动物数、发病数、病死数、急宰数、扑杀/销毁数、紧急免疫数、治疗数、临床症状、剖检病变、诊断方法、诊断结果、控制措施和处置结果等。

2.1.3 农业市场数据

农业市场数据是与农业生产资料、农产品的市场流通直接相关的数据，包括市场供求信息、价格行情、价格及利润、流通市场，以及国际市场信息等。

农产品流通市场信息是与农产品的收购、运输、储存、销售等一系列环节相关的数据。从宏观上讲，主要包括果蔬农产品、鲜活农产品（肉类、乳制品等）和大宗农产品（玉米、水稻、小麦和大豆等）等主要农产品的主产区及批发市场的规模、交易量、交易价格和供求状况，种养主体、运销主体、仓储主体和批发零售主体的规模、经营范围、成立时间、员工人数、占地面积及地理位置等基本信息，以及产销规模、产品流向、产品流量、成本、收益和信誉等数据。

国际市场信息主要包括全球主要产粮国的粮食产量、库存量、贸易量、消费量、进口量、出口量、价格及其增长速度，以及趋势分析等数据。

便携式农产品全息市场信息采集器（简称"农信采"），是由中国农业科学院农业信息研究所综合应用多种实用信息技术研发的新型农产品市场信息采集设备。该产品具有简单输入、标准采集、全息信息、实时报送和即时传输等功能。集成 GPS 定位技术，精确匹配采集位置，强化农产品信息实地采集，提高了采集数据的质量，有效地驱动了大数据背景下监测预警工作的开展；可与中国农产品监测预警系统（CAMES 系统）无缝对接，做到了多品种、多市场、多区域覆盖，通过并行处理、实时分析和智能研判，及时发现农产品市场运行中的潜在风险，实现快速预警。黑龙江省农业科学院信息中心作为"农信采"合作推广单位，于2015 年正式开展黑龙江省主要农产品价格信息采集工作。为切实做好"农信采"工作，信息中心成立了黑龙江省"农信采"实施工作领导小组，组建了由该单位人员与外聘人员共同组成的 7 人信息采集队伍，设置了 4 处信息采集点，分别为：（1）田头市场采集点：哈尔滨市双城区青岭乡；（2）批发市场采集点：哈尔滨市哈达果菜批发市场；（3）超市采集点：哈尔滨市平房区家乐福超市；（4）摊点零售采集点：哈尔滨东铝农贸市场。现采集四级市场的粮食、食用油、蔬菜、水果、肉类、禽蛋和水产 7 大类 110 种农产品价格信息，截至 2017 年 5 月，已采集农产品价格信息 15 万余条，为我国主要农作物监测、预测做出了基础性工作，也为未来开展大数据研究奠定了基础。"农信采"的推广应用，加速推动了农业市场信息采集方式发生变革，显著提高了数据采集的质量与效率，社会经济效益显著。根据"农信采"监测数据撰写"CAMES 监测日报"和各类分析报告，报送相关部门，决策咨询效果显现。相关报告中形成的诸多观点为联合国粮农组织、经合组织农业展望报告提供了参考资料，以"农信采"数据为基础之一，自 2014 至今，每年定期召开中国农业展望大会，发布中国农业展望报告，对未来十年中国主要农产品市场形势进行展望预测，在深入推进农业供给侧结构性改革、促进农业转型升级上发挥了重要作用。

2.1.4　农业管理数据

农业管理数据是在农业生产经营活动有序开展的基础上所产生的与农业宏观调控相关的数据资源，包括国民经济基本信息、国内生产信息、贸易信息、国际农产品动态信息和突发事件信息等。

国民经济基本数据，主要包括城镇、农村居民人均可支配收入及其增长速度，城镇、农村居民人均消费支出、构成及其增长速度，居民消费价格、农产品生产者价格及其增长速度，农村贫困人口、贫困发生率、全年贫困地区农村居民人均可支配收入及其增长速度等。

国内生产数据，包括小麦、玉米、水稻等粮食作物的种植面积及其增长速度；夏粮、早稻、秋粮等粮食产量；水稻、小麦、玉米等谷物产量及其增长速度，猪、牛、羊、禽肉的产量，禽蛋、牛奶产量及其增长速度，生猪存栏、出栏量及其增长速度等数据。

贸易数据，主要包括国内城镇和农村消费品的零售额及其增长速度，主要商品的进出口总额、数量及其增长速度，主要国家和地区货物进出口金额、增长速度及其比重等数据。

国际农产品动态数据，主要包括大豆、小麦、玉米、棉花、食糖等国际大宗农产品，以及猪肉、鸡蛋、蔬菜、水果等鲜活农产品的价格及走势等数据。

突发事件数据，主要包括自然灾害、环境污染、人畜共患病、食品安全，以及农村社会危机等与农业生产或者农产品消费密切相关、突然发生、造成消费者极大恐慌、危及社会稳定的事件信息。

2.1.5　农业科研数据

农业科研数据是政府部门、各类科研单位、部分研究机构在基础科学研究、基础资源调查中所产生的数据资源，包括作物科学、动物科学与动物医学、农业科技基础、农业资源与环境科学、农业区划科学、农业微生物科学、农业生物技术与生物安全，以及食品工程与农业质量标准等。

作物科学数据，主要包括作物遗传资源、作物育种、作物栽培、作物生物学和作物生理生化等数据。

动物科学与动物医学数据，主要包括动物遗传资源与育种、动物饲料、动物营养、动物饲养和动物医学等数据。

农业科技基础数据，主要包括农业科技统计、农业科技管理、农业科技动态与发展、农业科技专题和农业科技信息资源导航等数据。

农业资源与环境科学数据，主要包括灌溉试验数据、数字土壤数据、土壤肥料数据、农田生态环境数据和农业昆虫数据等。

农业区划科学数据，主要包括农业区划数据、农业资源调查与评价数据、农业土地利用数据、农业区域规划与生产布局数据和农业遥感监测数据等。

农业微生物科学数据，主要包括农作物病原真菌数据、农作物病原细菌数据、农作物病毒数据、检疫微生物数据和生物防治微生物数据等。

农业生物技术与生物安全数据，主要包括植物基因组数据、微生物基因组数据、农作物转基因数据、植物生物反应器数据和生物安全数据等。

食品工程与农业质量标准数据，主要包括农产品质量标准数据、农产品质量检测数据、农作物加工品质数据、农产品加工工艺与设备数据和农产品加工质量安全控制数据等。

总体来说，农业数据的数据来源众多、层次丰富，涉及农产品生产、加工、流通和销售等全产业链；数据的格式涉及地面传感器、卫星影像、无线射频识别技术（RFID）、各种智能终端等的半结构化、非结构化及传统的结构化数据；数据范围涉及省、市、县、乡、村层面的生产流通统计数据、农业信息数据及相关的国外数据。不同来源、层次、级别和类型的数据，共同构成了农业数据的庞大数据集。

2.2　农业数据的特点

农业数据信息既有一般信息的共性，又有不同于一般信息的特性。发展信息化农业，满足农民、农业科技工作者与农业管理部门对农业信息与信息技术的需求，先必须了解农业信息自身的特点和类型，这是成功进行农业信息采集乃至构建农业信息系统的基础。

普适性。农业数据，如某种农作物栽培技术数据、农产品市场数据、土壤改良技术数据、农作物病虫害或畜禽疫情数据等，往往在广大地区被数以千万的农民与农业工作者所需求，其信息价值要大于其他领域的信息。如何采用适合不同地域的信息传播手段，将农业信息有效、迅速地传播出去，是目前亟待解决的问题。

地域性。农业数据与地理位置有关，从宏观角度看，不同的区域在地形地貌、土壤类型、气候状况、主要作物种类、土地利用类型和水资源状况等方面是不同的；从微观角度看，由于微地形的变化和农业投入水平的不同，各地块间甚至是同一地块内的作物的产量存在着显著的差异。因此，任何农业技术、优良品种都要与当地自然、社会条件相结合，否则就不能达到良好的生产效果。当时当地的各种相关的动态信息对于农业生产、农业管理决策至关重要，农业信息的这一特点也增加了采集农业信息的难度，若实现将分散在广阔空间的、复杂的农业信息快速采集、汇总起来，在采集方法与采集体系方面就仍需不断改进。

周期性和时效性。农业数据通常以生物的一个生育期为一个周期，每个生育期又可分为不同的生长阶段，这些生长阶段具有固定的时序特征。超过时限的信息不仅在价值方面有所降低，而且有可能导致决策的错误。目前的问题是，通过各种途径采集到的大量农业数据往往滞后，如旱涝灾情、作物营养亏缺、农作物病虫害或畜禽疫情、土壤退化，以及农业市场价格浮动等。

综合性。农业本身是复杂的综合系统，农业数据往往是多类数据综合的结果，例如，土壤数据包含土壤类型数据、土壤物理数据（质地、耕性等）和土壤化学数据（pH 值、有机质含量、氮磷钾含量等）。并且，农业信息的关联性较强，一个信息往往直接或间接地与多个信息相关，一个信息通常是多种信息的综合。例如，作物长势信息实际上是土壤、气候和农田管理等信息的综合体现。又如，某类农产品市场价格变化趋势信息是获取一个时期多个市场的大量数据，并经一定的数据统计方法综合分析的结果。农业信息的综合性，又从另一个侧面反映了从纷繁复杂的数据资料中提取农业信息的困难性。

滞后性。这是农业数据一个比较隐蔽的性质，例如，土壤施肥点周围的土壤和作物体内营养元素浓度的变化往往具有明显的滞后特征，在进行这类信息的加工处理和决策分析时，必须考虑到农业数据的此类特点。

准确性。数据准确性要求是生命科学的一个重要特点，例如，作物叶面与周围空气温差超过正常值 0.29 就视为异常；土壤 pH 值超过某种作物适宜值 0.4，该作物就难以生存。农业信息横跨了自然科学和社会科学，综合了微观和宏观，在多种因素的影响下，获取准确数据增加了信息采集的实施难度。

2.3　数据采集技术

数据采集一般被定义为将真实世界的物理现象转化为可测量的电气信号，并且转换为数字格式被处理、分析和存储的过程。下面主要分析几种关键技术在田间位置信息、土壤属性信息、作物生长信息、农田病虫草害信息和作物产量信息采集中的应用研究现状，并在此基础上提出田间信息采集技术研究的发展方向。

2.3.1　生物信息的采集

作物生长信息包括作物冠层生化参数（如叶绿素含量、作物水分胁迫和营养缺素胁迫）和植物物理参数（如根茎原位形态、叶面积指数）等。作物长势信息是调控作物生长、进行作物营养缺素诊断、分析与预测作物产量的重要基础和依据。

遥感以其独特优势正逐渐成为农田信息获取的主要手段。利用遥感多时相影像信息，研究植被生长发育的节律特征和近距离直接观测分析作物的长势信息，是目前作物长势信息采集的两个主要方法。在宏观方面，遥感技术与地理信息系统技术相结合，能够在农业资源的宏观统计工作方面发挥重大作用。

目前，国内外许多学者已开始进行高光谱遥感在植被生物物理和生物化学信息提取方面的研究，但大部分还停留在从光谱信息反演作物冠层生化参数这一步。由于航空、航天遥感成本较高，而且信息获取滞后、信息分析处理方法有限，许多学者正着力开展基于地物光谱特征的间接测定作物养分和生化参数的研究。

2.3.1.1　作物氮素营养诊断

叶绿素仪法。由于作物冠层氮胁迫与冠层叶绿素含量有密切的相关性，即用叶绿素仪检测作物冠层叶绿素含量，然后估计作物冠层氮胁迫。但叶绿素仪得到的作物氮素含量是从测试样本的有限个点得到的，因此对整块田间的作物氮含量只能做粗略的估算。

多光谱图像传感器测量。测量作物叶片或作物冠层的光谱反射率，用多光谱图像传感器测量作物的归一化差异植被指数（NDVI）。我国开发的归一化差异植被指数仪在近红外光和红光两个特征波段，通过对太阳入射光和植被的反射光进行探测，得到 NDVI 值，反演出叶面积指数（LAI）、植被盖度、发育程度和生物量等指标，可以对作物长势、营养诊断等方面作出评估。

光谱仪采集。利用光谱仪对紧凑、中间和披散型小麦采集多角度光谱信息，通过构建基于不同观测角度条件下的冠层叶绿素反演指数的组合值，形成上、中、下层叶绿素反演光谱指数，可以反演作物叶绿素的垂直分布。

2.3.1.2　作物水分胁迫

冠层温度能够很好地反映作物的水分状况，通过冠层温度诊断作物是否遭受水分胁迫的技术在国外已经相当成熟。我国也有许多学者研究了冠层温度或冠气温差（冠层温度与空气温度之差）与作物水分亏缺的关系。王卫星等以柳叶菜心为研究对象，利用红外测温仪、土壤含水率传感器等采集不同条件下的土壤含水率、空气温湿度和冠层温度等参数，以确定作物缺水指数经验模型的参数，并针对太阳辐射强度对模型做了改进，研制了蔬菜旱情检测系统，可实时测得田间作物的水分亏缺状态，并且通过田间试验，对相关参数进行连续自动观测，建立了适合我国华北平原夏玉米的作物水分胁迫指数（CWSI）模型。

2.3.1.3　叶面信息

叶面积指数是指单位面积植物叶片的垂直投影面积的总和，是反映作物长势与预报作物产量的一个重要参数。王秀珍使用美国 ASD 背挂式野外光谱辐射仪，获取两年晚稻整个生育期的光谱数据，采用单变量线性与非线性拟合模型和逐步回归分析，建立了水稻 LAI 的高光谱遥感估算模型。

2.3.1.4　根系信息采集

结合作物田间根钻取样与图像扫描分析方法，可以研究不同植物根系的长度、直径和表面积动态，以及深 0 ~ 100 cm 和宽 0 ~ 40 cm 土壤范围内的空间分布特征，与常规直尺测量结果相比，相关系数 R^2 达到 0.899，显示了较好的可靠性。基于多层螺旋电子计算机断层扫描（CT）技术的根系原位形态的可视化研究方法，为准确、快速、无损地实现植物根系原位形态的定性观察和定量测量提供了新思路，并完成植物根系三维骨架的构建工作。

利用计算机视觉图像中植物与背景的颜色信息、形状信息和纹理信息，对植物生长状况进行检测和诊断研究，是植物物理学、植物生理学、生物学、生物数学、信息技术和计算机技术等多学科交叉形成的新研究领域。张彦娥等研究叶片颜色和营养元素含量之间的关系，应用计算机视觉技术研究了诊断温室作物营养状态的方法，分析结果表明：叶片绿色分量 G 和色度 H 分量与氮含量线性相关，可用作利用机器视觉快速诊断作物长势的指标。冯雷等以油菜为研究对象，用计算机多光谱成像技术，对氮等营养成分进行快速、准确和非破坏诊断，建立能准确反映植物营养状况的检测模型和施肥程度的定量描述模型。

2.3.2 气候信息的采集

农田气候一般指距农田地面几米内的空间气候，是各种动物、植物和微生物赖以生存的空间气候。农田气候要素包括太阳辐射、大气温度、大气湿度和风速等，随着时间、地点和空间的变化而发生变化，对农田作物生长、发育与产量的影响巨大。一个完整的气象数据采集系统主要由硬件和软件两部分组成，仅从硬件方面来看，目前的气象数据采集系统主要包括集散式和总线式两种体系结构。

集散式数据采集系统是计算机网络技术的产物，由数据采集站、上位机及通信线路组成。数据采集站通过以单片机为核心的采集器采集和处理分散配置的各个传感器信号，并将数据以数字信号的形式传送给上位机。上位机为个人计算机，配有打印机和绘图机等，用来将各个数据采集站传送来的数据集中显示在显示器或用打印机打印成各种报表存储。数据采集器与上位机之间可以采用串行、并行和无线等多种通信方式传送数据，这种结构的特点是拥有系统模块化、可靠性高、友好而丰富的人机接口。另外，集散式数据采集系统使用数字信号传输代替模拟信号传输，有利于克服常模干扰和共模干扰，因此这种系统特别适合在恶劣环境下工作，现有的气象数据采集系统大都采用这种结构。而总线式数据采集系统则是通过总线挂接各种功能模块（板），来采集和处理分散配置的各个传感器信号，最突出的优点是解决了现场的网络通信问题。就基层气象站的数据采集而言，应用总线技术后，现场总线一直延伸到采集设备，总线设备的智能化及信号传输的全数字化，避免了模拟信号长距离传输中存在的信号衰减、精度下降等问题，从而提高了数据采集的精度。采用总线技术的自动气象数据采集系统，可以实现结构简单、工作可靠、耗电量低、组网通信方便。

利用传感器连续测量温度、湿度、气压、雨量、风向和风速等气象要素值，将外界实时的气象要素转变为物理量（如电阻、电压、频率和脉冲信号等），然后对输入信号进行整形、转换或放大，转为数据采集器可以直接测量的物理信号。同时，该系统通过定时/计数器根据不同的气象要素观测要求，控制其采样间隔时间，对采集到的信号进行线性化和定标处理，实现工程量到要素量的转换，通过自动计算、存储各个气象要素的平均值（极值、累加值等）后，得到各个气象要素的实测值；处理后的数据通过 RS-232 接口或无线通信方式，将采集到的数据传送到上位计算机后，由计算机按照一定的格式存储、显示和打印等，配合气象地面业务软件完成地面台站的业务使用。

2.3.3　土壤信息的采集

土壤信息的采集方法应根据采集目的和要求而定。一般来说，根据采集目的，土壤采样有三种类型：一是为研究判定土壤的分类、分区提供基础依据，或为研究土壤肥力障碍因子而从土壤剖面上采集的土壤样品；二是从植物营养角度，为研究或了解土壤养分状况、肥力特征、缺素诊断等而从一定区域内采集的土壤耕层样品；三是从环境角度，为研究土壤环境背景值，调查土壤污染物种类、污染程度等而专门采集的土壤样品。这里主要介绍第二种土壤信息采集的原则和方法。

2.3.3.1　农田网格的划分

在地理信息系统中生成施肥处方图，有两种数据类型：一种是矢量格式的处方，另一种是栅格格式的处方。最终生成哪种格式的施肥处方，应根据具体需求而定，一般情况下，是由变量施肥机需要的处方图格式决定的。在生成处方图的过程中，两种格式的施肥处方都需要确定处方单元的大小。处方单元大小的确定，先要参考采样间距的大小，网格大小不要与采样间距相差过大。当网格过小，插值结果的可靠性低，意义不大；当网格过大，会浪费土壤采样信息，从而降低施肥处方的准确性。另一个参考因素是变量施肥机的幅宽，处方单元的长度应该是变量施肥机幅宽的整数倍，这有利于变量施肥机实施变量作业。研究表明，以 36 m × 36 m 的农艺处方单元进行变量施肥，平衡效果良好率在 90% 以上。

2.3.3.2　网格采样与区域采样

采集耕层的多点混合样品，要求在同一地形单元和同一土壤品种上合适布点。布点原则按地块形状和大小而确定，主要有两种布点方式，即梅花形布点和 S 形布点。其中，梅花形布点适于面积较小的长方形地块，如山区、河谷地块和科研试验地等。布点数目视地块大小以 5 ~ 8 点为宜，对于有特殊要求的试验小区，可分小区单独布点采集。S 形布点适于面积较大、土壤性质变化较小的平原地区或形状狭长的地块。采样点依 S 形分布，样点数一般不少于 8 个点。在各点采集土样时，应尽量做到深度一致、上下土体一致，避免采集特殊区域（如施肥点、粪堆）的土样，样品混合应均匀。

采用网格采样方法，在采样网格内采用区域取样方法。具体方法如下：在 GPS 的指引下，在采样网格内，按照梅花形采样方法取 5 个样本，取样深度为 20 cm。

具体取样方法及要求是：先用锹垂直地面向下挖出深约 20 cm 的一锹土，然后去除上面、前面和左右两边的多余土壤，保留厚 2～3 cm、宽 10 cm、深 20 cm 的长方体耕层土壤，作为一个土壤采样样本。为得到同一网格土壤样本的平均值，消除小距离范围内的土壤变异，将施肥网格内按照梅花型采样获得的 5 个采样点的土壤样本充分混合后，铺成正方形，画对角线分成 4 份，舍弃对角的 2 份，保留2 份。如果土样还多，按此方法继续舍弃，直到土样剩余 0.5 kg 左右，将这一土样作为一个网格的土壤样本。

2.3.3.3　土壤测试指标

土壤信息主要是表征土壤状况和性质的一系列参数，包括土壤质地、结构和有机质含量等。对某一特定土壤而言，这些都是基本固定不变的参数，一般不必多次测定。而诸如土壤含水量、含盐量，以及土壤养分含量等，则随时间变化而不断出现变化，这些信息的采集必须进行多次动态测定。

为了表征土壤养分分布，往往需要测试如下指标：pH 值、有机质、全氮、全磷、全钾、碱解氮、有效磷、速效钾、钙、镁、硫、硼、铜、铁、锰，以及锌等。上述全部指标的测试成本较高，试验和实际使用时难以承担。为了降低采样和测土成本，便于将来推广变量施肥技术，可以选用 5 个主要指标进行养分测试，即pH 值、有机质、碱解氮、有效磷和速效钾。

2.3.3.4　正确的取样时间

取样时间一般为每年 10 月 1 日以后至封冻之前。土壤中的有效养分随着水热条件和作物吸收而变化，10 月 1 日以后气温降低，作物已经成熟，不再从土壤中吸收养分，此时土壤中的有效养分趋于稳定，测定的结果可以代表该土壤的供肥水平。因此，在国内外中纬度地区，测土施肥都主张秋收后取样。例如，加拿大阿尔伯塔省农业与农村规划部规定："春播耕地在 10 月 1 日之后取样，秋播耕地在播前一个月取样。"我国吉林省测土施肥工作开展得比较早，也是在秋收后取样。据报道，从 4 月至 9 月连续测定土壤中有效磷、速效钾，其含量范围分别为0～2.1 mg/kg 和 1～26 mg/kg，春季养分最高，9 月养分最低。土壤速效氮的季节变化与上述情况基本相似。

2.3.3.5 取样方法和深度

传统规定耕地耕作深度通常为 15 ~ 20 cm，荒地 15 cm，免耕农业 7.5 cm，如果测定可溶性盐深度，应达到 30 ~ 120 cm。

取样用的工具要满足如下条件：（1）每个样点的土芯体积相等；（2）使用方便，取样迅速；（3）达到要求的深度与上下截面积一致。因此，最好用土钻取样。在没有土钻的情况下，用锹取样时，先挖开相当于或略深于耕层的土坑，沿土坑边切下厚 2 cm 的土片，在土片中间留下宽 2 cm 的土条，即形成 2 cm × 2 cm 的土芯为一个土样。如果是垄作地块，应考虑在垄台、垄帮和垄沟分别取样，组成一个混合单样，为了简便，也可只从垄帮取样。

2.3.3.6 土壤信息获取的内容及方法

目前，国内外开展精准农业的实践研究，大多是从农田土壤特性的空间变异开始的，研究内容主要集中在土壤水分、土壤养分（氮、磷、钾等）、电导率、pH 值、耕作阻力与耕层深度等要素的快速采集方面。

土壤水分测量。土壤水分是土壤的重要组成部分，土壤水分传感器技术是测量土壤水分的关键技术。土壤水分传感器技术的研究与发展，直接关系到精准农业变量灌溉技术的研究与发展，也与节水灌溉技术密切相关。目前，土壤水分传感器的种类很多，根据其测量原理不同，土壤水分的测量方法可分为四类：第一类，基于时域反射仪（TDR）原理的测量方法。该方法目前在国际上比较流行，且技术较为成熟，性能优越，但生产成本高，已有商业化产品。目前使用的 TDR 土壤水分仪主要有美国 SEC 公司生产的 TRASE 系统，仪器探头长度为 15 ~ 70 cm，测量精度可达 98%。当前的主要问题是降低生产成本。目前，我国土壤水分的测量研究主要是在 TDR 基础上开发经济实用的基于驻波比、频域法原理、近红外技术的快速测量仪。第二类，基于中子法技术的测量方法。中子土壤水分仪能及时采集数据，不扰动被测土壤，测量深度不限，田间操作简单，携带方便。第三类，基于土壤水分张力的测量方法。该方法的特点是产品价格低，但测量响应速度较慢。第四类，基于电磁波原理的测量方法。采用该方法的土壤水分传感器测量精度可达到 2%左右，且响应速度快，产品成本也较低，适于便携式田间土壤水分采集，但该方法的测量结果受土壤密度的影响较大。

土壤养分测量。土壤养分的快速测量一直是精准农业信息获取技术的难题。在西方发达国家，精准农业之所以能够得到广泛应用，其中一个重要的原因就是土壤信息的数字化和长期积累。国外非常重视土壤养分的快速测量研究，日本东京农业大学的 Shibusawa 在 1999 年研究成功了应用近红外反射技术的土壤水分、有机质、pH 值和硝态氮的快速测量方法。目前采用的测量仪器主要有三类：第一类，基于光电分色等传统养分速测技术的土壤养分速测仪，国内已有产品投入使用，对农田主要肥力因素的快速测量具有实用价值，但其稳定性、操作性和测量精度尚待改进。河南农业大学开发的便携式 YN 型土壤养分速测仪相对误差为 5%～10%，每个项目测试所需时间比传统的实验室化学仪器分析，在速度上提高了 20 倍。第二类，基于近红外技术，通过土壤或叶面反射光谱特性直接或间接进行农田肥力水平快速评估的仪器，已在试验中使用。例如，Hummel 等通过近红外土壤传感器测量土壤在 1 603～2 598 nm 波段的反射光谱，预测土壤有机质和水分含量，测量相对误差分别为 0.62% 和 5.31%。第三类，基于离子选择场效应晶体管（ISFET）集成元件的土壤主要矿物元素含量测量仪器，在国外已取得初步进展。Birrell 等研究的 ISFET/FIA 土壤分析系统，可以在 1.25 s 的时间内完成土壤溶液硝酸钠浓度的分析，基本上可以满足实时采样分析的要求。

土壤电导率测定。土壤电导率能不同程度地反映土壤中的盐分、水分、有机质含量、土壤质地结构和孔隙率等参数的大小。有效获取土壤电导率值，对于确定各种田间参数时空分布的差异具有一定意义。快速测量土壤电导率的方法有如下三种：第一种，电流—电压四端法。该方法属于接触式测量方法，虽为接触测量，但不需要取样，基本不用扰动土体，而且在作物生长前和生长期间都可以实现实时测量，可测量不同深度的土壤电导率。其要求土壤和电极之间接触良好，在测量干燥或多石土壤电导率时可靠性差。目前，我国已经开发了一种基于电流—电压四端法的适合较小地块应用的便携式土壤电导率实时分析仪。第二种，基于电磁感应原理的测量方法。该方法属于非接触式测量方法，测量精度高，可测量不同深度的土壤电导率，但测量深度不如电流—电压四端法容易确定。Myers 等利用电磁感应的方法，实现了电导率的非接触式检测，该传感器与土壤生产力指数联系起来，能综合反映土壤容重、持水量、盐度、pH 值等参数。第三种，基于 TDR 原理的测量方法。该方法测量精度高，可在同一点连续自动测量，但由于是点对点测量，绘制的土壤电导率图空间分辨率比上述两种方法低。

土壤 pH 值检测。土壤 pH 值检测大多采用 pH 试纸或 pH 玻璃电极，前者只能定性检测，后者不能在线测量。因此，这两种方法均无法满足精准农业对农田信息获取技术的要求。目前，适合精准农业要求的方法有光纤 pH 传感器和 pH 敏感场效应晶体管（ISFET）电极。其中，光纤 pH 传感器虽然易受环境光干扰，但在精度和响应时间上基本能满足田间实时、快速采集的需要。现已研制出适于 pH 值为 1～14 的不同区间的 pH 值测量的光极，测量精度高，响应时间短，可进行连续、自动测量。

耕层深度和耕作阻力测定。土壤耕层深度和耕作阻力的测定，可以通过测量圆锥指数（CI）来实现。CI 可以综合反映土壤机械物理性质。研究表明，它可用于表征土壤耕层深度和耕作阻力。CI 是用圆锥贯入仪（简称圆锥仪）来测定的，圆锥仪的研制工作不断发展，从手动贯入到机动贯入，从目测读数到电测记录，出现了多种多样的圆锥仪。

2.4 数据存储技术

2.4.1 数据存储的基本概念

2.4.1.1 数据

数据（Data）是数据库中存储的基本对象，是描述事物的符号记录。数据有多种表现形式，包括数字、文字、图像和声音等。为了方便计算机存储和处理日常生活中的事物，通常抽象出事物的特征，组成一个记录来描述。例如，在教师档案中，用姓名、性别、出生年份、所在系别和工作时间来描述一个教师的基本情况，用记录形式表示为：（江某，男，1988，电子系，2010）。这里的教师记录就是数据，结合其含义就可知道该教师的个人情况，如果不了解其语义，则无法理解该记录的含义。可见，数据的形式还不能完全表达其内容，需要经过解释才能完整表达，所以数据和关于数据的解释是不可分的。数据的解释是指对数据含义的说明，数据的含义称为数据的语义，数据与其语义是不可分的。

2.4.1.2 数据库

数据库（DB）是长期存储在计算机存储设备上的、有组织的、可共享的数据集合。数据库中的数据按一定的数据模型组织、描述和储存，具有较小的冗余度、较高的数据独立性和易扩充性，并可共享。

2.4.1.3 数据库管理系统

数据库管理系统（DBMS）是位于用户与操作系统之间的一层数据管理软件，研究如何科学地组织和存储数据，如何高效地获取和维护数据。它是数据库系统的一个重要组成部分，主要具有数据定义、数据操纵、数据库的运行管理，以及数据库的建立和维护等功能。

2.4.1.4 数据库系统

数据库系统（DBS）是指在计算机系统中引入数据库后的系统，一般由数据库、数据库管理系统（及其开发工具）、应用系统、数据库管理员（DBA）和用户构成。数据库系统的常见结构如图 2-1 所示。

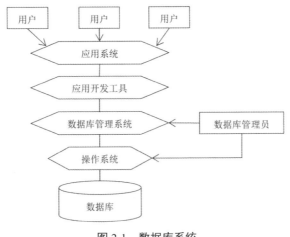

图 2-1 数据库系统

2.4.1.5 数据库的概念模型

信息世界中的基本概念。（1）实体，实体是客观世界中存在的且可相互区分的事物，既可以是人，又可以是物；既可以是具体事物，又可以是抽象概念。（2）属性，实体所具有的某一特性称为属性。一个实体可以由若干个属性来刻画。（3）码，唯一标识实体的属性集称为码。（4）域，属性的取值范围称为该属性的域。（5）实体型，用实体名及其属性名集合来抽象和刻画同类实体称为实体型。（6）实体集，同一类型实体的集合称为实体集。（7）联系，现实世界中事物内部及事物之间的联系，在信息世界中反映为实体内部的联系和实体之间的联系。实体内部的联系通常是指组成实体的各属性之间的联系，实体之间的联系通常是指不同实体集之间的联系。

概念模型的表示方法。概念模型能够方便、准确地表示信息世界中的常用概念。概念模型的表示方法很多，其中最为著名最为常用的是 P. P. S. Chen 于 1976 年提出的实体—联系方法。该方法用 E-R 图来描述现实世界的概念模型，E-R 方法也被称为 E-R 模型，如图 2-2 所示。

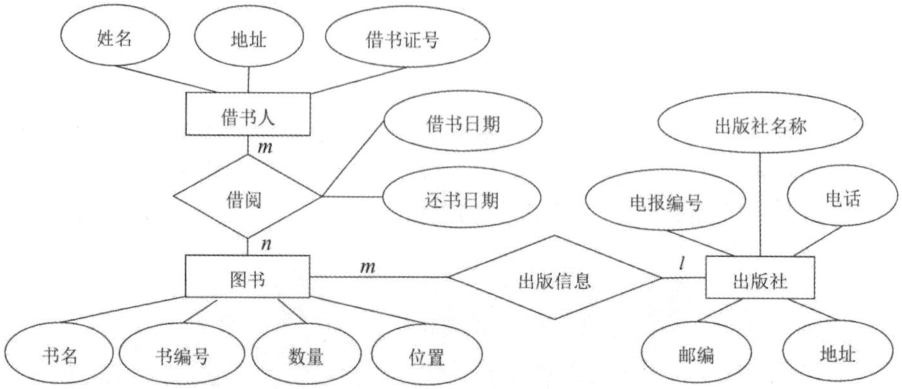

图 2-2　模型实例

2.4.1.6　数据库的数据模型

数据模型的概念和组成要素。数据模型是现实世界数据特征的抽象，是数据库系统的核心和基础，各种 DBMS 软件都是基于某种数据模型而创建的。数据模型精确地描述了系统的静态特性、动态特性和完整性约束条件，通常由数据结构、数据操作和完整性约束三部分组成。

数据结构。数据结构是对系统静态特性的描述，是所研究对象类型的集合。这些对象是数据库的组成部分，包括两类：一类是与数据类型、内容和性质有关的对象，如层次模型中的数据项、关系模型中的关系；另一类是与数据之间联系有关的对象，如网状模型中的关系模型。数据结构是刻画一个数据模型性质最重要的方面。因此，在数据库系统中，通常按照数据结构的类型来命名数据模型。例如，层次结构的数据模型命名为层次模型，关系结构的数据模型命名为关系模型。

数据操作。数据操作是对系统动态特性的描述，是对数据库中各种对象（型）的实例（值）允许执行的操作的集合，包括操作和有关的操作规则。数据主要有检索和更新（包括插入、删除、修改）两大类操作。数据模型必须定义这些操作的确切含义、操作符号、操作规则，以及实现操作的语言。

数据的约束条件。数据的约束条件是一组完整性规则的集合。完整性规则是给定的数据模型中数据及其联系所具有的制约和储存规则，用以限定符合数据模型的数据库状态及状态的变化，以保证数据的正确、有效和相容。数据模型应该反映和规定本数据模型必须遵守的基本的、通用的完整性约束条件。例如，在关系模型中，任何关系必须满足实体完整性和参照完整性两个条件。此外，数据模型还应提供定义完整性约束条件的机制，以反映具体应用所涉及的数据必须遵守的特定的语义约束条件。

常用的数据模型。目前，在数据库领域，最常用的数据模型有五种，它们是层次模型、网状模型、关系模型、面向对象模型和对象关系模型，其中，层次模型和网状模型统称为非关系模型。非关系模型的数据库系统盛行于20世纪70至80年代初。在非关系模型中，实体用记录表示，实体的属性对应记录的数据项（或字段）。实体之间的联系，在非关系模型中转换成记录之间的两两联系。在非关系模型中，数据结构的单位是基本层次联系。自20世纪80年代以来，面向对象的方法和技术在计算机各领域产生了深远的影响，促进了数据库中面向对象数据模型的研究和发展。

下面，简要介绍层次模型、网状模型和关系模型。

层次模型。层次模型是数据库系统中最早出现的数据模型，用树形结构表示各类实体以及实体间的联系。层次数据库系统的典型代表是 IBM 公司的 IMS 数据库管理系统。在数据库中定义满足如下两个条件的基本层次联系的集合为层次模型：有且只有一个结点没有双亲结点，这个结点称为根结点；根以外的其他结点有且只有一个双亲结点。

网状模型。网状数据库系统采用网状模型作为数据的组织方式，典型代表是DBTG 系统，是20世纪70年代由 DBTG 提出的一个系统方案，奠定了数据库系统的基本概念、方法和技术。网状模型是满足如下两个条件的基本层次联系的集合：允许一个以上的结点无双亲；一个结点可以有多于一个的双亲。可以看出，网状模型与层次模型的区别：网状模型允许多个结点没有双亲结点，网状模型允许结点有多个双亲结点，网状模型允许两个结点之间有多种联系（复合联系），网状模型可以更直接地去描述现实世界。层次模型实际上是网状模型的一个特例。与层次模型一样，网状模型中每个结点表示一个记录型（实体），每个记录型可包含若干个字段（实体的属性），结点间的连线表示记录型（实体）之间一对多的父子关系。

关系模型。关系数据库系统采用关系模型作为数据的组织方式。1970年，美国 IBM 公司 SanJose 研究室的研究员 E. F. Codd 首次提出了数据库系统的关系模型。目前，计算机厂商新推出的数据库管理系统几乎都支持关系模型。关系模型是建立在严格的数学概念的基础上的。在用户观点下，关系模型中数据的逻辑结构是一张二维表（见表2-1）。它由行和列组成，每行描述一个具体实体，每列描述实体的一个属性，如教师（职工号、姓名、年龄、系别）。对于表示关系的二维表，最基本的要求是，关系的每个分量必须是一个不可分的数据项，不允许表中再有表。其中，关系是关系模型中最基本的概念。

表 2-1 教师登记表

职工号	姓名	年龄	系别
09001	赵谦	26	历史系
09002	孙立	27	中文系
……	……	……	……

2.4.2 数据存储的实现方式

2.4.2.1 空间数据库

空间数据库概述。空间数据库是地理信息系统在计算机物理存储介质上存储的、与具体应用相关的地理空间数据的总和，一般是以一系列特定结构的文件形式组织在存储介质之上的。空间数据库管理系统是能够对物理介质上存储的地理空间数据进行语义和逻辑上的定义，提供必需的空间数据查询检索和存取功能，以及能够对空间数据进行有效维护和更新的一套软件系统。空间数据库管理系统的实现是建立在常规的数据库管理系统之上的，除了需要完成常规数据库管理系统所必备的功能之外，还需要提供特定的针对空间数据的管理功能。

空间数据库与一般数据库相比，具有如下特点：第一，地理系统是一个复杂的综合体，要用数据来描述各种地理要素，尤其是要素的空间位置，其数据量往往很大。第二，不仅有地理要素的属性数据（与一般数据库中的数据性质相似），而且有大量的空间数据，即描述地理要素空间分布位置的数据，并且这两种数据之间具有不可分割的联系。第三，数据应用广泛，如地理研究、环境保护、土地利用与规划、资源开发、生态环境、市政管理，以及道路建设等。

通常有两种空间数据库管理系统的实现方法：一种是直接对常规数据库管理系统进行功能扩展，加入一定数量的空间数据存储与管理功能，运用这种方法比较有代表性的是 Oracle 系统等；另一种是在常规数据库管理系统之上添加一层空间数据库引擎，以获得常规数据库管理系统功能之外的空间数据存储和管理能力，有代表性的是 ESRI的SDE 系统等。由地理信息系统的空间分析模型和应用模型所组成的软件，可以看作空间数据库系统的数据库应用系统，通过它不仅可以全面地管理空间数据库，而且可以运用空间数据库进行分析与决策。

空间数据的管理。空间数据的管理以给定的内部数据结构或空间图形实体的数据结构为基础，通过合理的组织管理，力求有效实现系统的应用需求。假如内部数据结构是寻求一种描述地理实体的有效的数据表示方法，那么空间数据管理就是根据应用要求建立实体的数据结构与实体之间的关系，并把它们合理地组织起来，以便于应用。

通用的 DBMS 对数据的操作，基本上是对实体属性值的检索或者根据实体之间的关系对属性值的检索。在空间信息的分析应用中，常常要求的是实体之间关系的值，而不是实体的属性值。例如，"找出一组实体中距某个点最近的点"或"找出两个高程值之间的土地面积"。通常，在处理这类问题时，并不是把所有可能的两两之间的距离或面积都计算好存储起来，因为用户的询问、查询是多种多样的，无法作出硬性的规定，不可能也没必要——排列组合去计算。显然，这将大大增加存储量。在地理信息系统中，一般只存储实体的基本属性（如坐标、名称和参数值等），至于实体间的关系值，可以在需要时再通过适当的算法计算。这样，处理方法不仅简单，而且数据量也小。

目前，地理信息系统的数据管理基本采用数据文件管理方式。设计者根据应用目的，采取自己认为最方便、最有效的数据组织和存储管理方法，所以每个系统各不相同。例如，同样是采用矢量数据结构的地理信息系统，与之相关的实体属性的编码方法、字节安排、记录格式、数据文件的组织都不一定完全一样，数据组织往往与采用的算法相联系。有些系统把图形实体的几何特征数据和属性特征数据组织在同一记录中（如地理信息检索和分析系统 GRAS），有的则完全分开（如 ARC/INFO 的 ARC 和 INFO 系统），有的在同一记录中存在部分属性数据（如 Intergraph 公司的 Microstation 系统）。

2.4.2.2　数据仓库技术

1. 数据仓库的概念。数据仓库是指在支持管理的决策生成过程中，一个面向主题的、集成的、时变的、非易失的数据集合。在这个定义中，数据的相关含义为：面向主题的，是指仓库是围绕企业主题（如顾客、产品、销售量）而组织的；集成的，是指来自于不同数据源的面向应用的数据集成在数据仓库中；时变的，是指数据仓库的数据只在某些时间点或霎时间区间上是精确的、有效的；非易失的，是指数据仓库的数据不能被实时修改，只能由系统定期刷新，刷新时将新数据补充进数据仓库，而不是用新数据代替旧数据。数据仓库的最终目的是将全体数据集成到一个数据仓库中，用户可以方便地从中进行信息查询、产生报表和进行数据分析等。数据仓库是一个决策支撑环境，它从不同的数据源得到数据、组织数据，使得数据有效地支持企业决策。总之，数据仓库是进行数据管理和数据分析的技术。

2. 数据仓库的优点。数据仓库的成功实现能带来的主要益处有：提高决策能力，数据仓库集成多个系统的数据，给决策者提供较全面的数据，让决策者完成更多更有效的分析；竞争优势，由于决策者能方便地存取许多过去不能存取的或很难存取的数据，进而作出更正确的决策，因而能带来巨大的竞争优势；潜在的高投资回报，为了确保成功实现数据仓库，必须投入大量的资金，但是据国际数据公司（IDC）的研究，对数据仓库 3 年的投资利润可达 40%。

3. 数据仓库的结构。数据仓库的结构包括数据源、装载管理器、数据仓库管理器、查询管理器、详细数据、轻度和高度汇总的数据、归档/备份数据、元数据，以及终端用户访问工具等。

1）数据源。数据源一般是联机事务处理（OLTP）系统生成和管理的数据（又称操作数据）。数据仓库中的源数据来自：中心数据库系统的数据，据估计，被操作的数据大多数在这些系统中；各部门维护的数据库或文件系统中的部门数据；在工作站和私有服务器上存储的私有数据；外部系统（像互联网、信息服务商的数据库或企业的供应商或顾客的数据库）中的数据。

2）装载管理器。装载管理器又称前端部件，可完成所有与数据抽取和装入数据仓库有关的操作，有许多商品化的数据装载工具，可根据需要选择和裁剪。

3）数据仓库管理器。数据仓库管理器可完成管理仓库中数据的有关操作，具体包括：分析数据，以确保数据的一致性；从暂存转换、合并源数据到数据仓库的基表中；创建数据仓库的基表上的索引和视图；若需要，非规范化数据；若需要，产生聚集；备份和归档数据。数据仓库管理器可通过扩展现有的 DBMS，如关系型 DBMS 的功能来实现。

4）查询管理器。查询管理器又称后端部件，可完成所有与用户查询的管理有关的操作。这一部分通常由终端用户的存取工具、数据仓库监控工具、数据库的实用程序和用户建立的程序组成，它完成的操作包括解释执行查询和对查询进行调度。

5）详细数据。在仓库一个区域中存储所有数据库模式中的所有详细数据，这些数据通常不能联机存取。

6）轻度和高度汇总的数据。在仓库的一个区域中存储所有经仓库管理器预先轻度和高度汇总（聚集）过的数据。这个区域的数据是变化的，随执行查询的改变而改变。将数据汇总的目的是提高查询性能。

7）归档/备份数据。仓库的一个区域存储为归档和备份用的详细的汇总过的数据，数据被转换到磁带或光盘上。

8）元数据。此区域存储仓库中的所有过程使用的元数据（有关数据的数据）。元数据被用于：数据抽取和装载过程，将数据源映射为仓库中公用的数据视图；数据仓库管理过程，自动产生汇总表；作为查询管理过程的一部分，将查询引导到最合适的数据源。

9）终端用户访问工具。数据仓库的目的是为决策者做出战略决策提供信息。这些用户利用终端用户访问工具与仓库打交道。访问工具有五类：报表和查询工具、应用程序开发工具、执行信息系统（EIS）工具、联机分析处理（OLAP）工具、数据挖掘工具。此处的执行信息系统工具，又称每个人的信息系统的工具，是一种可按个人风格裁剪系统的所有层次（数据管理、数据分析、决策）的支持工具。

4. 数据仓库 DBMS。数据仓库的数据库管理软件选择比较简单，关系数据库是常用的选择，因为大多数的关系数据库都很容易与其他类型的软件集成。当然，数据仓库数据库的潜在尺寸也是一个问题。在选择一个 DBMS 时，必须考虑数据库的并行性、执行性能、可缩放性、可用性和可管理性等问题。数据仓库需要处理大量数据，而并行数据库技术可以满足在性能上增长的需要。并行 DBMS 可同时执行多个数据库的操作，将一个任务分解为更小的部分，这样就可由多个处理器来完成这些小的部分。并行 DBMS 必须能够执行并行查询，同时还有并行数据装载、表扫描和数据备份/归档等。有两个常用的并行硬件结构作为数据仓库的数据库服务器平台：对称多处理机（SMP），一个紧耦合处理机的集合，它们共享内存和磁盘空间；大规模并行处理机（MPP），一个松耦合处理机的集合，它们各有自己的内存和磁盘空间。

2.5 数据处理技术

2.5.1 数据预处理技术

大数据问题和模型的处理，本质上对数据质量的要求更为苛刻，这体现在其要求数据的完整性、独立性和有效性。所谓数据完整性是指数据包括所有需要采集的信息，而不能含缺省项；所谓数据独立性是要求数据间彼此不互相重复和粘连，每个数据均有利用价值；所谓数据有效性则是指数据真实，并且在各个方向上不偏离总体水平，在拟合函数上不存在函数梯度的毛刺现象。

针对上述需求，数据的预处理工作显得尤为重要。一方面，数据的预处理工作可以帮忙排查出现问题的数据；另一方面，在预处理过程中，可以针对出现的

"问题数据"进行数据优化，使其变成所需的数据，从而提高数据质量。

数据的预处理过程比较复杂，主要包括数据清洗、数据集成、数据归约、数据变换，以及数据的离散化处理，如图 2-3 所示。数据的预处理过程主要是对不能采用或者采用后与实际可能产生较大偏差的数据进行替换和剔除：数据清洗是对"脏数据"利用分类、回归等方法进行处理，使采用数据更为合理；数据集成、归约和变换是对数据进行更深层次的提取，从而使采用样本变为高特征性能的样本数据；而数据的离散化则是去除数据之间的函数联系，使得拟合更有置信度，不受相关函数关系的制约。

图 2-3 数据的预处理过程

2.5.2 数据挖掘技术

数据挖掘（也称数据开采）技术与数据仓库一样，是近年来数据管理与应用技术的新的研究领域，反映了人们对信息资源需求的深入。种类信息系统的出现，不仅带来了信息处理的便利，而且带来了宝贵的财富，即大量的数据。这些大量的数据反映了信息的构成，并且成为信息资源，有效地利用这些数据是信息资源管理与应用的重要组成部分。这些数据背后隐藏着大量的知识，需要研究一定的方法，能够自动地分析数据、发现和描述这些数据中所隐含的规律与发展趋势，对数据进行更高层次的分析，以便更好地利用这些数据。

2.5.2.1 数据挖掘的概念

从技术的角度考虑，数据挖掘是从大量的、不完全的、有噪声的、模糊的、随机的实际数据中，提取隐含在其中的、尚不完全被人们了解的，然而却是潜在有用的信息和知识的过程。数据是人们获取知识的源泉，然而数据的来源是多样化的，既有结构化的，又有半结构化的，还可以是异构的数据源。发现知识既可以采用数学的方法，又可以采用非数学的方法；既可以是归纳的，又可以是演绎的。知识的挖掘可以应用到信息管理、查询优化、决策支持及过程控制等诸多领域。因此，数据挖掘是一门交叉学科。

2.5.2.2 数据挖掘的功能

数据挖掘是知识发现的过程，这个过程包括数据清理、数据集成、数据变换、数据挖掘、模式评估和知识表示。通过这个过程，可以发现的模式类型如下：特征化与区分，通过数据特征化、数据区分和特征化与比较的方法来实现；关联分析，确定存储数据的关联规则，提出规则的概念、意义、鉴别方法和实现技术；分类与预测，分类与预测是预测问题的两种主要类型，分类主要是预测分类标号（基于离散属性的），而预测是建立连续值函数模型，预测给定自变量对应的因变量的值；聚类分析，采用数据统计中聚类分析的方法，提出对数据聚类的标准确定、主要聚类方法的分类和数据对象的划分方法等处理；孤立点分析，在数据对象中，对基于统计、距离和偏离的孤立点的检测标准的确定和方法的选择；演变分析，描述行为随时间变化的规律与趋势，并建立相关模式，它包括时间序列数据分析、序列或周期模式匹配和类似的数据分析。

2.5.2.3 数据挖掘系统的分类

数据挖掘是多学科交叉的边缘学科，从概念、技术和方法等方面与众多学科发生关联，如图 2-4 所示。

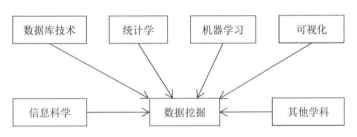

图 2-4 数据挖掘与其他学科的关联

由于数据挖掘问题与多个学科相关，因此数据挖掘研究产生了大量的、不同类型的数据挖掘系统。第一，根据挖掘的数据库类型分类。数据库系统可以根据不同的标准进行分类，数据模型不同（如关系的、面向对象的、数据仓库等），应用的类型也不同（如空间的、时间序列的、文本的、多媒体的等），每一类需要对应的数据挖掘技术。第二，根据挖掘的知识类型分类。根据数据挖掘的功能（如特征化、区分、关联、聚类、孤立点分析和演变分析等），构造不同类型数据挖掘模型。第三，根据所用的技术分类。根据用户交互程序（如自动系统、交互探察系统和查询驱动系统等），使用相应的数据分析方法（如面向对象数据库技术、数据仓库技术、统计学方法和神经网络方法等）描述。一般应采用多种数据挖掘技术及集成化技术，构造各种类型的数据挖掘模型。第四，根据应用分类。不同的应用一般需要采用对于该应用特别有效的方法，通常根据应用系统的需求与特点确定数据挖掘的类型。

2.5.3　图像处理技术

图像处理，又称影像处理，是指利用计算机对图像进行分析，以达到所需结果的技术。图像处理一般指数字图像处理。数字图像是指用工业相机、摄像机、扫描仪等设备经过拍摄得到一个大的二维数组，该数组的元素称为像素，其值称为灰度值。图像处理技术一般包括图像压缩，增强和复原，匹配、描述和识别三个部分。

2.5.3.1　图像处理的概念

广义来说，计算机图像处理泛指一切利用计算机来进行与图像相关的过程、技术或系统，它与各个领域都有很深的交叉与渗透，例如，工业生产、生物医学、智能监控、虚拟现实和生活娱乐等。计算机图像处理包括对数字图像的处理、对数字图像的分析与理解、结合传感设备对实际事物的数字化图像采集，以及对图像处理结果的数字化表达等。

2.5.3.2　图像处理常用方法

图像变换。由于图像阵列很大，直接在空间域中进行处理涉及的计算量很大。因此，往往采用各种图像变换的方法，如傅里叶变换、沃尔什变换、离散余弦变换等间接处理技术，将空间域的处理转换为变换域处理，不仅可减少计算量，而且可获得更有效的处理（如傅里叶变换可在频域中进行数字滤波处理）。目前，新兴研究的小波变换在时域和频域中都具有良好的局部化特性，在图像处理中有着广泛而有效的应用。

图像编码压缩。图像编码压缩技术可减少描述图像的数据量（即比特数），以便节省图像传输、处理时间和减少所占用的存储器容量。压缩既可以在图像不失真的前提下获得，又可以在允许的失真条件下进行。编码是压缩技术中最重要的方法，它在图像处理技术中是发展最早且比较成熟的技术。

图像增强和复原。图像增强和复原的目的是提高图像的质量，如去除噪声、提高图像的清晰度等。图像增强不考虑图像降质的原因，突出图像中所感兴趣的部分。例如，强化图像高频分量，可使图像中物体的轮廓清晰、细节明显；强化低频分量，可减少图像中噪声的影响。图像复原要求对图像降质的原因有一定的了解，一般而言，应根据降质过程建立"降质模型"，再采用某种滤波方法恢复或重建原来的图像。

图像分割。图像分割是数字图像处理中的关键技术之一。图像分割是将图像中有意义的特征部分提取出来，其有意义的特征有图像中的边缘、区域等，是进一步进行图像识别、分析和理解的基础。虽然目前已研究出不少边缘提取、区域分割的方法，但还没有一种普遍适于各种图像的有效方法。因此，对图像分割的研究还在不断深入中，是目前图像处理中研究的热点之一。

图像描述。图像描述是图像识别和理解的必要前提。作为最简单的二值图像，可采用其几何特性描述物体的特性；对于一般图像，可采用二维形状描述，有边界描述和区域描述两类方法；对于特殊的纹理图像，可采用二维纹理特征描述。随着图像处理研究的深入发展，一些学者已经开始进行三维物体描述的研究，提出了体积描述、表面描述和广义圆柱体描述等方法。

图像分类（识别）。图像分类（识别）属于模式识别的范畴，其主要内容是图像经过某些预处理（增强、复原、压缩）后，进行图像分割和特征提取，从而进行判断分类。图像分类常采用经典的模式识别方法，有统计模式分类和句法（结构）模式分类。近年来，新发展起来的模糊模式识别和人工神经网络模式分类在图像识别中越来越受到重视。

2.5.3.3　图像处理在农业中的应用

地理信息系统中遥感影像的处理。在地理信息系统中，通过对遥感图像的处理，可以统计农作物的种植面积和耕地的数据信息。农作物种植面积获取是农作物估产的重要基础性工作之一，是农作物遥感估产的前提和出发点。农作物种植面积的获取是在地理信息系统的支持下，以遥感影像数据为主，以地面测试数据、社会经济统计数据为辅，经济、快速、准确地获取有关农作物种植面积的过程。遥感影像的图像匹配技术通过一定的匹配算法，在两幅或多幅图像之间识别同名点，如在二维图像匹配中通过比较目标区和搜索区中相同大小的窗口的相关系数，取搜索区中相关系数最大所对应的窗口中心点作为同名点。其实质是在基元相似性的条件下，运用匹配准则的最佳搜索问题。该技术可用于农业场景全景图像的拼接，在统计农作物的种植面积和耕地的数据信息中发挥着重要的作用。

图像特征提取与专家经验相结合，实现农业中的鉴别与评价。通过提取表面特征，实现农作物特性和生长过程的监测与评价，区别出植物与土壤、杂草与农作物，以及鉴别叶片上的斑点等；通过对农业资源的调查和评估、处理卫星遥感影像，来估计农作物的种植面积、虫害范围和绿化情况等；用于农产品的外观分类、定级和质量检测，如成熟度指标、不同品种的鉴别（尤其是种子）；用于农场农业数字化、现代化和信息化建设，如调查农田地块、道路、水利、林地、水库和住宅区等详细地面空间信息。

图像识别技术。用于从图像中分辨出农作物的类别和生长状况，为虚拟作物的研究提供基础数据。该技术应用于农业科技和新闻图像信息检索等方面，如病虫害的图像诊断等，在农业机器人的研究和机器视觉的实现方面，具有重要的意义。

基于内容的图像检索技术。直接采用图像所包含的特征来检索图像，通过分析图像的这些低层特征信息，建立图像的特征矢量作为其索引。该技术可以完善搜索引擎的图像检索功能，还可以应用于农业科技情报研究者的资料检索，快速诊断出农作物的营养状况，判断出农作物的类别，寻找出具有某种形状特征的所有资料图片等。

2.5.4　常用数据处理软件

统计分析类软件是农业数据处理工作应用最广泛的软件。多数软件系统具备数据访问和录入、数据管理、数据挖掘和分析、数据呈现等基本功能。本小节简单介绍部分国内外应用广泛的统计分析软件。

2.5.4.1　Microsoft Office Excel

Microsoft Office Excel 是微软公司的办公软件 Microsoft Office 的组件之一，是为 Windows 和 macOS 操作系统的计算机而编写和运行的一款电子表格软件。直观的界面、出色的计算功能和图表工具，再加上成功的市场营销，使 Excel 成为最流行的计算机数据处理软件，其主要特点概括起来有以下几方面：

方便的图形界面。Microsoft Office Excel 的图形界面是标准的 Window 窗口形式。大多数操作只要使用鼠标单击窗口上相应的按钮即可实现，极大地方便了用户的使用。其菜单中包含了所有的常用选项，不仅可以显示或隐藏工具栏，而且还可以向工具栏中添加工具按钮或删除工具栏中的按钮，以便在执行有关操作时只要用鼠标单击相应的按钮即可完成。另外，Microsoft Office Excel 所有菜单的下拉子菜单都是折叠式的，更加突出常用选项和扩大用户的操作视野。

采用大型表格管理数据。2003 及以下版本其每张工作表由 65 536 行和 256 列组成，因而每张表格可容纳 65 536×256 个单元格，并且每个单元格可容纳 32 767 个字符。在单元格中，不仅可以存放数值、文字、图形和图表，而且可以根据需要将单元格中的文本旋转任意角度。利用折行和旋转文本，可以减少诸如标题等较长文本所需的水平空间，以便为明细数据提供更多的空间。同时，Microsoft Office Excel 允许为每个单元格设置多种丰富多彩的格式，既可以通过相关选项自行设置所需的格式，又可以套用 Microsoft Office Excel 内置的现成格式。

强大的数据处理功能。Microsoft Office Excel 提供了丰富的函数，其中包括财务、日期与时间、数学与三角函数、统计、查找与引用、数据库、文本，以及逻辑等各个方面。如果内部函数不能满足要求，还可以使用 Visual Basie 建立自定义函数。通过这些内部函数，可以创建并完成各种复杂的运算。Microsoft Office Excel 还提供了功能齐全的分析数据工具，利用这些工具，不用编程，也不用掌握很多数学计算方法，只要简单地制定所需要的参数，通过选择选项或按钮即可得到最终结果。

数据共享与超链接功能。利用数据共享功能，可以使多个用户使用同一个工作簿文件，最后完成共享工作簿的合并工作。利用超链接功能，可以创建用于切换到对等网络、企业网或互联网上的其他 Office 文件的超链接。超链接可以是单元格中的文本或图形，也可以通过公式来创建。

预防宏病毒的功能。Microsoft Office Excel 在打开可能包含病毒的宏程序工作簿时，将显示警告信息，用户在打开这些工作簿时可以选择不打开其中的宏，预防感染宏病毒。

2.5.4.2 SAS

SAS（Statistical Analysis System）是美国 SAS 软件研究所研制的用于数据分析与决策支持的大型集成式模块化软件包，能够完成以数据为中心的四大任务，即数据访问、数据管理、数据分析和数据呈现，广泛应用于政府行政管理、科研、教育、生产和金融等不同领域。SAS 系统中提供的主要分析功能，包括统计分析、经济计量分析、时间序列分析、决策分析、财务分析和全面质量管理工具等。

SAS 系统是一个组合软件系统，由多个功能模块组合而成。BASESAS 模块是 SAS 系统的核心，承担着主要的数据管理任务，并管理用户使用环境，进行用户语言的处理，调用其他 SAS 模块和产品。也就是说，SAS 系统的运行，先必须启动 BASESAS 模块。它除了本身具有数据管理、程序设计及描述统计计算功能以外，还是 SAS 系统的中央调度室。

SAS 系统具有灵活的功能扩展接口和强大的功能模块。在 BASESAS 的基础上，可以增加如下不同的模块，以增加不同的功能：SAS/STAT（统计分析模块）、SAS/GMPH（绘图模块）、SAS/QC（质量控制模块）、SAS/ETS（经济计量学和时间序列分析模块）、SAS/OR（运筹学模块）、SAS/IM（交互式矩阵程序设计语言模块）、SAS/FSP（快速数据处理的交互式菜单系统模块）、SAS/AF（交互式全屏幕软件应用系统模块）等。

在教育、科研领域，特别是自然科学领域，SAS 软件已成为专业研究人员进行数据处理和统计分析的标准软件。SAS 系统的功能特点主要表现在以下方面：

模块式结构。SAS 系统提供了 20 多个模块，各个模块之间既相互独立，又相互交融补充，其功能覆盖了信息处理和信息系统开发的各个环节。适当地组合 SAS 系统的模块；可用于数据输入、数据检索、数据管理、数据分析、图形显示、图形分析、报表生成、统计计算、工程计算、质量控制、市场研究、调查分析、建立预测模型、信息管理系统，以及行政信息系统等。

数据接口丰富。SAS 系统对 50 多种数据源提供了引擎，包括如下方面：关系型数据库，如 DB2 和 Oracle；层次数据库管理系统，如 IMS 和开放数据库连接（ODBC）；多种操作系统的文件类型，如 VSAM；外部文件格式，如.DBF 和.DIF 等。SAS 系统能轻而易举地访问常见的 DBF 文件、Excel 工作表、文本文件等。

语言编程能力强。SAS 系统有 100 多种函数、各种算术和逻辑操作符，可以使用赋值语句、条件语句、数组和循环语句等。SAS 提供多个统计过程，每个过程均含有极丰富的选择项。用户可以通过对数据集的一连串加工，实现更为复杂的统计分析。SAS 语言程序简法、书写自由，它不是把各种算法简单地罗列，而是在 SAS 系统控制之下灵活自如地处理数据，可以从各个角度对数据进行比较分析和挖掘。

统计分析方法丰富、使用简单。SAS 系统汇集了大量的统计分析方法，从简单的描述性统计到复杂的多变量分析，提供了使用简便的统计分析过程，如方差分析、t 检验、回归分析、因子分析、判别分析、聚类分析、主成分分析和置信区间计算等。

2.5.4.3　SPSS

SPSS 是由美国斯坦福大学的 3 位研究生于 20 世纪 60 年代末开发的，他们成立了 SPSS 公司，并于 1975 年在芝加哥组建了 SPSS 总部。1984 年，SPSS 总部首先推出了世界上第一个统计分析软件计算机版本（SPSS/PC+），引领了 SPSS 计算机系列产品的开发方向，极大地扩充了它的应用范围，并使其很快地应用于自然科学、技术科学和社会科学的各个领域，世界上许多有影响的报纸、杂志纷纷就 SPSS 的自动统计绘图、数据的深入分析、方便使用等给予了高度的评价与称赞。迄今，SPSS 软件已有 30 多年的成长历史，全球约有 25 万家产品用户，它们分布于通信、医疗、银行、证券、保险、制造、商业、市场研究、科研教育等多个领域和行业，是世界上应用最广泛的专业统计软件。

SPSS 是世界上最早采用图形菜单驱动界面的统计软件，最突出的特点就是操作界面极为友好、输出结果美观漂亮。它将几乎所有的功能都以统一、规范的界面展现出来，使用 Windows 的窗口方式展示各种管理和分析数据方法的功能，对话框展示各种功能选择项。用户只要掌握一定的 Windows 操作技能，了解统计分析原理，就可以使用该软件为特定的科研工作服务。SPSS 采用类似 Excel 表格的方式输入与管理数据，数据接口较为通用，便于从其他数据库中读入数据，其包括了常用的、较为成熟的统计过程，完全可以满足非统计专业人士的工作需要；输出结果十分美观，存储时采用专用的.spo 格式，可以转存为.html 格式和文本格式。

SPSS for Windows 是一个组合式软件包，集数据整理、分析功能于一身。用户可以根据实际需要和计算机的功能选择模块，以降低对系统硬盘容量的要求，有利于该软件的推广应用。SPSS 的基本功能包括数据管理、统计分析、图表分析和输出管理等。SPSS 统计分析过程包括描述性统计、均值比较、一般线性模型、相关分析、回归分析、对数线性模型、聚类分析、数据简化、生存分析、时间序列分析和多重响应等大类，在每类中又分为多个统计过程，如回归分析又分线性回归分析、曲线估计、Logistic 回归、Probit 回归、加权估计、两阶段最小二乘法和非线性回归等，并且每个过程又允许用户选择不同的方法及参数。

SPSS for Windows 的分析结果清晰、直观、易学易用，并且可以直接读取 Excel 及 DBF 数据文件，现已推广到多种操作系统中。SPSS for Windows 由于操作简单，已经在我国的社会科学、自然科学的各个领域发挥了巨大的作用，该软件还可以应用于经济学、生物学、心理学、地理学、医疗卫生、体育、农业、林业、商业和金融等各个领域。

SPSS 的特点包括如下方面：（1）操作简便，除了数据录入及部分命令程序等少数输入工作需要键盘键入外，大多数操作可通过鼠标拖曳、单击"菜单""按钮"和"对话框"来完成；（2）编程方便，具有第四代语言的特点，告诉系统要做什么即可，不需要告诉系统怎样做，只需了解统计分析的原理，不要求通晓统计方法的各种算法，就可得到需要的统计分析结果。对于常见的统计方法，SPSS

的命令语句、子命令及选择项的选择，绝大部分由"对话框"操作完成。因此，用户不用花费大量时间记忆大量的命令、过程和选择项；（3）功能强大，其具有完整的数据输入与编辑、统计分析、报表与图形制作等功能，自带 11 种类型的 136 个函数。SPSS 提供了从简单的统计描述到复杂的多因素统计分析方法，如数据的探索性分析、统计描述、列联表分析、二维相关分析、秩相关分析、偏相关分析、方差分析、非参数检验、多元回归、生存分析、协方差分析、判别分析、因子分析、聚类分析、非线性回归和 Logistic 回归等；全面的数据接口，能够读取及输出多种格式的文件，例如，由 dBASE、FoxBASE 与 FoxPRO 产生的.dbf 文件、文本编辑器软件生成的 ASCII 数据文件、Excel 产生的.xls 文件等，均可转换成可供分析的 SPSS 数据文件，结果可保存为.txt、.ppt、.html 等文件；灵活的功能模块组合，SPSS for Windows 软件分为若干个功能模块，用户可以根据自己的分析需要和计算机的实际配置情况灵活选择；针对性强，SPSS 对于初学者、熟练者和精通者都较适用，对于很多群体来说，只需要掌握简单的操作就能进行相关的分析，而对其操作熟练者或精通者也较喜欢 SPSS，因为可以通过编程来实现更强大的功能。

3 数字农业发展中的关键技术

近年来，以物联网、人工智能、3S 技术、云计算为代表的信息技术层出不穷，信息技术的推广应用逐步渗透到农业的各个场景中，深刻改变了传统农业的生产经营方式，推动农业不断朝着精准化、自动化、高效的方向发展。

3.1 3S 技术

3.1.1 3S 技术概述

3S 技术是遥感技术（RS）、地理信息系统（GIS）、全球定位系统（GPS）的统称和集成。3S 技术融合了空间技术、传感器技术、卫星定位与导航技术、计算机技术和通信技术，是多学科的综合应用。随着技术进步，RS、GIS、GPS 相关技术不断走向技术集成，构成 3S 技术体系，可以实现对空间信息进行快速准确地采集、处理、管理、分析、传播和应用。3S 技术的研究和应用始于 20 世纪 60 年代，其发端于测绘行业，现已广泛应用于国土、城市规划、交通、林业和军事多个行业，在国民经济建设、资源环境管理和灾害预警监测方面发挥了重要作用。在农业领域，3S 技术可以为现代农业建立与之相适应的地理信息系统，为农业的规划、设计、管理、生产和决策过程提供更为精确的信息，在农业领域的应用优势非常明显。从 20 世纪 80 年代起，3S 技术在我国农业领域开始有应用，历经多年发展，产生了巨大的经济效益和社会效益，成为推动"数字农业"发展的重要手段。

3.1.2 地理信息系统

地理信息系统（Geographic Information System 或 Geo-Information System，GIS）是融合了信息科学、计算机科学、现代地理学、测绘遥感学、空间科学、环境科学和管理科学等而形成的一门新兴交叉系统。GIS 以地理空间数据库为基础，在计算机软件、硬件技术的支持下，采集、存储、管理、检索、显示和分析整个或部分地球表面相关的空间与非空间数据，是用于解决复杂规划、管理与决策问题的综合信息系统。它是由一些计算机程序和各种地学信息数据组织而成的现实空间信息模型，通过这些模型，用可视化的方式，对各种空间现象进行定性和定量的模拟与分析。

GIS 按其内容可以分为以下三大类：

专题地理信息系统。它具有有限目标和专业特点，为特定的专门目的服务，如水资源管理信息系统、矿产资源信息系统、作物估产信息系统、草场资源管理信息系统、水土流失信息系统、环境管理信息系统和森林动态监测信息系统等。

区域地理信息系统。它主要以区域综合研究和全面信息服务为目标，可以有不同规模，如国家级、地区级、省级、市级或县级等为不同级别行政区服务的区域信息系统，如加拿大国家信息系统；也有按自然分区或以流域为单位分区的区域信息系统，如我国黄河流域信息系统等。实际上，许多地理信息系统是介于上述二者之间的区域性专题信息系统，如北京市水土流失信息系统、京津唐区域开发信息系统、海南岛土地评价信息系统等。

地理信息系统工具软件。它是一组具有图形图像数字化、存储管理、查询检索、分析运算和多种输出等地理信息系统基本功能的软件包，是专门设计研制的用来作为地理信息系统的支撑软件，以建立专题或区域性的地理信息系统。国内外研制开发的商品化的 GIS 软件平台多达数百种，如美国环境系统研究所开发的 ARC/INFO、美国 Maplnfo 公司开发的 Maplnfo、澳大利亚 GENASYS 公司开发的 Genamap，以及我国北京超图地理信息技术有限公司开发的 SuperMap、武汉测绘科技大学 GIS 研究中心研制的吉奥之星（GeoStar）等。基于通用地理信息系统软件建立区域或专题地理信息系统，不仅可以节省软件开发成本、缩短系统开发周期、提高系统开发效率，而且易于地理信息技术的推广。

GIS 是以地理空间数据库为基础，在计算机软件、硬件的支持下，对相关空间数据按地理坐标或空间位置进行预处理、分析、运算、显示和更新等，与普通的信息系统相比，除了具有信息的一般特征之外，还具有采集、管理、分析和输出多种空间信息的能力，具有空间分析、多要素综合分析和预测预报的能力，为宏观决策管理服务，并能够快速、准确实现空间分析和动态监测研究。

完整的 GIS 主要由 GIS 硬件系统、GIS 软件系统、地理空间数据库和系统管理人员四部分组成，其核心是 GIS 硬件系统、GIS 软件系统、地理空间数据库反映了 GIS 的地理内容，系统管理人员决定了系统的工作方式和信息表示方式。GIS 的组成如图 3-1 所示。

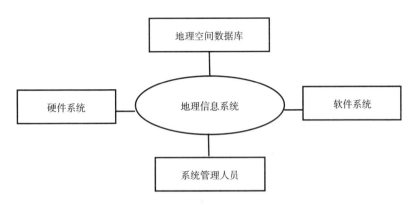

图 3-1 地理信息系统的组成

GIS 硬件系统。GIS 硬件系统构成了 GIS 的物理外壳，是实际的物理装置的总称。其硬件配置一般包括四个方面，即计算机、数据输入设备、数据存储设备和数据输出设备。计算机是硬件系统的核心，用于数据的处理、加工和分析等，目前运行 GIS 的主机包括大型机、中型机、小型机、工作站、微型机及掌上机；GIS 的数据输入设备主要包括鼠标、键盘、数字化仪、扫描仪、手写笔、光笔、通信接口、GPS 接收机和其他专用测量仪器等；GIS 的数据存储设备主要包括电脑硬盘、磁带机、光盘、移动硬盘和磁盘阵列等；GIS 的数据输出设备主要包括显示器、打印机和绘图仪等。

GIS 软件系统。GIS 软件系统是指 GIS 运行所必需的各种程序，是 GIS 的核心部分，用于执行 GIS 功能的各种操作。GIS 软件由两大部分组成，一是计算机系统软件，二是 GIS 系统软件和应用分析软件。

地理空间数据库。地理空间数据是指以地球表面空间位置为参照的自然、社会和人文景观数据，可以是图形、图像、文字、表格和数字等，由系统的建立者通过数字化仪、扫描仪、键盘、磁带机或其他通信系统输入 GIS，是系统程序作用的对象，是 GIS 所表达的现实世界经过模型抽象的实质性内容。

系统管理人员。人是 GIS 中重要的构成因素，包括开发人员、应用研究人员和终端用户，他们的业务素质和专业知识背景是 GIS 工程及其应用成功的关键。地理信息系统从其设计、建立、运行到维护的整个生命周期，处处都离不开人的作用，仅有系统软件、硬件和数据，还构不成完整的地理信息系统，需要通过人进行系统组织、管理、维护和数据更新、系统扩充完善、应用程序发，并灵活采用地理分析模型提取多种信息，为决策与管理服务。

3.1.3　遥感技术

"遥感（Remote Sensing，RS）"一词是由美国学者 EvelynL.Pruitt 于 1960 年提出，并在 1962 年美国密歇根大学等单位举行的环境科学讨论会上被正式采用。所谓遥感，就是指一切无接触的远距离的探测技术。广义来讲，遥感是在不接触的情况下，对目标物进行远距离感知的一种探测技术；狭义而言，遥感是指利用传感器获取目标物反射或辐射的电磁波信息，通过对信息的分析与处理，揭示出物体的特征性质及其变化的综合性探测技术。

自然界中存在许多遥感现象。例如，海豚在海水中依靠声音探测目标、导航定位；蝙蝠利用发射、接收超声波，在黑暗环境中实现目标距离的判定与方位感知；人眼通过接收物体反射或发射的可见光，来感知和记忆各种物体；人们使用相机进行拍照等。

一个完整的遥感系统，由传感器、载体和指挥系统三部分组成。一个人就可以看作一个完整的遥感系统，眼睛、耳朵等器官是传感器，身体是载体，大脑是指挥系统。

传感器是记录地物反射或发射电磁波信息的装置，是遥感系统的主要功能组成部分。根据传感器的工作方式不同，可以分为主动式传感器和被动式传感器两类。主动式传感器是由人工辐射源向目标物发射辐射能量，然后接收从目标物反射回来的能量，如激光雷达、微波散射计等；被动式传感器是接收自然界地物所辐射的能量，如摄像机、多波段光谱扫描仪、红外光谱仪等。

载体又称遥感平台，是装载传感器的运载工具，按高度的不同，可分为近地面平台、航空平台和航天平台。近地面平台是指在地面上装载传感器的固定或可移动装置，如汽车、轮船和地面观测台等；航空平台主要包括飞机、气球和飞艇等；航天平台主要包括探测火箭、人造地球卫星、宇宙飞船和航天飞机等。

指挥系统是指挥和控制传感器与平台并接收其信息的指挥部。现代遥感的指挥系统一般均为计算机系统，例如，在卫星遥感中，由地面控制站的计算机向卫星发送指令，以控制卫星载体运行的姿态和速度，命令将星载传感器探测的数据和来自地面遥测站的数据向指定地面接收站发射；地面接收站接收卫星发送来的全部数据信息，送交数据中心进行各种预处理，然后提交用户使用等，均由指挥系统来控制。

遥感信息获取是遥感技术系统的基础，遥感平台以及传感器是确保遥感信息获取的物质保证。遥感平台是装载传感器进行遥感探测的运载工具，按照飞行高度的不同可分为近地面平台、航空平台和航天平台。每种平台都有各自的特点和用途，根据需要既可以单独使用，又可以配合使用，组成多层次的立体的观测系统。传感器是收集和记录地物电磁辐射能量信息的装置,是信息获取的核心部件。在遥感平台上装载传感器,按照指定的飞行路线运转进行探测,即可获取所需的遥感信息。遥感图像根据传感器是否主动发射电磁波分为两类:一类为被动成像,即以被动方式收集和记录地物目标反射太阳辐射或自身发射从可见光到红外光的辐射能量而成像的遥感技术,如相机摄影成像和扫描成像等;另一类为主动成像,即传感器的天线主动发射电磁波,并接收该波照射到的地物目标后返回的后向散射波而成像,如雷达成像。各种成像类型的机理各不相同。

遥感信息处理是指通过各种技术手段,对遥感探测所获得的信息进行各种处理。例如,为了消除探测中的各种干扰和影响,使其信息更准确可靠而进行的各种校正处理;为了使所获遥感图像更清晰,以便于识别和判读、提取信息而进行的各种增强处理等。为了确保遥感信息应用的质量和精度,充分发挥遥感信息的应用潜力,遥感信息处理是必不可少的。遥感信息处理主要是对遥感图像进行处理,分为遥感光学图像处理和遥感数字图像处理两大类。遥感光学图像处理是依靠光学仪器或电子光学仪器,采用光学方法进行处理。遥感数字图像处理是用计算机对图像数据进行处理和分析,应用范围非常广泛。与遥感光学图像处理相比,遥感数字图像处理具有更简捷、快速、可重复处理等优点,并且可以完成一些光学处理方法无法完成的特殊处理。

3.1.4　全球定位系统

全球定位系统(GPS)是精准农业技术体系的关键技术之一。在农田生产管理过程中,利用 GPS,可以精确定位作业者或农业机械的所在位置,并能够实时定位,实施定位处方农作。GPS 为实践农田作物生产的精确定位管理,提供了基本的条件。

GPS 系统由 GPS 卫星组成的空间部分、若干地面监控站组成的地面监控部分和以 GPS 接收机为主体的用户部分组成。各部分有各自独立的功能和作用,但又有机配合成为一个缺一不可的整体系统,如图 3-2 所示。

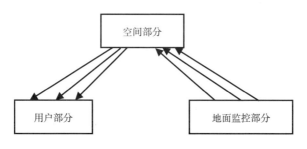

图 3-2　GPS 系统的组成

空间部分。GPS 空间部分由 24 颗 GPS 卫星组成，其中包括 21 颗工作卫星和 3 颗备用卫星。这些卫星分布在 6 个轨道平面内，在每个轨道面上分布 4 颗卫星。卫星轨道面相对地球赤道面的倾角为 55°，各个轨道平面升交点之间的角距为 60°，相邻轨道之间的卫星要彼此叉开 30°，以达到全球均匀覆盖的要求，轨道的平均高度约为 20 200 km，卫星运行周期为 11 h 58 min。因此，在同一观测站上，每天出现的卫星分布图形相同，只是每天约提前 4 min。每颗卫星每天约有 5 h 在地平线以上，同时位于地平线以上的卫星数目随时间和地点而异，最少为 4 颗，最多可达 11 颗。

地面监控部分。GPS 卫星的地面监控系统包括 1 个主控站、3 个注入站和 5 个监控站（监测站）。对于导航定位来说，GPS 卫星是动态已知点，卫星的位置是由卫星星历计算出来的，每颗 GPS 卫星所播发的星历是由地面监控系统提供的。整个地面监控部分如图 3-3 所示。卫星上的各种设备是否正常工作、卫星是否一直沿着预定轨道运行，都要由地面设备进行监测和控制。地面监控系统的另一个重要作用是保持各颗卫星处于同一时间标准，即 GPS 时间系统。这就需要地面站监测各颗卫星的时间，求出钟差，然后由地面注入站发给卫星，再由导航电文发给用户设备。

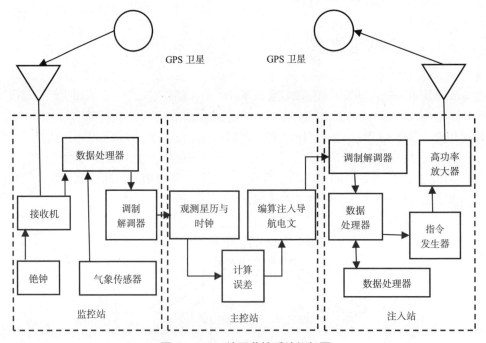

图 3-3　GPS 地面监控系统框架图

用户部分。GPS 的用户部分，包括 GPS 接收机硬件、数据处理软件和微处理机及其终端设备等。GPS 信号接收机（GPS 硬件部分）是用户设备部分的核心，一般包括主机、天线、控制器和电源，主要功能如下：接收 GPS 卫星发射的信号，能够捕获到按一定卫星高度截止角所选择的待测卫星的信号，并跟踪这些卫星的运行，获得必要的导航和定位信息及观测量；对所接收到的 GPS 信号进行变换、放大和处理，以便测量出 GPS 信号从卫星到接收机天线的传播时间，解译出 GPS 卫星所发送的导航电文，实时地计算出监控站的三维位置，甚至三维速度和时间，并经简单数据处理而实现实时导航和定位。GPS 软件部分是指各种后处理软件包，其主要作用是对观测数据进行精加工，以便获得精密定位结果。GPS 接收机一般用蓄电池作电源，同时采用机内、机外两种直流电源。设置机内电池的目的在于更换机外电池时不中断连续观测。在用机外电池的过程中，机内电池自动充电。关机后，机内电池为随机存取存储器（RAM）供电，以防丢失数据。

GPS 的定位原理比较复杂，若按用户接收机天线在测量中所处的状态来分，可分为静态定位和动态定位；若按定位的结果来分，可分为绝对定位和相对定位。

静态定位，即在定位过程中，接收机天线（观测站）的位置相对于周围地面点而言，处于静止状态；而动态定位则正好相反，即在定位过程中，接收机天线处于运动状态，定位结果是连续变化的。

绝对定位也称单点定位，是利用 GPS 独立确定用户接收机天线（观测站）在 WGS-84 坐标系中的绝对位置；相对定位则是在 WGS-84 坐标系中确定接收机天线（观测站）与某一地面参考点之间的相对位置，或两观测站之间的相对位置。

各种定位方法可以有不同的组合，如静态绝对定位、静态相对定位、动态绝对定位和动态相对定位等。目前，在工程、测绘领域中应用最广泛的是静态相对定位和动态相对定位。

GPS 不仅可用于测量、导航，而且可用于测速、测时，测速的精度可达 0.1 m/s，测时的精度可达几十毫微秒，其应用领域在不断扩大。目前，世界上比较主流的卫星定位系统除了美国的 GPS 系统之外，还包括中国北斗卫星导航系统、俄罗斯格洛纳斯系统（GLONASS）和欧盟伽利略系统（GALILEO）。

3.1.5　3S 技术的集成与应用

3S 技术是精准农业的核心技术。GPS 能够实现快速定位并获取精确的位置信息，RS 能够大范围获取作物生态环境和作物生长的数据信息，GIS 能够实现农业遥感数据信息的查询、分析与处理，三者结合紧密，在现代农业生产中发挥着重要作用。3S 技术在精准农业中的应用主要包括土地资源普查、作物空间分布调查、作物长势监测、作物养分监测、作物病虫害监测和农业旱涝灾害监测等。

3.1.5.1 土地资源普查

土地资源普查的主要目的是明确土地使用状况、位置、边界和面积等信息，编制并绘制相关地图，为各级政府和土地行政主管部门制定土地利用决策和政策提供科学依据。土地资源信息数据采集主要利用 RS 技术，利用资源卫星实现土地资源遥感信息获取。卫星遥感平台数据获取范围大，但分辨率较低，易受云层遮挡。因此，可以采用无人机、近地遥感平台辅助卫星平台进行数据采集，以获取高分辨率的遥感数据，采集的数据经遥感解译和图形图像处理，作为 GIS 的输入数据。在利用 RS 技术获取土地资源数据时，GPS 可以实现目标区域的精准定位，尤其是 RTK 技术的引入，使得定位速度与精度都得到大幅提升。GPS 与 RS 是一个有机的整体，在数据获取过程中联系紧密，二者相结合使得遥感影像更加精准化。GIS 主要用于土地资源数据的管理，利用 GIS 可以便捷地进行图形编辑，构建数据库，进行土地资源相关数据的查询、提取、统计与分析，生成各类农业专题图，为土地评估和农业土地定级提供决策。

3.1.5.2 作物空间分布调查

利用高分辨率遥感影像进行地块边界及其空间分布的提取，不仅时效性强、精度高，而且符合我国农村高度分散条件下精准农业的实施。图像分割技术能利用高分辨率遥感影像自动提取耕地地块，已经取得了较好的效果，并逐渐成为耕地地块遥感提取的主要方法。

3.1.5.3 作物长势监测

长势即作物的生长状况与趋势，一般以群体特征开展研究，特征描述参数有群体密度、叶面积指数等。长势监测方法有定性长势监测和定量长势监测。定量长势监测是基于机理模型进行长势监测，由于所需辅助参数较多，不易被推广应用；定性长势监测是利用植被光谱相应敏感波段构建能够反映作物生长状况的遥感指数进行监测，包括植被指数、叶面积指数等，其中，NDVI 应用最为广泛。大面积作物长势信息的获取可以通过卫星平台获取，常用的卫星包括中国高分系列、哨兵 2 号卫星、Landsat 8 卫星等。各卫星的传感器参数有很大差异，且卫星影像具有多时相性，单一卫星影像数据往往无法满足需求，需要多颗卫星影像的融合，即多源卫星数据融合。区域尺度的作物长势监测可以采用无人机平台获取，相比于卫星，无人机平台具有较强的灵活性，获取的数据分辨率与精度更高。基于获取的影像数据，计算与作物长势相关度较高的植被指数，如 NDVI、比值植被指数（RVI）、差值植被指数（DVI）和绿度植被指数（GVI）等，也可以自行构建相应的植被指数。结合地面实测 LAI、叶绿素含量、氮素含量、作物含水量等数据，进行回归分析与建模，建立相应的反演模型。通过对比模型的决定系数 R^2，筛选出最优的植被指数及反演模型，实现作物长势监测。

3.1.5.4 作物养分监测

实现农业变量施肥这一目标，需要掌握土壤肥力状况及作物养分含量两方面的信息。对于作物养分含量信息，可以通过遥感技术对作物生化参数的监测获取，通过对冠层生化参数的监测还可以为作物品质的监测提供依据。目前，对作物生化组分进行监测，主要使用统计回归方法。所使用的遥感指标包括光谱反射率、植被指数、红边参数及其他光谱参数。除了统计的方法外，还有一些神经网络类的算法在建模过程中被使用。目前，高光谱在作物生化组分的反演中得到广泛应用，因其信息量丰富，可以获得更高的反演精度，也将是作物养分监测的主要研究方向。

3.1.5.5 作物病虫害监测

利用遥感技术进行作物病虫害的早期识别，可以降低除害成本，并可以有效指导病虫害治理。遥感技术的应用，可以满足对病虫害做出快速响应、为作物的管理提供空间化处方图的需求。基于遥感技术的监测可以提供作物病虫害发生、发展的定性和定量及空间分布信息，进而为生产经营管理者在病虫害发生早期采取措施提供数据支持，以避免病虫害的扩大和更大的损失。遥感技术不仅可以监测病虫害的发生和跟踪其演变状况，而且能够评估病虫害对作物生长的影响、分析估算灾情损失。作物病虫害遥感监测主要在单叶和冠层两个层面展开。对单叶而言，因作物病虫害会导致作物叶片细胞结构、色素、水分、氮素含量及外部形状等发生变化，从而引起作物反射光谱的变化；对作物冠层来说，因病虫害会引起作物叶面积指数、生物量、覆盖度等的变化，所以病虫害作物的反射光谱与正常作物可见光到热红外波段的反射光谱有明显差异。目前，在作物病虫害监测中，主要使用特定波段的植物光谱反射率及其所构建的对病虫害有指示作用的各种指数，其中温度也是一个重要的因素。

3.1.5.6　农业旱灾监测

农业旱灾的发生，常伴随作物根部土壤水分的匮乏，造成作物蒸腾作用受到抑制，作物叶片气孔关闭、温度升高，作物叶片的叶绿素含量下降甚至枯萎。因此，地表温度、植被指数可以作为农业干旱的指示因子，来监测作物干旱情况。温度植被干旱指数（TVDI）是一种基于光学与热红外遥感通道数据，进行植被覆盖区域表层土壤水分反演的方法，可用于干旱监测，尤其是监测特定年内某一时期整个区域的相对干旱程度，并可用于研究干旱程度的空间变化特征。TVDI 方法成熟，目前已经被广泛运用于干旱监测中，具有良好的精度。

3.1.5.7　农业洪灾监测

严重的洪涝灾害发生，常伴随淹没农田现象，可以利用 NDVI 实现水灾面积的遥感提取。由于水体在可见光和近红外波段的反射率远远低于土壤和植被，因此水体的 NDVI 一般为负值，植被和土壤的 NDVI 则为正值，通过设定阈值，就可实现水体面积的提取。作物受到洪涝灾害影响后，其正常生长过程受到抑制，在形态学上区别于正常生长的作物，表现出叶片发黄、卷曲、萎蔫等现象。因此，可采用洪涝灾害前后的 NDVI 对比分析，得到受洪涝影响的作物分布情况。

3.1.5.8　智能农机导航

在耕种、收割、施肥、喷药的农业机械上安装车载 GPS 定位器，能程序化地跟踪已定的路线进行耕种施肥或者农药喷洒，由于具有精确定位功能，农机可以将作物需要的肥料与农药运送到准确的位置，合理化的路线有效减少了肥料和农药的使用。同时，在 GPS 系统的支持下，可以确保智能农业设备在作业过程的一致性和便捷性，减少人力成本投入，有效提高农业作业效率，提高作物产量。

3.1.5.9　科学调度农机

通过 GPS 可以快速采集和实时监测农机信息，准确分析农机作业面积和作业质量，追溯农机的历史移动轨迹，实现对作业农机的远距离快速调度，便于农机管理部门科学调度农机服务和组织作业机具，减少了农忙时期农机流动的随机性和盲目性，避免了农机扎堆抢农活现象的发生。

3.1.5.10 作物遥感估产

利用 RS 技术，通过分析获取影像的光谱信息，可以分析作物的生长信息，建立生长信息与产量的关联模型或函数（可结合一些农学模型和气象模型），从而完成对作物的估产。作物遥感估产系统主要集成了作物种植面积调查、长势监测和最后产量估测整个业务流程。

3.1.5.11 农田信息可视化与专题图制

GIS 可以完成空间信息可视化，即通过各种离散空间数据的采集和 GPS 传感器的计算，完成对各种田间信息图形化处理。GIS 技术将绘制的各种田间信息的空间分布图，以二维平面、三维立体及动态等更形象、立体和直观的方式形象展现，有利于用户的分析和统计工作。GIS 具有制图功能，它可以将各种专题要素地图组合在一起，产生新的地图，为智慧农业信息提供一个直观的展示平台，包括病虫灾害覆盖图、耕地地力等级图、农作物产量分布图，以及农业气候区划图等农业专题地图。

3.1.5.12 农业生态环境研究

地理信息系统广泛应用于农业生态环境研究的多个场景，包括环境监测、生态环境质量评价与环境影响评价、环境预测规划与生态管理，以及面源污染防治等。在农业环境监测方面，结合 GIS 的模型功能和环境监测日常工作需求，可以建立农业生态环境模型，模拟区域内农业生态环境的动态变化和发展趋势，为相关决策提供更为科学的依据。

3.2 农业物联网技术

3.2.1 农业物联网技术概述

3.2.1.1 物联网

物联网（IoT）是通过射频识别（RFID）、红外感应器、全球定位系统、激光扫描器等信息传感设备，按约定的协议，把任何物品与互联网相连接，进行信息交换和通信，以实现对物品的智能化识别、定位、跟踪、监控和管理的一种网络。

关于物联网的概念，国内外普遍公认的是 MITAuto-ID 中心的 Ashton 教授于 1999 年在研究 RFID 时最早提出的。2005 年，国际电信联盟（ITU）在非洲突尼斯举行的信息社会世界峰会上，发布了《ITU 互联网报告 2005：物联网》，正式提出了物联网的概念。

物联网被世界公认为是继计算机、互联网与移动通信网之后的世界信息产业第三次浪潮。物联网的概念是在互联网概念的基础上延伸与扩展的，是以感知为前提，实现人与人、人与物、物与物全面互联的网络。

3.2.1.2 农业物联网

农业物联网是物联网技术在农业领域的综合应用。农业物联网并没有统一的定义，相关领域的科研人员从不同侧重点出发，提出了农业物联网的定义。葛文杰等人认为，农业物联网是指通过农业信息感知设备，按照约定协议，把农业系统中动植物生命体、环境要素、生产工具等物理部件和各种虚拟"物件"与互联网连接起来，进行信息交换和通信，以实现对农业对象和过程智能化识别、定位、跟踪、监控和管理的一种网络；李道亮等人认为，农业物联网是指综合运用各类传感器、RFID、视觉采集终端等感知和识别设备，针对水产养殖、大田种植等行业的实时信息，利用无线传感器网络等信息传输通道，可靠传输多角度农业信息，有效融合和处理获取到的海量农业信息，操作智能化系统终端，实现农业管理智能化与生产自动化，进而达到农业高效、优质、安全环保的目标。

尽管不同学者研究的视角不同，但都是从农业全生育期、全产业链、全关联因素方面考虑，运用系统论的观点，实现对农业要素的"全面感知、可靠传输、智能处理、反馈控制"。以物联网技术助力"传统农业"向"现代农业"转变，发展农业物联网对建设都市现代农业、提升农业综合生产经营能力、保障农产品有效供给、建立农产品质量追溯体系等都具有十分重要的意义。

3.2.1.3 农业物联网的体系架构

农业物联网的体系架构一般分为三层，即感知层、传输层和应用层，如图 3-4 所示。

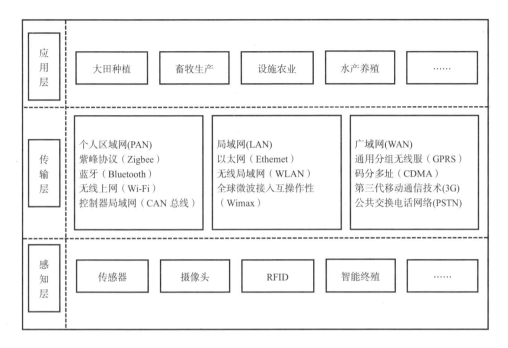

图 3-4 农业物联网系统架构图

感知层相当于人体的五官和皮肤，主要负责识别物体和感知信息。该层的设备主要包括各种传感器、GPS、摄像头、RFID 标签及读写器、二维码标签及读写器等。该层的主要任务是将现实世界农业生产中的物理量转化为可分析处理的数字信息。在农业种植环节，可以利用温湿度传感器感知环境的温湿度，利用土壤墒情传感器获取土壤墒情，GPS 实现农机作业位置精准定位、光谱相机获取作物的光谱反射信息；在畜牧业养殖环节，可以利用 NH_3、H_2S、CO_2 等气体传感器，实时获取、监测畜禽养殖环境的气体浓度，利用 RFID 标签实现动物的个体标识与识别。

传输层是物联网的神经中枢，该层主要进行信息的传递，按传输范围可分为 PAN 网络、LAN 网络和 WAN 网络。其中，PAN 网络主要包括 ZigBee、Bluetooth、Wi-Fi、CAN 总线等；LAN 网络主要包括 Ethemet、WLAN、Wimax 等；WAN 网络主要包括 GPRS、CDMA、3G、PSTN 等。在农业物联网中，要求传输层能够把感知层感知到的数据快速、可靠、安全地进行传送，它解决的是感知层所获得的数据传输问题。无线传感器网络（WSN）是农业物联网中感知事物和传输数据的重要手段，其将智能传感器、环境监测仪器等设备的数据接入无线网络，各种数据可以快速传回中央服务器。

应用层首先对传输层提交的资源进行识别，完成对信息的汇总、共享、分析和决策等功能，然后针对不同的用户提供特定的接口及虚拟化支持。应用层实现物联网技术与农业行业深度融合，并与农业行业的需求结合，实现农业生产管理智能化，最终提供相应的应用服务。应用层主要是根据农业各行业的特点和需求，运用互联网技术与手段，开发适合农业行业的应用解决方案，将物联网的技术优势与农业的生产经营、信息管理、组织调度结合起来，形成各类农业物联网解决方案，满足共性与个性的应用需求。

3.2.2　农业物联网关键技术

农业物联网的主要特性包括农业信息的全面感知、可靠传输和智能决策三部分，与之相对应的，农业物联网关键技术有信息感知、信息传输、数据分析与处理等相关技术。

3.2.2.1　信息感知技术

信息感知技术是农业物联网技术的基础，利用遥感技术、农业传感器设备、RFID 等相关技术，实现对农业信息的动态、实时采集和获取。传感器广泛用于实现农业监测区内的空气温度、空气湿度、CO_2 浓度、光照度、土壤温湿度及土壤pH 值等农业环境信息的采集；RFID、二维码、条形码等个体标识技术用于实现农产品质量安全追溯及动物个体标识；遥感技术用于实现农作物生理信息感知。

1. 传感技术。传感技术与通信技术、计算机技术被称为信息技术的三大支柱。传感器是信息采集系统的首要部件。我国国家标准（GB/T7665-2005）对传感器给出了定义，即传感器是指能感受被测量并按照一定的规律转换成可用输出信号的器件或装置，通常由敏感元件和转换元件组成。农业物联网传感器类型较多，主要有以下几种：

环境信息传感器。其主要实现农业生产环境信息的感知，如温度传感器、空气湿度传感器、风速传感器、太阳光照传感器等；也有将这些独立传感器进行集成的，如小型自动气象站，可以实现多元环境信息的感知。

气体传感器。其主要用于温室、大棚和畜禽舍空气信息的感知，由于这些地方相对密闭，当某项空气质量超标时，就需要启动调控设备进行换气，主要包括CO_2 传感器、NH_3 传感器、H_2S 传感器等。

土壤信息传感器。其主要实现土壤墒情、土壤养分与水分等信息的感知，传感器主要有土壤水分传感器、土壤养分传感器、土壤入渗仪、土壤墒情传感器等。

作物生理参数传感器。其主要实现作物的叶绿素含量、氮素含量、长势信息的感知。常见的传感器主要有植物冠层分析仪、植物光合作用测定仪、植物叶面积仪、叶绿素仪等。

2. 射频识别技术。射频识别技术，即 RFID 技术，是指利用射频信号通过空间耦合（交变磁场或电磁场）实现无接触信息传递，并通过所传递的信息达到识别目的的技术。雷达技术的发展和进步衍生出了 RFID 技术。1948 年，RFID 的理论基础诞生；RFID 技术真正兴起于 20 世纪 90 年代，首先在欧洲市场得以应用，随后在世界范围内普及；2003 年，RFID 标准和联盟正式成立，标志着 RFID 技术更加成熟化和规范化。2012 年，我国农业部印发了《动物电子耳标试点方案》，丰富追溯手段，改进追溯技术，进一步推进动物标识及动物产品追溯体系建设，RFID 技术在农业领域得到大规模应用。一个完整的 RFID 系统由阅读器、标签和应用系统三部分组成，如图 3-5 所示。

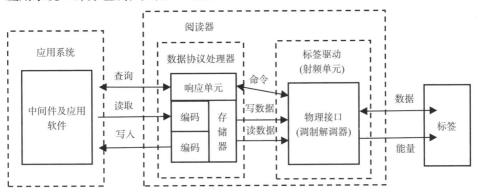

图 3-5　RFID 系统组成图

阅读器又称读写器，是 RFID 系统最重要，也是最复杂的一个组件。阅读器主要负责与电子标签的双向通信，同时接收来自主机系统的控制指令。阅读器的频率决定了 RFID 系统工作的频段，其功率决定了射频识别的有效距离。阅读器分为手持式和固定式两种。阅读器由射频接口、逻辑控制单元和天线三部分组成。射频接口负责产生高频发射能量，激活电子标签并为其提供能量；逻辑控制单元主要负责应用系统与标签的通信；天线是一种能够将接收到的电磁波转换为电流信号，或者将电流信号转换成电磁波发射出去的装置。

标签也称为电子标签或智能标签，由耦合元件、芯片及无线通信天线组成。天线用于与阅读器进行通信。标签是 RFID 系统中真正的数据载体，分为被动式、主动式和半主动式三种。被动式标签又称为"无源标签"，当无源标签接近读写器时，标签内部的线圈会通过电磁场产生感应电流，驱动 RFID 芯片电路工作，被动式标签体积小、价格低、寿命长，但易受电磁干扰；主动式标签又称为"有源标签"，其内部由电池进行供电，当有源标签接收到读写器发来的读写指令时，标签才会向读写器发送信息，主动式标签体积大、价格高，但通信距离远；半主动式标签配有电池，但电池在没有读写器访问时，只为少部分芯片电路提供电源，半主动式标签兼具主动式和被动式标签的优点。

3. 二维码技术。二维码（QR），又称二维条码，是用某种特定的几何图形按一定规律在平面分布的、黑白相间的图形，是用来记录数据符号信息的一种技术。除了二维码外，还有一维码。一维码仅能实现对"物品"的标识，而不能进行信息描述，且需要数据库的支撑，条码识别效率偏低，在农业物联网中的应用并不多。二维码可分为堆叠式/行排式二维码和矩阵式二维码，相较于堆叠式/行排式二维码，矩阵式二维码的应用更为广泛。矩阵式二维码是在一个矩形空间，通过黑、白像素在矩阵中的不同分布进行编码，矩阵中出现点的位置表示二进制的"1"，不出现的表示二进制的"0"，点阵的排列确定了二维码所代表的意义。矩阵式二维码是建立在计算机图像处理技术、组合编码原理等基础上的一种新型图形符号自动识读处理码制，具有代表性的矩阵式二维条码有 Code One、Maxi Code、QR Code、Data Matrix、Grid Matrix 等。

4. 遥感技术。遥感技术是指从不同高度的遥感平台上，使用各种传感器，接受来自地球表面各类地物的各种电磁波信息，并对这些信息进行加工处理，从而对不同的地物及其特性进行远距离的探测和识别的综合技术。

在农业领域，遥感技术被广泛应用于农情信息的获取。随着光谱成像技术的不断发展及北斗卫星导航系统的不断完善，遥感在农业领域发挥着越来越重要的作用。通过遥感卫星平台获取的影像数据，可以实现农作物估产、农作物种植结构分类、农作物旱涝灾害监测等；通过无人机平台获取的高精度遥感影像数据，可以实现农作物病虫害监测和预报、农作物长势监测及农作物营养反演监测等；通过部署在地面的近地传感器，如高清摄像头、高精度传感器等获取的高精度遥感数据，可以实现定点遥感监测。由卫星、无人机、近地传感器构成的"天空地"立体化的农情监测体系，在农业 4.0 时代必将引领农业产业的发展。

3.2.2.2　信息传输技术

信息传输技术包括有线网络传输和无线网络传输等相关技术。农业信息传输技术是将涉农物体通过智能感知设备采集到的信息数据，接入相应的传输网络中，依靠有线或无线通信网络，随时随地进行信息交互和共享。农业环境监测通常具有监测范围较大、监测点较多和监测环境恶劣等特点，采用有线通信技术，将会导致农业设施内部线缆纵横交错、设备安装及维护成本迅速增长。而无线通信技术在一些特定场合下，具有组网方便、无需布线、成本低廉等优点，近年来，国内外学者和科研人员重点开展了相关方面的研究工作。无线网络传输技术主要包括 ZigBee、Wi-Fi，WSN、红外和蓝牙等。

1. ZigBee 技术。ZigBee 技术是一种近距离、低功耗、低速率和低成本的双向无线通信技术，是由英国 Invensys 公司、日本三菱电机股份有限公司、美国摩托罗拉公司，以及荷兰皇家飞利浦公司等，于 2002 年 10 月共同提出设计研究开发的无线通信技术。在此项新技术推出的同时，上述几家公司成立了 ZigBee 技术联盟。目前，该联盟已有 100 多家公司和标准化组织，涵盖了芯片制造企业、软件开发商及系统集成商等。

ZigBee 是一种采用成熟无线通信技术的、全球统一标准的、开放的无线传感器网络。它以 IEEE802.15.4 协议为基础，最显著的技术特点就是自组织、低功耗和低成本，在正常工作情况下，2 节普通的 5 号电池即可工作 6 ~ 24 个月。在农业生产中，其被广泛应用于无线传感网络的组建，如大田灌溉、农情信息监测、畜禽养殖及农产品质量溯源等。

2. Wi-Fi 技术。Wi-Fi 的全称为 Wireless Fidelity，由 Wi-Fi 产业联盟提出。它是一种短程无线传输技术，将有线网络信号转换为无线网络信号，是目前使用最广泛的一种无线网络传输技术。Wi-Fi 作为传统以太网的无限延伸，可以实现人们追求的"无处不在的网络体验"，能够将个人计算机、手持设备等终端以无线方式相互连接起来。Wi-Fi 产品标准遵循 IEEE802.11 系列标准，它是美国电气工程师协会为解决无线网络设备互连，于 1997 年 6 月制定发布的无线局域网标准。

Wi-Fi 技术具有很多优点：Wi-Fi 网络搭建相对便捷，一般只需安装一个或多个 AP 设备即可；Wi-Fi 的工作半径可达 100 m，由 Vivato 公司推出的一款新型交换机通信最大距离能够达到 6.5 km；Wi-Fi 传输速度快，可以达到 54 MB/s；Wi-Fi 投资经济，可以根据用户数量随时增加 AP 设备，而不需要重新布线。当然，Wi-Fi 技术也存在一定的不足：传输速率具有一定的局限性，虽然最高传输速率可达 54 MB/s，但系统开销会使应用层速率减少 50%左右；由于无线电波的相互影响，特别是同频段、同技术设备间的影响更为明显，信号质量存在不稳定性；Wi-Fi 采用的加密协议与加密算法相对简单，网络容易受到攻击，存在一定的安全隐患。

3. WSN 技术。WSN 是由部署在监测区域内大量的廉价微型传感器节点组成，通过无线通信方式形成的一个多跳的自组织的网络系统，协作地感知、采集和处理网络覆盖区域内被感知对象的信息，并发送给观察者。传感器、感知对象和观察者构成了 WSN 的三要素。

无线传感器网络系统通常由传感器节点、汇聚节点、传输网络、基站和远程服务器等组成。传感器节点通常是嵌入了传感器、微处理器和射频模块的微型系统设备，在网络中负责协同地感知、传输和处理 WSN 所覆盖区域中的监测对象信息，节点间自组织方式组建无线网络；汇聚节点也称 Sink 节点，也称为网关，具有较强的存储能力和计算能力，在网络中主要负责连接基站与传感器网络之间的通信；传输网络负责协同和综合各传感器网络中的汇聚节点信息，基站负责收集传输网发送来的数据，并通过互联网传递给监测者，同时下发互联网发来的用户命令，基站通常是一台与互联网相连的计算机；远程服务器收集互联网发来的数据，并对其进一步处理，得到有效数据，从而进行相应的决策，下发控制命令。

3.2.2.3　数据分析与处理技术

在农业生产过程中，会产生大量数据，包括农业自然资源与环境数据、农业生产数据、农业市场数据、农业管理数据等。数据分析与处理技术就是从大量不完全的、随机的和模糊的实际应用数据中，提取隐含的潜在有用的信息和知识的过程。

1. 云计算技术。云计算并没有统一的定义和标准，美国国家标准与技术研究院（NIST）定义了狭义云计算和广义云计算。狭义云计算是指基础设施（软件、硬件、平台）的交付和使用模式，指通过网络以按需、易扩展的方式获得所需的资源，提供资源的网络称为"云"；广义云计算是指服务的交付和使用模式，指通过网络以按需、易扩展的方式获得所需的服务。在我国，云计算是一种商业计算模型，它将计算任务分布在大量计算机构成的资源池上，使各种应用系统能够根据需要获取计算力、存储空间和信息服务。

云计算有基础设施即服务（IaaS）、平台服务（PaaS）、软件服务（SaaS）三种服务模式。IaaS 提供给消费者的服务是处理能力、存储、网络和其他基本的计算资源，用户能够利用这些计算资源部署和运行任意软件，包括操作系统和应用程序；PaaS 提供给消费者的服务是把客户使用支持的开发语言和工具（如 Java、Python、.Net 等）开发的或者购买的应用程序部署到供应商的云计算基础设施上；SaaS 提供给消费者的服务是运营商运行在云计算基础设施上的应用程序，消费者可以在各种设备上通过客户端界面访问，如浏览器。

在现代农业生产过程中，利用云计算技术，能够实现信息存储和计算能力的分布式共享，为海量信息的处理分析提供强有力的支撑，为农业进行创新性科学研究提供各种资源基础；利用云计算技术，用户通过手机、计算机等终端设备即可随时随地获取云中的相关信息或服务，不需购置其他设备，在很大程度上降低了生产成本；依托云计算技术构建农业数据中心，硬件设备会大量减少，机房管理也会变得更加简便。

2. 数据挖掘技术。数据挖掘（DM）又称资料探勘、数据采矿，是指从大量的、不完全的、混乱的信息中发掘有价值的、包含一定规律的、隐藏的，并能够理解的信息和知识的非平凡过程。数据挖掘是目前人工智能和数据库领域研究的热点问题。广义的数据挖掘是指知识发现的全过程;狭义的数据挖掘是指统计分析、机器学习等发现数据模式的智能方法,侧重于模型和算法。

数据挖掘分为三个阶段,分别是数据准备、数据挖掘、结果解释与评估。

数据准备。数据准备工作需消耗整个数据挖掘项目50%~90%的时间与精力,数据准备又包括数据收集和数据预处理两个过程。数据收集的目的就是从许多不同的数据库中搜集与挖掘目的相符的数据,并将目标数据集中存储到数据库或者数据仓库中;数据收集阶段的数据可能是结构化数据、半结构化数据、异构数据等,这些数据可能存在数据不完整、数据类型或标准不统一、记录沉余或噪声等问题。数据预处理就是针对这些问题进行数据处理的过程,主要包括数据集成、数据清洗和数据转换等。

数据挖掘。数据挖掘是最为关键的阶段,它根据主题目标确定相应的算法模型对数据进行分析处理,得到可能形成知识的模式模型。数据挖掘常用的方法有决策树、分类分析、聚类分析、粗糙集、关联分析、神经网络和遗传算法等。

结果解释与评估。数据挖掘阶段得到的结果有模式模型、图表报告和概念规则等,有些数据存在冗余,有些甚至没有意义或实用价值,因此需要评估。结果解释与评估阶段主要实现对模型结果好坏进行评估,确定出有用的、有效的模式。

农业生产离不开数据挖掘,以数据挖掘技术为基础,不仅可以对农业数据进行管理,还可以帮助用户进行农业生产决策。数据挖掘在农业中的应用,主要有作物育种数据挖掘、作物生产数据挖掘和养殖数据挖掘等。

3. 人工智能技术。人工智能(AI)是研究、开发用于模拟、延伸和扩展人的智能的理论、方法、技术及应用系统的一门技术科学。人工智能是计算机科学的一个分支,该领域的研究包括机器人、语音识别、图像识别、自然语言处理和专家系统等。人工智能从诞生以来,理论和技术日益成熟,应用领域不断扩大,农业是其主要应用领域之一。

现代农业发展离不开人工智能技术。人工智能技术贯穿农业生产产前、产中、产后,以其独特的技术优势提升农业生产技术水平,实现智能化的动态管理,减轻农业劳动强度,展示出巨大的应用潜力。人工智能在农业生产产前阶段应用,主要包括土壤成分及肥力分析、灌溉用水供求分析和种子品种鉴定等;在农业生产产中阶段应用,主要包括农业专家系统、病虫草害智能决策分析、智能控制系统和植物采收等;在农业生产产后阶段应用,主要包括农产品检验、农产品运输和农产品市场价格分析等。

随着人工智能技术、3S技术、自动控制技术的不断成熟,各种农业生产智能装备应运而生,比较具有代表性的有智能机器人与智能农机,智能机器人主要有果蔬采摘机器人、嫁接机器人、除草机器人和农产品分拣机器人等；智能农机主要有智能播种机、智能插秧机和智能无人机等，这些智能设备不仅提高了农业生产的作业效率，而且降低了农业生产的成本，具有广阔的市场空间与应用前景。

3.2.3　农业物联网的集成与应用

我国农业正处于从传统农业向现代农业迅速推进的过程中，农业是物联网技术应用的重要领域。农业物联网是我国农业现代化的重要技术支撑，贯穿整个农业生产过程，从应用阶段来说包括农业产前、产中和产后，从应用方向来说包括大田种植、设施农业、畜禽养殖、农产品质量安全溯源等。

3.2.3.1　大田种植

大田作物，指在大片田地上种植的作物，如小麦、水稻、高粱、玉米、棉花、牧草等。由于大田作物是露地种植，受自然环境影响较大，具有许多不确定性，很难实现大面积调控，并且在大田布设传感器成本也较高，因此传感器的布设一般都在区域范围内进行，如农业示范站、农业应用示范园区等。农业物联网在大田种植方面的应用主要是农情监测与精准作业。

农情监测。"天空地"一体化的农情监测体系日趋成熟。农业资源卫星可以实现农情信息的大面积获取；监测无人机可以实现区域尺度的农情监测，特别是复合翼无人机技术的不断发展，为大田农情监测提供了新的手段；地面及手持传感器可以实现特定位置农情信息的精准采集，覆盖区域较小，但数据精度高，结合卫星和无人机监测数据，通过数据建模与反演，可实现大范围农情信息监测。

精准作业。农机是大田种植不可少的设备，农机的精准导航与调度是精准农业实施的关键。农机，是农业生产中使用的各种机械设备统称，包括大小型拖拉机、平整土地机械、耕地犁具、插秧机、播种机、脱粒机、抽水机和联合收割机等。随着无人机技术的不断发展，植保无人机在农业病虫害防治方面发挥着越来越重要的作用，市场潜力持续向好。

3.2.3.2　设施农业

设施农业又称可控环境农业，其最大的特点就是可调、可控，更有利于物联网技术发挥其精准高效的特性，物联网技术在设施农业领域的应用推广成效最为显著。

在设施农业中，传感器是基础。设施农业物联网常用的传感器有温度传感器、湿度传感器、光照传感器、CO_2传感器、图像传感器（摄像头）、压敏传感器及生物生长特性传感器等，通过这些传感器可以实时获取设施的温湿度、光照、CO_2浓度等环境信息。

传感器采集的数据信息经网络传至数据控制中心。数据传输多采用无线传输方式，管理人员在控制中心通过控制终端查看反馈的数据信息，计算机控制系统会根据预先设定的程序自动执行相应的操作。例如，当温室大棚湿度较低时，自动喷淋系统会启动；冬季，当温室大棚温度过低时，热风采暖或电热采暖等会启动，以提高温度；夏季，当温室大棚温度较高时，遮阳幕或排风扇启动运行，以实现降温。温室大棚的控制设备可根据系统设定的参数阈值自动运转，但参数阈值不是一成不变的，用户不仅可以根据季节、作物对生长环境的要求等进行设定，还可以设定报警阈值。当监测参数达到阈值时进行报警，以便管理人员及时采取积极有效的应对措施。

管理人员可以通过手机、平板电脑等智能终端随时随地查看温室的监测信息及报警信息，并可以远程控制、调节温室大棚的温湿度和光照度等终端设备，为温室大棚管理带来了极大的便利，大大提高了工作效率。

3.2.3.3　农业精准灌溉

我国是农业大国，但水资源相对匮乏。在农业灌溉方面，与发达国家相比，自动化程度与智能化程度较低。为实现水资源的可持续利用，降低灌溉成本，提高水资源利用率，就对农业灌溉提出了新的要求，而农业物联网技术为农业精准灌溉提供了技术支撑。

田间地块布设的无线传感器可以采集和监测土壤水分、温度、地下水位、地下水质、作物长势和农田气象信息，并汇聚到信息服务中心。信息服务中心对各种信息进行分析处理，提供预测预警服务，再利用智能控制技术，结合土壤墒情监测信息，实现对大田作物的自动灌溉。

此外，还可以在田间地头布设高清摄像头，通过调节摄像头转动及镜头拉伸视角，获取地块及作物的视频与图像。该方式为用户提供了直观的观测方式，土地是否干旱、是否需要排水等一目了然，为生产人员进行科学决策提供了依据。

3.2.3.4 畜禽养殖

农业物联网技术在畜禽养殖方面应用广泛，包括畜禽养殖环境监控、精细饲喂等。

在畜禽养殖环境监控方面，通过在禽舍布置传感器获取禽舍的环境信息，包括温湿度传感器、气体传感器（CO_2、NH_3、H_2S 等）、光照传感器等；通过预先设定的环境参数告警阈值，实现环境参数的异常报警；通过环境监控系统实现禽舍环境设备的控制，如排风、湿帘、加热器等，以维持畜禽适宜的生长环境。管理人员除了可以通过控制系统实现对设备的控制外，还可以通过手机或平板电脑等终端设备进行访问控制，查看实时的观测数据信息，以便在特殊情况发生时及时采取有效的应对措施，保障禽舍环境安全。

在精细饲喂方面，畜禽养殖场为畜禽佩戴 RFID 耳标。不同类型的畜禽耳标的形状不同，每个耳标都有唯一的 RFID 标识，以唯一来区分每个个体。在饲养过程中，可以为每个个体建立饲养档案，并进行跟踪。另外，还可以在畜禽个体上佩戴专门的传感器，以采集畜禽的进食量、个体体征、生长周期等数据，实现科学的饲料供给及自动化喂养。除此之外，物联网技术还可以对畜禽行为特征和体温等数据进行实时的检测和分析，实现对畜禽的精细化管理，也能够对畜禽的疾病或疫情进行有效的预防和及时的处理，降低养殖风险。

3.2.3.5 农产品质量安全溯源

农产品溯源体系建设，对于有效解决农产品质量安全问题具有重要的现实意义。将物联网技术与农产品质量安全监控相结合，可以有效实现对农产品安全的管理与监管。国家高度重视农产品质量安全，相继出台了《国务院办公厅关于加快推进重要产品追溯体系建设的意见》（国办发〔2015〕95 号）、《农业部关于加快推进农产品质量安全追溯体系建设的意见》（农质发〔2016〕8 号）等政策，并于 2017 年在部分省份先行开展了国家农产品质量安全追溯管理信息平台（简称国家追溯平台）试运行工作。同时，各级地方政府也根据自身实际，建立并推广、应用了相应的食品安全追溯平台及农产品可追溯系统。

农产品是农业中生产的物品，包括种植业、畜牧业、渔业产品，但不包括经过加工的各类产品。以种植业为例，农产品生产包括种植、仓储、物流、销售等环节，每个环节又可以进行细分，例如，种植环节又包括播种、施肥、灌溉、除草、病虫害防治、喷药、田间管理和收获等阶段，各环节的数据都需要记录并存储，为农产品质量安全溯源提供支撑。

农产品质量安全溯源的用户主要有政府监管部门、企业、种植人员、消费者四类。对于消费者而言，在购买农产品时，可通过手机扫描农产品二维码或条形码来查询产品信息，方便消费者掌握农产品的生产、仓储和流通等信息；对于种植人员而言，需要在溯源系统中全程记录种植阶段的田间档案管理、投入品等各项数据信息，为农产品溯源提供基础数据支撑；对于企业而言，作为生产者和消费者之间的桥梁，主要通过二维码或 RFID 记录农产品仓储和运输等信息；政府监管部门主要是监督农产品生产各环节，管理、分发溯源码、抽检农产品、企业主体审核和信誉等级评定等，其决定了农产品质量安全追溯是否能够真正落到实处，是真正的执行者。

3.2.3.6 农产品流通领域的应用

在农产品流通领域，借助物联网系统、GPS 和视频系统，可以完成对整个农产品运输过程进行可视化管理，确保精确定位和及时调度农产品运输车辆，实施监控农产品的在途状况，掌握农产品所在冷库内温湿度情况，有利于作出科学的运输决策，从而从根本上保证运输路线的科学性和高效性。

3.3 农业大数据技术

随着科技的迅猛发展，数据产生速度之快、数据量之大已远远超出人们以往的认知范畴，大数据时代已悄然来临。农业大数据是大数据技术在农业领域的应用和实践，本章首先从大数据的概念出发，阐述农业大数据的概念及特征，然后结合大数据处理和分析的基本流程，阐述农业大数据的获取、存储与管理、处理、分析和挖掘等关键技术。

3.3.1 大数据概述

3.3.1.1 大数据定义

目前，学术界和业界对大数据尚未形成一个公认的定义，相关学者、研究机构与企业等从不同角度对大数据的概念进行了讨论，常见的定义有以下几种。

高德纳（Gartner）：大数据是需要新处理模式才能具有更强的决策力、洞察发现力和流程优化能力来适应海量、高增长率和多样化的信息资产。

麦肯锡：大数据是指大小超出常规数据库工具获取、存储、管理和分析能力的数据集。

国际数据公司（IDC）：大数据一般会涉及两种或两种以上的数据形式，它要收集超过 100 TB 的数据，并且是高速、实时数据流；或者是从小数据开始，但数据每年会增长 60%以上。

总体来说，数据量大是大数据的一个显著特征。然而，仅仅以此定义大数据显然是片面的，它还需要区别于传统的数据获取、存储、管理和分析手段的支撑，以对海量数据进行"加工"，释放其蕴含的潜在价值，揭示某种规律，发现被隐藏的事实，从而实现数据资产的价值变现，这才是大数据的意义所在。

3.3.1.2　大数据的特征

具体来说，可以从大数据的"4V"特征来说明"什么是大数据"的问题，即数据量大（volume）、数据类型繁多（variety）、数据处理速度快（velocity）、数据价值密度低（value）。

4V 是广受认可的一种关于大数据特征的说法，它在 3V 的基础上加入价值维度，主要强调大数据的总体价值大、价值密度低。随着大数据时代数据的复杂程度越来越高，真实性、动态性、可视性、合法性等特征被不断融入，本书主要讨论大数据的 4V 特征。

1. 数据量大。如今，微博、微信、博客、Facebook、Twitter 等 Web 2.0 的产物已成为人们主要的社交工具，大量信息可被随时随地发布；各种摄像头、传感器遍布人们工作、生活的每个角落，海量监测数据可被实时地采集。

2. 数据类型繁多。大数据的数据来源较为广泛，这就决定了大数据类型的多样性。大数据主要分为以下三种数据类型：

结构化数据，即能够用统一的结构加以表示的数据，如存储在关系数据库中的数据，可以用二维逻辑表结构进行表示。

半结构化数据，即数据的结构和内容混在一起，没有明显区分的数据，如可扩展标记语言（XML）、Java Script 对象简谱（JSON）、超文本标记语言（HTML）文档等。它们用标记来分隔语义元素，并对记录和字段进行分层，是一种自描述的结构。半结构化数据介于结构化数据和非结构化数据之间。

非结构化数据，即数据结构不规则或不完整，没有预定义的数据模型，无法用数据库二维逻辑表来表示的数据，例如，音频、视频、图像、办公文档、邮件、网络日志等，应用场景不同，数据格式随之不同，没有统一标准的数据结构。

IDC 的调查报告显示，企业中 80%的数据都是半结构化和非结构化数据，且每年按指数增长 60%；结构化数据仅占 20% 左右。相较于后者，前者往往包含更加丰富的信息量，但由于其数据格式多样、结构复杂，对半结构化和非结构化数据的处理需要更高的技术门槛。

3. 数据处理速度快。大数据的产生速度之快超出想象，高能物理学领域中著名的大型强子对撞机（LHC）每秒大约进行 6 亿次的碰撞，每秒可产生约 700 MB 的数据。在日常生活中，1 min 内新浪可产生 2 万条微博，Twitter 可产生 10 万条推文，苹果可下载 4.7 万次应用，淘宝可卖出 6 万件商品，百度可产生 90 万次搜索，Facebook 可产生 600 万次浏览量。除了产生速度快之外，大数据还需要被快速地处理，如电信用户通信数据、视频网站流量数据、商业银行业务数据、直播平台互动数据等。它们对应的数据响应速度通常要达到秒级，实时地呈现出数据分析结果，以发挥其对生产和生活实践的指导作用。

4. 数据价值密度低。虽然大数据体量巨大，但与传统数据集相比，大量有价值的信息分散在海量的数据中。因此，其单位数据所能体现的价值是较低的。例如，居民小区内的监控摄像头实时采集监控数据，摄像头不断增多，数据随之累积，在这些连续不断的视频数据中，只有发生意外状况（偷盗、抢劫、碰撞等）时的短时视频是有价值的，但为了获取这部分视频，就不得不投入大量的监控、网络和存储设备成本，尽可能多地获取小区监控数据，以在必要时从更多的数据中发现有用的信息。

3.3.1.3 农业大数据的概念

我国是农业大国，耕地面积大，农业劳动人口多，农业经营方式多样，具有海量数据资源优势。但目前，大数据在农业上的应用效果不够显著，这与农业生产环境复杂、数据采集难度大、缺乏统一的数据标准等因素紧密相关，使得农业大数据的发展步伐较慢。然而，农业数据资源蕴藏着巨大的利用价值。通过借鉴大数据的相关理论和技术，无疑可从海量的农业数据中提取出潜在有用的信息，如通过"天空地"一体化监测指导农业生产、刻画农户"画像"辅助精准扶贫、构建"产业运行一张图"摸清农业运行情况等。因此，大数据与农业的深度融合，可以为农业生产、农业科研、政府决策和涉农企业发展等提供新方法和新思路。

以农民从事农业生产为例，在农业生产过程中，农民面临着一系列相同的问题，如播什么种、施什么肥、病虫害如何防治、作物何时采收、怎样卖上好价钱等，这涉及产前规划、产中管理和产后流通环节中一些关键任务的决策。从某种意义上讲，一个好的农事决策受天时、地利、人和因素的综合影响，通过掌握实时的降水、温度、风力、湿度等"天时"数据，土壤水分、土壤温度、作物品种、作物病虫害等"地利"数据，农资产品使用、农产品加工和流通渠道、农产品市场价格等"人和"数据，加上合理的数据融合与分析手段，上述问题就基本可以得到解决。

在物联网、大数据、云计算等现代信息技术高速发展的今天，农业的生产、流通、消费及管理方式等均随之发生了巨大的变化。传统农业正逐步向智慧农业转型升级，各类传感器实时采集农田、大棚、畜舍的环境数据，大量农业生产经营主体、各类企业、各级政府部门既是数据的使用者，又是数据的制造者，覆盖全产业链的农业数据爆炸式增长，农业大数据为农业生产经营决策提供了充分的天时、地利和人和条件。

从大数据的基本概念出发，农业大数据是以农业产业链中产生的海量数据为基础的，运用大数据的理念、技术和方法，解决农业或涉农领域数据的采集、存储、计算与应用等一系列问题，从而获取有价值的信息和规律，最终指导涉农行业的生产经营过程，是大数据理论和技术在农业领域的应用和实践。

3.3.1.4　农业大数据的特征

农业是一个具有地域性、周期性和季节性的基础产业，且现代农业又涉及与其他产业的融合，因此农业大数据除了具备大数据的基本特征外，还具有自身的一些特点，主要表现为涵盖面广、数据链长、复杂度高和采集困难等。

1. 涵盖面广。从地域来看，农业大数据不仅包括全国层面数据，还涵盖省、市数据，甚至会细化到地市级和基层部门的数据，部分还借鉴国际农业数据作为有效参考。从影响因素来看，农业大数据涵盖农业生产过程的全要素可包括如下内容：社会、经济、政策、成本、价格、供求关系、国际贸易等宏观要素；种子、化肥、农药、农机、农膜等投入要素；气候、气象、地理环境、小区域气候、土壤等环境要素；农事规划、农事操作、操作与农时/作物生长周期的配合、农机与农具的搭配及操作的时间、数量、质量、效果等操作要素；规模、效率、投入、产出、成本、效益、人均劳动生产率等管理要素。

2. 数据链长。现代农业的产业链不仅包括农产品的生产、加工、流通、储藏、销售及物流配送等主要环节，还涉及向农资供应、农业植保、屠宰加工、金融保险等上下游产业的延伸，对应产生了涉及农业全产业链的相关数据，例如：作物、品种、投入、生产、产出、销售、加工、损耗、成本、效益、投入产出比、资金周转率、仓储、物流、库存、损耗等产业大数据；消费群体、消费水平、地域、渠道、年龄、偏好、品类、数量、频次、时段、价格敏感度、支付方式、重复购买率、品牌忠诚度等消费大数据；融资、信贷、数量、比例、期限、利率、还款方式、保险、期货、收入、效益等金融大数据。

3. 复杂度高。农业大数据所涵盖的主体包括农、林、牧、水产、兽医、园艺、土壤等整个农业科学领域，其中涉及动物、植物、微生物、生态、食品、各级生产经营主体及生产经营活动等数据对象。它们来源于农业产业链的各个环节，数据生产者本身具有复杂性。

同时，农业大数据的获取可通过传感器、移动端、主流媒体、卫星遥感、无人机等多种方式，产生文本、图形、图像、视频、音频、文档等结构化、半结构化和非结构化数据。因此，数据必然是混杂的、多样的，这无疑增加了农业大数据的融合、处理和分析难度。

4. 采集困难。美国、法国、加拿大等国的农业基本生产单元是农场，我国虽大力鼓励家庭农场、农业合作社、龙头企业等新型生产经营主体的发展，但目前仍以个体农户为主要生产单元，虽然耕地面积大，但人均耕地少、土地分散，不利于农业数据的采集。

从采集手段看，卫星遥感、无人机等技术门槛、数据获取成本较高。虽然我国已具备一批覆盖面广、分辨率高、重访周期短的卫星影像，可运用到农作物种植面积提取、长势分析、病虫害防治等研究中，但仍需要结合实际应用，根据空间分辨率、光谱分辨率、时间分辨率、辐射分辨率等具体参数，来选择使用不同的卫星数据。

另外，农业生产过程的主体是生物，其易受外界环境和人的管理等因素影响，存在多样性和变异性、个体与群体的差异性等特点，增加了数据的采集难度。

3.3.2 农业大数据获取技术

农业大数据获取是指通过射频识别技术、传感器技术、交互型社交网络，以及移动互联网等手段，将多类型的海量的农业要素数字化并进行有效采集、传输的过程。从目前发展情况来看，农业大数据的来源及其获取技术主要包括农业物联网数据、农业遥感和无人机数据、农业网络数据、科研及农户生产经验数据。

3.3.2.1 农业物联网数据

农业物联网数据是指通过各种类型的传感器、视频监控、无线通信、自动控制系统等技术采集到的数据、涵盖农作物生长环境、农作物生长历程、农产品生产流通等农业生产经营的各个方面。农业物联网数据获取如图 3-6 所示。

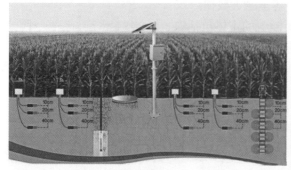

土壤墒情监测系统   田间监控系统

孢子捕捉仪   田间小型气象站

图 3-6 农业物联网数据获取

农作物生长环境数据是指对与动植物生长密切相关的大气温湿度、土壤温湿度、CO_2 浓度、营养元素含量、太阳辐射、日照时数、可降水量、气压等数据，进行动态监测、采集获取的数据，主要依赖于农业物联网部署的智能传感器获取。

农作物生长历程数据是指对动植物生长过程中的生长、发育、活动规律，以及生物病虫害等数据，进行感知、记录获取的数据，如检测植物中的氢元素含量、植物花粉传播、病虫侵袭，测量动物体温、运动轨迹等。

农产品生产流通数据是指对农产品生产环节中的成本、质量、产量、化肥农药使用情况等，流通环节中的交通运输承载力、仓储库存、进出口总量等，销售环节中的市场价格、市场需求、销售去向、用户喜好等进行动态采集获取的数据。

随着多学科的交叉综合，仿生传感器、电化学传感器等新一代传感器技术，光谱分析仪、多光谱、高光谱、热红外等信号探测方法，人工智能识别等前沿科技应用于农业物联网系统，以及诸如手机、笔记本电脑、平板电脑等移动终端的普及，物联网数据采集越来越频繁，数据量越来越大，图片、视频等非格式化数据量激增，对后续数据处理和计算能力提出了更高的要求。

3.3.2.2 农业遥感和无人机数据

农业遥感和无人机数据是指通过卫星遥感监测、地面无人机航拍等手段获取的对地面农业目标进行大范围、长时间或实时监测的影像数据，以及经过遥感技术处理后得到的二次产品数据，如图 3-7 所示。

卫星遥感监测   航空遥感监测

图 3-7　农业卫星遥感和航空遥感数据获取

遥感技术获取数据范围大、速度快、周期短、信息量大，能够客观、准确、及时地反映作物的生长态势。目前，农业遥感技术已成熟应用于农用地资源的监测与保护、农作物大面积估产与长势监测、农业气象灾害监测、作物模拟模型等方面。随着高分辨率、高光谱遥感技术的发展和应用，农业遥感数据获取的精度逐渐提高，数据量急剧增加，数据格式也越来越复杂。

3.3.2.3 农业网络数据

农业网络数据是指利用网络爬虫技术对涉农网站、论坛、微博、博客进行动态监测、定向采集获得的数据。随着网络直播、短视频、朋友圈等社交网络的流行，许多农户、农场主也参与其中，利用网络平台对自家农产品进行定向宣传、联系销售商家、支持线上支付等。因此，农业网络数据是在互联网层、移动社交层对农业各方面的客观反映，具有规模大、实时动态变化、异构性、分散性、数据涌现等特点。

农业网络数据的获取通常采用网络爬虫技术，可通过网络爬虫建立移动的规则，采用广度优先或深度优先的策略对数据源进行定向跟踪、对获取的数据进行归类整理。网络爬虫的基本流程如下：

1. 先在 Url 队列中写入一个或多个目标链接，作为爬虫爬取信息的起点。

2. 爬虫从 Url 队列中读取链接，并访问该网站。

3. 从该网站爬取内容。

4. 从网页内容中抽取出目标数据和所有 Url 链接。

5. 从数据库中读取已经抓取过内容的网页地址。

6. 过滤 Url，将当前队列中的 Url 和已经抓取过的 Url 进行比较。

7. 如果该网页地址没有被抓取过，则将该地址（SpiderUrl）写入数据库，并访问该网站；如果该地址已经被抓取过，则放弃对这个地址的抓取操作。

8. 获取该地址的网页内容，并抽取出所需属性的内容值。

9. 将抽取的网页内容写入数据库，并将抓取到的新链接加入Url 队列。

3.3.2.4　科研及农户生产经验数据

科研及农户生产经验数据是涉农领域科研院所、高校、科学家等从事农业科学研究产生的相关成果，或农户在长期农业生产活动中积累的有关作物育种、精耕细作、作物增产、农业气象等方面的经验。

目前，各级政府部门加强建设科学数据共享中心，组织国家科研项目汇交工作、推动科学数据共享利用。农业领域的科研数据已形成专业数据平台，如国家农业科学数据中心，形成专业数据智慧农业大数据平台、农业科技信息资源共建共享平台等。

3.3.3　农业大数据存储与管理技术

农业大数据包括结构化、半结构化和非结构化数据。其中，结构化农业数据是专业化、系统化的农业领域数据，可存储在数据库中进行统一管理；半结构化和非结构化农业数据是数据结构不规则或不完整、没有预定义的数据模型、难以用数据库二维逻辑表来表现的数据，包括文档、文本、图片、XML、HTML、各类报表、图像、音频、视频信息，以及农户经验等。

农业大数据存储与管理是利用关系型数据库、分布式文件系统（DFS）、NoSQL数据库、NewSQL 数据库等，实现对结构化、半结构化和非结构化海量农业数据的存储和管理。本书重点介绍分布式文件系统和 NoSQL 数据库。

3.3.3.1 分布式文件系统

相对于传统的本地文件系统而言，分布式文件系统是把文件分布存储到多个计算机节点上，由成千上万的计算机节点构成计算机集群，并通过网络实现文件在多台主机上的分布式存储。

目前，众多需处理海量数据的公司都有自主研发的分布式文件系统。其中，Google 公司的 GFS 和 HDFS 广为人知。HDFS 开源实现了 GFS 的基本思想，它是 Hadoop 生态系统的一个组成部分，其特点及优势主要表现在如下方面：支持流数据读取和处理超大规模（GB、TB 级别）文件；能够运行在由普通机器组成的集群上；采用"一次写入、多次读取"的简单文件模型；具有强大的跨平台特性，支持 JVM 的机器都可以运行 HDFS。

3.3.3.2 NoSQL 数据库

NoSQL 是一种不同于关系数据库的数据库管理系统设计方式，是对非关系型数据库的统称。它弥补了关系数据库在当前商业应用中的缺陷，主要特点如下：灵活的可扩展性，通过"横向扩展"替代传统的"纵向扩展"方式，性价比高，方便实现；灵活的数据模型，允许在一个数据元素里存储不同类型的数据；与云计算紧密融合，凭借横向扩展能力充分利用云计算基础设施。

与关系数据库相比，非关系型数据库的不同之处主要表现在如下方面：采用类似键/值、列族、文档等非关系数据模型，而非传统的关系模型没有固定的表结构；通常不存在连接操作；没有严格遵守 ACID（原子性、一致性、独立性、持久性）约束。

目前，Google、Facebook、Mozilla、Adobe、Foursquare、LinkedIn、百度、腾讯、阿里、新浪、华为等企业均已应用 NoSQL 数据库。

NoSQL 数据库数量众多，归纳起来可分为键值数据库、列族数据库、文档数据库和图数据库四种类型。

3.3.4 农业大数据处理技术

农业大数据既包括农业、农村、农民的调查统计静态数据，如农村人口数据、国内外贸易数据、土地利用情况数据等，又包括通过各种设施、设备、软件和系统实时获取的动态数据（流数据），如生产过程中通过传感器和视频监控设备获取的数据、气象监测数据、作物生长数据等。对静态数据和流数据的处理，对应着两种截然不同的计算模式，即批量计算和实时计算，其处理模型如图 3-8 所示。

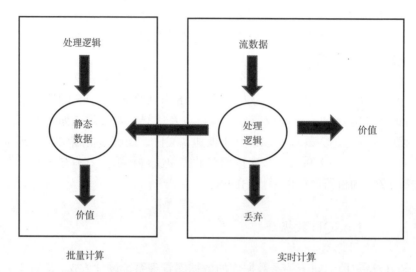

图 3-8　批量计算和实时计算处理模型

批量计算以静态数据为对象，可以在很充裕的时间内对海量数据进行批量处理，计算得到有价值的信息。Hadoop 就是典型的批处理模型，由 HDFS 和 HBase 存放大量的静态数据，由 MapReduce 负责对海量数据执行批量计算。

流数据则不适合采用批量计算，因为流数据不适合用传统的关系模型建模，不能把源源不断的流数据保存到数据库中，流数据被处理后，一部分进入数据库成为静态数据，其他部分则直接被丢弃。因此，流数据必须采用实时计算，一般要求响应时间为秒级，针对流数据的实时计算就是流处理。Storm 是免费的、开源的分布式实时计算系统，可简单、高效、可靠地处理大量的流数据。

3.3.4.1　MapReduce 批处理技术

为了获得面向海量数据的计算能力，人们开始借助于分布式并行编程来提高程序的性能。分布式程序运行在大规模计算机集群上，可充分利用集群的并行处理能力，且可通过向集群中增加新的计算节点，就能很容易地实现集群计算能力的扩展，达到并行执行大规模数据处理任务的目的。

谷歌提出了分布式并行编程模型 MapReduce，HadoopMapReduce 是其开源实现，门槛相对较低。传统的并行计算框架与 MapReduce 的对比列入表 3-1。

表 3-1　传统的并行计算框架与 MapReduce 的对比

比较标准	传统并行计算框架	MapReduce
集群架构/容错性	共享式（共享内存/共享存储），容错性差	非共享式，容错性好
硬件/价格/扩展性	刀片服务器、高速网、存储区域网络（SAN），价格高，扩展性差	普通个人计算机，便宜，扩展性好
编程/学习难度	what-how，难	what，简单
使用场景	实时、细粒度计算、计算密集型	批处理，非实时，数据密集型

　　MapReduce 计算模型的核心就是将复杂的、运行于大规模集群上的并行计算过程高度地抽象到两个函数，即 Map 和 Reduce，由应用程序开发者负责具体实现。程序开发人员只需关注如何实现 Map 和 Reduce 函数，而不需处理并行编程中的其他复杂问题，如分布式存储、工作调度、负载均衡、容错处理和网络通信等，这些问题均由 MapReduce 框架负责处理，极大地降低了开发难度。

　　Map 函数的输入来自分布式文件系统的文件块，文件块中包含了一系列可以是任意类型的元素。函数将输入的元素转换成<key，value>形式的键值对，键、值的类型是任意的；但键没有唯一性，不能作为输出的身份标识，即使是同一输入元素，也可通过一个 Map 任务生成具有相同键的多个<key，value>。

　　Reduce 函数的输入是一系列具有相同键的键值对。函数将输入的键值对以某种方式组合起来，输出处理后的键值对，输出结果会合并成一个文件。用户可指定 Reduce 任务的个数，主控进程会选用一个散列函数对 Map 任务输出的每个键进行计算，并根据散列结果，将键值对输入对应的 Reduce 任务来处理。

3.3.4.2　Storm 流处理技术

　　传统的数据处理流程需要先采集数据并存储在关系数据库等数据管理系统中，之后用户便可以通过查询操作和数据管理系统进行交互，最终得到查询结果。但是，一方面，这意味着存储的数据是旧的，当对数据进行查询的时候，存储的静态数据已经是过去某一时刻的快照，这些数据在查询时可能已不具备时效性；另一方面，意味着用户需主动发起查询来获取结果。

　　流计算处理过程包括数据实时采集、数据实时计算和实时查询服务，它与传统数据处理流程的区别在于：流处理系统处理的是实时的数据，而传统的数据处理系统处理的是预先存储好的静态数据；用户通过流处理系统获取的是实时结果，而传统的数据处理系统获取的是过去某一时刻的结果，并且流处理系统无需用户主动发出查询，实时查询服务可以主动将实时结果推送给用户。

因此，流计算适合于需要处理持续到达的流数据、对数据处理有较高实时性要求的场景。

Storm 是 Twitter 开发的分布式实时计算框架，可用于许多领域，如实时分析、在线机器学习、持续计算、远程过程调用（RPC）、数据提取加载转换等。Storm由于具有可扩展、高容错性、能可靠处理消息等特点，目前已经广泛应用于流计算中。此外，Storm 是开源免费的，用户可以轻易地进行搭建和使用，大大降低了学习和使用的成本。

3.3.5　农业大数据分析和挖掘技术

农业大数据分析和挖掘是利用分布式并行编程模型和计算框架，结合统计数据分析、数据挖掘等手段，处理和分析大量的原始数据及经过初步处理的数据，以提取隐藏在一系列混乱数据中的有用数据，识别其中的内在规律，使数据的价值最大化的过程。

3.3.5.1　统计数据分析

常用的统计数据分析方法包括对比分析法、分组分析法、结构分析法、平均分析法、交叉分析法、综合评价法、漏斗图分析法、相关分析与回归分析和时间序列预测等。

1. 对比分析法。对比分析法可分为静态比较和动态比较两大类。静态比较是在同一时间条件下对不同总体指标的比较，如不同部门、不同地区、不同国家、不同时期的比较，也称横向比较，简称横比。动态比较是在同一总体条件下对不同时间指标数值的比较，也称纵向比较，简称纵比。

采用对比分析的关键是指标的口径范围、计算方法、计量单位必须一致。

2. 分组分析法。数据分组是一种重要的数据分析方法。该方法根据数据分析对象的特征，按照一定的指标，如业务、用户属性、时间等维度，把数据分析对象划分为不同的部分和类型来进行研究，以揭示其内在的联系和规律。

分组就是为了便于对比，把总体中具有不同性质的对象区分开，把性质相同的对象合并在一起，保持各组内对象的一致性、组与组之间的差异性，以便进一步运用各种分析方法来解构内在的数量关系，因此分组法必须与对比法结合运用。

3. 结构分析法。结构分析法是指对总体内的各部分与总体之间进行对比的分析方法，即总体内各部分占总体的比例，属于相对指标。一般来讲，某部分的比例越大，说明其重要程度越高，对总体的影响就越大。

4. 平均分析法。平均分析法就是运用计算平均数的方法反映总体在一定时间、地点条件下某一数量特征的一般水平。平均指标可用于同一现象在不同地区、不同部门或单位之间的对比，还可用于同一现象在不同时间范围内的对比。

平均指标有算数平均数、调和平均数、几何平均数、众数和中位数，其中最为常用的是算数平均数。

5. 交叉分析法。交叉分析法通常用于分析两个变量（字段）之间的关系，即同时有两个有一定联系的变量及其值交叉排列在一张表格内，使各变量成为不同变量的交叉节点，形成交叉表，从而分析交叉表中变量之间的关系，也称交叉表分析法。

6. 综合评价法。综合评价法的基本思想是将多个指标转化为一个能够反映综合情况的指标，来进行分析评价。综合评价的过程主要包括以下步骤：

1）确定综合评价的指标体系，即哪些指标是综合评价的基础和依据。

2）收集数据，并对不同计量单位的指标数据进行标准化处理。

3）确定指标体系中各指标的权重，以保证评价的科学性。

4）对经处理后的指标进行再汇总，计算出综合评价指数或综合评价分值。

5）根据综合评价指数或分值对参评单位进行排序，并由此得出结论。

其中，数据标准化和权重的确定是关键。常用的数据标准化方法有 0～1 标准化、Z 标准化等。常用的权重确定方法有专家访谈法、德尔菲法、层次分析法、主成分分析法、因子分析法、回归分析法和目标优化矩阵表等。

7. 漏斗图分析法。漏斗图分析法适合业务流程比较规范、周期比较长、各流程环节设计复杂、过程比较多的业务分析场景，是对业务流程最直观的一种表现形式，并且也最能说明问题所在。通过漏斗图可以很快发现业务流程中存在问题的环节。

8. 相关分析。相关关系是指现象之间存在的非严格的、不确定的依存关系。这种依存关系的特点是某现象在数量上发生的变化会影响另一现象数量上的变化，而且这种变化具有一定的随机性，即当给定某现象一个数值时，另一现象会有若干个数值与之对应，并且总是遵循一定规律，围绕这些数值的平均数上下波动，其原因是影响现象发生变化的因素不止一个。例如，影响销售额的因素除了推广费用外，还有产品质量、价格和销售渠道等因素。

相关分析是研究两个或两个以上随机变量之间相互依存关系的方向和密切程度的方法，直线相关用相关系数表示，曲线相关用相关指数表示，多重相关用复相关系数表示，其中最常用的是线性相关。

9. 回归分析。回归函数关系是指现象之间存在的依存关系中，对于某变量的每个数值，都有另一变量的值与之相对应，并且这种依存关系可用一个数学表达式反映出来。例如，在一定的条件下，身高与质量存在的依存关系。

回归是研究自变量与因变量之间关系形式的分析方法，它主要是通过建立因变量 Y 与影响它的自变量 X_i（i=1，2，3，…，n）之间的回归模型，来预测因变量 Y 的发展趋势。

回归分析模型主要包括线性回归及非线性回归两种。线性回归又分为简单线性回归与多重线性回归；对于非线性回归，通常通过对数转化等方式，将其转化为线性回归问题。

以线性回归分析为例，其分析过程主要包括以下步骤：

1）根据预测目标，确定自变量和因变量。

2）绘制散点图，确定回归模型类型。

3）求解模型参数，建立回归模型。

4）对回归模型进行检验。

5）利用回归模型进行预测。

简单线性回归，也称一元线性回归，就是回归模型中只含一个自变量，否则称为多重线性回归。简单线性回归模型为：$Y=a+bX+s$，其中 Y 为因变量；X 为自变量；a 为常数项，是回归直线在纵轴上的截距；b 为回归系数，是回归直线的斜率；s 为随机误差，即随机因素对因变量所产生的影响。

散点图是一种比较直观地描述变量之间相互关系的图形。一般在做线性回归之前，需要先用散点图查看数据之间是否具有线性分布特征，只有当数据具有线性分布特征时，才能采用线性回归分析方法。

建立回归分析模型后，还需要进一步使用多个指标对模型进行检验，如回归模型的拟合优度检验（R2）、回归模型的显著性检验（F 检验）、回归系数的显著性检验（t 检验），以综合评估回归模型的优劣。

在实际工作中，一般先进行相关分析，计算相关系数，然后拟合回归模型，进行显著性检验，最后用回归模型推算或预测。

10. 时间序列预测。时间序列预测是指通过时间序列来分析预测目标变量未来的发展趋势。时间序列预测主要包括移动平均法、指数平滑法、趋势外推法、季节变动法等预测方法，其中，移动平均法和指数平滑法是最常使用的方法。

移动平均法是根据时间序列逐期推移，依次计算包含定期数的平均值，形成平均值时间序列，以反映事物发展趋势的一种预测方法。移动期数视具体情况而定，移动期数少，能快速地反映变化，但不能反映变化趋势；移动期数多，能反映变化趋势，但预测值带有明显的滞后偏差。移动平均法的基本思想是移动平均可以消除或减少时间序列数据受偶然性因素干扰而产生的随机变动影响，它适合短期预测。移动平均法主要包括一次移动平均法、二次移动平均法和加权移动平均法。

指数平滑法是由移动平均法发展而来的，在不舍弃历史数据的前提下，对离预测期较近的历史数据给予较大的权数，权数由近到远按指数规律递减。指数平滑法根据本期的实际值和预测值，并借助于平滑系数 a 进行加权平均计算，预测下一期的值。它是对时间序列数据给予加权平滑，从而获得其变化规律与趋势。指数平滑法可以分为一次指数平滑法、二次指数平滑法及三次指数平滑法，其中，最常用的为一次指数平滑法，二次指数平滑、三次指数平滑是在一次指数平滑的基础上再次进行运算得出的。

3.3.5.2　聚类分析

聚类分析是一个把数据对象划分成子集（簇）的过程。同一个簇中的对象有很大的相似性，而不同簇间的对象有很大的相异性，由聚类分析产生的簇的集合称作一个聚类。

聚类分析为无监督学习，因为没有提供类标号信息，可用于数据集内事先未知的群组的发现，广泛应用于图像识别、欺诈检测、客户关系发现等领域。在相同的数据集上，不同的聚类方法可能产生不同的聚类。常用的聚类方法包括基于划分的方法、基于层次的方法和基于密度的方法等。

1. 基于划分的方法。该方法的基本思想是给定一个包含 n 个样本的数据集 X，将数据划分为 k 个分区（k≤n），每个分区表示一个簇，且满足：每个簇至少包含一个样本；每个样本必须属于且仅属于一个簇。其划分准则是：同一个簇中的对象尽可能地接近，不同簇之间的对象尽可能地远离。基于划分方法的聚类分析算法有 k-均值算法、k-中心点算法等。

2. 基于层次的方法。该方法的基本思想是对给定数据集合进行层次分解，分为自底同上方法（凝聚）和自顶向下方法（分裂）两种。

自底向上方法（凝聚），即先将每个对象作为单独的一组，然后相继合并相近的对象或组，直到所有的组合并为一个，或达到一个终止条件（如指定的期望簇个数），传统的算法代表为 AGNES 算法。

自顶向下方法（分裂），即先将所有的对象置于一个簇中，在迭代的每一步，一个簇被分裂为多个更小的簇，直到最底层的簇足够凝聚（每个簇中仅包含一个对象或簇内的对象彼此充分相似），或者达到一个终止条件（簇个数或簇距离达到阈值），传统的代表算法为 DIANA 算法。

上述算法简单、理解容易，但合并点或分裂点选择不太容易，对大数据集不太适合，执行效率较低。因此，出现了优化的层次聚类方法，如 BRICH、Chameleon（变色龙）、概率层次聚类等。

3. 基于密度的方法。划分和层次方法适于发现球状簇，很难发现任意形状的簇。于是，人们提出了改进思想，即把簇看作数据空间中被稀疏区域分开的稠密区域，该思想是基于密度的聚类方法的主要策略。基于密度的聚类方法可以用来过滤噪声或孤立点数据，发现任意形状的簇，代表性算法有 DBSCAN，OPTICS、DENCLUE 等。

3.3.5.3　分类

分类问题是根据训练数据集和类标号属性构建模型，以此对新的数据进行分类。例如，贷款申请数据的"安全"或"危险"，顾客购买意向的"是"或"否"，病人医疗的"治疗方案 A""治疗方案 B"或"治疗方案 C"等。具体来说，包括两个基本步骤。

学习阶段。该阶段是利用训练集建立一个分类模型，描述给定数据类或概念集，属于有监督学习范畴。其中，训练集由训练样本和与它们相关联的类标号组成，分类模型可以由分类规则、决策树或数学公式的形式提供。

分类阶段。该阶段是对建立的分类模型进行评估，若分类器的性能可以接受，那么使用该模型来对未知类标号的样本进行分类。

其中，分类器性能评估是利用独立于训练集的测试集，对每个测试样本，将已知的类标号和该样本由分类模型分类后得到的类标号比较，并采用准确率、错误率、召回率、精度、F-measure 等评价指标，计算得到分类器的性能。

由此可见，分类问题的关键是分类模型的构建。常见的分类方法有决策树归纳、贝叶斯分类、支持向量机分类、k-近邻分类等。

3.3.5.4　关联规则

关联规则挖掘是数据挖掘中最活跃的研究方法之一，最早是针对超市购物篮分析问题而提出，其目的是发现超市中用户购买的商品之间的隐含关联关系，并用规则的形式表示出来，称为关联规则。

关联规则问题就是产生支持度和可信度分别大于用户给定的最小支持度和最小可信度的关联规则，可分为两个子问题：找出交易数据库中所有大于或等于用户指定的最小支持度的频繁项集；利用频繁项集生成所需的关联规则，根据用户设定的最小可信度进行取舍，产生强关联规则。

按照是否需要产生频繁项集的候选项，对关联规则算法进行分类，代表算法有 Apriori 算法（需要产生频繁项集的候选项）和 FP-growth 算法（不需要产生频繁项集的候选项）。

3.3.6 农业大数据的集成与应用

3.3.6.1 大数据有助于实现精细种植

大数据可以实现精细化生产。农业经营者利用现代信息技术手段实时收集种质信息、生长环境信息、作物品种信息、施肥施药信息和农事信息等，通过对上述海量数据的计算和分析，帮助农户进行优化生产决策和资源投入。例如，应用大数据技术研发的农田扫描定位，可以对每个田块进行数据分析，依据田块的定位编号、现有的营养结构，自动给出相应的施肥建议。

通过对长期大量气候条件、土壤自然灾害、病害等环境因素信息的收集，科学匹配农作物品种和土地类型；对造成地块产量差异的因素进行分析，因地制宜，针对不同地块采用不同的耕作方式，从而更有针对性地指导灌溉、施肥、灭虫，农业生产力和土地利用率得到极大提高。

大数据技术有助于农业生态环境的改善。大数据技术的应用，可以实现按需给药、按需施肥、按需增温。一方面，因为减少了农药化肥等化学物质的滥用，实现了农产品的安全性；另一方面，有助于减少给自然环境带来的损害，实现农业生态安全。

3.3.6.2 大数据加速农业育种

传统的作物育种和家畜育种成本高、工作量大，常规育种需要耗时十年甚至更久，大数据在育种领域的应用大大加快了这一进程。过去的生物调查通常在温室和田地进行，而借助计算机技术，再结合自动化的种子切片技术，在实验室即可对大量材料进行筛选，大大减少田间的工作量和花费，有助于实现更迅速的决策。

3.3.6.3 大数据帮助实现农业预警

就整个农产品市场信息体系而言，传统的农产品流通消费领域存在供求信息不匹配、不全面、信息流通不畅的问题，利用大数据技术可以很好地解决这些问题。

通过全方位感知和分析农产品产量信息、产品结构、流通及消费信息、病害及气象信息，结合对历史数据的分析，利用智能分析技术判断整个信息流的流量与流向，并对农产品全产业链的过程进行模拟，可以建立数据模型，从而找出共性，把握规律，掌握趋势。农业大数据预警系统可以有效降低农业生产和销售中的不确定性，让农户在产前、产中、产后进行全程把握，从而优化生产布局，避免浪费，力争实现产销匹配、生产和运输匹配、生产和消费匹配。

近年来，我国农业农村部、商务部、发展和改革委员会等部委及地方相关部门积极推动农产品管理数据和监测预警系统的建设，并在实际运行过程中取得了一定成效，但目前的预警系统仍然面临信息不够准确、不实用和传递不到位等问题。

3.3.6.4　大数据征信有助于完善农村金融体系

传统金融机构并未充分满足农业农村的金融需求，由于农业自身存在信息化程度低、农民的有效抵押物少、经营过于分散等问题，造成农业的经营风险较高，农民收入波动较大，上述情况导致整个农业金融服务远不如其他行业发达。

大数据可以高效汇集并筛选有效信息，帮助金融机构全面了解用户的信息，并通过对其日常收支情况、经营能力、负债情况、借贷历史、消费情况、信用记录、社交情况等进行分析、论证与建模，评价农户的信用情况。上述数据可以作为发放贷款、设置农业保险的信用依据，从而可以有效减少金融风险，推动金融更好地为"三农"服务。

3.4　区块链技术

3.4.1　区块链技术概述

广义来讲，区块链技术是利用块链式数据结构来验证与存储数据、利用分布式节点共识算法生成和更新数据、利用密码学的方式保证数据传输和访问的安全、利用由自动化脚本代码组成的智能合约编程和操作数据的一种全新的分布式基础架构与计算范式。简单来说，它是一个不可篡改和无法伪造的分布式数据库。区块链的主要作用是存储信息，任何需要保存的信息都可以被写入区块链，人们也可以从中获取所需的信息。

区块链有两个重要特征。一是信息的高度透明性，在区块链中，任何计算机都可以作为一个节点加入到区块链网络，且每个节点都是平等的，都保存着整个区块链数据库，其存储的数据具有一致性，所有数据都是全冗余备份，除了加密的交易双方私有信息不公开以外，其他信息在区块链中都是公开透明的，任何人都可以访问，使信息具有高度的共享性和透明性。二是采用了时间戳技术，在区块头中包含了该区块链生成的时间信息，唯一标识了一个时刻。每个区块一产生就生成了对应的时间戳。时间戳不仅提高了区块链中数据的不可篡改性，还使区块与区块之间具有时间序列的排序关系，使信息更加公正。

3.4.2　区块链技术的集成与应用

基于区块链技术的农产品溯源体系优势。原本的"单个中心"，变为"多中心"，由多个中心组成一个可信任的"生态圈"。区块链可以利用其分布式账本的优势，实现数据不能被篡改、可靠性高、易追溯，以及透明度高的特点，为农产品的质量安全提供了重要的保障。要想进行产品质量造假，就需要修改全网关于这个产品的所有信息，这在保障整个系统的安全性方面具有重大意义。以区块链为基础建立的溯源系统，将极大地提高造假成本，极大地提升农产品供应链的可靠性。

3.5　人工智能技术

3.5.1　人工智能技术概述

人工智能（AI）研究作为一门前沿交叉学科，像许多新兴学科一样，至今尚无统一的定义。"人工智能"一词最初是在1956年达特茅斯会议上提出的。自此，研究者们发展了众多的理论和原理，人工智能的概念也随之扩展。美国斯坦福大学人工智能研究中心尼尔逊教授对人工智能下了这样一个定义：人工智能是关于知识的学科——怎样表示知识，以及怎样获得知识，并使用知识的科学。美国麻省理工学院的温斯顿教授认为：人工智能就是研究如何使计算机去做过去只有人才能做的智能工作。这些说法反映了人工智能学科的基本思想和基本内容，即人工智能是研究人类智能活动的规律，构造具有一定智能的人工系统，研究如何让计算机去完成以往需要人的智力才能胜任的工作，也就是研究如何应用计算机的软件和硬件来模拟人类某些智能行为的基本理论、方法和技术。

人工智能作为计算机科学的一个分支，是研究、开发用于模拟、延伸和扩展人的智能的理论、方法、技术及应用系统的一门新的技术科学。它的目标是希望计算机拥有像人类一样的智力能力，可以替代人类实现识别、认知、分类和决策等多种功能。该领域的研究包括机器人、语言识别、图像识别、自然语言处理和专家系统等。除了计算机科学以外，人工智能还涉及信息论、控制论、自动化、仿生学、生物学、心理学、数理逻辑、语言学、医学和哲学等多门学科。

人工智能自诞生以来，理论和技术日益成熟，应用领域不断扩大，如知识表示、自动推理和搜索方法、机器学习和知识获取、知识处理系统、自然语言理解、计算机视觉、智能机器人，以及自动程序设计等。总之，人工智能研究的主要目标是使机器能够胜任一些通常需要人类智能才能完成的复杂工作。

3.5.2　人工智能的发展

近年来，随着计算机技术的迅猛发展和日益广泛应用，自然而然地会提出人类智力活动能不能由计算机来实现的问题。几十年来，人们一向把计算机当作只能极快地、熟练地、准确地计算数字的机器，但在当今世界，要解决的问题并不完全是数值计算，像语言的理解和翻译、图形和声音的识别、决策管理等都不属于数值计算，特别是医疗诊断，要由有专门经验和相关背景知识的医师才能做出正确的诊断，这就要求计算机能从"数据处理"扩展到"知识处理"的范畴。计算机能力范畴的转化是"人工智能"快速发展的重要因素。

1956 年，约翰·麦卡锡（达特茅斯学院数学助理教授）、马文，闵斯基（人工智能与认知学专家）、克劳德·香农（信息论的创始人）、内森·罗切斯特（IBM 信息研究经理）、艾伦纽厄尔（计算机科学家）、赫伯特·西蒙（诺贝尔经济学奖得主）等科学家一起组织了达特茅斯会议。此次会议中的一个提案断言为：任何一种学习或者其他形式的人类智能都能够通过机器进行模拟，首次提出"人工智能"这一概念，标志着人工智能学科的诞生。

为了使机器具备人类的智能，从 20 世纪 60 年代开始，人工智能的研究者们开创了众多研究方向，从知识表示、自动推理与搜索、知识获取，到机器学习、计算机视觉、语音处理、自然语言理解、智能机器人等。然而，人工智能领域的研究并非一帆风顺，经历了数次热潮与寒冬。直至 2006 年，"神经网络之父""深度学习之父"、加拿大多伦多大学杰弗里·欣顿教授在 *Science* 期刊上发表文章，首次解决了深层神经网络的训练问题，开始将深度学习理论带入学术界。2007年，当时仍在普林斯顿大学任教的李飞飞和她的团队开始建立大规模图像数据库 ImageNet 项目（截至 2009 年，该数据库已超过 1 500 万张人工标定的图像数据），并于 2011 年举办国际性的 ImageNet 大规模视觉识别竞赛。随着计算机硬件算力的提高，借助上述大规模图像数据库，2012 年，杰弗里·欣顿和他的学生亚历克斯·克里泽夫斯基训练出了深度神经网络模型 AlexNet，以破纪录的大比分赢得 ImageNet 竞赛，初次向学术界展示了深度学习的强大优势。2016 年，谷歌旗下 DeepMind 公司基于深度学习开发出的 AlphaGo 围棋程序，成为第一个战胜围棋世界冠军的人工智能机器人，真正让人工智能的概念从学术界走向普通大众，并在世界范围内持续发酵，走向当下时代的浪潮之巅。

在深度学习、大数据、云计算、物联网、移动互联等新理论、新技术、新硬件，以及经济社会发展强烈需求的共同驱动下，当前，人工智能领域在计算机视觉、语音识别、自然语言处理、智能机器人、无人驾驶等方向得到了快速发展和应用，部分技术成果接近甚至超过人类能力的极限，并促使人工智能成为引领未来发展的战略性技术。人工智能已逐步成为计算机学科的一个独立分支，无论是在理论上，还是在实践上，都已自成系统。

3.5.3　人工智能的研究领域

人工智能的知识领域浩繁，各个领域的思想和方法有许多可以互相借鉴的地方。随着人工智能理论研究的发展和成熟，人工智能的应用领域更为宽广，应用效果更为显著。从应用的角度看，人工智能的研究主要集中在以下几个方面。

3.5.3.1　专家系统

专家系统是一类具有专门知识和经验的计算机智能程序系统，通过对人类专家的问题求解能力建模，采用人工智能中的知识表示和知识推理技术，来模拟通常由专家才能解决的复杂问题，达到具有与专家同等解决问题能力的水平。专家系统与传统计算机程序的本质区别在于：专家系统所要解决的问题一般没有算法去求解，并且经常要在不完全、不精确或不确定的信息基础上做出结论，可以解决的问题一般包括解释、预测、诊断、设计、规划、监视、修理、指导和控制等。

3.5.3.2　自然语言理解

自然语言理解是研究实现人类与计算机系统之间用自然语言进行有效通信的各种理论和方法。由于目前计算机系统与人类之间的交互还只能使用严格限制的各种非自然语言，因此解决计算机系统能够理解自然语言的问题，一直是人工智能领域的重要研究课题之一。

虽然在理解有限范围的自然语言对话和理解用自然语言表达的小段文章或故事方面的程序系统已有一定的进展，但由于自然语言的多义性、上下文有关性、模糊性、非系统性和环境密切相关性、涉及的知识面广等，要实现功能较强的理解系统仍十分困难。从目前的理论和技术现状看，它主要应用于机器翻译、自动文摘、全文检索等方面，而通用的和高质量的自然语言处理系统，仍然是较长期的努力目标。

3.5.3.3　机器学习

机器学习是一门多领域交叉学科，涉及概率论、统计学、逼近论、凸分析、算法复杂度理论等多门学科，它是计算机具有智能的根本途径，专门研究计算机怎样模拟或实现人类的学习行为，以获取新的知识或技能，重新组织已有的知识结构，使之不断改善自身的性能。

机器学习研究的主要目标是让机器自身具有获取知识的能力，使机器能够总结经验、修正错误、发现规律、改进性能，对环境具有更强的适应能力。目前，对机器学习的研究还处于初级阶段，但却是一个必须大力开展研究的阶段。只有针对机器学习的研究取得进展，人工智能和知识工程才会取得重大突破。

3.5.3.4　自动定理证明

自动定理证明，又称机器定理证明，它是数学和计算机科学相结合的研究课题。数学定理的证明是人类思维中演绎推理能力的重要体现，其过程尽管每一步都严格有据，但决定采取什么样的证明步骤，却依赖于经验、直觉、想象力和洞察力，需要人的智能。演绎推理实质上是符号运算，因此原则上可以用机械化的方法来进行。数理逻辑的建立使自动定理证明的设想有了更明确的数学形式。

自动定理证明的理论价值和应用范围并不局限于数学领域，许多非数值领域的任务，如医疗诊断、信息检索、规划制定、问题求解、自然语言理解和程序验证等，都可以转化成相应的定理证明问题，或者转化为与定理证明有关的问题，所以自动定理证明研究具有普遍的意义。

3.5.3.5　自动程序设计

自动程序设计是指根据给定问题的原始描述，自动生成满足要求的程序，是采用自动化手段进行程序设计的技术和过程。它是软件工程和人工智能相结合的研究课题。自动程序设计主要包含程序综合和程序验证两方面的内容。前者实现自动编程，即用户只需要告知机器"做什么"，不用告诉它"怎么做"，之后的工作由机器自动完成；后者是程序的自动验证，自动完成正确性检查。

3.5.3.6　机器人学

机器人学是机械结构学、传感技术和人工智能结合的产物。1948 年，美国研制成功第一代遥控机械手，17 年后，第一台工业机器人诞生，从此相关研究不断取得进展。从功能上考虑，机器人学的研究主要涉及两个方面：一方面是模式识别，即给机器人配备视觉和触觉装置，使其能够识别空间景物的实体和阴影，甚至可以辨别出两幅图像的微小差别，从而完成模式识别；另一方面是运动协调推理，机器人的运动协调推理是指机器人在接受外界的刺激后，驱动机器人行动的过程。

机器人学的研究促进了人工智能思想的发展，与其相关的一些技术可在人工智能研究中用来建立世界状态模型和描述世界状态变化的过程。

3.5.3.7　模式识别

模式识别研究的是计算机的模式识别系统，即用计算机代替人类或帮助人类感知模式。模式识别呈现多样性和多元化趋势，可以在不同的概念粒度上进行。其中，生物特征识别成为模式识别研究的新热点，包括语音识别、文字识别、图像识别、人物景象识别和手语识别等。人们还要求通过识别语种、乐种和方言检索相关的语音信息，通过识别人种、性别和表情来检索所需要的人脸图像，通过识别指纹（掌纹）、人脸、签名、虹膜和行为姿态来识别身份。模式识别普遍利用小波变换、模糊聚类、遗传算法、贝叶斯理论和支持向量机等方法，进行识别对象分割、特征提取、分类、聚类和模式匹配。模式识别是一个不断发展的新科学，它的理论基础和研究范围在不断发展。

3.5.3.8　计算机博弈

计算机博弈（也称机器博弈）是人工智能领域的重要研究方向，是机器智能、兵棋推演、智能决策系统等人工智能领域的重要科研基础。它从模仿人脑智能的角度出发，以计算机下棋为研究载体，通过模拟人类棋手的思维过程，构建一种更接近人类智能的博弈信息处理系统，并可以拓展到其他相关领域，解决实际工程和科学研究领域中与博弈相关的难以解决的复杂问题。博弈问题为搜索策略、机器学习等问题的研究提供了很好的实际背景，所发展起来的一些概念和方法对人工智能的其他问题也很有用。

3.5.3.9 计算机视觉

计算机视觉是使用计算机及相关设备对生物视觉的一种模拟，主要任务就是通过对采集的图片或视频进行处理以获得相应场景的三维信息。计算机视觉涉及计算机科学与工程、信号处理、物理学、应用数学和统计学、神经生理学和认知科学等多个领域的知识，它的研究内容可以概括为：通过采集图片或视频，对图片或视频进行处理分析，从中获取相应的信息，换言之就是运用照相机和计算机来获取所需的信息。研究的最终目标是使计算机能够像人类那样通过视觉观察和理解世界，并具有自主适应环境的能力。

3.5.3.10 智能控制

智能控制是具有智能信息处理、智能信息反馈和智能控制决策的控制方式，是控制理论发展的高级阶段，主要用来解决那些用传统方法难以解决的复杂系统的控制问题。智能控制研究对象的主要特点是：具有不确定性的数学模型、高度的非线性和复杂的任务要求。

智能控制具有两个显著的特点：第一，智能控制具有知识表示的非数学广义世界模型和传统数学模型混合表示的控制过程，并以知识进行推理，以启发来引导求解过程。第二，智能控制的核心在高层控制，即组织级控制，其任务在于对实际环境或过程进行组织，即决策和规划，以实现广义问题求解。

3.5.4 人工智能的集成与应用

人工智能作为科技的前沿技术，已经深入各行各业之中。从20世纪70年代开始，人工智能技术，特别是专家系统技术就开始应用于现代农业领域。根据联合国粮食及农业组织预测，到2050年，全球人口将超过90亿，尽管人口较目前只增长 25%，但是由于人类生活水平的提高及膳食结构的改善，对粮食的需求量将增长 70%。与此同时，全球又面临着土地资源紧缺、化肥农药过度使用造成的环境污染等问题，人工智能作为解决方式之一，展示出了其强大的实力。

人工智能在农业领域的研发及应用，早在 21 世纪初就已经开始，既有耕作、播种和采摘等智能机器人，又有智能探测土壤、探测病虫害、气候灾难预警等智能识别系统，还有在家畜养殖业中使用的禽畜智能穿戴产品等。这些应用正在帮助我们提高产出、提高效率，并能减少农药和化肥的使用。

3.5.4.1 农业信息感知

在农业生产的很多方面，大部分工作是通过对农作物外观的判断进行的，如农作物的生长状态、病虫害监测，以及杂草辨别等。在过去，这些工作主要是通过人的肉眼去观察的，但这存在如下问题：（1）农民并不能保证根据经验作出的判断是完全正确的；（2）由于没有专业人士及时到现场诊断，可能会使农作物病情延误或加重。

现代化农场利用由卫星遥感、无人机、近地传感器和手持装备等设备组成的"空、天、地、人"一体化信息感知体系，借助物联网设备和无线网络传输技术，来获取海量的农作物生长与环境数据，再结合云计算、大数据分析与人工智能技术，实现种植面积测算、农作物长势监测、农作物产量预估、灾害及病虫害预警与应急响应等功能；借助近红外光谱、X 射线、超声波等多种传感器及成像设备，人工智能技术还实现了对农产品营养成分、功能成分、有害成分等内部品质与外部性状指标的无损检测；通过在诱虫架和捕虫仪中放置视觉传感器，借助计算机视觉分析方法，可实现对田间虫情的自动监测；利用移动设备的便携性，并在移动端部署人工智能技术，可实现田间自助采集大豆、玉米等种质资源性状特征。

3.5.4.2 精确生产作业

在获取相关农业信息后，人工智能技术被进一步应用到农业生产过程中，并已深刻改变了传统的农业生产模式，促进了我国农业生产方式的提档升级。

农业植保无人机是当前人工智能技术在农业生产作业过程中应用最为普及的。借助视频传感器与智能分析技术，农业植保无人机可实现农田、果树等植保工作的精准变量喷药。此外，通过融合地形跟随、自主避障、实时动态（RTK）高精度定位技术，植保无人机已实现一站式多机全自主协同作业，极大地促进了农业植保无人机精准作业的普及。

果树采摘机器人继农业植保无人机后，成为人工智能技术引爆新一轮农业科技创新发展的应用设备。通过搭配机械手臂，并借助多源传感器与先进控制、智能分析等技术，国内外智能科技企业已先后开发出草莓、芦笋、黄瓜、苹果、蘑菇等智能采摘机器人。另外，通过与运送机器人、换行机器人等进行多机协同作业，还将进一步促进果蔬种植业的标准化、规模化与工厂化。此外，诸如施肥机器人、喷药机器人、除草机器人、分拣机器人、剪枝机器人等，也是众多科技公司和科研院所重点突破的方向，通过智能计算机视觉系统和智能硬件的配合，已实现自动化、智能化、精准化的相关生产作业，有效提高了作业效率，大大降低了人工作业成本。

大田精准作业同样也是人工智能技术重点突破的领域。当前，已有国内外知名大型农机装备企业将无人驾驶系统、自动变量施肥与喷药技术应用于现代化大拖拉机装备，可实现农业机械 24 h 自动导航、自动驾驶地进行土地耕整、精量播种等田间作业，并结合智能分析系统，依据农作物长势情况，实现精准施肥与喷药。其他如无人驾驶打浆平地机、无人驾驶侧深施肥撒药高速插秧机、无人驾驶联合收割机、无人驾驶喷雾机等大田作业智能农机装备，也都相继完成田间耕作实验，并逐渐开始量产和示范作业，最终将形成全过程、成体系的作业模式，并运用于实际生产，高强度的农业人工劳动终将被智能化的农业设备所取代。这些智能农机作业装备，将物联网、云计算、大数据、移动互联，以及人工智能等新一代信息技术与农业产业深度融合，势必会加快我国农机装备的技术创新和转型升级。

3.5.4.3　智能生产决策

由于人工智能、物联网、云计算等技术的快速发展，传统基于专家系统技术的农业生产决策系统，将逐渐被新形态的"农业大脑"平台所代替。该类平台通过将众多传感器终端嵌入农业研、供、产、销、服务等各个环节，系统分析各环节的相关信息与数据，通过云计算、大数据与智能分析技术，最终作出最合理、最经济、最高效的决策。作为农业全产业链人工智能工程，"农业大脑"平台通过对农业环境与资源、农业生产、农业市场和农业管理等数据进行收集、处理和分析，从而对相关过程进行指导，实现了跨行业、跨专业、跨业务的数据分析与挖掘，以及数据可视化，将推动我国农业的转型升级。

3.5.4.4　农业农机装备

将人工智能识别技术与智能机器人技术相结合，可广泛应用于农业生产中的播种、耕作、采摘等场景，极大地提升农业生产效率，降低农药和化肥的消耗。在播种环节，美国 DavidDorhout 研发了一款智能播种机器人 Prospero，其可以通过探测装置获取土壤信息，然后通过算法得出最优化的播种密度并且自动播种。在耕作环节，美国 Blue River Technologies 生产的 LettuceBot 农业智能机器人可以在耕作过程中为沿途经过的植株拍摄照片，利用电脑图像识别和机器学习技术判断是否为杂草，或长势不好、间距不合适的农作物，从而精准喷洒农药，以杀死杂草，或者拔除长势不好或间距不合适的农作物。据测算，LettuceBot 可以帮助农民减施 90% 的农药和化肥。在采摘环节，美国 Aboundant Robotics 公司开发了一款苹果采摘机器人，其通过摄像装置获取果树照片，用图片识别技术识别适合采摘的苹果，结合机器人的精确操控技术，可以在不破坏果树和苹果的前提下，实现一秒采摘一个，大大提升了工作效率，降低了人力成本。

国内已有雷沃重工、中联重科等农机设备厂商成功开发出拖拉机自动驾驶系统和精准平地系统并投入使用，田间作业可视化管理开始向实用阶段迈进。智能农机通常可以实现如下功能：（1）精准导航，提供最佳垄向开掘导航路径，实现光热资源的最大化利用，先进的自动驾驶系统能够提高复杂地形和环境下的导航精度，减少农具偏移问题的出现；（2）作业记忆共享多辆农机路程信息，避免重复作业或遗漏；（3）自动驾驶，提供高精度定位，自动转向、自动导航和重复控制等；（4）自动喷杆调控装置，能提高种子和肥料投放的准确性。

除此之外，农机物联网平台（机联网），可以同步掌握农机的位置信息和状态信息，利用机器学习算法，计算农机调度过程路径规划，并实现调度策略的最优化。

3.5.4.5　农产品质量检测

农产品质量检测包含农产品加工、品质控制，以及成分分析等内容，是农产品流通消费过程中的重要环节，也是确保消费者消费安全的重要步骤。传统的农产品质量检测主要依靠人工手段，不仅效率低下，而且受到人类自身主观和客观因素的影响，其检测结果的准确性和稳定性差。

利用人工智能中的机器视觉和人工神经网络，可以准确、快捷地对农产品质量和品质进行检测，不仅节省了人力，而且工作效率和检测精度也大幅提升。我国利用人工神经网络进行农产品检测应用的实践也有所进展，检测的对象主要包括水果、茶叶、棉花、禽畜肉产品，检测内容包括农产品的尺寸、形状、纹理、颜色和视觉缺陷等。

3.6 计算机视觉技术

计算机视觉是计算机科学和人工智能领域中的重要分支，其相关理论与技术通过对生物视觉进行模拟，配合日益发展的计算机硬件资源，可以实现农业生产过程中多个重要环节视觉感知数据的自动处理与分析，在农业信息化领域有着广泛的应用，是促进我国农业向数字化、自动化和智能化方向发展的重要技术手段。

3.6.1 计算机视觉技术概述

视觉是人类观察和认知世界的重要交互方式，人类获取的信息约有 75%是通过视觉系统接收和处理得到的。通过眼睛这一视觉器官，人类可以捕捉到客观世界中场景所反射的光线，并在眼底视网膜上形成相应的物像，由感光细胞转换成神经脉冲信号，再经神经纤维传入大脑皮层的视觉中枢，进行信号的解析、识别和处理。

人类的视觉不仅帮助人们获得外界信息，而且帮助人们加工和处理信息，即包括了对视觉信息的感知、传输、存储、处理与理解的全过程。随着传感技术、信号处理技术，以及计算机硬件的发展，研究者们通过借助视觉传感器来捕获客观世界中场景的视觉信息，并利用计算机来实现对视觉信息处理的全过程，从而形成了计算机视觉这一新兴技术。

计算机视觉旨在研究如何利用视觉传感器和计算机，来实现人类的视觉功能，以实现对客观世界场景的感知、加工和理解。具体而言，计算机视觉通过借助视觉传感器对客观世界进行视觉信息采集，生成并存储真实场景的图像、视频或点云等视觉数据，进而在一定的理论和算法的基础上，利用计算机处理所采集到的视觉数据，从客观世界的杂乱场景中抽取像素、空间或光谱等信息，分析感兴趣的目标或区域，进而明确目标或区域的结构、空间排列与分布，以及目标或区域间的相互关系，最终形成对场景内容的理解和认知。

3.6.2 计算机视觉的相关学科

随着计算机软件、硬件技术的快速发展，以及对计算机视觉的深入研究，相关理论和技术获得了突破性进展，并与许多学科，如模式识别、人工智能和计算机图形学等，都有着密切关系，也正是与这些相关的学科进行交叉融合，极大地促进了计算机视觉的发展。

3.6.2.1 模式识别

模式是指具有相似性但又不完全相同的客观事物或现象所构成的类别，而识别是指从客观事实中自动建立符号描述或进行逻辑推理。模式包含的范围很广，视觉数据，诸如图像，就是模式的一种，对图像模式的识别正是计算机视觉领域占比很大的一个重要分支。此外，在计算机视觉领域的其他研究中，也同样使用了很多模式识别中的理论与方法。但由于视觉信息的复杂特性，模式识别并不能解决计算机视觉的全部任务。

3.6.2.2 人工智能

人工智能主要是指利用计算机模拟、执行或再生某些与人类智能（语言、逻辑、空间、肢体运动、音乐、人际、内省、自然探索与存在智能）有关的功能的能力和技术。视觉功能是人类智能的一种具体体现，利用计算机实现人类的视觉功能即计算机视觉，正是实现人工智能的一种途径。因此，计算机视觉可看作人工智能的一个重要研究分支，在计算机视觉的研究过程中也同样使用了大量的人工智能技术。

3.6.2.3 计算机图形学

计算机图形学通常研究如何由给定的描述生成图像，而计算机视觉是从视觉数据如图像中抽取所需要的描述信息，因此通常人们将计算机图形学称为计算机视觉的逆问题。与计算机视觉中存在很多的不确定性相比，计算机图形学处理的多是确定性的问题，是通过数学途径可以解决的问题，其与写计算机视觉也有很多交融。

与计算机视觉相近的还有图像处理、机器视觉等学科或技术。事实上，这些名词常常被混用，它们所研究的内容在很多情况下都是交叉重合的，在形态上和使用中并没有绝对的界限。一般认为，图像处理偏重解决计算机视觉低层或中层的研究内容，其通常是对图像进行变换、分析且得到的仍是图像；而计算机视觉除了解决图像处理所要研究的内容外，还要从图像中抽取更加高层的信息，包括对客观世界中场景的三维结构、运动信息、语义信息等复杂信息的提取，以达到对客观场景的理解与认知，为实际应用提供指导和规划。机器视觉在很多情况下作为计算机视觉的同义词来使用，但一般来说，计算机视觉更侧重对场景分析和图像解释的理论和算法的研究；而机器视觉则更关注通过视觉传感器获取环境的视觉数据，构建具有视觉感知功能的系统。或者可以说，计算机视觉为机器视觉提供理论和算法基础；而机器视觉则是计算机视觉的工程实现，它们各有侧重，但也互为补充。

除了以上相近学科外，从更广泛的领域来看，计算机视觉是要借助工程方法来解决一些生物的问题，完成生物所固有的功能，因此它与生物学、生理学、心理学和神经学等学科也相互依赖、相互促进。计算机视觉研究在起源和发展阶段均与视觉心理、生理研究等领域紧密结合，尤其是近年来一部分研究人员还通过研究计算机视觉，来探索人脑视觉的工作机理，如对视觉注意力机制、眼动追踪等的研究，以加深人们对人脑视觉机理的掌握和理解。此外，计算机视觉属于工程应用科学，与数字农业、工业自动化、视觉导航和机器人、安全监控、生物医学、遥感测绘、智能交通和军事公安等也密不可分。一方面，计算机视觉的研究可以充分利用这些学科的成果；另一方面，通过在这些学科发展的过程中引入并应用计算机视觉，也极大地促进了这些学科的深入研究和发展。

3.6.3　计算机视觉关键技术

本节简要概述在计算机视觉研究与应用过程中常见的技术与算法基础，包括视觉数据基本类型与采集手段，计算机视觉低层处理技术（图像增强、边缘检测）、中层处理技术（图像分割、目标检测）和高层处理技术（图像识别）的基本理论，以及卷积神经网络的基本概念及其在计算机视觉任务中的应用。

3.6.3.1　视觉数据基本类型和采集手段

计算机视觉是通过对视觉传感设备采集到的客观世界的视觉数据，进行加工、处理与分析，来实现人类的视觉功能。因此，对视觉数据的了解是掌握计算机视觉技术的基础，农业应用功能场景中常见的视觉数据主要包括图像数据、视频数据、点云数据和光谱数据等类型。

为了对上述视觉数据进行处理与分析，计算机视觉首要解决的就是通过视觉传感设备来对客观世界的场景进行捕获，以得到上述视觉数据。农业视觉应用场景中较为常见的几种视觉传感设备，包括可见光图像成像设备、深度/RGB-D图像成像设备、激光雷达点云成像设备、红外热成像设备和光谱成像设备。

不同的视觉数据有不同的表达与存储方式，图像数据的表达与存储主要分为图像表达和图像存储。

在计算机视觉处理过程中，一般可利用计算机视觉工具箱（或函数库），如 OpenCV、Matlab、PIL 等，通过读取图像文件或视频流（图像序列），获取具体的图像数据。这些图像数据通常以数组或矩阵形式进行存储，值得注意的是，对于彩色图像来说，其在内存中各通道的排列顺序是不同的，如在 OpenCV 中，有时会以 BCR 格式进行读取和存储，而在 Matlab、PIL 中，通常以 RGB 格式进行读取和存储。

3.6.3.2　图像增强

在获取图像的过程中，由于受到成像条件、运动等多种因素的影响，会导致图像质量的退化，为了便于后续对图像进行分析与理解，通常需要先对图像进行增强处理。图像增强的目的：一是改善图像视觉效果，提高图像的清晰度；二是通过一系列处理方法，有选择地突出当前应用场景下感兴趣的信息，抑制一些无用的信息，以扩大图像中不同物体之间的差异，将图像转换成一种更适合计算机进行分析与处理的形式。

从作用域出发，图像增强通常可分为空间域增强和频率域增强。空间域增强是指直接对图像像素进行操作。频率域增强是指在图像的某种变换域内对图像的变换系数进行操作，再经过逆变换得到增强后的图像。

3.6.3.3　边缘检测

边缘是指图像中灰度发生剧烈变化的像素集合，常见的灰度变化主要有阶跃型、屋脊型和屋顶型等。由于客观场景中物体位置的不同、物体表面的不连续、物体材料不同，以及场景中光照不同等，它会在目标与背景、目标与目标、区域与区域之间。根据灰度变化形式的不同，边缘也通常分为阶跃型边缘、屋脊型边缘和屋顶型边缘（屋顶边缘）。

3.6.3.4　图像分割

计算机视觉的一个重要任务就是将图像上的信息组织成有意义的集合，即区域，进而对某些实际应用进行指导。为了确定这些集合，通常依据两类基本思想：

一类是利用区域内相似性的原则，根据灰度、颜色、纹理或形状等具有可区分性的特征，把图像划分为若干个特定的区域，来实现图像的分割。这些特征在同一区域内呈现出相似性，而在不同区域间呈现出明显的差异性。另一类则是利用区域间的不连续性，通过确定区域的边界，来完成图像的分割。近些年来，图像分割得到了广泛关注，并相继提出了基于阈值分割、区域生长与分裂合并、能量泛函、聚类、图论等图像分割算法。

3.6.3.5　目标检测

目标检测是为了获得场景图像中感兴趣目标的位置和类别信息的一类计算机视觉方法。传统的目标检测算法通常是借助目标的先验知识，手工设计某种特殊的目标模式或特征，进而通过计算相似度量或训练分类器的方式，来实现感兴趣目标的定位与分类。经典的目标检测算法主要有模板匹配方法、级联检测方法、HOG 类目标检测、DPM 目标检测等。

3.6.3.6　图像识别

图像识别是计算机视觉领域中解决高层视觉任务的重要方法，经典图像识别方法主要工作流程如图 3-9 所示。该类方法通常是针对整幅图像或已检测出的待识别区域，进行特征提取与处理，进而利用样本特征向量训练分类器模型，实现对图像的识别。随着深度学习和卷积神经网络的快速发展，在大部分应用场景下，尽管传统的图像识别方法已逐渐被当前流行的端到端方式的图像识别方法所代替，然而，对传统图像识别方法的了解，对理解端到端方式的图像识别仍然是十分有必要的。

图 3-9　传统图像识别主要流程图

3.6.3.7　卷积神经网络

卷积神经网络（CNN）是一类包含卷积计算且具有深度结构的前馈神经网络，是深度学习方法中典型的代表算法之一。常见的 CNN 主要由卷积层、激活函数、池化层、全连接层和 softmax 层组成，其典型结构如图 3-10 所示。CNN 中卷积层与池化层的引入，一方面，使得 CNN 区别于其他前馈神经网络，可以直接从二维（或者更高维）图像数据中自动学习出更加有效的图像特征，避免了人工设计和提取特征的局限性；另一方面，通过卷积核权重共享的方式，使得 CNN 网络较其他深度神经网络具有更少的模型参数，便于模型的训练。因此，CNN 被广泛应用在计算机视觉，如图像分割、目标检测和图像识别等领域，并取得了突破性的进展。

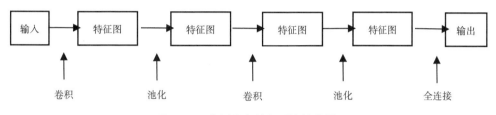

图 3-10　典型卷积神经网络结构图

3.6.4　农业计算机视觉技术的集成与应用

随着计算机视觉研究的不断深入和发展，相关技术在农业中的应用也得到了广泛的关注，并取得了很大的进展。本节将重点从农作物生长态势监测、农作物病虫害检测与识别、农产品质量检测与分级三个方面，简要阐述计算机视觉技术在农业中的应用现状。

3.6.4.1　农作物生长态势监测

对农作物生长态势进行监测，是发展现代农业亟须解决的关键问题之一，用数字化指标体系表征农作物生长态势，更是实践国家数字乡村发展战略的重要内容。利用计算机视觉技术，对农作物生长态势进行监测，可通过光谱成像、可见光成像、三维立体成像等方式，捕获农作物生长的影像数据，进而提取与农作物长势相关的物理量，如植株高度、营养状态、水分含量和叶面积等信息，并根据这些物理量定义出与农作物生长发育相关的特征，从而实现对农作物长势的数字化表征和监测。常用的监测和解析作物生长信息的视觉传感器类型见表 3-2。

表 3-2　常见的用于作物生长信息解析的成像设备及其特性

设备类型	可解析信息类型	优势	不足
光谱成像仪	叶面积指数、生物量、产量、出苗率、返青率、氮含量、叶绿素含量、水分状态	同时具备光谱信息和图像信息	需要辐射及几何校正，数据处理量大
数码相机	叶色、花期、株高、倒伏、冠层覆盖度	成本低、数据直观、处理技术成熟	易受光照条件影响，可解析的信息少
热成像仪	作物冠层温度、作物水分状态、气孔导度、产量	生物或非生物胁迫条件下作物生长状态的间接测定	易受环境条件影响，测量精度误差大
激光雷达	株高、生物量	测量指标精度高	价格昂贵，数据处理量大

利用无人机搭载相关成像设备获取农作物图像数据，来构建数字高程模型（DEM）等，并借助图像处理及机器学习的相关方法，可快速实现作物株高、叶色、倒伏、花穗数目和冠层覆盖度等形态指标的获取。其中，株高作为作物典型的形态指标，为植株基部至主茎顶部的长度，能够在一定程度上反映作物的生长状态和潜在产量。德国科隆大学 Bendig 等利用无人机搭载数码相机快速获取大面积作物的可见光成像数据，通过构建作物表面模型，可实现作物株高的精确提取。

作物的冠层覆盖度是表征作物生长状况的另一重要指标，在监测作物长势时具有较高的表征价值。借助无人机遥感搭载数码相机或光谱相机，来获取研究对象的图像数据，进而使用计算机视觉方法或间接的植被指数建模反演方法，可快速得到作物的冠层覆盖信息。

作物倒伏是影响作物产量、造成农业经济损失的主要原因。有效地监测作物的倒伏情况，并对作物损失进行预评估，能够为农民和有关部门的灾后防控提供有效支撑。中国农业科学院李宗南等借助无人机获取灌浆期玉米倒伏图像数据，通过计算正常及倒伏玉米色彩与纹理等特征，然后借助特征选择方法，挑选出用于区分正常和倒伏玉米的关键特征，对玉米倒伏区域进行提取。

3.6.4.2　农作物病虫害检测与识别

农作物病虫害由于具有显著的视觉特性，利用计算机视觉技术对其进行检测识别的研究和应用开展得较早，也较为广泛。传统的农作物病虫害防治多采用大规模喷洒药物的方式，容易造成农业资源的浪费和环境的污染。而通过计算机视觉技术对病虫害发生区域、类型和程度进行自动诊断，可实现精准、高效的病虫害防治，也是发展绿色、可持续的精准农业的关键。

　　早在 20 世纪 80 年代，国外已开始研究利用计算机视觉技术对农作物病虫害进行检测与识别。美国 Gassoumi 等利用计算机视觉技术，结合神经网络模型，来识别棉田昆虫的类别。日本 Yuataka 等基于形状等特性，并结合遗传算法，对黄瓜炭疽病害进行自动识别与诊断。英国 Camarg 等利用图像处理技术，对香蕉叶部病斑进行分割与识别，通过将 RGB 颜色空间转化为 HSI（色调、饱和度、亮度）颜色空间后，实现对图像中病斑大量集中区域的自动检测。美国 Pydipati 同样将图片转换到 HSI 颜色空间下，通过提取灰度共生矩阵等相关纹理特征，实现对柑橘果实病害的识别。印度 Phadikar 等利用计算机图像处理及模式识别技术，对水稻图像中的病害进行识别，利用数码相机对图像数据进行采集，并对需要处理的图像进行增强处理，在分割出水稻病害区域之后，通过训练神经网络模型，来对水稻病害进行分类。埃及 Sammany 等则借助遗传算法，优化神经网络的结构与参数，来建立植物病害识别模型。

　　我国在农作物病虫害的检测与识别方面的研究起步稍晚，从 2000 年开始，国内相关科研机构相继开展利用计算机视觉技术对农作物病虫害进行自动检测与识别的研究。江苏大学毛罕平等通过提取番茄缺素叶片的颜色与纹理等特征，并采用模糊 k-近邻方法，对缺素叶片进行识别。湖南农业大学陈佳娟等借助图像处理方法，对棉花叶片的孔洞及叶片边缘的残缺进行检测，以评估棉花虫害损伤的程度。沈阳农业大学田有文等通过提取植物病害的颜色特征，进而利用支持向量机和色度矩分析方法，实现对植物病害斑块的识别。山西农业大学王双喜等则以温室黄瓜病叶为研究对象，通过对病叶进行图像增强及特征提取，实现对病害图像的识别。吉林大学齐龙采用 BP 神经网络和模糊 c-均值聚类算法，对番茄叶霉病和玉米大斑病的病害图像进行分割，并通过对比和选择最优分类器，来对作物病害图像进行识别。东北农业大学陈月华等以小麦蚜虫为研究对象，运用图像处理技术，对非特定场景下害虫的分类和分割算法进行研究，结果表明，运用合并和分裂相结合的区域生长算法，有助于提高蚜虫的图像分割和识别准确率。华南农业大学邓继忠等研究、比较了最小距离法、BP 神经网络和支持向量机等不同机器学习算法，来对小麦腥黑穗病进行分类与识别。东北农业大学沈维政等和黑龙江八一农垦大学祁广云等利用图像识别和模式识别方法，实现了对大豆叶片病斑的识别与诊断。中国农业大学贾少鹏等提出了利用 CNN 与胶囊网络组合模型，来对番茄灰霉病病害图像进行分类。东北农业大学乔岳等设计利用改进的 GoogleNet 模型，来对玉米叶片病害进行识别。

　　近年来，中国农业机械化科学研究院李亚硕等提出了一种田间飞行害虫的自动检测方法。该方法通过将图像颜色空间转换至 HSV（色调、饱和度、明度）颜色空间后，采用 OTSU 自适应阈值分割方法，对害虫区域进行分割，经过膨胀腐蚀处理后，利用分水岭算法去除粘连，最后统计联通区域数目，来确定害虫数目。试验结果表明，该方法的害虫识别准确率在 85% 以上。

塔里木大学高桓凯等人通过数码摄像机，对小麦进行图像采集，经有线信道传输，将图像传入监控服务器，然后对图像进行预处理、特征提取、特征分析，以及对病虫害类型诊断，最后将诊断结果输出到用户手机端，实现对小麦病虫害的实时监测。

甘肃农业大学刘媛提出利用 Faster-RCNN 模型对葡萄叶片病害区域进行检测，并训练 VGG16 模型对葡萄叶片的炭疽病、灰霉病、褐斑病、白粉病、黑痘病等进行识别。

中国科学院合肥物质科学研究院陈天娇等在构建了大规模的测报灯下害虫图像数据库和田间病虫害图像数据库的基础上，通过训练卷积神经网络模型，实现了对 16 种灯下常见害虫和 38 种田间常见病虫害的自动识别，并研发了移动式的病虫害智能化感知设备和自动识别系统。

3.6.4.3　农产品质量检测与分级

对农产品进行无损的质量检测与分级，是提高农产品市场竞争力的重要途径。传统的农产品质量检测与分级，多以人工检测的方式进行，既耗时耗力，又易受检测人员经验、水平的影响，检测分级效率低，易对被检测农产品造成损害。利用计算机视觉技术，通过对待检测农产品的尺寸、颜色、形状和损伤程度等外部品质，以及内部品质进行非接触式评估，可以实现农产品无损质量检测与分级，在提高检测分级效率与质量的同时，促进农业生产的智能化升级。

美国 Shearer 等利用图像像素的色度分布，来对甜椒的颜色和损伤进行自动分级。西班牙 Blasco 等则基于贝叶斯判别分析方法，开发出了对水果大小、颜色及外部疤痕分级的器视觉系统。随后，该课题组利用机器视觉设备采集水果的近红外、紫外光谱及荧光图像，来对水果的不同等级损害进行区分，提高对非肉眼可见损伤的检测能力。

浙江大学应义斌团队相继提出利用低通滤波和形态学图像处理等方法，对橘子表面损伤进行无损检测与分类。

西北农林科技大学龙满生等利用神经网络和活动轮廓模型等算法，完成对苹果果形的识别和果实表面损伤的检测，并开发出了苹果综合外观品质检测与分级系统。南京农业大学姬长英团队在番茄图像 LAB 颜色空间利用基于 RBF 核的支持向量机模型，对番茄表面损伤进行检测与分级。中国农业大学张亚静等提出了一种番茄内部品质的预测方法，该方法基于图像的 RGB 颜色模型与 LAB 颜色模型计算灰度共生矩阵等特征，进而利用 BP 神经网络，来估测番茄内部的糖度、酸度、氨基酸含量，以及水分含量等信息。

3.7 "互联网+"现代农业

2016 年 4 月，农业部、国家发展和改革委员会等八部门联合印发了《"互联网+"现代农业三年行动实施方案》，目标是使农业生产经营进一步提质增效、农业管理进一步高效透明、农业服务进一步便捷普惠，并对应提出了 11 项主要任务。全国各地陆续加强"互联网+"在农业上的应用探索。经过近几年的发展，"互联网+"现代农业硕果累累，打造了一批具有示范性作用的项目，技术体系和应用模式日益丰富和完善，对现代农业转型升级起到了极大的推进作用。

"互联网+"现代农业是现代信息技术发展到一定阶段的产物，本质是创新，是充分发挥互联网等信息技术在农业生产要素配置中的优化和集成作用，通过农业的在线化和数据化，实现信息技术与农业生产、经营、管理和服务等领域的深度融合。

具体来说，"互联网+"现代农业就是运用物联网、大数据、移动互联网、云计算、空间技术、智能化硬件（机器人及装备等）等信息技术，使农户与企业、土地与资源、资本与金融、市场与信息等农业要素重新配比，通过政府、企业、农户、高校与科研院所等主体参与，打破传统的种植业、畜牧业、渔业等农业行业，贯穿农业的生产、经营、管理和服务等环节，形成有机的现代农业运行机制。

3.7.1 "互联网+"概述

2015 年 3 月，李克强总理确定"互联网+"行动计划，"互联网+"开始走入人们的视野，并逐渐为众人所熟知。

百度、阿里巴巴、腾讯是国内互联网公司的三大巨头，它们分别从不同的角度，对"互联网+"的含义进行了讨论，分别如下：

百度："互联网+"是互联网和其他传统产业的一种结合的模式。

阿里巴巴：所谓"互联网+"就是指以互联网为主的一整套信息技术（包括移动互联网、云计算、大数据技术等）在经济、社会生活各部门的扩散应用过程。

腾讯："互联网+"是以互联网平台为基础，利用信息通信技术与各行业的跨界融合，推动产业转型升级，并不断创出新产品、新业务与新模式，构建连接一切的新生态。

2015 年印发的《国务院关于积极推进"互联网+"行动的指导意见》中对"互联网+"的定义进行了明确说明，指出："互联网+"代表一种新的经济形态，即充分发挥互联网在生产要素配置中的优化和集成作用，将互联网的创新成果深度融合于经济社会各领域之中，提升实体经济的创新力和生产力，形成更广泛的以互联网为基础设施和实现工具的经济发展新形态。

3.7.2 "互联网+"现代种植业

种植业是我国农业的主导产业，其中最主要的是粮食种植。我国的三大粮食作物是水稻、小麦和玉米。传统的精耕细作方式生产规模较小、经营管理和生产技术比较落后、抗御自然灾害能力差，加上农民的知识水平有限、信息获取渠道单一等问题，使得我国粮食生产面临生产"地板"上升、农产品价格"天花板"下压、农业资源亮"红灯"的困境。因此，必须加紧推动种植业的提质增效，以提高农民的收入，并促进农业可持续发展。

"互联网+"现代种植业主要是从农业生产出发，利用大数据、农业遥感、物联网、人工智能等技术，对农业生产进行全方位、一体化监测和分析，并通过智能农机装备的应用，实现农业生产的精准化和智能化。同时，提供与农业生产相关的线上服务，打通上下游信息渠道，进一步降低生产成本，提高生产效率。

3.7.2.1 智能农机装备

农机装备是降低农业生产成本、提高农业作业效率及实现农业资源有效利用的不可或缺的工具。随着人工智能技术的快速发展，对农业作业过程中种、肥、药的精准施用和农机一体化作业水平提出了新的要求，传统以作业一致性为原则的农机装备已不能满足要求。

智能农机装备是融合传感器、芯片、导航技术、智能算法等新一代人工智能相关技术，具有信息获取、智能决策和精准作业能力的新一代农机装备，主要包括智能化播种、施肥、喷药、灌溉、收获机械，以及相关的设施农业装备、农业机器人等。

1. 智能化播种机械。智能化播种机械能根据田块的土壤肥力、预期产量、土壤水分与温度、种子特点等条件的变化，精确调控播种机的播种量及深度、开沟深度、施肥量等复式作业的工作参数。其关键技术是传感器、计量装置和播种施肥开沟等驱动机构，通过相关参数的感知和计算，调控计量装置，通过驱动机构，调整不同地块的播种量和施肥量。

2. 智能化施肥机械。智能化施肥机械能在施肥过程中依据作物种类、土壤肥力等参数，确定合适的施肥量，避免均匀施肥，不断调节瞬时施肥量，提高肥料的利用率。其关键技术是系统通过施肥处方图，分别对氮肥、磷肥、钾肥的施用量进行调控，满足不同区块对不同肥料的需要量。

3. 智能化喷药机械。智能化喷药机械能提高农药的利用率，减少对土壤、水体、农作物的污染，保护生态环境。值得一提的是农业植保无人机，由飞行平台（固定翼、直升机、多轴飞行器）、导航飞控、喷洒机构三部分组成，通过地面遥控或导航飞控，来实现喷洒作业，可以喷洒种子、农药和化肥等。

4. 智能化灌溉机械。智能化灌溉机械能做到按需灌溉，节水、节电、节本省工。其关键技术是通过定时获取作物叶面、根部与土壤的湿度等参数，建立灌溉量与作物生长、产量等指标的关系模型，生成灌溉处方图，并据此调度灌溉机械完成喷灌作业。

5. 智能化收获机械。智能化收获机械（如联合收割机）装备各种传感器和GPS，既可以收获粮食作物，又可以实时测出作物的含水量、小区产量等参数，形成作物产量分布图，为处方农业提供技术支撑。

6. 智能化设施农业装备。智能化设施农业装备与技术基本成熟，并向高度自动化、智能化方向发展。其关键技术是通过各种传感器或其他元器件获取与作物相关的生长信息，智能调控作物生长所需的最佳光、水、温、肥、药、气等参数，可以摆脱大田条件下自然环境对作物的影响，并且其产量高于常规栽培。

7. 农业机器人。农业机器人是机器人在农业生产中的运用，是一种可由不同程序软件控制，以适应各种作业，能感觉并适应作物种类或环境变化，有检测和演算等人工智能的新一代无人自动操作机械，包括施肥机器人、大田除草机器人、采摘机器人、分拣机器人等。

3.7.2.2 线上农业经营服务

线上农业经营服务是指以农技服务、农资服务、农机服务、金融服务为主要内容，面向农业生产者和相关服务主体，提供现代农业"一站式"的信息化服务。

1. 农技服务。农业科技是指用于农业生产方面的科学技术及专门针对农村、城市生活和一些简单的农产品加工技术，农业科技服务信息化对于培养新型农民、指导农民生产、加快农产品流通、促进农民增收具有重要作用。

农业科技信息服务是以信息基础设施为前提，通过现代信息技术、网络技术及计算机技术，将农业科技信息传输给农民的一种服务。服务对象是农户和农业生产相关的对象，目标是帮助农户或农业生产企业解决生活需要和实际困难。

典型的农技服务信息平台，一般是将种养生产技术、病虫害防治措施、市场供需情况等信息借助网络对外发布，主要形式包括信息发布、在线教程、点播、远程培训视频、专家在线咨询服务等。农民通过电脑浏览网页或手机下载客户端，从中可以快速了解市场行情、农产品价格、种养技术等农业科技信息，并通过理论知识学习、专家指导等方式，提高科学种养水平。

2. 农资服务。农资一般是指农业生产所需的农药、种子、化肥、农膜等。线上农资服务是指以农资电商为代表的新型农资供需模式，是电子商务与农资行业的融合。目前，我国农资电商发展模式主要有企业自营型、综合平台型和专业平台型三类。

企业自营型农资电商模式是由大型农资企业建立自营的电商平台，形成"农资企业+农资需求者"模式。在农资企业与农资需求者之间建立直接的供需渠道，有助于农资企业减少农资产品推广时间和费用。

综合平台型农资电商模式以互联网综合电商平台（天猫、淘宝、京东等）为主导，形成"农资企业+综合电商平台+农资需求者"模式。与企业自营型模式相比，该模式在实施时相对简单，不需要农资企业投入电商平台的自建和维护成本，只要支付第三方平台的运营费用即可。

专业平台型农资电商模式依托于专业农资电商平台，构建"农资企业+专业农资电商+植保站+农资需求者"模式。与前两种模式相比，该模式具有完善的技术服务体系和售后服务支撑，农资需求者可通过线上平台向专家咨询购买适宜当地区域特点的农资，在线下可以通过植保站获取专业的技术服务。

3. 农机服务。农机服务是利用信息技术为农机合作社、农机手、农户等提供线上农机信息服务，包括农机对接、农机作业、农机技术推广、农机产品鉴定、农机维修、农机技术培训和农机服务咨询等服务。

农机对接服务。为农户、农机合作社、农机手等农机供需主体提供线上对接渠道，包括农机服务信息发布、农机查找、农机服务交易、违约处理等。

农机作业服务。为农机提供统一的接口，与农机作业采集设备进行数据对接，掌握农机基本信息、作业时间、作业面积等情况。

农机技术推广服务。在线发布农机相关的新技术、新机具，通过在线知识科普、视频教学的方式进行推广和学习。

农机产品鉴定服务。监督农机产品的鉴定，在线发布监督通知、方案和鉴定结果。

农机维修服务。在线发布农机维修点的位置、资质、对外业务等情况，提供维修预约、电话咨询、网络咨询、到点维修等多种方式，供农户快速解决农机故障。

农机技术培训服务。在线发布农机百科知识、专题知识及定期的农机专题培训，通过微信公众号、手机 App、直播等方式，供农户在线学习。

农机服务咨询。在线发布农机质量投诉监管机构名单、农机质量投诉政策法规、农机质量投诉网上受理及结果等；通过网站、手机 App 及微信公众号等，提供农机技术、有关法律法规等咨询服务。

3.7.2.3 金融服务

小型农业企业、个体农户、小规模的家庭农场、种植大户和农业合作社在传统金融机构贷款时，由于经营分散、真实经营数据缺失、抗风险能力弱等，往往被认为信用水平较低，因此可贷款额度较低，甚至无法贷款。

线上金融是指借助互联网、大数据等现代信息技术，创新农业金融模式，改善农村金融环境，实现农业借贷双方互赢。目前，农业金融模式大致可分为以下五种类型。

1. "互联网电商+涉农金融"模式。该模式以阿里巴巴、京东等互联网电商巨头为代表，不仅能为农民和农业企业提供传统的农资交易、物流配送等业务，同时在电商消费场景中，融入了便捷支付、小额信贷、投资理财等金融服务，填补了农村金融服务的空白。

2. "农业产业链+金融"模式。该模式以孟山都、ABCD 四大粮商（美国 ADM、邦吉 Bunge、嘉吉 Cargill 和路易达孚 Louis Dreyfus）等传统农业龙头企业为代表，以其强大的市场优势和资源优势，向产业链上下游扩展，并收集和分析上下游客户的物流、信息流和资金流信息，形成以真实交易大数据为基础的产业链运行环境模型，以此为上下游企业提供量身定制的在线金融服务。

3. 传统"三农"金融的互联网化模式。该模式以农业银行、邮政储蓄银行等传统商业银行为代表，在线下网点金融服务的基础上，融合移动金融、电商金融和网络小贷等互联网金融形式。

移动金融一般是银行自主研发的金融 App，主要用于小额存取、转账结算、代缴费用等，能够改善农民的支付环境，如农业银行的"银讯通"、邮政储蓄银行的"汇易达"等。

电商金融是在银行自有的电商平台（工商银行"融 e 购"、建设银行"善融商务"等）上开辟涉农专区，以其为依托，开展在线涉农综合金融服务。

网络小贷是银行与企业开展合作，利用企业的核心交易数据，评估用户信用水平，为企业客户开展线上小额网络贷款服务。例如，华夏银行利用"云农场"的农资交易数据，为"云农场"平台的用户提供线上贷款、线上还款的全自助服务。

4. 产地（销地）市场平台+金融模式。该模式以山东寿光、北京新发地等专业农产品产地、销地和集散地市场为主导，通过电子商务平台和相关交易数据，评估用户信用水平，为供应链不同主体提供不同的金融服务。例如，中农网依托其旗下的广西糖网、昆商糖网、中国茧丝交易网、中农易果等电商平台和 ERP 系统交易数据，为超过 10 万家的专业市场上下游客户提供担保授信、货物预售、代理采购、延期支付等金融服务。

5. 网络金融模式。该模式以新兴互联网金融企业为代表，以农业供应链为基础，在农业产前、产中、产后的各个环节提供信用贷款、质押贷款、抵押贷款、应收账款贷款等金融服务。例如，翼龙贷、希望金融、中融宝等网络 P2P（个人对个人）平台和点筹网、乐农之家等网络众筹平台。

3.7.3 "互联网+"现代畜牧业

随着人们生活质量的提高和市场环境的变化，在畜禽品种繁多、养殖规模快速扩大的背景下，传统的养殖模式已经不能够满足管理的要求，并逐步向集约化、规模化养殖模式转型，规模化养殖逐渐取代传统的散户经营。

融合"互联网+"的现代智能畜禽养殖主要是利用物联网、自动控制、智能装备、大数据分析等技术，围绕设施化畜禽养殖场生产和管理环节，使养殖管理者可以通过养殖场监控中心，或通过手机、计算机等智能终端，实时掌握养殖场环境信息和畜禽个体体征信息，并可以根据监测结果，自动或远程控制相应设备，实现畜禽养殖场的智能生产与科学管理，从而节省人力资源和生产经营成本，提高养殖管理的效率，达到科学、安全、精准养殖的目的。

3.7.3.1 畜禽养殖环境智能监控

畜禽养殖环境智能监控是利用物联网技术，围绕畜禽养殖的生产和管理环节，通过智能传感器在线采集养殖场环境信息（CO_2、NH_3、H_2S、空气温湿度、光照度等），根据采集到的环境参数，自动控制开窗、遮阳、通风、增湿等设备，实现畜禽养殖场环境的智能监测与科学管理。

例如，厦门计讯根据用户的实际需求，推出了适于各类畜禽养殖环境监控的无线智能温湿度监控系统，通过 CO_2、NH_3、H_2S、空气温湿度、光照度、气压和粉尘等各类传感器，实时采集养殖舍内的环境参数，并可根据实时监测数据，实施温度控制、湿度控制、通风控制、光照控制、喷淋控制，以及定时或远程手动喂食、喂水、淘粪等，适宜家畜、家禽、水产等养殖场的环境监控。

河南中鹤集团建设了"互联网+羊舍养殖"物联网管理系统，其中，羊舍物联网管理子系统可实现对养殖舍内环境（CO_2、NH_3、H_2S、温度、湿度等）的自动监测，并可结合监测数据，通过对风机、水帘、灯光、喷淋、室外遮阳等设备的自动控制，实现对羊舍内光照、温度、湿度等的集中、远程、联动调控。

总体来说，目前养殖场环境智能监控技术相对比较成熟，有很多成熟的产品，并取得了很好的应用效果。

3.7.3.2　畜禽个体体征智能监测

畜禽个体体征智能监测通过音频分析、机器视觉、无线传感器网络等技术，对畜禽个体的发情、分娩、行为、体重和健康等信息进行准确、高效监测，并以此分析动物的生理、健康和福利状况，为畜禽养殖生产提供指导，实现规模化、自动化的健康养殖。

音频分析技术是对养殖过程中个体所发出的声音进行收集，通过对畜禽个体声音的变化规律进行分析，从而对其生理健康状态进行判断，但这种方法容易受到养殖环境中多种噪声的影响。

机器视觉技术是在畜舍中安装多个摄像头，采集畜禽活体的图像和视频，通过图像处理及分析，获取个体特征参数和行为规律等，可以实现全天候、无接触实时监测，但采集的图像易受养殖场环境光线、天气等因素影响，图像易出现噪声污染，质量下降。同时，群居性生活的畜禽个体之间存在相互遮挡、重叠等现象，可导致图像识别困难。

无线传感器网络技术通过大量的终端传感器节点，对所需监测的养殖个体的体征信息进行采集，能够准确、直接地获取畜禽个体的健康体征数据，实现远距离、自动化的数据采集，结合数据监控软件，能够达到实时监控畜禽个体体征参数的目的。

目前，畜禽个体体征智能监测的研究对象主要集中在猪、牛、鸡方面，具体监测内容涉及发情监测、健康监测、体重测量、行为监测和分娩监测等。

1. 发情监测。准确高效地检测奶牛、母猪的发情，能够提高怀孕概率、缩短胎间距、提高单头奶牛的产奶量。在生产实践中，奶牛发情检测主要依靠人工检测，如人工观察法、阴道检查法和直肠检查法；母猪发情检测主要靠公猪试情、人工背压法。这些方法需要投入大量的人力资源，技术要求高，检出率低。目前，对奶牛、母猪发情的智能监测研究主要集中在如何利用相关的电子传感器监测、采集、记录并分析其发情体征，从而实现发情的自动化监测，涉及基于体温、声音、行为特征、运动量、采食量，以及视频分析等多种监测方法与手段。

2. 健康监测。健康监测主要包括体温监测、饮食监测和疾病监测。体温是畜禽重要的生命体征，是反映其健康和生理状况的重要指标之一。传统的手动体温测定方法由于操作烦琐，并不适用于集约化养殖，目前的自动测温技术主要分为接触测温和非接触测温两类。自动接触测温主要利用接触式温度传感器，如热电偶、热敏电阻、热电阻等，检测猪只、牛只体温的变化，并通过无线通信技术，实现体温的传输；自动非接触测温主要将非接触式的红外温度传感器与无线通信技术相结合，实现体温的非接触式测量。接触式测温直接与奶牛、母猪体温测量部位相接触，测温精度高，但对于奶牛等大型动物，由于其全身被毛发覆盖，很难找到适合温度传感器固定的最佳位置及方法。同时，接触式传感器测温系统设备成本高、易损坏，维护困难，难以推广。非接触式测温具有测温范围广、速度快、不受时间限制等优点，但是奶牛体表毛发及外界环境会对体温测量结果有一定的影响，并且不适合规模化、集约化养殖的要求。

植入式测温是一种不同于接触式测温的无线遥测技术，可分为吞服式无线电胶囊和专用植入式遥测芯片。植入式测温能用埋植于动物体内（如生殖道、消化道）的温度监测装置直接获取体内温度信息，可以用来长期、实时跟踪处于无拘束状态下的生物体体温参数的变化。同时，测量装置植入动物体内后，可保证植入装置处在接近恒温和干扰少的良好环境中，使处在自然状态下生物体参数的测量准确性大幅度提高。此外，红外线热成像温度测量技术具有非接触和实时获取的优点，目前广泛用于猪的皮肤温度的测定。

饮食情况能够直接反映畜禽的健康状况，通过监测饮食情况，可辅助预测畜禽疾病的暴发及饲料质量、通风设备等的异常情况。饮食智能监测主要通过射频识别技术和相关传感器实现，如结合水量传感器可监测猪只、牛只个体的饮水频率和饮水量；通过将高频反射涡流传感器放置在奶牛颞窝部位计算奶牛的吞咽次数，从而判定奶牛的采食量、采食次数等。目前，电子饲喂站是一种较好监测猪只、牛只饮食，并具备调控功能的智能养殖设备。

畜禽疾病若不能被及时发现，往往会带来群体效应。对规模化养殖而言，传统的人工监测和诊断方式不易发现畜禽个体的早期疾病症状，具有一定程度的滞后性。在畜禽疾病智能监测方面，目前应用较多的是对呼吸道疾病、腹泻等的监测。例如，利用音频分析技术监测猪只的咳嗽持续时间及咳嗽频率，以及时识别呼吸道感染病猪；通过在猪舍的排泄区安装视频监控设备，对群养猪的排泄行为进行 24 小时监控，结合图像分析技术，定位具有异常行为的为疑似病猪等。

3. 体重测量。动物体重是畜禽养殖关注的主要生长指标之一，是反映动物生长发育、生产性能的综合性指标。体重测量主要有实测法和估测法。传统的动物体重测量方法主要是采用体重箱、电子秤或地磅等仪器直接称量，耗时费力，且动物应激反应较大。相关研究表明，动物体重与体尺之间存在相关性，相关的数据指标有体高、体长、胸围、腹围、管围等，不同学者基于其中一个或多个指标，建立了体重与体尺数据相关的数学模型，能够基于体尺数据准确地估测动物的体重，但需要人工获取体尺数据，工作量大，效率低。

畜禽智能体重测量主要通过传感器或机器视觉等技术，实现对畜禽群体和个体的体重测量。例如，通过压力传感器，进行仔猪窝均重的在线监测；通过数字图像分析技术，测量和计算种猪的投影面积；通过投影面积与体重的数学模型，得到预测体重；通过畜禽的二维或三维图像，计算出动的尺数据，再根据建立的数学模型估测体重等。

除此之外，还可通过传感器、视频等技术，监测母猪筑窝行为和体温变化，判断母猪的分娩时间；通过音视频技术，自动识别鸡的行为和叫声特征等。

3.7.3.3 畜禽智能养殖装备

畜禽智能养殖装备是智能农机装备的组成部分之一，目前的开发对象主要针对猪和奶牛，包括妊娠母猪电子饲喂站（ESF）、哺乳母猪精准饲喂系统、奶牛精准饲喂系统和挤奶机器人等。

妊娠母猪电子饲喂站。母猪经过配种后进入妊娠阶段，为了防止胚胎附着前流产，同时限制妊娠前期的饲料喂量，对于妊娠母猪的饲喂，通常采用一猪一栏的限位栏饲喂方式，但其人工投入较大，不适合规模化养殖。随着电子标识及自动控制技术的发展，妊娠母猪电子饲喂站应运而生。ESF 一般由耳标识别、传感器和嵌入式控制系统组成，通过耳标识别猪只个体，通过传感器采集和记录猪只每次、每天的采食量，绘制其采食曲线，按照猪只妊娠日龄和历史采食情况，通过嵌入式系统针对性地调整和控制后续采食量，实现妊娠母猪的智能饲喂。通常，数十头妊娠母猪可共用一台 ESF，实现在一个圈栏内饲喂、休息、排泄、监测发情等。长期的饲喂数据及效果表明，采用 ESF，能有效减少母猪肢体疾病、减少应激、改善体况、促进产仔健康，提高母猪的生产寿命。

哺乳母猪精准饲喂系统。妊娠母猪分娩后，在产床的有限区域内哺乳仔猪，因此其饲喂模式与妊娠母猪的圈栏饲养有所不同。该阶段的饲喂目标是根据母猪饲喂曲线进行个性化饲喂，使得母猪的采食量最大化。有研究表明，每增加 1 kg 母猪的干物质采食量，产仔率可提高 8%，断奶到发情间隔缩短 1.8 d，有利于提高下一胎次的母猪生产率。

奶牛个体精准饲喂站。奥地利 Schauer 公司生产了 COMPIDENT 奶牛饲喂站，每台饲喂站可饲喂 50 头奶牛，能够集成 6 种不同精饲料原料分配器，可以根据每头奶牛的生产阶段和泌乳曲线，分别计算和提供其所需的精饲料配方及采食量，实现生产周期内全混合日粮饲喂效果的最优化。荷兰 Hokofarm 集团研制的奶牛精准饲喂与计量装置，可以为奶牛分组，通过 RFID 耳标，可控制每个料槽允许访问的奶牛个体，并实现奶牛采食次数、采食时间及采食量自动控制和记录，适于研究奶牛个体的采食规律。

奶牛自动投料和推料机器人。前文所述的电子饲喂站是固定不动的，可供不同的家畜去采食；而机器人是可行走的，能够代替人去完成饲喂工作。荷兰 Lely 公司研制的 Vector 导轨式投料机器人可完成自动取料、自动混料和自动投料作业。根据预设日粮配方，通过移动终端，向配料车间下达配料任务。同时，机器人按固定轨道进入配料车间，配料车间按要求自动抓取所需种类和比例的饲料原料投入机器人料仓，机器人混合饲料并按固定轨道行至牛舍的约定的投料位置，开始边行走、边搅拌、边投料，完成投料后会自动返回待岗位置。荷兰 Lely 公司研制的 Juno 自动推料机器人可按照预设时间自动、准时为奶牛推送饲料，其前方安装的超声波传感器能够判断机器人与牛栏的距离，使机器人按照预设的距离行进推料，其底部内置的电感式器件传感器可保证推料机器人按照预设路线准确行进。

挤奶机器人。挤奶机器人在家畜养殖机器人领域一直是的热点，尽管对其的研究较多、投入较大，但与其他自动挤奶系统相比，挤奶机器人的效率仍然明显偏低，问题主要集中于真空挤奶前的清洗及上杯环节。每头奶牛 4 个乳头的大小、位置及垂直度存在一定的个体差异，挤奶机器人定位乳头时，常常发生定位模糊、反复套不上杯，或挤奶用的管道卡住而拔不出来的情况。此时，系统就得重新启动进行纠偏，这无疑延长了奶牛个体的挤奶时间，增加了该奶牛的站立时间与应激反应。同时，影响后续等待进入的奶牛的挤奶进程，导致连锁反应发生。目前，具有代表性的挤奶机器人品牌有 Lely、DeLaval、Hokofarm、GEAFarm 和 Fullwood 等。

3.7.4 "互联网+"农产品质量安全

近年来，家禽的 H7N9 流感病毒、动物疫病及"毒牛奶""毒大葱"等非法生产事件的发生，使农产品质量安全问题成为社会关注的焦点。追溯体系的建立是强化全程质量安全监管的有效措施，对提高管理部门监管水平、提高生产经营者管理水平和产品的国际竞争力、保障消费者消费安全具有重要意义。

农产品质量安全追溯是利用个体标识与识别技术、信息编码体系、信息传输技术、数据库技术等，采集和记录产品生产、加工、仓储、流通、消费等环节的相关信息，实现农产品"来源可查、去向可追、责任可究"。具体来说，就是利用现代信息技术，给农产品附加信息标识、保存关键节点管理记录，建立农产品整个生命周期相关信息可追溯的信息系统。

3.7.4.1 果蔬产品质量安全追溯

目前，果蔬产品溯源比较常见。以基于 RFID 和二维码技术的果蔬追溯为例，对应的溯源系统主要由 RFID 电子标签、RFID 手持读写器、二维码、数据服务器（种植基地、仓库、批发市场）、数据中心和溯源查询系统等构成，其整个溯源体系的构建过程大致如下。

果蔬生产环节。由果蔬种植基地分别为每个地块建立电子档案，设定一个 RFID 电子标签，记录地块的位置、经纬度、海拔、土壤有机质含量、土壤肥力水平与果蔬的品种、品名、种苗来源、采购渠道、种植时间等基本信息，并按照相应的编码标准，为不同品种的果蔬分别设置一个身份 ID。在日常农事作业过程中，记录除草、灌水、施肥、喷药、采收等作业时间、作业效果，重点记录使用农药和化肥的品牌、采购渠道、经手人、用量、安全间隔期等情况。在对某一品种的果蔬进行采收时，通过 RFID 读写器，采集果蔬生产环节的上述信息，并上传至种植基地的数据服务器。同时，将数据定期上传至数据中心，为后期的果蔬溯源提供源头数据。

果蔬流通环节。果蔬的保鲜期较短，容易腐烂，对仓库储藏环境要求较高。为了满足消费者对果蔬入库、储藏、出库等情况的了解，可通过如下方式建立仓储环节追溯体系：在果蔬入库前，对果蔬包装分配电子标签，由系统为入库果蔬分配库位。在入库时，通过 RFID 读写器，读取果蔬包装上的电子标签数据，以提示工作人员将其正确存放到库位。然后，采集果蔬托盘的标签数据，托盘标签中包含其所在仓库、区位、货架、货位、果蔬种类、数量等信息，将其上传至仓库数据服务器，生成果藏的基本库存信息。通过在仓库中安装各类传感器，定期采集仓库的环境条件数据，按照时间顺序保存在仓库数据服务器中，与仓库编号对应，生成仓库的环境追溯数据。在进行果藏库存盘点时，通过手持 RFID 读写器读入果蔬托盘的标签信息，并对盘点的果藏数量进行检查、记录，然后将盘点数据发送至仓库数据服务器。在进行果蔬出库时，通过手持 RFID 读写器读入果蔬托盘的标签数据，进行核对检查，无误后记录其出库时间等信息，然后将出库数据发送至仓库数据服务器。通过果蔬的身份 ID 建立仓储环节与种植环节数据的关联，并定期将仓库数据服务器的数据上传至数据中心。在新鲜果蔬运输环节，利用 RFID 标签，可以实现在途货物的监控、跟踪及口岸检查。通过将 RFID 标签技术与 GPS 技术结合起来，可实现对运输车辆的实时监控和跟踪，并将运输环节的信息，如出发时间、车体环境信息、到达时间，以及运输路线，通过车载无线模块上传至数据中心数据库。在新鲜果蔬的运输环节，利用 GPS 可以对运输车辆进行实时定位。因此，可通过 RFID 电子标签和车载无线模块，将果蔬承运车辆的出发时间、车体环境信息、到达时间及运输路线，上传至数据中心服务器，以此实现对在途果蔬的监控、跟踪。

果蔬销售环节。超市及批发市场的经营户在零售果蔬时，使用电子秤对果蔬进行销售，电子秤完成零售果蔬的称重后，自动记录果蔬销售数据（出售地点、出售时间等）并发送至销售数据服务器，销售服务器定期上传数据至数据中心数据库，在自动记录果蔬销售数据的同时，打印带有二维码和溯源网址的收银小票，供用户查询果蔬的溯源信息。主管部门工作人员及消费者可以通过溯源查询系统，实现对果蔬生产、流通、销售环节的各项数据查询，从而实现果蔬的安全监管和质量安全追溯。

3.7.4.2　畜禽产品质量安全追溯

畜禽产品质量安全追溯在我国的研究较多，主要针对猪肉、牛肉、鸡肉和奶制品等。目前，一维和二维码技术多用于畜禽终端产品的标识，养殖阶段多使用RFID、NFC等技术。以基于RFID和二维码的猪肉溯源为例，溯源系统主要由RFID电子耳标、RFID手持读写器、批发市场专用RFID电子标签、数据服务器（养殖、屠宰加工、批发、销售）、数据中心、二维码和溯源查询系统等构成。

生猪养殖环节。在生猪养殖中，母猪经过配种、妊娠、待产、分娩等阶段后，仔猪出生，此时便为每头仔猪分别佩戴具有唯一标识码的RFID电子耳标，用于记录其从出生到出栏期间的所有信息，为猪肉溯源提供源头数据。同时，通过唯一的电子耳标标识码，关联其上辈信息。在养殖过程中，重点关注猪只（母猪、仔猪和成品猪等）的饲料信息（饲料品牌、来源、饲喂时间、饲喂量等）、防疫信息（疫苗品牌、来源、免疫接种时间、疫病历史、用药情况等）、检疫信息（检疫时间、检疫部门、检疫结果等）等，通过RFID手持读写器，向猪只的RFID电子耳标中写入上述信息，并上传至养殖数据服务器，定期上传至数据中心。在生猪出栏运往屠宰场时，通过RFID手持读写器，将猪只的出栏批号、出栏日期、运送目的地等出栏信息，写进猪只RFID电子耳标中，并上传至养殖数据服务器，定期上传至数据中心。

屠宰加工环节。生猪运送至屠宰场后，由检疫人员检查其产地检疫证、消毒证、免疫卡等证件，查验合格后即可进入待宰区，通过RFID读写器，采集、记录生猪的来源、进场日期、进场数量、检疫证等信息，其上传至屠宰加工数据服务器，建立生猪屠宰加工电子档案，并上传至数据中心。对于查验不合格的生猪，则不予进场。若查验过程中发现病猪，通过RFID读写器，读取其电子耳标数据，进行信息追溯，并上报检疫单位，同时进行无害化处理等。然后，生猪进入屠宰加工流水线进行屠宰。屠宰之后，在猪肉酮体上绑定新的 RFID 电子标签，通过 RFID 读写器，读取原电子耳标的数据，并将其写入新标签，实现标识的连续性和唯一性。同时，将屠宰时间、屠宰场编号、屠宰批号、胴体质量、宰后检疫信息、冷却信息等相关信息写入新标签，并上传至屠宰加工数据服务器，定期上传至数据中心。其中，屠宰批号与养殖场提供的生猪出栏批号相对应，以建立起猪肉和生猪的关联关系，方便根据屠宰批号，追查猪肉对应的生猪是由哪个养殖场饲养、饲养情况如何、什么时候出栏、检疫情况如何、由哪个屠宰场屠宰、什么时候进场、什么时候进行屠宰等信息，实现猪肉从源头开始的跟踪和追溯。

批发环节。猪肉进入批发市场时，市场检测中心检查其检疫证、消毒证、免疫卡等证件，并进行抽检。查验及抽检合格后即可进行批发；否则，不予进入，并通过 RFID 电子标签，进行追溯，上报有关单位，采取对应的处理措施。批发商为猪肉绑定新的批发市场专用 RFID 电子标签，通过 RFID 读写器，读取屠宰场绑定的原电子标签数据，并将其写入新标签，实现标识的连续性。猪肉批发交易后，通过 RFID 读写器，将交易信息写入电子标签，同时将数据上传至批发市场数据服务器，定期上传至数据中心。

销售环节。在农贸市场、超市、便民肉店等零售终端，具有 RFID 标签的阅读功能和信息处理功能的专用电子秤读取电子标签信息后，在称量每块切割的猪肉时，自动打印附有猪肉追溯码的销售凭证，同时将每次称重数据上传至销售服务器，定期上传至数据中心。

配置自助终端查询机，消费者只要通过猪肉追溯码，即可查询所购买猪肉的质量溯源信息，包括所买猪肉对应的生猪在哪里养殖、在哪里屠宰加工、检验检疫是否合格等信息。总之，RFID 电子标签贯穿生猪养殖、屠宰、猪肉批发和销售的关键环节。通过电子标签，下游环节获取上游环节数据，并写入本环节新产生的数据。通过标签的唯一标识、出栏批号和屠宰批号的关联，以及各环节间标签的替换，打通了生猪全生命周期的数据溯源通道，一旦某个环节出现问题，下一环节会立刻发现，并追溯到上游其他环节，对提升主管部门监管水平和消费者满意度与信任度，具有极大的推动作用。

4 数字农业平台建设

4.1 数字农业平台建设的目标

数字农业建设是一项长期而巨大的工程，是农业领域的一个宏伟目标，其实现要分阶段分步骤地进行，针对我国数字农业建设的现状，将目标划分为近期目标和远期目标。

4.1.1 近期目标

根据我国数字农业建设的现状及农业建设与管理的需要，结合农业管理业务部门的具体需求，数字农业的近期目标是实现以下四个方面的内容。

4.1.1.1 农业信息标准化建设

农业信息标准化是数字农业建设的客观需求，也是数字农业近期的研究热点，包括农业信息术语及获取方法标准化和农业信息表示的标准化两个方面的内容。前者主要是指建立术语体系，制定新术语，修改不确切的术语，实现术语及获取方法的标准化。后者是要对各种农业信息进行分类和编码，采用标准数据元及其表示法，加强农业信息标准化。

4.1.1.2 农业信息采集系统建设

通过遥感、全球定位系统、自动化监测和固定的地理信息采集点，收集土地利用现状、植被分布、农作物的生长情况、土壤肥力、农业环境、农作物的灾情分布、养殖场与动物分布、动物疫病、屠宰场、农业气象等多种空间和属性信息，建立农业信息采集系统，达到信息获取手段的可靠性和先进性、信息的准确性和适时性，为其他业务系统提供数据支持。

4.1.1.3　农业信息数据库建设

利用空间数据管理的先进技术，在 GIS 平台上建立完善、权威的农业信息数据库，对海量、多类型的既具有空间分布特征，又具有时态变化特征的农业信息进行高效管理，实现农业信息的无缝集成和建库管理及数据库联动，维护数据的完整性和一致性，为农业资源的核算、清查、评估和动态监测提供基础。

4.1.1.4　农业信息管理系统建设

利用 3S、计算机网络、自动化等技术，建立包括农业土壤监测与评价系统、动物疫病预警与预防决策系统等在内的农业信息管理、分析与决策系统，对农业生产行为和农业布局做出科学合理的分析与评价，为农业决策部门、管理部门和有关机构提供农业资源管理与决策支持手段，为社会提供全方位的农业地理信息服务，从整体上提高农业工作的科学化和规范化水平。

4.1.2　远期目标

数字农业建设的远期目标是要将其应用到实际生产中，能够为农业及其他行业部门的各项宏观决策提供翔实的基础依据。具体要实现的目标，包括以下方面。

第一，建成涉及种植业、畜牧兽医、水产业等主要农业业务的数字农业技术服务平台，实现农业技术与 3S 技术的有机结合，为农业信息的获取、分析、管理、上报、决策与发布等活动提供支持，全面、可靠地为我国的农业信息化和现代化事业服务。

第二，建立基于网络的全国农业系统各机构部门业务子系统之间互联互通、有机集成的一体化数字农业信息共享交换平台，实现各业务子系统的无缝连接，建立各机构部门之间长效、高效的数据共享机制。

第三，逐步健全土壤肥力预测模型、疫情预警模型、施肥推荐模型等各类决策支持模型，深化和完善农业基础信息平台，为农业及其他行业的生产、规划和管理提供合理、科学的理论支持。

第四，实现农业系统机构部门与其他相关行业部门之间的紧密联系，提供数据共享接口，实现不同部门之间信息的互联互通，消除"信息孤岛"和"信息壁垒"问题。

4.2 数字农业建设的意义

4.2.1 为农业管理提供信息支撑，提高决策支持水平

数字农业合理规划了我国农业发展的总体目标和框架，围绕此目标和框架，可以统筹规划我国的农田基本建设、农业信息系统建设、农业机械开发的发展方向，充分利用各部门现有的工作基础，调动各方面的积极性，避免资源的浪费。基于3S技术、计算机网络技术、虚拟现实技术和农机自动化技术等先进的科学技术，建立数字农业技术平台，开发国家农业信息资源数据库，研究开发一批实用性强的农业信息服务系统，初步构建我国数字农业的技术框架，将对我国农业经济发展的若干项重大问题提供辅助决策支持，如农业资源与环境综合评价、动植物危险疫情风险分析、农产品及食品安全监测评价，以及农业信息综合分析等，在调用数据库中的基础信息和动态监测信息的前提下，利用信息系统的分析、优化、模拟、预测和评价功能，能为管理提供快速、便捷的分析手段和优化方案，提高管理部门的决策支持水平，加速我国的农业信息化进程。

4.2.2 促进传统农业向现代农业的转变，提高农业现代化水平

数字农业有效促进了现代信息技术与传统农业的有机融合，对我国数字水平上的农业生产经营、流通管理、信息服务，以及农业资源环境等整个领域，进行设计改造，大大加速了我国农业现代化的进程，促进了农业信息化的跨越发展，实现了传统、粗放和经验型的传统产业向智能、精准和数字化方向的现代农业的转变，使传统农业发生革命性的变化。数字农业保持了和我国精耕细作传统的亲合性，其本质也是一种精耕细作型农业，但又与传统的精耕细作农业不同。传统的精耕细作型农业是建立在世代相传的经验基础之上的，是一种在经验指导下的精耕细作型农业。而数字农业是建立在现代科学技术基础之上的，是在一系列最新科技成果指导下、更高层次的精耕细作型农业，它能有效缓解我国"人多地少"的矛盾，最大限度地节约资源、提高资源利用率，具有很大的现实意义。

4.2.3 有助于解决我国的"三农"问题，推进农村小康

社会建设

"三农"（农业、农村、农民问题）问题是近年的热点问题，解决"三农"问题的迫切性、重要性已形成共识。将数字农业确立为解决"三农"问题的平台，对于农业的持续、长远发展具有重要的意义。发展数字农业及相关技术，以数据采集、处理、传输和服务信息流为纽带，促进农业各方面资源的合理配置及众多农业生产要素的有机结合，贯通产前、产中、产后的有机联系，对以信息化带动、提升和改造传统农业，实现现代农业、更广泛、更深入和更有效地为调整农业结构、促进农业和农村经济结构战略性调整、提高农业综合生产能力和可持续发展能力、统筹城乡经济社会发展、促进农民增收增数、脱贫致富、改善农村生态环境、实现农业和农村经济的持续稳定发展、建设农村小康社会、解决"三农"问题具有十分重要的意义。

4.3 数字农业技术平台

数字农业建设是一项长期、复杂而又十分重要的工作，也是一个渐进的过程，不可能一蹴而就。因此，建设数字农业应该站到实用性、科学性、前瞻性的高度，立足当前，贯穿层次性、长远性的设计理念，考虑农业管理的各项业务和农业信息的采集方式、存储方式及传输方式，充分利用包括 3S 技术、农机自动化技术、计算机网络技术和数据库技术等高新科学技术共同构成的数字农业技术体系，进一步集成软件和硬件环境，最终构建农业信息采集、传输、处理、存储、分析和应用一体化的可持续应用的数字农业技术平台，把农业管理工作纳入计算机网络信息管理之中，实现农业信息的资源共享和高效利用。

数字农业是一项集农业科学、地球科学、信息科学、计算机科学、数字通信和环境科学等众多学科理论与技术于一体的现代科学体系。自 20 世纪 70 年代中期以来，经过各相关技术领域多年的研究开发与技术积累，打造了"数字农业"技术体系的基本技术与装备。这一体系的技术主要包括自动化的农机技术、遥感技术、地理信息系统、全球定位系统、虚拟现实技术、计算机网络技术和决策支持系统等。3S 技术是数字农业技术体系的基础与核心，主要作用是对各类农业空间信息进行科学采集、处理、管理、分析与交换；计算机网络技术负责数据的传输与信息共享；决策支持系统是数字农业建设的目的，即实现信息的综合运用。

4.3.1 空间数据库技术

计算机大容量磁盘能储存大量数据，为了解决数据的独立性，实现数据的统一化管理，满足多用户实现数据共享的要求，产生了数据库技术。

数据库是按照一定的组织方式来组织、存储和管理数据的"仓库"。建立数据库并使用维护的软件称为数据库管理系统（DBMS），它能有组织地动态存储大量数据，方便用户检索查询。

4.3.1.1 数据库系统的组成

数据库系统按照数据库方式存储、维护和向应用系统提供数据或信息支持系统，是存储介质、处理对象和管理系统的集合体，通常由数据库、硬件、软件和数据库管理员组成。

1. 数据库。数据库通常由两部分组成，即物理数据库（有关应用所需要的业务数据集合）和描述数据库（关于各级数据结构的描述数据），其中，物理数据库是数据库的主体。

2. 硬件。数据库系统需要性能良好的硬件环境的支撑。它要有足够大的内存，用以存放操作系统、DBMS 和应用系统；要有大容量的存储设备和较高能力的通信能力，用以存放数据库备份，支持对外存储器的频繁访问。

3. 软件。数据库系统主要包括 DBMS、操作系统、应用程序和其他软件开发工具等，其中，核心是 DBMS。DBMS 要在操作系统的支持下，才能正常地发挥作用。应用程序辅助 DBMS 完成用户的任务。开发工具为 DBMS 的开发和应用提供良好的环境。

4. 数据库管理员。DBMS 需要专业人员全面负责建立、维护和管理。他负责定义存储数据库数据，监督和控制数据库使用，进行数据库日常维护，定期对数据库改进和数据更新。

4.3.1.2 数据库管理系统的结构

数据库管理系统有严谨的体系结构，保证其功能得以实现，它的结构可分为三级模式和二级映射。

1. 三级模式数据库管理系统的三种模式分别指模式、外模式和内模式。

1）模式。模式又称概念模式、逻辑模式或结构模式，它是数据库的整个逻辑描述，是数据库所采用的数据模型，它由数据库管理人员统一组织管理。

2）外模式。外模式又称子模式，它是用户与数据库的接口，是用户能够看见和使用的数据库，是模式的子集。

3）内模式。内模式又称存储模式，它是数据库物理结构和存储方式的描述，描述数据在存储介质上的排列和存储方式，是数据在数据库内部的表示方式。

2. 二级映射。三级模式之间的联系通过二级映射来实现，保证系统中的数据具有较高的逻辑独立性和物理独立性。

1）外模式/模式映射。定义用户数据库和概念数据库之间的对应关系。当模式发生变化时，只需改变映射，使外模式保持不变，保证数据与程序之间的逻辑独立性。

2）模式/内模式映射。定义概念数据库和物理数据库之间的对应关系。当数据库的存储结构发生变化时，只需改变映射，使模式保持不变，保证数据与程序之间的物理独立性。

3. 数据库管理系统的功能。数据库管理系统是数据库系统的核心软件，一般具有以下功能。

1）数据库定义功能。数据库定义又称为数据库描述，包括定义数据库系统的三级模式和二级映射，以及定义有关的约束条件，作为数据库管理系统数据存取和管理的基本依据。

2）数据操作功能。数据库管理系统用来接收、分析和执行用户对数据库提出的各种操作要求，完成数据库数据的检索、更新等数据处理任务。

3）数据库控制语言功能。对数据库的运行管理是数据库管理系统的核心，包括数据安全性控制、数据完整性控制、数据共享和并发控制、数据库维护和恢复等，保证数据库的可用性和可靠性。

4）数据字典管理。在数据字典中，存放对实际数据库各级模式所做的定义，对数据库结构的描述。

4.3.1.3 空间数据库技术

1. 什么是空间数据。数据是信息的载体，空间数据是对空间实体的描述。空间数据一般具有以下三个基本特征。

1）空间特征。空间特征反映现象的空间位置及空间位置的关系，通常以坐标数据的形式来表达空间位置，用空间拓扑信息来表达空间位置关系。

2）属性特征。属性用以描述现象特征，用来表达空间实体的全貌，如名称、级别和数量等。

3）时间特征。时间特性是指空间数据的空间特征和属性特征随时间而变化，它们既可以同时随时间变化，又可以单独随时间变化。

2. 空间数据的类型。空间数据按照其特征，可分为空间特征数据（地理数据）和属性特征数据。属性特征数据又分为时间属性数据和专题属性数据。

1）空间特征数据。空间特征数据是指记录空间实体位置、拓扑关系和几何特征的数据，它是区别一般数据的标志。

2）时间属性数据。空间数据是在某一时间或时段内采集、计算而来的。时间属性数据是指记录空间实体采集和变化时间的数据。

3）专题属性数据。专题属性数据是指记录空间实体各种性质的数据，如土地利用类型、行政区名称、地形坡度和坡向等。

3. 空间数据结构。数据结构是指数据组织形式，符合计算机存储、管理和处理的数据逻辑结构；空间数据结构是地理实体的空间排列方式和相互关系的抽象描述，它可以分为矢量结构和栅格结构两种。

1）矢量结构。在矢量结构中，地理实体用点、线和面表示，其位置由二维平面直角坐标系中的坐标来表达。空间关系主要包含空间度量关系（描述空间实体间的距离）、空间方位关系（如东、西、南、北、前、后、左和右等）和空间拓扑关系（空间点、线和面之间的逻辑关系，如关联、邻接和包含等）；矢量属性数据描述空间实体的专题特性，常用数值或字符来表示。空间数据属性与空间实体图形数据紧密联系，一个空间数据的属性对应于一个特定的空间位置。矢量结构的优点是数据精度高、所占存储空间小，但不便于进行空间分析。

2）栅格结构。在栅格结构中，空间被有规则地分割成一个个小正方形，地理实体用它们所占据的栅格的行列号来表达。栅格数据空间关系通过算法计算而得到，如四邻域和八邻域等算法。栅格数据的值代表了该位置的属性。因此，栅格结构可以同时具有空间信息和属性信息，有利于空间分析，但数据冗余量大。

4. 什么是空间数据库。空间数据库是用来存储和管理空间数据和属性数据的数据库。空间数据库系统（SDBMS）是以一些通用的数据库管理系统为基础，进行数据类型、查询方法及索引方法等拓展，使 DBMS 能进行空间数据的管理功能。简言之，就是该数据库系统能够管理空间对象、空间的几何元素及其拓扑关系，以及涉及的属性数据和元数据。

5. 空间数据库特点。与传统的数据库相比，空间数据库具有以下三个特点。

1）SDBMS 能够处理海量数据。用空间数据来描述各种地理实体，往往数据量很大，SDBMS 具有高效组织、处理和存储海量数据的功能，保证满足对数据存储和调用的要求。

2）SDBMS 能够处理空间数据。地理实体除具有属性数据外，还有大量描述地理实体空间分布位置的数据与之相随，不可分割。SDBMS 能更好地组织、存储、处理和管理空间数据和属性数据，保证地理实体空间特征与属性特征的一致性。

3）应用广泛。SDBMS具有对空间管理的能力，拓展了数据库的应用领域，广泛应用于农业、林业、土地利用与规划和环境保护等行业。

4.3.1.4　动态时空数据库

传统的空间数据库只涉及空间和属性两个方面，但时空数据库是包括时间和空间要素在内的数据库系统。它在空间数据库的基础上增加时间要素，而构成三维（无高度维）或四维数据库。时间维的加入，极大地丰富了数据库的内容，为空间和时间分析提供了宽广的展示舞台，也增加了数据库管理上的复杂性。

时间数据库有下列两个方面的特性。

1. 动态性。传统的空间数据库系统，当数据库更新时，过时的数据将从数据库中删除。而在时空数据库中，过时的数据不需从数据库中删除并可以进行更新，使数据之间一直保持着时间上的连续性。

2. 全面性。时空数据库可以存储历史数据，使时空数据库成为系统和部门完整的电子信息档案库。此外，时空数据库为动态监测和分析提供了丰富的数据。一方面，它可以对历史、当前和将来进行横向、纵向的对比、分析、监测和预测预报，从而为预测预报系统、决策支持系统和其他分析系统服务。另一方面，时空数据库可以对时空数据进行实时、高效的管理，对于像农业这种与时空信息管理息息相关的行业，时空数据库具有良好的应用前景。

4.3.1.5　网络数据库技术

网络数据库是把数据库技术引入计算机网络系统中，借助网络技术，将存储于数据库中的大量信息及时发布出去；而计算机网络则借助成熟的数据库技术，对网络中的各种数据进行有效的管理，并实现用户与网络中的数据库实时、动态的数据交互。网络数据库目前在局域网、广域网及Internet上都有广泛应用。

1. 网络数据库的特点。网络数据库与传统的数据库相比，具有以下五个特点。

1）扩大了数据资源的共享范围。运用网络技术，使数据传输和共享的范围扩大到全球，使更多用户通过网络受益。

2）易于进行分布式处理。在计算机网络中，达到均衡负载、合理使用网络资源处理空间数据库海量数据，提高了数据资源的处理速度。

3）开发形式灵活。开发形式灵活多样，既可以采用C/S（Client/Server）方式，又可以采用B/S（Brower/Server）方式，或是两种混合模式，由开发人员根据系统的实际要求自行选择。

4）降低了系统的使用费用，提高了计算机的可用性。网络数据库可供全网用户共享，使用数据资源的用户不一定都需要拥有数据库，这样降低了对计算机系统的要求，同时也提高了计算机的可用性。

5）数据的保密性、安全性降低。数据通过网络传输，在传输过程中对数据的安全性和对数据库的管理难度加大，因此网络数据库在安全性方面需要加强数据保密措施，保证数据不受到破坏。

2. 网络数据库系统体系结构。基于网络数据库系统的体系结构，有以下三种模式。

1）C/S 模式。C/S 模式是客户机/服务器模式的简称，在这种结构中，网络中的计算机分为两个部分，即客户机和服务器。

对于用户的请求，如果客户机能够满足，就直接给出结果，如果客户机不能满足，就交由服务器来处理。客户机将请求传送给服务器，并根据服务器处理的结果返回客户机，由客户机分析处理。这种模式可以合理、均衡对事务的处理，充分保证数据的完整性和一致性。

2）B/S 模式。B/S 模式是浏览器/服务器模式的简称，由浏览器、Web 服务器、数据库服务器三部分组成。

Web 服务器是这个结构的核心，负责接受网络 HTTP 查询请求。客户机使用一个通用的浏览器（如 IE 浏览器），完成用户的操作。根据客户机的请求，到数据库服务器中获取相关的数据，将结果翻译成 HTML 和各种页面描述语言，返回到提出请求的浏览器。这种模式分布性强、灵活方便、易维护和易开发。

3）C/S 与 B/S 混合模式。将两种模式的优势结合起来，形成 C/S 与 B/S 混合模式。

对于面向广大用户的系统模块，采用 B/S 模式，将基础数据集中放在高性能的数据库服务器上，中间由一个 Web 服务器作为数据库服务器与客户机浏览器交互的桥梁，利用用户计算机上的 IE 浏览器作为客户机浏览器。对于系统模块安全性要求高、交互性强的数据，则采用 C/S 模式，这种模式能充分发挥每种模式的长处，使网络数据库系统安全可靠、灵活方便。

3. 网络数据库技术在数字农业中的应用。大量的农业信息产生于基层管理部门，基层管理部门也担负着信息的更新维护工作，上级或其他部门一般只对数据进行查询统计。网络数据管理技术可以使每个管理部门把属于自己的数据保存在本地的计算机内，其他部门可通过网络，随时对远程的数据库进行必要的查询及统计分析，得到农业生产、农业管理和农产品销售的决策依据。现在，大型的数据库管理系统均具备这种网络数据管理能力，这种能力对构建省（自治区、直辖市）级乃至全国农情统计汇报系统提供了强有力的支持。县级农业管理部门均可构建自己的农情数据库，省（自治区、直辖市）级农业管理部门或农业部可通过远程网络，依靠数据库系统分布式数据管理的支持，进行汇总和查询等工作，提高工作效率，减少日常工作的管理成本。

4.3.1.6　元数据技术

1. 什么是元数据。元数据是关于数据和信息资源的描述性信息。通过元数据，可以检索、访问数据库，有效利用计算机的系统资源，方便对数据处理和对系统二次开发，从而满足社会各行各业的用户对不同类型数据的需求，以及交换、更新、检索和数据库集成等操作。

1）对数据集的描述，如对数据集中的数据项、数据来源、数据所有者和数据创建时间等信息的说明。

2）对数据质量的描述，如数据精度、数据的逻辑一致性和数据完整性等。

3）对数据处理信息的说明，如数据转换等。

4）对数据库的更新、集成等的说明。

5）数据潜在的应用领域等。

2. 什么是空间元数据技术

1）什么是空间元数据。空间元数据是关于地理空间数据和相关信息资源的描述性信息。它通过对地理空间数据的内容、质量、条件、位置和其他特征进行描述与说明，帮助人们有效地定位、评价、比较、获取和使用地理相关数据。

2）为什么在 GIS 中使用元数据。空间元数据在地理信息系统中是非常重要的。引入元数据，利于信息共享，对于保证数据一致性、可更新性，降低信息化建设和运行成本，提高数据库管理的效率具有很重要的意义。

（1）帮助用户获取数据。通过元数据，用户可对空间数据库进行浏览、查询检索等。

（2）空间数据质量控制。元数据能够描述数据的组成、名称、内容和保证数据之间具有科学的逻辑性，在数据输入上保证空间数据质量。在查错时使用元数据，有助于检测可运行系统的解释和修改状态，提高数据的准确性。

（3）提高安全性。依据元数据，能够检测系统的状态和查询历史记录，有助于维护系统，提高系统的安全性。

（4）保障异构数据集成。元数据能够记录空间坐标体系、数据类型、数据标准等信息，当数据要进行数据空间匹配、数据格式转换、属性一致化等处理时，元数据的作用就至关重要了，能够使系统有效地控制系统中的数据流，为数据处理工作顺利进行保驾护航。

3）空间元数据的获取。空间元数据获取的方法有以下五种。

（1）键盘输入。用键盘输入元数据，工作量大且容易出错。

（2）关联表。通过公共字段从已存在的数据或元数据中获得用户所需要的元数据。

（3）测量法。通过仪器测量获得元数据，使用简单且不易出错。

（4）计算法。由其他数据或元数据计算，得到用户所需要的元数据。

（5）推理法。依据数据的特征获取元数据。

空间元数据获取相对于基础数据的形成时间，可分为数据收集前、数据收集中和数据收集后三个阶段。第一阶段的元数据要根据待建设的系统内容而设计，主要有键盘输入法和关联表法；第二阶段的元数据随数据的形成同步产生，主要采用测量法；第三阶段的元数据是在数据收集后，根据需要产生，主要是计算法和推理法。

4）对空间元数据的管理。空间元数据可以通过系统中元数据管理子系统进行管理，易于对元数据更新和维护。此外，空间元数据的建立和管理应遵循空间元数据标准。目前，针对空间元数据，已经形成了一些标准，如美国制定并被国际标准化组织（ISO）采用的《地理空间元数据的内容标准》、开放地理信息数据互操作规范 OpenGIS 等。空间数据标准化是空间元数据建立的前提和保证，只有建立在规范上的空间元数据，才能有效地管理空间数据。

3. 元数据是数字农业的保障。由于数字农业平台属于多功能集成系统，技术上涉及诸如 GPS、RS、GIS 等众多技术领域，整个系统涉及的信息也较为广泛且种类繁多，因此需要对数据进行分类描述以便于管理。同时，该系统又是建立在网络信息系统基础之上的，存在对上述数据进行共享和安全管理的需求，因此在系统建设中有必要引入元数据管理技术，实现系统数据的高度共享和快速检索，以利于系统开发、数据保密和用户本身对数据的理解和管理。国外对于元数据技术的应用已经非常普遍，并制定了相应的标准。我国也制定了通用的标准和实施策略。元数据的作用在数字农业平台建设中体现为以下五个方面。

1）帮助数据生产单位有效地管理和维护空间数据，建立数据档案，确保其主要工作人员变动时，不会影响对数据情况的了解。

2）提供数据生产单位数据存储、数据分类、数据内容、数据质量、数据交换网络，以及数据发布的信息及权限设定内容，便于用户查询、检索和对数据进行有效的管理。

3）提供通过网络对数据进行查询、检索的方法或途径，以及与数据交换和传输有关的辅助信息。

4）帮助用户了解数据，以便就数据是否满足需要作出正确的判断。

5）提供有关信息，以便于用户处理和转换所需的外部数据。

4.3.1.7 空间数据库技术在数字农业中的应用

空间数据库技术是 GIS 的核心。在农业数字平台中，农业数据是海量的空间数据与文档数据的集合，都将存储在 GIS 的空间数据库里。农业数据包括以下三类。

1. 农业空间数据。农业空间数据主要包括两大部分，一是为共享基础空间数据，如行政区划图数据；二是农业专用的空间数据，如土壤环境监测点分布图、农作物种植类型分布图、土壤肥力监测点分布图。基础空间数据是专用空间数据的基础。目前的空间数据库管理技术提供强有力的从海量的、分布存储的数据库中检索、统计的功能，以及从关系复杂的数据中挖掘知识的功能。这在农业信息管理上发挥了重要的作用，为各级管理部门提供直观的可视化的信息，有利于农业生产组织及宏观决策。

2. 农业属性数据。空间数据库可以存储、编辑、管理与空间实体图形数据紧密联系的属性，并提供快速、便捷的查询功能。将图形与属性相结合，为各级管理部门提供图文并茂的信息，有助于农业生产科学管理。

3. 空间元数据。空间数据库能够管理空间元数据，保证数据的可用性、一致性、安全性和可更新性，提高空间数据库管理、查询的效率，降低系统建设和运行的成本。

在数字农业技术平台中，对种类繁多、信息量庞大的农业数据的管理，主要依赖空间数据库，因此空间数据库技术是数字农业构架的基础。

4.3.2 数据仓库与数据挖掘技术

4.3.2.1 数据仓库技术

现代社会每时每刻都有大量信息等待处理和使用，传统数据库技术往往以数据库为中心，对数据进行查询和修改，来满足特定的管理需要。传统数据库只保留当前的管理信息，缺乏决策分析所需要的大量历史信息，无法满足管理人员决策分析的要求，而且由于数据格式不同，数据量激增，迫切需要采用一种自动化程度更高、效率更好的数据处理方法，帮助人们更高效地处理数据并进行数据分析。因此，在数据库基础上产生了满足上述需求的数据仓库。

数据仓库概念创始人 W. H. Inmom 对数据仓库的定义是：数据仓库就是面向主题的、集成的、不可更新的（稳定性）和随时间不断变化（不同时间）的数据集合，用以支持经营管理中的决策制定过程。

数据仓库为用户提供了用于存取和分析数据的工具，利用这些工具，帮助用户对数据仓库内存储的数据进行分析，作出更符合业务发展规律的决策。

通过定义可以得出，数据仓库具有以下五点特征。

第一，面向主题性。数据仓库的面向主题性与传统数据库面向应用性相对应。传统数据库多用于具体应用需要的数据管理和事务处理；而数据仓库是针对某一主题，将系统中的数据综合、归类和分析后，排除了对决策主题无用的数据，更有助于用户发现其中的特点和规律，方便决策，提高决策的合理性和科学性。

第二，集成性。集成性是指在数据进入数据仓库之前，必须经过数据加工和集成，这是建立数据仓库的关键。数据仓库中包含大量数据，可能来自系统内部，也可能是来自系统外部。这些数据的来源不同，数据格式也不同，所以在入库之前，要对数据格式统一化，才能进行以后的数据处理和分析工作。

第三，时变性。时变性是指数据仓库中的信息并不只是关于主题当时或某一时的信息，而是系统地记录了主题从过去某一时到目前的数据，主要用于时间趋势分析。数据仓库随着时间的变化不断增加新的数据内容或删除旧的数据内容，而且数据仓库中包含大量与时间有关的综合数据，这些数据能够随时间变化重新组合。这种内容的调整是由系统来完成的，对用户透明。

第四，非易失性。非易失性是指作为数据仓库的用户不能、也不应该改变数据内容。用户对数据的操作，只是数据的初始化装入和对数据的访问，而不能对数据仓库中的细节数据自行进行改动。因此，数据仓库不需要事务处理、恢复和并发控制机制。

第五，集合性。集合性是指数据仓库必须以某种数据集合的形式存储。

1. 数据仓库系统的体系结构。数据仓库系统的技术体系结构总体包括数据预处理、数据仓库数据管理和数据仓库的应用服务三大部分。

1）数据预处理。由于数据仓库中的数据来源广泛，数据结构各不相同，无法利用这些数据进行分析，因此在数据入库之前对数据进行净化处理和转换是非常重要的。经过处理之后，将数据加载到仓库中。

2）数据仓库的管理。它包括数据仓库的建立、维护、数据重建和对元数据的维护管理。它的核心功能是完成数据仓库的建模，确定数据粒度级别，制定数据仓库的物理存储模式，保障数据仓库的运行效率等。

3）数据仓库的应用服务。它提供了数据处理的应用工具，能够对数据仓库中的数据进行数据挖掘和分析，以满足用户的需要，作出决策。

2. 数据仓库在数字农业中的应用。在农业科研、农业生产管理、农产品销售和农业生产资料采购等活动中，会产生大量的信息，这些信息存在于各个环节的应用系统中。在数字农业技术平台中，数据仓库的作用在于从这些应用系统中获取知识，并自动转换到另外一个新的数据库，通过对新库中历史信息和专题信息进行分析，为农业决策提供支持。数据仓库不同于一般的数据库。数据仓库管理的对象已经不是数据，而是数据的集合，即对一个个数据库进行管理，这样可以解决更为庞大的、综合的信息数据群的管理问题，为农业管理决策服务。

4.3.2.2　什么是数据挖掘技术

随着管理信息系统在各行各业的广泛应用和数据库技术的不断发展，传统的数据管理工具只能对指定的数据进行简单的统计和查询，而不能对数据所包含的内在信息进行提取，无法满足用户更高层次对数据分析功能的需求。为满足人们的需求，结合统计学、数据库技术、信息科学、可视化技术等技术，出现了数据挖掘技术。

从技术角度来看，数据挖掘是从大量的、不完全的、有噪声的、模糊的和随机的实际应用数据中，提取隐含在其中的、人们事先不知道的，但又是潜在有用的信息和知识的过程。这些知识不一定是真理，是相对于某些特定前提和约束条件而言的。它们面向特定领域，容易被用户理解。从商业角度来看，数据挖掘是一种新的商业信息处理技术。它们通过对数据的收集、整理、转化和分析，从中提取能为商业决策提供真正价值、能够创造利润的信息。

通过数据挖掘，用户能够发现数据中隐含的、有意义的信息。数据挖掘的具体功能包含以下方面。

第一，概念描述。描述对象内涵，概括其特征，从中发现规律。

第二，关联分析。发现两个或多个变量之间存在的规律性，揭示数据之间的关联。

第三，对象分类。依照对象的定义和分类规则，对所分析的对象分类。

第四，聚类分析。按被处理对象的特征分类，将有相同特征的对象归为一类。

第五，趋势预测。通过某对象长时间的数据积累，分析数据间的因果关系，并通过模型，预测其未来的发展趋势，为未来决策提供依据。

第六，偏差检测。通过对数据库异常情况的分析，发现有用的线索。

4.3.2.3　基于 GIS 的空间数据仓库和数据挖掘技术

建立数据仓库的目的在于对空间数据的挖掘，为农业宏观决策服务。通过地理信息系统的特点，与空间数据仓库技术相结合，有助于直观表现信息和数据挖掘结果，从而方便用户接受和理解。

空间数据仓库与传统数据仓库相比，除包含属性数据外，还包括大量空间信息，如地图、遥感数据、航片和专题图等，通过数据仓库的转化、集成，为用户决策服务。此外，传统数据仓库的联机分析处理结果一般是文本、报表等形式，但空间数据仓库的结果将是地图、图像。这种可视化的结果，使决策更直观、易懂。空间数据挖掘是从空间数据中提取隐含的、有用的空间信息。空间数据挖掘技术需要综合数据挖掘技术与空间数据库技术，它可用于对空间数据的理解、对空间关系和空间与非空间关系的发现、空间知识库的构造，以及空间数据库的重组和数据查询的优化等。

常用的空间数据挖掘方法有分类分析、聚类分析、空间关联规则分析和归纳学习法等。

分类分析。通过空间分类规则，将空间仓库内数据归类。分类器的构造是这种方法的关键。分类分析在实际应用中非常重要，它可以反映由于地理位置的不同，导致地物特性出现层次区分。

聚类分析。这种方法的优点是不需要背景知识就可以直接从数据中发现感兴趣的结构或聚类模式。对于空间数据，利用聚类分析方法，可以根据地理位置自动地进行区域划分。例如，根据分布在不同地理位置的养殖场情况，对居民区域划分，并根据这一分析结果，规划养殖场的数量和位置，在为居民服务的同时，又避免重复建设造成的浪费。

空间关联规则分析。各种各样的空间谓词可以构成空间关联规则。在实际应用中，大多数算法都是利用空间数据的关联特性改进其分类算法，这使得它适合于挖掘空间数据中的相关性，从而可以根据一个空间实体而确定另一个空间实体的地理位置，有利于进行空间位置查询和重建空间实体。利用关联规则分析，还可以发现地理位置之间的关联性。

归纳学习法。这种方法用于空间数据挖掘，可将空间和非空间属性关系概括成高层次的概念知识。这种概括的知识转换成规则或逻辑表达式，用于发现普遍的特征规律和区域规划。

4.3.3　组件技术

在软件开发过程中应用组件技术已经成为当今软件开发的潮流，它具有开发成本低、便捷灵活、高效无缝集成等特点。为了适应这种技术潮流，GIS 应用系统开发中也引进了组件技术，出现了组件式 GIS 开发方式，进一步推动了 GIS 技术体系和应用开发的发展。

4.3.3.1　什么是组件技术

组件技术是指利用某种编程手段，将一些人们关心的、但不便于最终用户去直接操作的细节进行封装，从而实现某种特定的功能服务，方便用户使用的一种技术。使用组件技术有助于系统自身的升级和扩展。依据组件技术的思想，软件系统可以被视为相互协作的对象集合。这些对象是封装的，能够向用户提供特定的服务，它们不受开发语言和开发环境的限制。组件间的接口是标准的，以便其他对象了解和调用。

1. COM 和 DCOM 概述。组件式对象模型（COM）是组件之间相互接口的规范，是对象连接、嵌入（OLE）和 ActiveX 的共同基础，其作用是使各种软件组件和应用软件能够用一种统一的标准方式进行交互。COM 是一种与源代码无关的二进制标准，它建立了一个软件模块与另一个软件模块之间的链接，当这种链接建立之后，模块之间就可以通过接口来进行通信。COM 标准增加了保障系统和组件完整的安全机制，并扩展到分布式环境。COM 本质上属于客户/服务器模式。客户（通常是应用系统）请求创建 COM 对象，并通过 COM 对象的接口操纵 COM 对象。服务器根据客户的请求创建并管理 COM 对象。客户和服务器这两种角色要根据具体情况来确定。

DCOM 是分布式组件对象模型，是基于分布式环境下的 COM。DCOM 是 ActiveX 的基础，它实现了 COM 对象与远程计算机上的另一个对象之间直接进行交互的目的。DCOM 规范、定义了分散对象的创建和对象间通信的机制。DCOM 的实现，采用了 DCOM 库的形式，当 DCOM 客户对象需要 DCOM 服务器对象的服务时，DCOM 库负责生成 DCOM 服务器对象。COM、DCOM 的优势是提高了代码的重用率。利用 DCOM 组件，系统开发员只需为组件增加新功能、用更好的组件来代替原有组件，而建立在组件基础上的应用系统几乎不用修改，就得到了升级更新。这为用户和开发人员带来了便利，节省了时间和投资。

2. ActiveX 与 ActiveX 控件概述。ActiveX 是微软公司的组件技术标准，实际上是 OLE 的新版本，使 OLE 接口加强了对数据和特性的管理，效率更高，而且更加便于执行 Internet 互操作。作为针对 Internet 应用开发的技术，ActiveX 被广泛应用于 Web 服务器及客户端的各个方面。

ActiveX 控件充分利用 OLE 和 ActiveX 技术，是建立在 COM 标准上的独立的软件元件，它给用户提供应用接口，发送相应的事件。开发者可以利用这些事件，执行相应的功能。ActiveX 控件开发端和使用端是完全独立的，可以用 Delphi、VB 等各种语言来开发，又可以用于不同语言、不同开发平台和不同的系统环境中。其目标是提供一种面向对象、与操作系统无关、与机器平台无关，以及可以在应用程序之间互相访问对象的机制。

综上所述，组件技术的出现，以前所未有的方式，提高了软件产业的生产效率。开发者不必对组件的内容了如指掌，只需对各种功能组件进行组装，如同"搭积木"一样，就能够形成软件。组件技术已经广泛应用于软件开发中。

4.3.3.2 什么是组件式 GIS

将组件技术引入 GIS 应用系统开发中，为 GIS 提供了新的开发模式，促进了 GIS 的普及和应用，形成了组件式 GIS。组件式 GIS 的基本思想是把 GIS 的各个功能模块划分为几个控件，每个控件完成不同的功能。每个 GIS 控件之间、GIS 控件与其他非 GIS 控件（如 ActiveX 控件等）之间，可以自由、灵活地重组，也可以方便地通过可视化的软件开发工具（如 Delphi 和 VB 等）集成起来，形成 GIS 应用系统。

把 GIS 的功能以组件的形式供开发者使用，具有以下四大优势。

1. 降低开发费用，开发简便。在组件模型下，用户可以根据实际需要选择所需控件，最大限度地降低开发费用，以较高的性价比获得理想的 GIS 应用系统。组件具有标准的接口，开发人员无须了解组件的内容，自由地选用他们熟悉的开发工具将组件集成即可，从而减轻了开发人员的负担，提高了开发的工作效率。此方法的缺点是前期投入较大，需要同时购买 GIS 工具软件和可视化编程软件，但"工欲善其事，必先利其器"，这种投资是值得的。

2. 无需掌握专门的 GIS 开发语言。GIS 开发人员不必掌握额外的 GIS 开发语言，只需熟悉基于 Windows 平台的通用集成开发环境（VB、VC++、Delphi 和 Power Builder 等），以及 GIS 各个控件的属性、方法和事件，并发挥它们各自的优点，就可以完成应用系统的开发和集成。

3. 高效无缝的系统集成。利用组件技术，可以将专业模型、GIS 控件和其他控件无缝地结合在统一的界面下，完成用户所需要的功能要求。

4. 大众化。利用组件技术，可以使非专业的普通用户胜任开发和集成 GIS 应用系统的任务，让更多用户能使用 GIS 应用系统，推动 GIS 应用大众化。

4.3.3.3 组件技术是数字农业建设的主要开发方式

目前，GIS 应用系统开发方式主要有独立开发、宿主型二次开发（单纯二次开发）和基于 GIS 组件的二次开发（集成二次开发）三种方式。由于独立开发难度太大，宿主型二次开发由于受 GIS 工具提供的编程语言的限制，也难令用户满意，因此基于 GIS 组件的二次开发方式成为现代 GIS 应用开发的主流。根据上述对系统开发方式的比较，数字农业技术平台运用组件技术，在 GIS 平台基础上采用集成式二次开发方式，针对用户特定的应用领域和需求而开发设计，既可以充分利用 GIS 工具软件对空间数据库的管理、分析功能，又可以利用其他可视化开发语言具有的高效、方便等编程优点，还可以选择其他非 GIS 组件完善数字农业的功能。从而不仅可以提高应用系统的开发效率，而且使用可视化软件开发工具开发出来的应用程序具有更好的外观效果，可靠性更强，易于移植，便于维护。

4.3.4 中间件技术

随着计算机技术的飞速发展，用户的应用环境变得很复杂，人们希望运用某种技术屏蔽多样、复杂的操作系统和应用系统，使网络上的用户能够相互合作完成某项任务。因此，随着开放系统和互操作的出现和发展，中间件技术也随之应运而生。

4.3.4.1 什么是中间件技术

中间件是一种软件，它能使应用程序实现跨网络的协同工作（互操作）。中间件是一种独立的系统软件或服务程序，使用中间件技术有助于系统维护，减少人力、财力投入。

中间件具有如下特点：能够满足应用的需要；能够运行在多种硬件和软件平台上；支持分布式计算，提供跨网络、硬件和软件平台的、透明性的应用或服务的交互功能；支持标准的协议；支持标准的接口等。

1. 中间件的组成部分。作为一个中间件，它具有以下两个部分：

1）执行环境软件。执行环境软件能够使网络结点上的应用软件之间实现合作，这种合作不受机器和操作系统的限制。执行环境软件是实现互操作的关键，是中间件的主要部分。

2）应用开发软件。应用开发软件是一组可以用来辅助开发内含"透明动用对方资源"功能的应用软件，或改造原有的无"透明动用对方资源"功能的应用软件。它是中间件的必备部分。

2. 中间件的分类。中间件可以分为以下三类：

1）事务处理中间件。事务是对共享的系统资源所完成的意见工作。事务处理中间件主要用于对分布式计算环境中产生的事务进行监控和管理。

2）消息中间件。消息中间件是在不同的网络硬件平台、不同操作系统，乃至不同的网络协议上的应用程序间传送消息时，保障所传消息内容的可靠性和当发生意外时的可恢复性。

3）分布式中间件。分布式中间件实现了真正的通用软件总线，具有优良的互操作性和应用程序集成能力，这些应用程序可以位于网络的任何位置，实现彼此透明协作。分布式中间件可以采用的标准和规范有：美国数字设备公司（DEC）的分布计算环境（DCE）、ISO、国际电工委员会（IEC）和国际电信联盟远程通信标准化组（ITU-T）联合制定的国际标准开放分布式处理参考模型（RM-ODP）和对象管理组织（OMG）制订的规范公共对象请求代理体系结构（CORBA），非规范的有 Microsoft 公司的分布式组件对象模型（DCOM）和太阳计算机系统有限公司的 Java2 平台企业版（Java2，J2EE）等。

3. 中间件的优势。中间件的优势主要有以下四个：

1）透明地同其他应用程序交互，开发简单。由于中间件在应用系统和操作系统之间提供了统一的接口，它屏蔽了底层操作系统的复杂性，使开发人员面对一个简单的开发环境，基于它的应用程序可以在任何平台上运行，不必考虑自己的物理位置、硬件平台等。

2）与运行平台提供的网络通信服务无关，有利于建设分布式系统。中间件提供标准化接口和协议，能够解决不同网络协议之间的转换，应用程序不必关心下层网络协议可能出现的差异。

在应用系统开发时，不必考虑不同设备、不同操作系统、不同开发语言等产生的协议差异。

3）系统具有良好的可靠性、复用性、可扩展性和可维护性。对于应用软件开发，标准的中间件在接口方面都是清晰和规范的，可以有效地保证应用系统的质量，提供一个相对稳定的高层应用环境。当系统需要升级、更新的时候，无论底层的计算机硬件和系统软件怎样更新换代，只要将中间件升级、更新或在原有平台基础上增删中间件，并保持中间件对外的接口定义不变，应用软件不需要改头换面就能够满足用户的新的要求，从而减少新旧系统维护开支。同时，由于使用中间件，企业应用系统的维护在很大程度上只是对自己企业业务逻辑的维护，从而在很大程度上增加了整个系统的可维护性。中间件还能够提供一些措施，来保障应用系统通信的可靠性和安全性，提高系统的质量。

4）缩短应用开发周期，减少项目开发风险和成本。根据 The Standish Group 的调查报告显示，由于采用了中间件技术，应用系统的总建设费用可以减少 50% 左右，使用标准商业中间件的应用系统开发失败率降低 90%。上述数据表明，使用中间件开发应用系统，减少了开发费用和开发风险，不仅使开发方提高了效益，而且使用户方获得了实惠，是一举两得的好方法。此外，利用中间件可以将不同时期、在不同操作系统上开发的应用软件集成起来，天衣无缝地协同工作，物尽其用。这是任何操作系统、应用软件本身所不具备的功能，能够节约大量的人力、财力投入。

中间件是一种独立的系统软件或服务程序，借助这种技术标准化的接口和协议，有助于减轻系统开发的风险和开发人员的负担，同时更好地利用硬件设备、软件系统、网络资源，实现应用系统的功能要求，保障应用系统具有良好的稳定性、可维护性、可扩展性等性能。正是基于上述优势，中间件发展迅速，应用广泛，越来越受到用户和开发者的重视和青睐。

4.3.4.2　中间件技术是数字农业跨平台建设的主要工具

随着中间件技术的发展和成熟，在应用系统开发中使用中间件技术已经成为业内的主流做法，数字农业也不例外。

在数字农业技术平台中运用中间件技术，对于用户而言，可以在满足需求的前提下，节约系统投入的费用；对于开发方而言，使用中间件技术，可以缩短系统开发的周期，规避开发风险，减少开发设计人员的工作负担，提高工作效率和工作质量。无论从经济可行性方面，还是从技术可行性的角度，使用中间件技术无疑都是最好的开发方式。

此外，在数字农业技术平台中运用中间件技术，能够抛开计算机硬件和软件对应用系统的限制，利用标准的接口和通信协议透明地与其他应用程序相互协作，来完成用户某种特定任务。数字农业技术平台是面向广大公众用户的，其硬件设备和软件系统的情况无从可知，因此中间件技术的这种特点符合数字农业的要求。

另外，数字农业技术平台中间件能够保障系统具有良好的可靠性和可用性。当系统需要功能扩充或升级的时候，只需增、删、升级中间件即可，减少了用户投入系统维护升级的费用，也降低了开发人员系统维护和升级的难度。

4.3.5 通信技术

4.3.5.1 什么是通信技术

随着科学技术的飞速发展和广泛应用,通信已经渗透到社会生活的各个领域,深刻地影响着每一个人的生活。通信的发达程度已经成为衡量一个国家、一个地区现代化程度的标志之一。

通信是指利用电磁技术、电子技术和光电技术等手段,借助电信号或光信号,实现从一地向另一地(或多地)进行消息的有效传递和交换的过程。

通信的实质是实现信息的有效传递,它不仅要将有用的信息保真、高效率地传输,而且还要在传输的过程中减少或消除无用信息和噪声。现代的通信技术除了能够实现信息的有效传输外,还能够实现采集、存储、处理和显示等多种功能,以满足用户的需要。

1. 主要的传输方式包含以下几种:

1)双绞线。双绞线是在短距离范围内最常用的传输介质,价格低、使用方便,且性能较好,应用广泛。

2)同轴电缆。电缆通信是最早发展起来的通信手段,在通信中占有重要的位置。电缆通信中主要采用模拟单边带调制和频分多路复用(SSB/FDM)技术。自从数字电话出现以来,各国都在大力发展脉冲编码调制频分多路信号在同轴电缆中的基带传输技术。近年来,由于光纤通信的发展,同轴电缆有逐渐被光纤电缆取代的趋势。

3)微波中继站。微波中继站能够弥补电缆通信的缺点,可到达电缆无法架设的地区,且容易架设,建设周期短,投资也低于同轴电缆。

4)光纤通信。光纤通信具有容量大和成本低的优点,而且不怕电磁干扰,与同轴电缆相比,可以节约大量的有色金属和能源。

5)卫星通信。卫星通信具有通信距离远、覆盖面积大、不受地形条件限制、传输容量大、建设周期短和可靠性强的特征。目前,卫星通信中大量使用模拟调制及频分多路和频分多址。卫星通信正向更高频段发展,采用多波束卫星和星上处理等新技术,而地面系统主要是向小型化方向发展。

6)移动通信。移动通信是现代通信中发展最为迅速的一种通信手段。在微电子技术和计算机技术的推动下,移动通信从过去简单的无线对讲或广播方式,发展成为一个有线与无线融为一体、固定与移动相互连通的全国规模的通信系统,具有大容量、高质量、智能化和综合化等特点。

2. 通信系统的组成。任何点对点通信系统的基本组成,一般都包括发送端(信息源和发送设备）、接收端（接收设备和用户）及连接发送端与接收端的信道三部分组成，如图 4-1 所示。

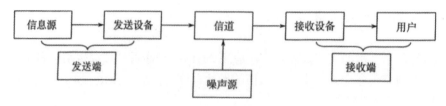

图 4-1　通信系统的基本组成

1）信息源。信息源是信息的发射源。信息的来源既可以是人，又可以是某种机器设备（如计算机、传感器等）；信息源发出的信息既可以是连续的，又可以是离散的。

2）发送设备。发送设备是把信息源发出的信息变换成便于传输的形式，例如，把模拟信号转换为数字信号的模/数转换器，把基带信号转换为频带信号的调制器等，使它适合信道传输特性的要求，并送入信道的各种设备。

3）信道。信道是信号传输的通路，按传输介质的不同，可分为有线信道和无线信道两类。传输介质是看得到、摸得着的，是有线信道，如导线、电缆和光纤等；传输介质看不到、摸不着的，是无线信道，它的传输介质是空气。

4）噪声源。噪声源是进入信道的外部噪声和通信系统中各种电路、器件或设备自身产生的内部噪声。

5）接收设备。接收设备是接收从信道传输过来的信息，并转换成用户便于接收的各种设备，它的功能正好与发送设备功能相反。

6）用户。用户是接收发送端信息的对象，既可以是人，又可以是某种设备。

3. 通信系统的评价指标。在衡量和评价一个通信系统的优劣时，要根据系统的性能指标来评价，主要有以下九个评价指标：

1）信息量。信息量是对消息中所含不确定性的度量，可用消息发生的概率倒数的对数表示。

2）信道容量。信道容量是信道传输信息的最大极限速率，表示一个信道传输数字信号的能力。

3）有效性。有效性是指消息传输速度，即通信系统中信息传输的快慢。

4）可靠性。可靠性是指消息传输质量，即通信系统中信息传输的好坏。

5）适应性。适应性是指使用通信系统的环境条件。

6）标准性。标准性是指元器件、接口、协议等是否符合国家标准和国际标准。

7）经济性。经济性是指通信系统的成本。

8）保密性。保密性是指系统的保密功能和保密水平。

9）维修性。维修性是指系统是否维修方便。

对通信系统来说，最主要的是能够又快又好地传输消息，所以有效性和可靠性是通信系统最基本、最主要的性能评价指标。但通信系统的有效性和可靠性往往是相互矛盾的，要提高系统的有效性，往往会降低系统的可靠性。在实际应用中，通常根据通信系统具体的功能要求，采取折中的办法。在保证一定可靠性的前提下，尽可能地提高信息的传输速度，或者在满足一定有效性的条件下，尽可能地提高信息的传输质量。

4. 数据传输技术。应用先进的数据传输技术，能够尽可能地提高数据传输质量，减少错误编码率，对信道有效利用，在传输中检测错误数据并纠正错误，其主要数据传输技术有以下三点：

1）信号编码。利用信号编码，是为了使信号的波形特征能与所用信道的传输特性相一致，以达到最有效、最可靠的传输效果。

2）多路复用传输。多路复用传输是指将传输信道在频率域或时间域上进行分割，形成若干个相互独立的子信道，每一子信道单独传输一路数据信号。目前采用的复用技术主要有频分复用（FDM）、时分复用（TDM），码分复用（CDM）和波分复用（WDM）等。

3）差错控制。差错控制是指将传输中出现的差错，消除在传输过程中，不被用户接收到，以保证数据的可靠性。常用的差错控制编码方法有奇偶校验码和循环冗余校验码等。

5. 数据交换技术。在网络中，所有的数据都不可能直接从发送端直接传到接收端，通常需要经过中间结点才能传输到，实现数据通信，数据在各结点之间的传输过程称为数据交换。网络通信中常用的数据交换技术，主要有线路交换、报文交换和分组交换。

1）线路交换。线路交换是两台计算机或数据终端在相互通信时使用一条物理链路，在通信过程中，自始至终使用该链路进行信息传输，且不允许其他计算机或终端同时共享该链路的通信方式。

2）报文交换。报文交换是指不事先建立物理链路，当发送方要发送数据时，只要把发送数据作为整体交给中间交换设备，中间交换设备将报文进行存储，选择一条合适的空闲链路转发给下一个交换设备，如此循环，直到将数据送到目的结点。

3）分组交换。分组交换是指将报文分成若干个分组，每个分组长度设置上限值，这样分组可减少每个结点的存储空间，提高交换速度。

4.3.5.2　通信技术是数字农业的数据传输工具

通信技术在数字农业中的应用，主要表现在对农业信息实时、安全、有效的传输上，实现农业数据的共享和远程传输，减少信息传输所需的时间，提供工作效率。

通信技术突飞猛进的发展，为数字农业技术平台建设的数据传输，提供了理论支持和技术指导。各种通信手段、各种功能的通信网络，可满足用户实际的应用需要；不断改进、创新的通信技术和材料增强了系统的稳定性和安全性，使获得的数据准确无误，同时随着通信理论的日臻成熟、技术的完善，通信技术已经渗透到数字农业开发应用的每个角落，如同一个快速的交通系统，保障数据与外界交流的畅通无阻。

4.3.6　计算机网络技术

计算机网络是计算机技术与通信技术发展相结合的产物，随着人类社会对资源共享和快速信息传递处理的需求，计算机网络技术飞速发展。现在，计算机网络技术已经遍及全球人类活动的所有领域，并深刻影响社会发展、经济结构及人们的日常生活方式。

4.3.6.1　什么是计算机网络

计算机网络是实现计算机作为终端系统相互通信和共享资源的一类网络，具有以下三个特点。

第一，数据通信。数据通信是计算机网络最基本的功能，用来快速传送计算机与终端或与计算机之间的各种信息，将分散在各地的信息用计算机网络连接起来，统一调配、控制和管理。

第二，资源共享。资源共享是指网络中的用户能够部分或全部享受网络中的硬件设备和软件数据。利用这个特点，网络上的用户不用人手一套硬件设备和软件系统，降低了系统的投资。

第三，分布处理。对于处理任务或处理任务过重的计算机，网络可将新的任务转交给空闲的计算机，充分利用网络资源平衡网络中的计算机负载。

1. 计算机网络的组成。从系统构成的角度，计算机网络由网络硬件和网络软件两部分组成。

1）网络硬件。网络硬件是计算机网络的基础，主要包括主机、终端、联网设备、传输介质和通信设备等，网络硬件的组合形式决定了计算机的网络类型。

（1）主机。主机多指连入网络的计算机，可分为服务器和客户机。服务器是一台速度快、存储量大的高性能计算机，负责网络的管理工作，提供各种服务和共享资源。服务器根据其作用的不同，可分为文件服务器、远程访问服务器、数据库服务器和打印服务器等。客户机是一台安装了网络操作系统客户端软件的普通计算机，当计算机接入网络的时候，就变成了客户机，在网络中随时向服务器请求各种信息及数据，而不提供服务。

（2）终端。终端是用户访问网络的接口，包括显示器和键盘，实现信息的输入和输出。

（3）传输介质。传输介质是网络中信息传输的物理通道，如双绞线、同轴光缆、光纤、卫星信道等。

（4）联网设备。联网设备包括以下方面：

网卡（网络适配器）。网卡是主机和网络的接口，用于协调主机与网络间数据、指令或信息的发送与接收。

中继器与集线器。中继器是最简单的网络延伸，用于放大通过网络传输的数据信号，使数据传输得更远。集线器是一种特殊的中继器，有多个端口，可连接多台计算机同时入网。局域网中常以集线器为中心，通过双绞线将所有分散的工作站与服务器连接入网。

网桥。网桥将网络分成几个网络段，当信号通过网桥时，网桥能将非本网络段的信号过滤掉，使网络信号能够更有效地使用信道，达到扩展网络距离、减轻网络负载的目的。

路由器。路由器是因特网使用的连接设备，用于连接多个网络。路由器不仅有网桥的全部功能，还具有判断网络地址和选择路径的功能，可根据网络的拥堵程度，自动选择适当的路径传送数据。

2）网络软件。在网络中，网络软件是环境，对系统资源进行全面的协调、管理和分配，并采取一系列安全保密措施，保障用户正常的访问和信息交换。

（1）网络操作系统。网络操作系统是网络的核心，负责管理和协调网络上的所有硬件和软件资源，为用户提供基本的网络服务和安全保障。网络操作系统运行在服务器端，与联网的计算机用户共享。

（2）网络通信协议。网络通信协议是指在网络中为了使网络设备之间能成功发送和接收信息所制定的相互接收并遵守的语言和规范，如 TCP/IP 通信协议等。

（3）网络数据库系统。网络数据库是建立在网络操作系统之上的一种数据库系统，向用户提供存取、修改网络数据库的服务，以实现网络数据库的共享。

（4）网络管理软件、网络工具软件和网络应用软件。这些软件用来对网络资源管理和维护，以辅助用户实现特有的功能。

2. 局域网。局域网是局部区域网（LAN）的简称。这类网络的作用范围是在一个有限的局部区域内，具有以下四个特征。

1）网络的覆盖范围有限。局域网是局部范围内构建的网络，最大不超过 10 km。局域网的规模大小取决于网络的用途和单位性质。

2）拓扑结构形式简单而多样化。局域网组件方便、使用灵活，由于网络的覆盖面小，通信线路和设备的费用少，因此局域网的网络拓扑结构采用最简单的形式，主要采用总线型、环型或星型。

3）采用高质量大容量的传输介质。采用大容量传输介质是由于局域网线路上的数据流量大，局域网具有数据传输速率高、低误码率的高质量数据传输特点。

4）多采用共享信道的多址接入方式。大容量信道是一种公共资源，采用共享信道的多址接入方式合理使用公共带宽资源，从而使得在用户接入、传输性能及信道资源的利用率等方面都达到较好的水平。

3. 广域网。广域网是广阔区域网络（WAN）的简称。这类网络的作用范围是覆盖一个比较广阔的区域，广域网有以下三个特点。

1）网络的覆盖和速率范围宽广。广域网的覆盖和作用范围很宽广，可跨城市、跨地区、跨国家，一般其跨度要超过 100 km。

2）网络组织结构形式复杂。广域网所作用和服务的对象是在大面积范围内随机分布的大量用户系统，所以采用简单的网络拓扑结构就不适用了，一般采用网状及它与其他拓扑形式的组合结构。

3）具有多功能、多用途的综合服务能力。广域网具有多种用途，用以连接局域网、长距离传输多媒体信息和提供远程信息服务等功能。

4.3.6.2 计算机网络是数字农业的支持环境

计算机网络技术突飞猛进地发展，高速局域网技术和远程宽带传输技术极大地提高了计算机通信的效率和质量。网络系统硬件设备和软件系统的稳定性、安全性显著提高，网络专业管理人员素质的提高和人数的增加，为计算机技术的应用和普及提供基础和条件，网络技术正深入影响着全社会各个领域。

计算机网络技术在数字农业中起到信息传输的作用，它为农业信息迅速、实时地交流提供了可靠的保障。通过网络，可以实现数据采集和数据传输、对外发布农业信息、农业主管部门上下级通信联系、公众信息反馈和意见征询，以及农业科技知识普及和培训等。

此外，计算机网络技术是农业信息实时共享的基础。通过计算机网络，可以共享其他部门的专业数据，如气象部门提供的实时气象数据、水利部门提供的水文数据和水资源动态数据等，不用再投入资金、人力和物力采集处理这些数据，刻意节约人力资源、减小成本。

另外，计算机网络是对外宣传、普及农业信息的平台。每时每刻，全球都有数以亿计的用户通过网络浏览网页获得信息。计算机网络中集成了图像、声音、动画和文字等形式，成为向广大公众用户展示信息最好的平台和媒介。利用这个舞台，农业主管部门能够更好地向用户传播农业信息，普及推广农业知识；用户通过这个桥梁，可以更方便地提出意见，反映问题，配合农业部门工作。

计算机网络技术是数字农业技术平台重要的支撑技术之一，随着计算机网络技术的不断发展，将会提供更快捷、便利和安全的数据通信与数据共享环境，完善数字农业技术平台的通信性能。

4.3.7 农业自动化技术

4.3.7.1 什么是自动化技术

自动化是指机器或装置在无人干预的情况下，按规定的程序或指令自动进行操作或控制的过程。采用自动化技术，不仅可把人从繁重的体力劳动、部分脑力劳动，以及恶劣、危险的工作环境中解放出来，而且还能极大地提高劳动效率，提高人类认识世界和改造世界的能力。因此，自动化是工业、农业、国防和科学技术现代化的重要条件和显著标志。

4.3.7.2 什么是农业自动化技术

农业自动化技术就是通过计算机，对来自农业生产系统中的信息及时采集和处理，并根据处理结果迅速控制系统中的某些设备、装置或环境，从而实现农业生产过程中的自动检测、记录、统计、监视、报警和自动启停等。在美国、日本和西欧，农业自动化技术已广泛应用于工厂化养殖、工厂化蔬菜花卉生产、仓库管理、环境监测与控制，以及农产品精深加工中。农业自动化是以农业专家决策支持系统开发和应用为基础和前提的，根据它的结果和指令，控制系统中的装置设备完成某项任务。

在数字农业技术平台中，农业自动化技术也被广泛应用。一方面，利用自动化技术，为 GIS 自动采集数据，如系统自动收集和传输土地资料、农业环境资料、农业气象等多种空间和属性信息，并进行组织管理等。另一方面，由 GIS 决策分析后，平台能够可视化地操纵自动化系统，用于控排、灌溉等操作，提高农业的生产力。此外，利用自动化，能够改进农产品品质，减少劳动力成本，保障劳动者安全，并发挥降低原料消耗等作用。

4.3.8　数字农业技术平台关键技术体系

在前几节中，分别介绍了数字农业技术平台的关键技术。其中，系统工程思想贯穿数字农业技术平台建设的始终，并渗透至方方面面。3S 技术是数字农业建设的核心，尤其 GIS 技术是它的基础，空间数据库技术是 GIS 技术的核心。空间数据仓库技术和空间数据挖掘技术相结合，有助于直观地表现空间数据和数据之间的相关性，方便用户接受和理解，并为管理决策服务。使用组件技术和中间件技术，降低了数字农业技术平台建设的成本和风险，提高了开发效率，保障系统具有良好的可靠性和可用性，方便系统的维护和升级。通过采用通信技术和计算机网络技术，实现数据实时采集和传输、农业主管部门上下级间通信联系、公众信息反馈和意见征询、农业科技知识普及和培训等功能，提供一个更快捷、便利和安全的数据通信与数据共享环境。利用农业自动化技术，使数字农业技术平台中的信息及时采集和处理，从而实现农业生产过程中的自动检测、记录、统计、监视、报警和自动启停等功能，进一步提高农业生产力，减少劳动力成本，实现农业现代化。

4.4　数字农业需求分析

4.4.1　需求分析概述

需求是开展工作、项目或研发系统、产品的基础。那么，何为需求和需求工程，怎样进行需求分析呢？我们将结合下面的例子来具体说明。

某农业局与科技开发公司就开发农业信息决策支持系统达成协议，进行合作。那么，首先要做的工作是什么呢？就是针对该系统的研发开展农业需求工作，即进行需求确定（包括获取需求、需求分析、完成需求规格说明文档、需求评审与确认）、需求管理等系列工作，这些可以统归为需求工程的范畴。

为了实现优秀的需求，开发公司需要采用各种可能的方式（如座谈、电话和邮件等），与农业局就系统的目标、范围、内容、结构和功能等方面进行充分沟通和意见交换，详细调查和了解客户的需求，将所获的需求进行分类并分析，如业务、用户和功能等方面的需求。农业局一方在配合开发方进行需求导出的同时，尽可能及时、全面、准确地提出自己的要求与意向，以便于开发方获取准确信息，把握工程进度，合理应对在需求变更和跟踪方面出现的问题。此外，编写语言简洁、无二义性、条理清晰的需求规格说明文档和进行需求评审与验证也是不容忽视的部分，它是需求管理工作及日后设计开发工作的依据和参考。只有保证需求工程的完成，才能保证信息决策支持系统的顺利研发，最终开发出令客户满意的系统。

相反，粗略和不准确的需求，将会导致恶劣后果的发生，带来不必要的经济损失和人力资源的耗损。例如，农业局未详细提供业务方面的资料，对具体的需求没有清楚的表述等，这些都可能使得开发方不能很好地导出需求，甚至造成理解方面的偏差；或者由于开发方在需求工作上的不细致，需求分析不明确、不到位，以及项目时间和工作计划安排不当，都会延误系统按期完成，影响工程的质量，甚至会导致开发的失败等。

所有这些最终的结果可能有：开发出的系统未满足农业局各个部门和用户在业务、功能等方面的要求，失去了原本预计的实用性和可操作性，最终导致农业局对整个系统的失望和不满，而开发公司也将不得不对系统进行反复、繁杂的修改和测试。这样，不仅会造成人力、物力和财力方面的极大浪费，更会影响到企业的信誉和形象。

从上述内容我们不难看出，需求工作是开展项目的基础，它针对具体项目定义问题，规定问题的范围。对数字农业技术平台的建设而言，农业涉及范围、具体业务内容及工作流程、农业管理机构等的现状和发展要求可视为需求，对不同需求的总结和分类等工作即为需求分析的过程。

有关需求问题的探讨，国外已形成了一定的理论和需求模式。目前，我国也正从起步阶段不断探索并向成熟发展。

电气与电子工程师协会（IEEE）标准 610.12—1990 在软件项目语境中将需求定义如下：（1）用户解决一个问题或达到某个目标所需要的条件或能力；（2）一个系统必须满足的条件或拥有的处理能力，或者一个能满足一项合同、标准、规格说明或其他正式文档的系统或系统组件；（3）前两项中的一个条件或能力的文档表示。

KarlE. Wiegers 在他的 *Software Requirements*（《软件需求》）中对需求的定义是：描述了客户需要或目标，或者描述了为满足这种需要或目标，产品必须具有的条件和能力。需求必须具有为涉众提供价值的这一特性。

总之，需求就是对某一具体事件完成后将达到的目标、涉及的范围和需要满足的条件等，进行规定和限制，它随着不同对象的变化而变化。保证需求是事件完成的基础，需求工程就是所有与需求有关活动的结合。整理所获需求，反复仔细推敲，同时结合各种分析方法进行表达和阐述，目的是保证涉众都能理解需求，这样的工作就是需求分析。

4.4.2　为什么要进行需求工作

在系统建设过程中，需求分析是重要基础和成败关键，不做需求或者是不完善的需求都会给整体工程带来各方面的损失。在实际工作中，人们通常习惯将重点放在具体的设计开发上，往往容易忽视需求工作，对需求分析的重要性认识不够。为什么要进行需求分析呢？其必要性概括为以下三点。

第一，需求工程有助于合作方在项目开始的最初阶段实现沟通和交流，从项目的范围、内容、实现路径、最终对象等关键性问题上交换意见、协调分歧、达成共识，以保证项目的顺利展开，实现项目的预期目标。

第二，需求工程为后续工作提供技术支持，设计开发乃至测试人员要按照需求分析的结果进行研发测试。需求工程的优秀、完整与否直接关系到研发工作的进行，关系到整个项目的质量。

第三，对于一个长期的大型项目工程，需求工程就更显必要。项目的长期性使得我们不得不投入大量的时间，以及人力、物力和财力，目的往往是在其完成或实施后体现一定的价值，包括社会价值、经济价值或使用价值等。因此，优秀的需求工程是避免在整个工程中走弯路、耗费精力的前提和保障，它能有效防止工作的盲目性和重复性，提高效率，保证质量。大量事实表明，对需求的不重视，往往导致整个项目工程的延误甚至失败。

具体到数字农业技术平台，它的构建是一个长期的，并且是不断扩展、更新的大型系统工程，涉及农业业务的各个层面，应用到多个学科、多个领域的若干先进技术。它还是一个面向不同用户、满足不同需求的大众的专业型技术平台。实现这样一个系统，并能使其各个部分成为一个有机的整体，达到真正意义上的信息共享，必须首先进行平台建设需求工程，分析清楚平台有什么、谁用等诸如此类的关键问题。只有前期工作打好坚实的基础，后面的一系列工作才能顺利开展下去。

4.4.3　需求工程要解决哪些问题

需求工程，是项目最初开始时用来分析整个项目进程中和竣工后需要涉及的所有环节、因素等问题。具体包括明确项目的目标和涉及范围，进行需求确定，可以将所获需求按照一定的规定和特点来进行整理归类、分析和验证，以及在初步需求完成后对需求进行管理，包括需求变更管理和需求跟踪等。

获取或者导出的需求，一般可以从业务、用户和功能等几个方面来进行分析。此外，还有一些其他方面的需求。例如，用来实现系统正常运转的性能需求，它将会对系统的运行环境、响应能力等作出相应的规定；又如，维护性和安全性需求、扩展性需求等。这些需求的整理和分类，包括后面的准确分析、编制需求说明文档等，均为设计开发阶段奠定了基础。需求上达成一致后，进入系统设计和构建阶段，还有可能会发现之前没有预料到或者是一些突发性的需求，因此开展需求管理工作，可以很好地进行需求变更管理和状态实时跟踪。

对于数字农业技术平台来说，需求是针对数字农业及数字农业技术，从业务、用户、功能、数据、其他各方面全方位进行考虑，明确平台建设的详细内容，避免盲目性和返工的情况。本书中具体需要解决的问题从逻辑上可以分为以下两个方面。

4.4.3.1　明确平台建设目标和应用范围

1. 数字农业技术平台建成后，将应用在全国农业系统各机构部门，主要涉及种植业、畜牧兽医和水产业等主要业务领域，全面、可靠地为我国的农业信息化、现代化事业服务，实现农业技术与3S技术的有机结合。

2. 能够运用各项先进科学技术、客户端/服务器（CS）与浏览器/服务器（BS）网络结构相结合的设计思想，实现各个业务子系统的无缝连接，具备强大的兼容性、可扩充和可更新等特点，为农业信息的获取、分析、管理、上报、决策与发布等活动提供支持。

3. 能够与其他相关行业部门建立紧密联系，提供数据共享接口，保证沟通的无障碍。

4. 基于平台的建设具有长远性和前瞻性，因此需要考虑分阶段、分层次对平台进行研发，不可急于求成，以确保工程的顺利、有序开展。

4.4.3.2 确定需求

1. 业务需求。农业业务是平台建设的基础，完成业务需求，即明确农业业务组成、业务流程、各项业务之间的相互关系及当前的工作状况，必要时可对目前存在的问题和不足提出改进的建议。

2. 用户需求。通过对平台用户的需求分析，能够确定用户类型（包括潜在的类型）及其在业务上的分工。依据各类用户工作和任务的不同，统筹考虑其分别需要运用到平台的哪些具体操作和功能，在操作和权限管理方面又有哪些具体的要求等。这一需求将针对具体的对象，涉及用户的实际操作。用户需求是平台建设需求的根本。

3. 数据需求。数字农业技术平台的建设，涉及海量数据，特别是空间数据的获取、存储、分析和管理等工作，需要对数据库建设相关的诸如数据类别、类型等，进行具体分析。数据需求为实现基础农业数据与地理信息数据相结合、从而实现农业信息化，提供服务和设计依据。

4. 功能需求。通过对业务、用户、数据的需求了解，总结平台搭建需要涉及的技术条件，整理和引导出必要的功能需求，完成平台的功能分析，找出彼此的相关性和需要研发改进的部分。

5. 其他需求。这方面的需求涉及的内容很多，在本章中只对性能、可维护性和安全性等需求进行分析说明。

需求定义阶段各层次之间并不是互相独立的，可以同时进行，因此应当根据具体情况分析、使用合适的需求获取和分析方法，旨在以灵活、准确确立需求为目的。

4.4.4 如何开展需求工程

根据概述，我们将按照需求工程结构，对如何开展需求工程这个问题进行较为详细的探讨。本节所述的方法和步骤，对于数字农业技术平台建设同样适用。

4.4.4.1 需求确定

需求确定指通过必要的工作流程，来确定具体项目、系统及一些外文软件工程文献中常提到的需求定义。

1. 需求导出。获取需求是需求定义乃至需求工程的核心，不经过需求的获取，就好比在画饼充饥，是无源之水、无本之木，后面的各项工作都将不能进行或者开展后毫无意义。在获取需求时主要涉及以下三个方面。

1）需求人员。需求工作通常由需求分析员完成，他们是对平台的各项需求进行收集、分析、记录和验证等工作的主要承担者，是客户和软件设计开发人员进行沟通的中介。需求分析人员的合格与否，直接影响平台建设的成败。

2）需求获取方式。需求获取的方式有多种，需要围绕具体对象进行，最直接的就是和业务相关人员对话交流。与相关人员（即用户）进行访谈和调研，可以采取会议、电话、电子邮件、小组讨论、模拟演示等不同方式。在征求需求时，应及时做好记录，必要时可以采取录像、录音、照相等辅助手段。每一次交流后，都要对所做记录进行及时整理，对于交流的结果，要进行及时的分类，便于后续的分析活动。

3）注意事项。需求分析人员应能正确认识需求工程的重要性，充分发挥引导作用，注意灵活运用各类获取方法，达到双方能够很好配合的效果。在获取需求的时候，应全面、详尽，注意总结、挖掘用户强调的需求，便于结合项目成本、风险等来确定需求优先级，优先级的确定，对项目开发过程中的轻重缓急问题有了很好的控制。

2. 需求分析。分析的目的在于挖掘出高质量和具体的需求，它和需求获取几乎同步进行的。需求分析的步骤一般如下：

1）在获取需求之后，及时对其进行提炼、分析和仔细审查，确保准确、无歧义，并找出其中的错误、遗漏或其他不足的地方。

2）进一步划分每项需求、特性或使用实例的优先级，并安排在特定的功能或实现步骤中，评估每项新需求的优先级，并与已有的工作主体相对比，以作出相应的决策，分析可能会遇到的技术难题。

3）建议采用项目动态跟踪的办法，管理落后于计划安排的需求，力求找到好的方法改进和纠正。此外，对于需求中的一些生疏的专业术语、理论及技术、方法，要在学习的基础上予以突破。适当的时候，可以结合绘制关联图、建立模型、可行性分析、编写数据字典等方式进行分析。

3. 编制需求规格说明文档。需求文档可以使用自然语言或形式化语言来描述，还可以采用添加图形的表述方式和模型表征的方式。对于需求文档的编写，目前常用的方法主要有以下三种。

1）用好的结构化和自然语言编写文本型文档。

2）建立图形化模型，这些模型可以描绘转换过程、系统状态和它们之间的变化、数据关系、逻辑流或对象类和他们的关系。

3）编写形式化规格说明，这可以通过使用数学上精确的形式化逻辑语言来定义需求。

这里需要指出的是，多种编写方法可在同一个文档使用，根据需要选择，或互为补充，以能够把需求说明白为目的。

4. 需求评审。当我们阅读软件需求规格说明时，可能觉得需求是对的，但实现时却很可能会出现问题。当以需求说明为依据编写测试用例时，可能会发现说明中的二义性。而所有这些都必须改善，因为需求说明要作为设计和最终系统验证的依据。客户的参与，在需求验证中占有重要的位置。

需求文档的评审是一项精益求精的技术，它可以发现那些二义性的或不确定的需求、由于定义不清而不能作为设计基础的需求，还有那些实际上是设计规格说明的所谓的"需求"。评审需求文档，是为了确保需求说明准确、完整地表达必要的质量特点。需求文档完成后，需要经过正式评审，以便作为下一阶段工作的基础。一般的评审，分为用户评审和同行评审两类。用户和开发方对于软件项目内容的描述，是以需求规格说明书作为基础的；用户验收的标准，则是依据需求规格说明书中的内容来制定，所以评审需求文档时，用户的意见是第一位的。而同行评审的目的，是在软件项目初期，发现那些潜在的缺陷或错误，避免这些错误和缺陷遗漏到项目的后续阶段。评审的过程大体分为以下五个步骤。

1）审查需求文档。对需求文档进行正式审查，是保证软件质量的很有效的方法。组织一个由不同代表（如分析人员、客户、设计人员和测试人员）组成的小组，对需求规格说明及相关模型进行仔细的检查。另外，在需求开发期间所做的非正式评审也是有所裨益的。

2）以需求为依据编写测试用例。根据用户需求所要求的产品特性，写出黑盒功能测试用例。客户通过使用测试用例，以确认是否达到了期望的要求。还要从测试用例追溯回功能需求，以确保没有需求被疏忽，并且确保所有测试结果与测试用例相一致。同时，要使用测试用例，来验证需求模型的正确性，如对话框图和原型等。

3）编写用户手册。在需求开发早期即可起草一份用户手册，用它作为需求规格说明的参考，并辅助需求分析。优秀的用户手册要用浅显易懂的语言，描述出所有对用户可见的功能。而辅助需求，如质量属性、性能需求及对用户不可见的功能，则在需求规格说明中予以说明。

4）确定合格的标准，让用户描述什么样的产品才算满足他们的要求和适合他们使用的，将合格的测试建立在使用情景描述或使用实例的基础之上。

5）关于用户签字的问题，在这里单独将其提出，希望引起大家的重视。签字并不是一项简单的表面工作，它是在合作各方对需求经过一系列确定，并且在需求评审工作之后，最终意见达成一致，才由开发方和用户方达成的协议。这里需要强调的是，签字后文档内的需求内容即生效，表示各方原则上都承认和遵循需求规格说明文档的有效性。因此，在签字之前对文档进行评审工作，就尤显重要了。

4.4.4.2 需求管理

需求是一种模型，是产品的早期雏形，通过进行需求定义，我们可以对最终产品做出优化。需要注意的是，需求是始终处于变化之中的。需求管理需要实现的任务包括：明确需求并达成共识、建立不同对象之间的关联、根据不同需求设计相应解决办法、进行系统优化、提出设计方案、监控和解决可能出现的问题以及需要做出的改变、控制不同开发任务的开展、对最终产品做出评测和监控可能出现的重复开发、提出项目实施时间表、确定最终用户界面。本书主要介绍以下三个方面。

1. 需求变更管理。需求规格说明文档完成之后，即进入系统设计研发阶段，在具体工作过程中，极有可能出现需求变动的情况。因此，需要有专门的人员对需求的变动情况负责具体的管理事务，包括进行变更影响分析、讨论评估、制订修改计划和执行需求变更。值得注意的是，进行需求变更管理工作时，应以已成文的需求规格说明文档为基线来控制变更，同时还应记录需求规格说明变更的日期、变更的内容、变更的实施者和原因等信息。

2. 需求跟踪。需求的跟踪性，是优秀需求规格说明应该具备的特性之一，它将需求说明文档中的每一项需求跟踪到项目进程中创建出来的工作产品中，即是建立两者之间链接关系的一种手段。因此，需求文档中的每一项需求需要使用唯一的标签或数字进行表明，以方便跟踪。需求跟踪的优点主要有：在项目开发过程中随时确认每项需求是否都得到了设计和测试，需求和产品之间的相互参照可以防止需求的遗漏和更好地实现需求。

3. 需求管理常用工具。对于大型工程来说，通常用到的数据项也很多，因此可以选用一种需求管理工具，来对需求进行系统、灵活地管理，以提高效率。参考相关的需求书籍，下面，我们列出一些常用的商业需求管理工具，详见表4-1。

表 4-1　常用商业需求管理工具表

工具	供应商	备注
Active Focus	Xapware^Technologies*http：//www.xapware.com	以数据库为中心
Caliber RM	Borland Software Corporation»http：//www.borland.com	以数据库为中心
C.A.R.E	SOPHISTGroup*http：//www.sophist，de	以数据库为中心
DOORS	Telelogicyhttp：//www.telelogic，com	以数据库为中心
Requisite Pro	Rational Software Corporation*http：//www.rational，com	以文档为中心
RMTrak	RBC，Inc.，http：//www.rbccorp.com	以文档为中心
RTMWorkshop	Integrated Chipware*Inc.http：//www.chipware，com	以数据库为中心
Slate	EDS，http：//www.eds.com	以数据库为中心
VitalLink	Compliance Automation，Inc.，http：//www.complianceautomation.com	以文档为中心

这里需要指出的是，在上述所列管理工具中，以数据库为中心，是指需求的所有信息都将存储在数据库中；而对于以文档为中心的工具，则是使用字处理程序来创建需求文档的。

4.4.5　需求工程的成果

需求工程的成果是通过上述一系列工作，最终形成一份完整、优秀的需求规格说明文档。编写优秀的需求文档，没有固定不变的方法，但都需要符合编写原则，即语法正确、采用用户专用术语、思路清晰、表达前后一致且无二义性和多种信息表述方式（文字、数字、列表和图）等。它的具体内容，一般包括以下四个方面。

第一，项目（系统）简介，主要介绍项目（开发）的背景、目标和适应范围。

第二，系统描述，这一部分用来对当前业务和用户需求等方面分类，进行描述和分析。

第三，功能需求，用来分析为了实现系统价值、满足用户所需，将要拥有哪些功能。

第四，其他需求，这一部分包括了除上述需求之外，实现系统设计开发所要涉及的所有可能的需求条件，如系统完成后性能如何、在维护和安全方面又有哪些要求等。

4.4.6 平台应注意哪些需求方面的问题

在进行平台需求时，应注意以下五点。

第一，主观上，应高度重视需求工作的重要性，尊重实际，与实际紧密结合，客观分析问题，充分考虑平台的可操作性，不可盲目夸大，也不可无故忽略。

第二，尽可能做到全面、准确地捕获问题和分析问题。不能遗漏任何必要的需求信息，遗漏需求将很难查出。文档表达要措辞得当、条理清晰和无歧义，并具有前后一致性。

第三，在组织和人员安排方面，做到自上至下统一管理、灵活机动，同时还需要制订科学合理的工作任务和时间计划，尽可能准确地评估平台建设存在的风险，以保证需求工作的顺利完成。

第四，做好需求变更工作，方便在需求变更时，根据实际情况进行补充、更新，提高工作效率。

第五，在需求工程中，要强调平台在灵活、持续和安全这些特性方面的意识，同时还要明确平台的共享和可扩展性。正确、全面理解使得农业技术与3S技术结合，最终实现农业的信息化。

数字农业技术平台具有广义的不确定性，即它是为数字农业提供技术支持的大系统，具有强大的扩展性和延伸性，并不是一个具体的软件工程。各地区和业务部门在农业方面又有其不同的特点，我们可以根据具体地区和业务部门进行具体需求分析。因此，其需求分析，可以采用既遵循，但又不拘泥于需求工程的形式。随着技术经济等条件的不断改进，平台建设的目标有可能会发生改变，建议采用分步实现的方法。

4.4.7 业务需求

4.4.7.1 业务概述

建设数字农业技术平台，首先要分析农业涉及的业务。农业是一个极为复杂的生物生产大系统，生产对象包括植物、动物及微生物，各大业务又涉及若干子业务，且每项业务之间相互交叉、紧密关联。我国幅员辽阔，南北东西农业生产差异显著、管理多样。因此，农业业务需求要在充分考虑各项因素的基础上，对其进行统筹分析。本节综合农业的业务及其管理现状的需求进行分类分析，站在方便用户操作的角度上，以满足农业各项业务在数字农业技术平台建设中的有机组合，实现平台业务完整性和灵活性为目的，分析业务需求。

基于上文所述，受篇幅限制，本章将通过划分相应的业务层次，采取典型性、代表性的业务需求分析方式，对农业业务进行需求分析。

1. 业务分类。在农业管理中，往往按照种植业、畜牧兽医和水产业（渔业）等划分业务或行政管理部门，按照这样的分类建立各自的应用系统。在农业生产与管理中，各部门之间的业务有着密切的联系和许多细节上的交叉，如果按照部门设计开发各自的应用系统，在数据方面会造成重复投资和数据不一致等现象，在系统开发方面也会有许多浪费，并导致系统结构复杂、维护困难。把各部门业务进一步划分，分为作物、土壤肥力、病虫害、物资储备、检疫监督、农业气象、环境监测、农业机械、农技推广、农田水利工程与水土保持生产免疫等二级业务模块，有的二级业务还可划分出若干子业务。这样，我们按照子业务进行功能开发，最后在界面集成时通过相关模块组合成各部门的应用系统，并通过权限控制实现各自的应用。这种业务模块划分方式的理念是把农业作为整体来考虑的，统一规划、分步实施，建设成面向农业的数字技术平台，既有利于数据共享，又便于统一管理，减少运行成本。当然，这种划分需要系统技术架构有扩展性。随着农业技术的不断发展，业务模块能够灵活扩充，数字农业技术平台也将不断完善和发展。

2. 不同级别业务之间的关系。借助分析得到的业务分类图，阐述业务之间的关系，业务横向和纵向之间都有密切关联，相互影响、制约，具体分析如下：

1）业务横向分析。一级业务中的农业行政管理对农业基础业务，包括种植业、畜牧兽医和水产业等，进行统一协调、分配和调度，统筹计划安排农业工作，负责调查统计和总结全国农业生产工作情况，对农业进行宏观管理。农业业务同级之间，还需要相互提供必要的数据共享和相关服务。

2）业务纵向分析。业务纵向分析主要指业务上下级别之间的关系，如一级业务中的种植业，除包含作物、土壤肥力、病虫害等其特有业务之外，还包含畜牧兽医、水产业等涉及的物资储备、检疫监督等共性业务。需要注意的是，虽然一级业务下的二级甚至下级子业务的名称会相同，但其内容会按照一级业务有所区别。随着科学和社会的发展，农业业务也将不断更新、发展，因此业务之间的级别、包含的内容也将会发生更新和重组。

综上所述，农业各业务之间存在一定的交叉和关联，它的复杂性和多样性决定了它的灵活性，因此对于农业业务需求分析，本章将在对整体分析的基础上，选择具有代表性的个别业务来进行具体深入的分析。

4.4.7.2　具体业务及需求

1. 作物。作物方面涉及耕地利用、作物分类、遗传育种和农产品加工等若干子业务，随着技术的进步和实际生产生活的需求，这些业务会不断更新、变化，现就几类主要业务进行概括介绍。

1）耕地利用调查统计。统计研究区域土地利用情况，主要是耕地情况。定期按不同土地利用类型的空间分布绘制土地利用类型图，记录每块耕地的质量等级、权属、土壤类型、地形状况、面积等属性，并按时间、行政区及各类属性进行分类统计和查询。

2）作物分类统计。一般按照作物用途与植物学系统分类相结合的方式进行作物分类，分为粮食作物、经济作物、饲料及绿肥作物三个部分。

3）遗传育种与栽培技术。记录当地主要作物的遗传学特征、育种技术与方法、栽培技术及其关键措施、种子来源及数量、质量，用以指导农作物栽培和生产决策。

4）农产品加工。记录和管理农产品的加工生产单位的分析、数量、生产规模，及其产品数量、质量、价格、销售网点分布等情况，方便与其他相关业务建立联系。

总之，作物方面各类子业务间，既是独立的个体，又有相关性，通过综合分析各类信息，以统计表和相关专题图的形式，实现信息的汇总和分级上报，最终为决策支持提供信息支持。

2. 土壤肥力。主要进行土壤肥力和肥料使用监测监督，通过抽样点定期监测土壤肥力变化信息、农药和肥料使用信息，为耕地质量评价、农业综合开发、中低产田改良、基本农田建设、化肥生产和科学施肥等提供依据，以确保地力生产安全。

1）土壤肥力监测。根据抽样点，在图上确定监测点的位置，对每个土壤肥力监测点的土壤肥力、植物营养各项指标（如土壤有机质，土壤及植物中氮、磷、钾和硼等元素的含量）、肥料施用前后肥力变化等进行实时动态监测，地理空间数据与业务数据相结合，并能通过基础数据，进一步挖掘信息，对土壤肥力监测数据进行土壤评价、数据统计，以肥力状况专题图和统计表的形式，反映土壤肥力状况，用于支持土壤改良和施肥工作。

2）肥料工作。

（1）对当前所有肥料（有机和无机肥料）进行登记，记录各类肥料的种类、生产厂家信息、有效期限、主要成分、药剂用量、适宜作物、功效、副作用及注意事项等基本信息。

（2）负责肥料质量检验工作，参照相应的标准和要求，进行化验、分析，来鉴定是否达到国家标准。

（3）记录、调查和监督新型肥料的相关特性和使用情况。对新型肥料及其使用情况、使用效果等数据动态更新，掌握肥料使用的动态变化情况。

3. 有害生物。种植业包含的作物种类繁多，相应的病虫害种类也形态各异。在获取病虫害相关信息的基础上，通过整理，现从以下四个方面对病虫害相关业务进行分析。

1）有害生物监测预报。采用实地调研与现代化监测、通信及信息传输技术（如GPS、GIS、RS、卫星通信技术等）相结合的手段，实现病虫害灾情实时预测预报，具体信息包括灾情发生地点、受灾面积、有害生物种类和病因、目前控制情况、预计发展趋势、拟定采取措施等，并对相关信息做出不同类型的专题统计图表，方便查询和决策。

2）病虫害信息分类统计。作物病虫害是病害和虫害的统称，包括田间杂草和鼠害、鸟兽害等。通常按照作物种类进行归类，分为粮食作物和经济作物病虫害。在具体工作中，需要根据实际情况统计有害生物的种类和数量；对于具体对象，要清楚发病诱因和机理、症状、主要分布地和发病作物；掌握各种有害生物的生物特性和生活习性，以利于分析、研究有害生物的快速预测预报和有效治疗方法，控制病害灾情的蔓延扩散，减少经济损失。

3）农药。农药和病虫害是密切相关的，农药业务的工作主要有以下两点。

（1）及时、全面掌握和统计农药的生产和使用情况，目前包括农药生产厂家的分布和生产规模信息、各类农药的成分、功效、有效使用期限及使用注意事项等。对于扩展性的业务，可以针对具体要求进行补充和完善。

（2）对于农药的质量、流通和使用情况进行检验和监督，要与基础地理数据相结合，可以通过平台进行统一管理、分析、显示，同样为综合决策服务。

4）有害生物防控解决方案。基于已掌握的病虫害和农药相关信息，运用专业知识和技术、专业人员讨论研究，针对某一具体有害生物的治疗，制定可行的解决方案，通过不同方案的比较，进行最优选取，包括人员及物资的调用、运送路线、药剂的选用和配比等。通常将各类信息和配置备案作为预警系统的本底数据。

4. 生产免疫业务。生产免疫这项业务是在分类整理所获需求的基础上总结而来的，并且在畜牧兽医和水产业中均有涉及。生产免疫主要指生产中所有可能涉及的因素，具体包括以下三个方面。

1）生产业务。

（1）养殖场。了解、统计养殖场（畜牧养殖场和水产养殖场）的分布、数量、生产规模和养殖动物相关信息（如动物数量、相关比例、生物学特性和是否免疫等），以及市场供求情况和价格等。

（2）饲料生产。此项工作主要对饲料进行统计管理，包括饲料种类、其各营养成分（纤维、维生素和蛋白质等）的含量、饲料特性、适宜对象和注意事项等。饲料厂相关信息与养殖场类似。

（3）草原及牧草。草原是畜牧业的重要生产基地，牧草是食草类动物的主要食物来源。调查统计草原类别并对草原和牧草实时监测，获取分布范围、面积、牧草种类、牧草生长、灾害情况等数据，可以为分析、管理和决策服务。

（4）遗传育种。此项业务关系到畜牧业和水产业动物的良种选育，包括遗传、选种、繁殖等方面的理论和技术。遗传育种业务是生产免疫的重要部分，因此是数字农业技术平台的基础属性数据。

（5）食品加工。调查和了解畜牧、水产、食品加工方面的相关信息，如屠宰场和水产品加工厂等单位的数量及分布、生产规模、产品种类、销售运输渠道、市场供求价格情况等。需要特别注意的是，在生产资料和产品的输入输出过程中，应严把生产检疫质量关。这点与检疫监督业务有密切关联。

2）免疫工作。免疫工作包括掌握整理和统计疫病种类，发病病理和症状，传染病病原、传播途径及其易感动物，疫病的危害性，防治方法等工作，应及时掌握新疫病的相关信息。实时监测各类对象的免疫情况和发病情况，疫病信息做到全面和详细，及时更新。

目前，畜牧方面常见的动物疫病可以大致归纳为两类，即动物传染病和动物寄生虫病。传染病又可以分为病毒性疾病、细菌性疾病和其他传染病。各类疫病还有急性和慢性之分，详见图4-2。

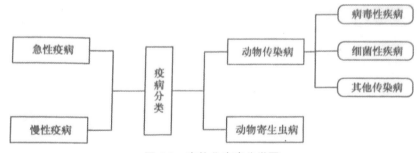

图4-2 畜牧业疫病分类图

3）兽医业务。兽医业务是对动物的一项安全保障工作，具体包括两个方面。

（1）兽医点的分布、数量和业务范围的管理统计，兽药和兽医医疗器械的管理等。

（2）进行动物疫病治疗技术方法统计分析和管理，需要根据动物、区域等具体情况来判断，能利用平台反映出来。

5. 物资储备业务。物资储备的目的是保证社会再生产连续不断地、有效地进行，是一种动态储存形式，具有一定的目的性和能动性。该业务对农业各项业务的生产资料、产品储备进行统一管理，以保证物资流通顺畅、供给平衡，主要有以下三个方面。

1）物资储备量信息管理。统计所有物资的储备总量、已供给量，预计物资的储备量，定期统计报表，以备进行数据参考，掌握现有物资储备情况，做好统计上报工作。

2）物资储备部门信息管理。详细了解每个物资储备站点的分布、具体工作情况，做到统筹安排管理。

3）物资分配及应急方案制定。将储备的物资根据生产生活实际运行情况，进行科学合理的分配，并针对不同的突发事件，制定多种具体的应急预案，起到宏观决策引导的作用。

6. 检疫监督业务。检疫监督，即动物检疫和监督执法，它是畜牧兽医不可缺少的一项基本业务，与人民日常生产生活息息相关。该业务应遵照国家相关法律法规及部门规范，综合运用强制性手段和科学技术方法，旨在预防和阻断动植物疫病发生和传播，保护国家的农业生产和人们的身体健康，促进经济的发展。

1）检疫部门信息管理。实时掌握检疫站点的数量、分布情况，详细记录各检疫关口的工作情况，不断完善检疫体系，加强检疫各部门及生产部门的联系，提高检疫科学技术水平。

2）产品检疫信息管理。动植物产品输入、输出都需要进行严格的检疫，并将产品产地、数量和疫病情况等检疫信息详细记录备案，以便今后进行调查和分析，发现疫病及时上报和下传，方便决策方案的制定。

7. 农业气象。

1）农业气候。作物的生长与气候有密切的关系，而气候具有明显的地域性，地域不同，气候特征也不相同，有的甚至差异很大。农业工作人员通过了解、掌握各地的气候类型，研究和总结影响气候的各项因子（地形、水文、植被和人类活动等）的活动规律，以及对农业其他业务的影响。气候资源结合地理空间数据，有利于进行农业生产综合决策。

2）农业气象观测预报。全天候实时观测农业气象，获得各类气象指标的相关数据（气温），不断整理和更新，研究总结、快速反应，做出各项农业气象预报（分时、分地区和分类），还可以对可能发生的灾害做出预报，以达到避免和减少损失的目的。结合作物的观测，鉴定农业气象条件对作物生长发育情况、产量及质量等的影响，为农业气象预报及作物的评价等提供依据，为高产、优质和高效农业服务。此外，还负责对各农业气象观测点进行布设和管理。

3）农业气象灾害。农业气象灾害直接影响农业各业务的正常生产，进而影响人们的正常生活和社会的安定团结，因此应有先进的气象灾害监测技术和手段，对农业气象灾害进行监测和管理。气象数据结合地理空间数据，可以对农业气象灾害发生的灾害类别、地点、时间和影响范围等做出统计和分析。

8. 环境监测。环境监测涵盖了农业各方面的环境问题。对于不同区域、不同省份，要监测的指标和侧重点各不相同，但均是与农业环境密切相关的指标，以监测和防止大气、水和土壤等对象的污染情况，以达到保护农业环境安全的目的。

下面，以北京市农业局为例，对环境监测业务进行示范性的需求分析。北京市农业局环境监测业务总体归结为两块，即土壤监测和产品监测，其中，土壤监测又可分为土壤监测点、土壤评价和土壤修复三部分业务。

1）土壤监测。

（1）土壤监测点。土壤监测点管理监测点的基本信息和动态监测信息等，包括监测点的基本信息（行政区域、土壤种类、种植作物、经纬度、污染情况描述、水源灌溉和化学投入品等）、监测样本类型（水、土和大气）、监测项目（水：pH值、氯化物、氟化物、氰化物和六价铬等；土壤：pH值、铅、铜、汞、锯、镉和砷中的一项或几项，也可增减其他项目）和样品测试数据等。

（2）土壤评价。土壤评价是通过制定土壤质量分级评价标准，并按照不同的标准，进行土壤质量评价和污染指数评价。将单项的值与一个单项的标准比较，检验是否超标；根据一定的计算公式，由检测结果计算单项污染指数和综合污染指数，并通过一定的标准，判定是否超标，得到一个土壤评价的结果；把土壤评价的结果与其他环境指标进行比对，就得出此监测点的土壤环境质量；然后，可以根据pH值、铅、铜、汞、铅、镉和砷中的一项或几项进行统计，做出统计报表，也可以根据评价结果得到相应的专题图；还要根据污染源分布图，对污染源的污染物、污染类型进行管理，并做出污染物、污染类型的统计，或者做出污染类型或污染程度专题图。

（3）土壤修复。根据土壤监测点的评价结果来判定，如果某个监测点的单项污染指数或综合污染指数超过了规定值，则表明这个监测点代表面积的土壤需要修复，并按照要求制作出土壤修复专题图。

2）产品监测。产品监测主要是针对某些农产品（蔬菜、水果和其他农产品），对要监测的农产品进行采样化验，得到一组测试数据，把这组数据和标准值进行比对，得出这种农产品的质量评价；可根据不同农产品抽样地点的类型、行政区分布进行统计，形成专题图、表；根据不同的监测项目，从重金属（铅、铜、汞、铬、镉、砷）和农药残留（甲胺磷、乙酰甲胺磷、甲拌磷、氧化乐果、甲基对硫磷、毒死蜱、乐果、对硫磷、百菌清、三唑酮、甲氟菊酯、三氟氯氰菊酯、氯氰菊酯和氰戊菊酯等）中的全部或其中几项指标进行监测，标准指标由国家标准（

世界卫生组织和欧盟等参考标准）确定。

9. 农业机械。通过使用农业机械进行农业生产，可使农业生产力提高到一个新的水平。农业机械业务的目的是推动我国的农业机械化进程，它的主要业务范围包括管理种植业、畜牧兽医、渔业在内的所有机械信息，调查、统计农业机械的种类、数量、质量、特性及使用状况等，按照具体需要进行分区域和类型来分类记录，方便查询和调用。

10. 农业技术推广。农业技术推广是针对所有业务在生产和科研过程中产生的新理论和技术路线、生产资料等而言，将这些先进的事物在基层进行推广的一项工作，具体业务有以下三个方面。

1）农业技术推广部门管理。该业务包括全面掌握技术推广部门的分布、业务职能、工作情况和组织机构等信息。

2）农业技术推广工作。该业务指研究、引进和推广种植业、畜牧兽医、水产业等方面的新理论、新技术、新品种，了解各项新事物的特性、优势、技术规范，并对各技术推广情况进行实时监督管理。

3）农业技术推广的范围和方法。该业务需要明确各项技术的推广范围，因地制宜、因材施教，制定具体的推广方案，如开展科技宣传示范、对一线工作及技术人员进行培训、定期开展技术服务、提供咨询等，并将推广的农业技术项目、方法和成果记录备案，方便查询、调用、汇总、上报及决策。

11. 农田水利与水土保持。

1）农田水利工程。农田水利工程主要是通过灌溉、排水工程设施和技术措施，来为农业生产服务的。目的是合理开发地表水和地下水，调整地域水情。

了解各地具体的农业生产情况，综合分析，合理布设农业水利工程设施，如蓄水、节水灌溉和排水工程等，采用管水、用水和保护水资源等技术措施来开展工作。要求对各个农田水利工程设施和技术措施实行监测管理，统计各类工程的分布、数量和实施情况等信息，分析、研究布设前后农业生产的变化，总结规律，并通过所得数据进行挖掘，为决策工作提供支持。

2）水土保持措施。水和土是人类赖以生存的基本物质，是发展农业的基本要素。水土保持工作可以有效地防治由于自然和人为等因素所导致的与农业相关的水土流失问题，保护、改良和合理利用水土资源，维护和提高土地生产力，从而实现一定的农业经济和社会效益，为建立良好的生态环境服务。

水土保持措施与农田水利工程业务类似，在这里不作赘述。

12. 行政管理。通过农业相关行政部门和机构，对农业进行统筹管理，主要职责有以下十个方面。

1）研究、拟定农业和农村经济发展战略、中长期发展规划，经批准后组织实施；拟定农业开发规划，并监督实施。

2）研究、拟定农业的产业政策，引导农业产业结构的合理调整、农业资源的合理配置和产品品质的改善；提出有关农产品及农业生产资料价格、关税调整、大宗农产品流通、农村信贷、税收及农业财政补贴的政策建议；组织起草种植业、畜牧业、渔业和乡镇企业等农业各产业（以下简称农业各产业）的法律、法规草案。

3）研究、提出深化农村经济体制改革的意见；指导农业社会化服务体系建设和乡村集体经济组织、合作经济组织建设；按照中央要求，稳定和完善农村基本经营制度、政策，调节农村经济利益关系，指导、监督减轻农民负担和耕地使用权流转的工作。

4）研究、制定农业产业化经营的方针政策和大宗农产品市场体系建设与发展规划，促进农业产前、产中和产后一体化；组织、协调菜篮子工程和农业生产资料市场体系建设；研究、提出主要农产品、重点农业生产资料的进出口建议；预测并发布农业各产业产品及农业生产资料供求情况等农村经济信息。

5）组织农业资源区划、生态农业和农业可持续发展工作；指导农用地、渔业水域、草原、宜农滩涂、宜农湿地、农村可再生能源的开发利用及农业生物物种资源的保护和管理；负责保护渔业水域生态环境和水生野生动植物工作；维护国家渔业权益，代表国家行使渔船检验和渔政、渔港监督管理权。

6）制定农业科研、教育、技术推广及其队伍建设的发展规划和有关政策，实施科教兴农战略；组织重大科研和技术推广项目的遴选及实施；指导农业教育和农业职业技能的开发工作。

7）拟定农业各产业技术标准并组织实施；组织、实施农业各产业产品及绿色食品的质量监督、认证和农业植物新品种的保护工作；组织、协调种子、农药和兽药等农业投入品质量的监测、鉴定和执法监督管理；组织国内生产及进口种子、农药、兽药和有关肥料等产品的登记和农机安全监理工作。

8）起草动植物防疫和检疫的法律法规草案，签署政府间协议、协定，制定有关标准；组织兽医医政、兽药药政药检工作；组织和监督对国内动植物的防疫和检疫工作，发布疫情并组织扑灭。

9）承办政府间农业涉外事务，组织有关的国际经济、技术交流与合作。

10）上级农业部门指导直属事业单位的工作及部属企业改革；监督部属企业国有资产保值增值；按照权限管理直属单位人事、劳动工资和机构编制工作；指导有关社会团体为农业经济发展服务。

13. 可扩展业务。随着时代进步和技术更新，农业业务除上述基本业务外，还将不断更新和扩展。此外，农业还涉及农村经济及农业教育等若干方面的工作，它不是一个孤立的个体，而是一个多种因素综合影响的有机体。因此，数字农业技术平台的建设，应该不仅仅拘泥于现有的农业业务，它应该是一个大的开放性的系统工程，并可根据具体业务要求，进行组合和扩展。

4.4.7.3 业务流程分析

农业业务流程错综复杂，业务之内、之间，以及与农业之外的其他业务，都有着广泛的联系。概括而言，农业业务就是投入、产出、分析处理、应用推广循环往复的过程。

4.4.8 用户需求

4.4.8.1 农业业务用户

1. 对象。农业业务用户指具有业务知识，运用系统进行实际业务工作的用户，包括种植业、畜牧兽医、渔业等所有业务的技术人员。

2. 工作要求。

1）通过平台，进行业务数据的录入、整理和编辑，以及数据存储、备份、调用和转换等基本操作。

2）查询和分析业务数据，获取相应的信息。

3）将数据进行统计，并根据实际工作要求，制作统计表、专题图等。

4.4.8.2 决策用户

1. 对象。决策用户是指农业专家或业务部门的主管负责人和领导者，在工作中主要起决策和组织作用。

2. 工作要求。

1）对上报或已有信息，进行汇总和调用，进行综合分析和对比，通过平台来制定相关政策或事务解决预案，来开展农业决策工作。

2）对决策前后的农业工作成果，进行对比、分析和总结，以拟定新的决策方案。平台建好后，这项工作能够快捷、方便地实现。

3）对各项决策和工作成果，实行科学有机管理，做好业务管理工作。

4.4.8.3 共享用户（相关行业用户）

1. 对象。此类用户是专指在农业用户之外，与其有业务数据共享需求的用户，如林业、地质和统计等方面的相关用户。

2. 工作要求。共享用户在具体工作中往往涉及农业相关信息，因此有共享需求。通过与农业部门达成协议、实现行业之间信息共享，来完成工作。值得注意的是，共享用户要求不能修改和破坏农业已有的数据，只可借用。

4.4.8.4 公众用户

1. 对象。公众用户仅仅是指通过获取农业相关信息，对农业知识进行了解和学习的用户，或者为搜集资料所用。

2. 工作要求。该类用户主要以了解、学习或搜集农业资料为目的，往往通过远程，运用互联网等网络工具，浏览农业信息。开放性的信息可以提供给此类用户。同样，公众用户不能修改和破坏已有的农业数据。

4.4.8.5 系统管理员

系统管理员通常是具有较高计算机和数据库技术的专业人员，负责维护整个数字农业技术平台的正常运行，保证数据的完整、安全和一致性。根据具体要求，还可以进行以下职能分配。

1. 普通管理员。进行日常数据库的维护工作，主要职责包括安装、配置服务器及系统软件，进行系统测试和升级服务，定期维护和监控，查找系统漏洞和破坏者等。

2. 高级管理员。除进行系统的基本日常维护外，主要职能是分配角色和授予用户权限、备份和恢复数据、修改数据库结构等涉及高级别安全性的工作。

4.4.9 数据需求

数据需求主要依据农业业务的需要，紧密围绕农业生产、经营、服务、管理及决策的具体要求，进行获取与收集各类型数据。本节主要从农业数据的类型与其关联性角度，阐述了数据的分类方法与其自身的关联关系。

4.4.9.1 数据类型

由于农业数据的复杂多样，数据类型的划分也变得很复杂。根据类型划分依据的不同，可以划分为不同的数据类型。

1. 按照农业业务关系分类。该方案将农业数据分为农业空间基础数据、农业自然资源和环境数据、农业科技数据、农作物品种分类数据、农业生产资料数据、农村社会经济数据、农业相关机构数据、农业市场数据、农业政策与管理数据九大类数据。

2. 按照数据结构分类。将农业的各个行业产生的数据，按照数据的格式类型划分，农业数据可以分为空间基础数据、属性数据、文本数据和多媒体数据。

1）空间数据。空间数据的数据格式也是多种多样的，主要包括矢量数据（如等高线图）、栅格数据（包括彩色、黑白的正射光栅）、影像数据（如正射影像）和规则格网数据（如数字高程模型）等。

2）属性数据。属性数据包括与空间关联的属性数据和与空间不关联的属性数据。与空间关联的属性数据主要是与空间数据相匹配、说明空间要素内容的数据。与空间不关联的属性数据主要包括农业自然资源、农业社会资源、农业经济产出和农业自然灾害等各种关系型的数据。

3）文本数据。文本数据是指以字符形式表达，不能进行计算，但可以通过编码形式归并的数据，主要包括在农业生产实践过程中产生的各种规划报告、调研报告、科技文献和公报数据等。

4）多媒体数据。多媒体数据主要是指在农业生产过程中产生的图形、图像、声音、文字、动画等信息，如生态资源图片、农业生产图片、生态旅游资源影像、生态建设宣传影像。近年来，大容量光盘、高速中央处理器（CPU）、高速数字号处理器（DSP）及宽带网络等硬件技术的发展，为多媒体技术的应用奠定了基础。利用多媒体技术，为农村、农民提供信息服务，将是最有成效的方式。

3. 按照数据来源分类。农业数据根据来源，可以分为原生数据和次生数据。

1）原生数据。原生数据就是指的基础原始数据，它是指通过观测、勘察、调查、统计、图件量算及影像判读，所获取的第一手农业数据，包括各种农业观测记录数值、测量数值、调查数值、档案记录数值、图件获取数值和影像判读数值等，如农业土地、土壤、森林、草原、水面、植物营养和畜禽水产等各种农业资源的探测和监测数据，农业环境（水、土壤和大气等）污染的监测数据，农业作物面积与产量的监测数据，农业灾害（洪涝、干旱、风暴和病虫害等）的监测数据，其中大部分数据均属于原生数据。

2）次生数据。次生数据主要是指在原始数据的基础上，经过处理而产生的各种数据，如农业土地、土壤、森林、草原、水面、植物营养和畜禽水产等各种农业资源的预测评价数据，农业环境（水、土壤和大气等）污染的预测评价数据，农业作物面积与产量的预测评价数据，农业灾害（洪涝、干旱、风暴和病虫害等）的预测评价数据，以及各种农业行业的资源规划图形、文字数据，农业科研数据、农业市场预测评价数据大部分也属于次生数据。

4. 按照数据时间属性分类。根据农业数据时间属性来看，农业数据可以分为静态数据和动态数据。

1）静态数据。静态数据是指在一定历史时期内不变、多年不更新的数据，如地形地貌、农业土壤、河流水系和岩石等空间基础数据。

2）动态数据。动态数据主要是指时效性较强的数据。农业中的大部分数据都属于动态型数据，如农业资源变化数据、农业各种灾害数据、农业的社会经济数据、农业市场数据和农业科技数据等。

数字农业技术平台对于数据方面，有以下两点需要说明。

（1）数据库能够支持不同结构、不同格式、不同时相的海量数据录入、导入、格式转换及输出，如基础地理数据、农业业务数据方面的空间、属性数据，不同时期、年限和地域的相关数据等。目前，常用主流图形图像处理软件、地理信息系统软件和管理信息系统的数据格式。

（2）数据的获取，记录与入库要按照标准和精度入库，农业业务数据还要符合全国及地方相关业务的分类代码和标准。

4.4.9.2　数据关联性

数字农业技术平台是基础农业业务数据与地理数据相结合的大系统，即业务数据要与地理数据有相互对应关系，应体现数据的空间性和业务的专业性。

1. 业务数据空间位置数据关联性。农业各项业务均发生在具体位置上，如养殖场所在的位置。数字农业平台应将各项业务数据与其空间坐标相关联，为农业精准分析奠定基础。

2. 业务数据与地理特征数据关联性。农业各项生产经营活动与所在的区域特征紧密相关，如在北方寒温带一年只能种一季作物。在平台建设中，将各项业务数据与地理特征相关联，为农业宏观决策提供信息支撑。

3. 业务之间的数据关联性。农业各项业务之间的关联性很强，如养殖场及其饲养牲畜的数量与检疫工作相关。在数字农业平台建设过程中，应充分考虑各项相关数据，在保证信息完整的前提下，避免数据的重复建设，降低应用成本。

4.4.10　功能需求

4.4.10.1　数据获取与入库

实现平台农业各项业务数据的信息化，需要支持多种手段和方式的数据获取并入库，主要涉及以下四项内容。

其一，提供数据接口，支持多种途径所获数据的导入。农业数据的来源，主要涵盖监测点现场测量、调查统计、遥感数据、实验和试验、现有图件、GPS 获取定位信息、电子数据及相关多媒体资料等多种形式；要求系统能支持鼠标、键盘、数字化仪、扫描矢量化和 GPS 等多种方式的数据采集；能够支持一些主流 GIS 软件多种图形数据格式、AutoCAD 的 dxf 格式数据，以及 bmp、tif、gif 和 jpg 等多种图像数据格式和遥感图像数据的直接导入。

其二，对导入数据进行规范化和标准化处理。可对导入的数据进行进一步的规范化和标准化处理，使得数据符合农业数据分类代码标准地理信息系统数据规范，方便进行后期的数据处理工作。

其三，支持不同类型数据通过平台进行编辑、分析和统计等一系列处理工作后的存储入库，它具有地理信息系统的基本功能，如图形属性的编辑，包括添加、修改、删除、移动和复制等。

其四，数据备份。系统要配有相应的硬件设备，实现数据备份功能，以防止由于数据库故障或人为因素导致的数据丢失，通过数据备份对系统进行有效的灾难恢复。

4.4.10.2　数据分析与决策

其一，业务数据结合地理空间数据，可以完成基本的 GIS 空间查询、统计、分析等功能，如空间定位、关系查询和地理信息系统模型分析功能等。

其二，通过分析所得数据，实现数据的挖掘。

其三，决策者运用平台，进行综合决策。

4.4.10.3　信息表现

1. 数据处理过程中的显示。

1）实现图形图像的放大、缩小、漫游及以任意比例尺显示。

2）进行图和属性的互查和精确定位空间关系的查询后的显示。

3）专题图和统计图表的生成显示。

4）打印预览和输出显示。可以直接预览并打印，也可以输出成其他格式的文件显示。

2. 决策过程中的显示。

1）专题图和表的查询显示。

2）决策前后信息显示（二维和三维显示）。

4.4.10.4　平台维护

1. 安全防护和防病毒的能力。通过防火墙、网关等的设置，阻止恶意病毒和黑客攻击。

2. 具有权限管理功能。可以分级设置用户权限，分配不同角色，提供相应功能。

3. 具有日志管理功能。对用户操作的过程自动形成日志，用以对系统应用进行跟踪管理，对数据恢复提供帮助，还应提供对过期日志删除功能。

4. 数据自动备份功能。当有新的数据入库后，系统应自动产生备份。

5. 灾难恢复功能。当发生灾难后，具有自动恢复功能。

6. 其他功能。它包括纠错、容错、临时存储和帮助等功能。

4.4.11　其他需求

4.4.11.1　平台性能需求

1. 运行环境。平台的搭建，应采用目前常用的且性能良好的操作系统和硬件设备，并保证系统在海量数据处理分析及大量用户同时访问时能够正常运转。数据库服务器要保证数据的完整存储，数据库设计能够保证数据达到规范化和标准化要求。在数据的更新、备份和共享方面，能提供很好的支持与接口。

2. 响应时间。响应时间可根据具体应用对象和要求，进行实际规定，但应保证实现平台真正的实用价值。一般原则是：系统安全响应时间＜决策分析响应时间＜基础数据处理响应时间。

4.4.11.2 可维护性

平台还有很好的可维护性，在局部发生故障时不影响其他操作的进行，并且能快速发送错误报告，或者根据工作日志查找问题所在。

4.4.11.3 安全性

平台要有数据的保密和安全性。不同的用户分配角色、拥有相应的权限后，通过特有的用户名和密码进入系统，完成操作，达到工作目的。权限不同，可进行的操作和实现的功能也不相同。

4.4.11.4 可扩展性

平台需有一定的扩展性，采用面向服务的软件架构和插件等技术，在需求发生变更时，平台可以增加新的功能模块或子系统，以满足业务变更、业务和管理不断发展的需要。

4.4.11.5 多用户开发性

数字农业平台具有季节性多用户同时在线使用的特点，为保证高峰时正常运行，采用多线程、优化数据库结构等技术手段，提高并发性。

4.5 数字农业技术平台设计

数字农业技术平台的设计，在数字农业技术平台的建设中处于核心地位，其设计的目标是采用先进的 3S 技术和空间数据库技术，以计算机网络和通信技术为基础，以数据库为核心，建立一个集 RS、GIS、GPS、MIS 和 ES 等技术于一体，准确、高效、快速、全面和规范的数字农业技术平台，充分利用 GIS 的技术特点和优势，使农业资源信息采集、动态监测、分析、管理与决策为一体，直观、形象和动态地显示各种农业资源的空间分布状况及变化趋势等。分析农业可持续发展与各种农业经济要素之间的内在联系，对农业生产行为和农业布局作出科学合理的分析评价，为农业决策部门、管理部门和有关机构提供农业资源管理与决策支持的手段，为社会提供全方位的农业地理信息服务，从整体上提高农业工作的科学化、规范化水平。

平台的设计，依托不断发展的计算机及网络通信技术，建立功能完善的数字农业技术平台，实现空间数据库与属性数据库的一体化、GIS 与 MIS 的无缝集成，提供图文并茂的数字化农业信息，达到技术先进性和功能完备性。综合运用 GIS 技术的交叉定位、逻辑查询及空间数据库的匹配等技术，通过网络互联或各级接口设计，实现农业信息的高度共享，以提供强大的空间定位和分析能力，挖掘各类数据的内在联系，全面提升信息系统的应用水平和数据使用效率，并建立科学、合理的知识和数学分析模型，通过计算机分析或模拟、人机对话等，使系统具备强大的决策支持能力。系统提供严格的安全认证和权限管理机制，在物理网络、系统和应用三个层次上，均具备良好的安全保密性。

4.5.1 数字农业技术平台的总体设计思想

平台基于对数字农业业务的分析，站在实用化、前瞻性、科学性的高度，采用面向服务设计的思想和多层次体系结构，采用面向空间实体及其关系的数据组织、高效海量空间数据的存储与索引，设计出数字农业技术平台的数据库组成、子系统划分和模块功能，把农业管理工作纳入计算机网络信息管理之中。平台的设计和开发基于 RS、GIS、GPS、ES 和 MIS，为此，既要考虑 GIS 作为空间信息管理系统在数据管理、操作和接口上对系统组成的技术要求，又要考虑 RS、GIS 和 GPS 的集成。另外，系统也需要留有无线传输接口。应用现代 WebGIS 技术，设计和开发信息发布系统，扩大信息的应用范围，提高平台的应用价值。

平台的设计，要遵循主流的接口规程、协议标准和当前流行的组件技术，并采用面向对象的软件工程技术，设计出形象直观、易于操作、易于管理的一体化数字农业技术平台。平台设计在考虑满足当前农业业务需要的同时，充分考虑了后续工作的相关性。无论是从软件、硬件，还是从网络上，包括业务上的处理、模型的接口，都要留有扩展的余地，以满足今后业务规模发展的需求。平台的建设不是基于特定机型、操作系统或厂家的体系结构，这样保证了将来平台的扩充与升级，以及与其他系统互联的方便、可行。

4.5.2 设计原则

4.5.2.1　先进性与实用性原则

平台的建设要充分利用和不断引入现代化信息技术，更新和提高数据采集、存储、处理和传输各环节的科技水平和效率，拓宽业务范围，延伸监督管理深度，在突出农业业务管理信息化的同时，提高信息的完整性。平台的建设具有开放性、兼容性和扩展性，源于应用而高于应用，基于技术而超越技术，确保前瞻性、可持续性和实用性。

4.5.2.2　规范性和开放性原则

平台的建设要遵守国家有关规范和规定，符合相关行业标准，根据所选基础软件平台和平台结构的要求，合理引导整个开发过程。应用系统的结构模块化、可插拔，具有很强的灵活性。随着社会的发展，各职能部门会有所变化，应用系统结构允许功能的扩充和裁剪，适应行业结构的调整。

4.5.2.3　扩展性

在平台的开放式设计中，既要考虑平台的整体性，又要考虑平台的可扩充性，以便于系统二次开发和功能调整扩充，便于平台的升级。部分功能考虑采用参数定义生成方式，以保证其普遍适应性；部分功能采取多种处理模块选择，以适应管理模块的变更。平台将充分考虑在结构、容量、通信能力、产品升级、处理能力、数据库和软件开发等方面，具备良好的可扩展性和开放性。

平台建设的程序的代码是开放的，建议采用 xml、html 和 javascript 等文件，便于及时修改，如需要增加或修改数据都比较方便。另外，提供了数据修改、更新接口和工具，同时也考虑到了实际操作中的可行性，提供了一整套方案。

平台的建设都是从简单到复杂的不断求精和完善的过程，地理信息平台常常是从汇集空间数据开始，逐步演化到从管理到决策的高级阶段。因此，一个平台建成后，要使在现行平台上不做大改动或不影响整个平台的结构，就可在现行平台上增加功能模块，就必须在平台设计时留有接口。否则，无论是平台数据量的增加，还是平台功能的增加，都会要求平台重新建设。为此，在搭建平台的最初，就要充分考虑到平台的可扩展性。

4.5.2.4　安全性原则

平台具有抗病毒侵扰（特别是网络病毒）的能力，具有完善的安全保密措施，防止机密资料的丢失和各种越权访问，保证数据的完整性和安全性。在多用户同时登录平台，甚至同时使用同一个系统模块时，保证各用户都能正常使用平台，操作不出现故障或明显延迟。

网络中的信息在一定条件下、在一定范围内共享。平台对主要环节具有监视和控制功能，网络通信系统具有较强的容错和故障恢复能力，关键部件进行冗余设计，具有高度的可靠性和安全性。对系统内的用户进行分级授权管理，采用先进的保密技术与设备，防止非法侵入、监听或盗用用户口令等泄密行为。

为了确保平台的稳定性和安全性，平台建设采用成熟并符合国际标准的技术与完善的平台集成方案。对于带有科研性、分析性与辅助决策性的软件、硬件系统，只有达到运用平台要求时，才能纳入平台建设的内容。

4.5.2.5　数据的实时性和共享性原则

GIS 应用系统采用大量空间数据，空间数据是 GIS 系统运行的基础，空间数据必须保证其时效，能够实时更新。根据相关标准，设计规范化的空间数据发布接口，支持数据在不同系统间的共享。

4.5.2.6　可移植性原则

平台可以方便地移植到其他环境中，以便在全国的数字农业系统中达到上下兼容。可移植性是作为地理信息系统平台建设的一项重要指标。一个有价值的地理信息系统平台，不仅在于自身结构的合理性，而且在于它对环境的适应能力，即它们不仅能在一台机器上使用，而且能在其他型号的设备上使用。要做到这一点，平台的建设必须按国家规范标准设计，包括数据表示、业务分类、编码标准和记录格式等，都要按照统一的规定进行，以保证软件和数据的匹配、交换和共享。

平台设计采用结构和程序模块构造，要充分考虑使之获得较好的可维护性和可移植性，即可以根据需要修改某个模块、增加新的功能，以及重组系统的结构，以达到程序可重用的目的，支持系统可跨平台应用。

4.5.2.7　立足长远与可维护性原则

数字农业技术平台是一个立足于长远，充分考虑其通用性的业务平台。因此，它在信息采集、处理、数据库与应用系统各个环节，都要求具有良好的维护性，随着信息技术的发展能够升级换代。只有这样，才能保证平台在运行过程中不被自然淘汰。当然，只有综合考虑各项因素，才能保证平台有较低的运行成本和较长的生命周期。

数字农业技术平台采用计算机信息化手段完成农业的业务管理，为使平台具有开放性和实用性，必须同时考虑农业各个部门的信息共享与交换。

4.5.2.8 以人为本原则

数字农业技术平台强调"以人为本"，以业务为核心，结合平台建设、应用的特点和实际要求，突出业务操作，屏蔽过多的 GIS 概念和复杂的 G1S 操作，提供简洁实用、清晰明了的友好界面，强化人机交互性，使系统便于操作、运行和管理。

平台针对不同的用户，给予不同的功能和信息服务，用户只按自己的业务或需求进行操作即可，不必进行培训。

4.5.3 平台总体设计

数字农业技术平台的建设，是采用先进的 3S 技术和空间数据库技术，以通信网络技术为基础，以数据库为核心，通过信息化的手段建立的一个能为农业业务分析、管理和决策等服务的平台。平台的建设由多个技术体系有机整合而成，分为硬件技术和软件技术，所构成的系统可归为硬件系统和软件系统两大类。软件系统是平台更丰富、更活跃和更有个性的部分，因此平台总体设计的关键是软件系统结构和功能的设计。

平台的设计，不仅要考虑本部门业务的扩展，而且要考虑到将来与其他业务部门的结合，因此在结构设计上要留有接口，便于不同业务部门之间的数据共享与整合，方便各项业务的开展。

4.5.3.1 总体架构

1. 构架设计。平台建设的目的是通过建立农业信息管理的规范和元数据标准，为平台的建设提供导向性的服务，也为规范今后的农业信息系统的建设建立完善的数据共享提供基础。这种数据的共享，不只是在农业各不同业务部门之间的信息共享，而且是农业部门与其他部门之间的信息共享，它是为农业内部和不同部门间提供信息交换的平台。同时，平台具有独立性，支持农业业务的不断扩展。

实现农业各不同部门间的信息共享，可以改变以往部门与部门之间"硬盘拷贝"的数据交换方式，解决时效性差、成本高的问题，避免数据重复采集，保持各部门基础数据的一致，提高数据利用率。实现农业部门与其他部门之间的信息共享，消除"信息孤岛"和"信息壁垒"现象，提高数据共享和利用程度，为加快实现"数字中国"奠定基础。

数字农业技术平台是面向多数据源、多层次、多用途和网络化的平台，包含分布式数据管理系统在内的计算机网络系统，是一个多种软硬件平台共存的广域网系统，包含多个信道，在高速、宽带互联网条件下，实现多媒体信息的传输与处理，最终形成一个技术先进、性能完善、安全可靠、运行高效的网络化数字农业信息平台。平台的构架示意图，见图4-3所示。

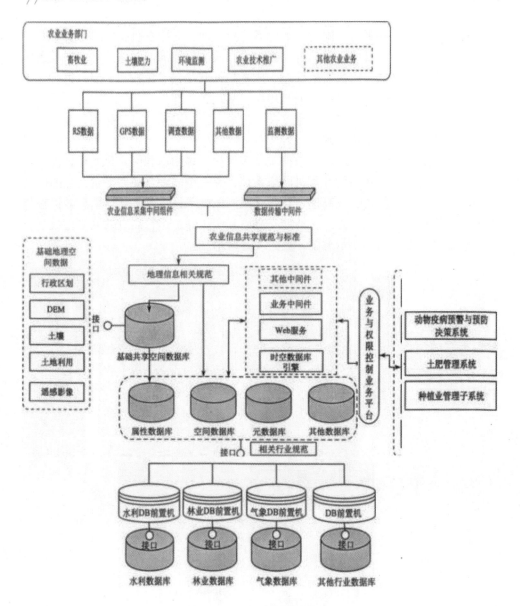

图 4-3　平台构架示意图

2. 农业信息共享平台。随着信息时代的不断发展，不同部门、不同地区间的信息交流逐步增加，计算机网络技术的发展为信息共享传输提供了通道与保障。当不同部门需要将各自的行业数据进行交互和共享时，如何实现这个共享平台，则是达到上述目的的关键。数据共享就是让在不同地方使用不同计算机、不同软件的用户互相转让数据资源，并进行各种操作运算和分析。数据共享的实现，使得各个部门的资源能够得到充分利用，减少不同部门收集相同数据的时间和费用等问题。但不同部门的数据格式和数据质量各有不同，如何顺利实现这些数据的共享，就要解决不同数据格式的转换问题。

空间数据共享技术平台，是利用网络平台技术和空间数据平台技术，来实现对多种类型数据的整合，为应用提供不同层次的技术平台支持与服务。

农业业务涉及多个不同的业务部门，由于地区特点的不同，业务部门的划分方式也不同。以北京市为例，主要业务部门可分为畜牧兽医站、土肥站、农技推广站、环境监测站四个不同的业务部门，各个业务部门根据农业业务的需求不同而设立，完成相应的工作。但它们并不是各自为战，彼此间的业务都相互联系，数据需要相互交互。农业信息共享平台的思想，就是让各个业务部门在此平台的共享的数据库的基础上分工协作，通过通用接口相互通信和整合。

平台的建设，不仅包括与省（自治区、直辖市）基础地理信息系统对接、与某省（自治区、直辖市）遥感影像库对接、与某省（自治区、直辖市）应急指挥中心对接等，而且要实现与农业内部业务系统的对接，实现从农业部到省（自治区、直辖市）、市、县、乡的农业内部系统的统一管理；对于其对外部业务留有信息共享的接口，实现信息资源的充分利用，真正实现数据的交互和共享。

通过上述平台构架，可以整合已有的研究成果，建立各级农业宏观决策支持系统，辅助农业管理部门进行宏观决策，并完善和扩展农业基础数据库，作为农业信息基础资源投入应用，为农业信息化进一步发展打下坚实的基础。

4.5.3.2　系统结构设计

1. 系统逻辑结构设计。按照农业业务的需求分析，结合对平台建设的思想，平台构架在逻辑上分为四个逻辑层次，即信息表示层、应用服务层、数据存储层和支撑技术层。

支撑技术作为整个系统的理论基石，包括 3S 技术、DSS 技术、基于组件的软件开发技术和 WebGIS 技术等；数据存储层是平台的基础，包括辅助数据库层、专业数据库层、基础数据库层；应用服务层是整个平台的功能核心，开发的农业地理信息系统的功能实现，就是在该层进行数据处理的，并通过系统维护服务组建，实现对平台的维护和管理，以及对于不同的业务部门怎么展示不同的系统和权限等问题；信息表示层是将平台功能层数据处理的结果，返回给用户的图、表、文字等。在整个框架中，标准规范及数据定义、软硬件网络配置这两大部分贯穿系统架构的始终，起着支持和指导的作用。

2. 技术体系。

1）操作模式。平台的建设采用何种操作模式，要根据用户的需求和现有的环境设备等而定。通常，操作模式受以下因素的制约：

（1）系统用户量；

（2）系统功能的复杂程度；

（3）系统软硬件及网络环境的支持程度；

（4）操作数据的保密程度。

当前的系统操作模式主要包括三种：单机操作模式即 PC 版、C/S 模式和 B/S 模式。单机操作模式用户使用的计算机不与网络上的其他计算机协作和进行数据交换，所有的运算和数据存取都在本地完成，这种操作模式已不能适应当前的网络化操作环境。C/S 模式是应用较为成熟的网络操作模式，在这种模式下，数据被集中存放于中心服务器，用户通过客户机上的客户程序，存取服务器内的数据，大部分运算集中在服务器上，因而系统对服务器的要求比较高，这种操作模式被广泛应用于网络环境。在 GIS 领域，大型应用也都开始采用 C/S 操作模式。B/S 模式又称三层模式，该模式将系统架设在数据服务器、应用服务器、浏览器三个层次上，数据服务器专门存放数据，应用服务器提供各类服务组件，来访问数据服务器和响应客户端的请求，浏览器端只进行少量的计算处理，主要是显示结果和发出请求。这种模式的系统维护较为简单，系统的修改和升级只需在应用服务器端进行即可，客户端的界面一致，用户操作起来比较容易上手。在 GIS 领域，这种模式一般是针对数据浏览和结果显示比较有效，在对图形操作编辑中，存在一定的技术难度。

对农业数据的处理很复杂，单纯的 C/S 模式和 B/S 模式都存在明显的不足。对于服务器模式，当需要频繁的数据传输时，系统的执行效率将会受到宽带和网络流量的制约；对于单纯的客户机模式，系统执行效率将会受到客户端运算能力的影响。因此，可以将两种模式的优点结合在一起，构成一种混合模式。在实例中，系统采用的就是 B/S 与 C/S 相结合的操作模式，即对于信息表示层，采用 B/S 操作模式，也就是瘦客户端，在客户端只要通过浏览器，在地址栏输入地址就可以访问系统，而无须安装任何的软件。系统部署、维护简单，安全性高，操作使用方便，真正达到按需所取，系统支持 PDA 掌上电脑。在本系统开发中，对于稳定性和计算复杂、应用范围狭窄的应用程序，采用 C/S 模式，通过"傻瓜式"界面和完善的技术培训，来弥补用户对系统界面的不适应。而用户分布广、主要采用浏览方式的应用，如动态监测子系统、动物疫病预警与预防决策支持系统等，采用 B/S 模式，该模式下，对于图形数据的请求服务，由空间服务器与空间数据引擎负责处理。关于系统的组件（EJB）开发、支持软件配置在网络与软件体系结构中已做介绍，数据库分为图形图像数据库与属性数据库，该部分内容在数据库设计中进行详细说明。

2）技术框架。平台的开发要求在传统的地理信息系统表现形式的基础上，与栅格、动画、声音、文字和网页等多种媒体相结合，以获得更好的演示效果，通过对系统功能和用户的需求分析，系统使用组件式技术进行开发。

4.5.3.3　系统划分

1. 业务系统。

1）农业环境动态监测子系统。系统实现农业生产环境的动态监测及质量评价，提供农业资源环境质量的监测和评价、农用地适宜性监测与评价和农作物生产潜力监测与评价等功能。监测与评价在服务器端进行，评价完成后把评价结果赋值给相应的图层，并且在相应图层中显示评价分级结果。

2）动物疫病预警与预防决策支持系统。系统实现动物疫病预警、预防和风险评估，面向养殖企业、屠宰企业和动物疫病检疫企业等，以图文并茂的形式，为各类用户（主要包括系统管理员、农业决策者和风险分析专家）提供有关动植物疫情风险等级、管理措施及风险评估指标，标准和模型的查询、管理和分析功能。

3）种植业管理子系统。系统以农业综合空间数据为背景，进行信息查询、浏览及综合分析。空间数据以图层的方式显示，根据图层可以查询相应的详细属性信息。空间数据图层包括基础地理要素、地块图斑、资源与环境评价分级图、涉农企业空间位置图、气象台站空间位置图和土壤肥力监测点位置图等。

4）土肥管理子系统。系统实现对土壤肥力的综合分析、统计、查询和管理等，面向土肥管理部门，以图文并茂的形式，为各类用户完成有关土壤肥力的等级划分、土壤养分含量的变化趋势分析和农业作物投入产出的分析等工作。

5）其他子系统。农业部门在不同的省（自治区、直辖市）等设立的业务部门不同，平台的设计为业务的扩展留有接口，可根据各个地区的不同情况或需要添加业务节点。

2. 系统维护。系统维护是为技术平台提供的一种支持。由于数字农业技术平台是多功能集成系统，技术上涉及 GPS、RS、GIS 和 DSS 等领域，数据种类繁多，因此需要对各部门数据进行分类描述以便于管理。同时，为了便于实现平台数据的共享和整合，需要对元数据进行维护。农业业务涉及多个部门和不同的用户类别，根据业务和使用用户的不同，系统需要向用户展现不同的界面风格，因此系统设计业务导航树维护子系统，来实现此功能。考虑到系统不同数据的安全级别和用户的不同，要对用户的使用权限进行管理和维护，系统设计权限管理子系统。

1）元数据维护。元数据管理维护是数字农业技术平台的一个重要组成部分，包括平台提供的多种类型空间数据的元数据和平台用到的属性数据的元数据（如行政区划代码、绿色食品评价指标和畜牧动物种类划分等）两部分的编辑、查询等功能。

系统是面向管理员的子系统，管理员通过系统对元数据进行管理和维护。在实例中，系统是采用 C/S 结构。在操作界面上，导航栏里的是数据库中全部的表，工具栏上每个按钮都与相应的数据库操作相关联。

2）业务导航树维护。对展示不同系统界面的管理和维护，针对不同的业务部门和用户，展现不同的系统，也可以根据需要添加和删除业务节点及其子节点等。

3）用户权限管理。为了保证平台的正常运行和一些数据的保密性，除了要制定规章制度外，平台还给不同的用户赋予不同的操作权限，并通过系统注册和身份验证系统，排除非法用户进入系统。

4）日志管理。对日志的管理和维护，分为操作日志和异常日志。操作日志记录用户对系统的每个操作记录，异常日志记录用户对系统进行非法操作或系统出现异常时的信息。

4.5.3.4　系统环境设计

1. 硬件环境设计。数字农业技术平台的建设网络布局应根据平台所选择的操作模式来设计和建设。平台运行在网络环境下，由数据库服务器、应用服务器、WebGIS 服务器及相应的网络设备构成。数据库服务器用来存放系统的数据，对应于平台逻辑机构设计的数据存储层；应用服务器在数据库服务器和客户端之间，配置很多的中间件，完成系统的大部分的计算，GIS 应用服务器可以使用几种技术，如 CGI、COM、JavaServerlet 或者.net 技术、WebService 技术，通过这些组件包装已有的 GIS 软件，获取客户端的请求，将用户需求转化为具体的操作，返回需求的数据（一般是一个地图图片或者查询的数据集）。如果是 B/S 结构，则应用服务器在数据库服务器与 WebGIS 服务器之间，对应用平台逻辑结构设计的应用服务层；如果是 WebGIS 服务器，使用户通过网络进行 GIS 分析，在 Internet 上提供交互的地图和数据，Web 服务器获取了 GIS 应用服务器返回的图片，然后作为一个 Web 页返回给客户。

在实例中，系统的操作模式是采用 B/S 与 C/S 相结合的方式。对于面向广大公众用户的功能模块采用 B/S 模式，将基础数据集中放在高性能的数据库服务器上，中间由 Web 服务器作为数据库服务器与客户机浏览器交互的桥梁，利用用户计算机上的 IE 浏览器作为客户机浏览器，这种结构具有分布性、共享性强、维护方便的特点。对于数据更新、编辑等功能模块采用 C/S 模式，这种结构安全性要求高、交互性强，具有很强图形编辑处理能力和空间数据的存储效率。

2. 软件环境设计。

1）操作系统配置。

（1）服务器端。在以高性能微机为主服务器的硬件运行环境中，选用 Windows 2003 Server/NTServer 系列作为操作系统。该操作系统功能强大，安全可靠，适合局域网和广域网应用，内部集成 Internet 发布服务器 Apache，可以方便地通过网络实现信息资源共享。考虑到系统的移植，可选用 Unix 操作系统。

（2）客户端。Windows 2000 系列，浏览器为 IE6.0 或更高版本。

2）数据库平台。数据库平台的选用，要满足海量数据的存储、高效的并行访问、企业级应用和管理等。

4.5.4 数据库设计

数据库设计是数字农业技术平台建设的核心内容，位于整个数字农业技术体系的中心，其目的是为平台建设提供多源数据共享平台。各级数字农业数据中心的建设、农业资源分布式网络数据库及多维空间数据仓库的建立、空间数据的无缝连接等内容都在这里实现。

数据库是平台建设的基础，存储系统所需的数据，包括基础数据、辅助数据和专业数据等，并提供平台与各子系统之间的信息接口。数据库设计的任务就是经过一系列的处理和转换，将对现实世界的描述转换为计算机的数据模型，是对一个给定的应用环境，提供一个确定的、优化的数据模型与处理模式的设计，反映现实世界信息与信息的联系，满足用户的需求。从现实世界到计算机数据模型，一般要经历概念模型、逻辑模型到物理模型的整个过程。数据库的设计，要以用户需求和约束条件为前提，考虑数据的存储效率和存取效率，减小数据冗余，准确地模拟现实世界。

4.5.4.1 数据库设计的思想

数据库主要进行数据的存储、更新、维护和备份等工作。数据库系统的内容、结构和效率对于建设一个完善、优质和高效的数字技术平台至关重要。GIS 数据库的设计要考虑诸多因素，因为它不同于普通的数据库设计，GIS 的数据库有地理矢量数据，又有栅格数据，而这些数据既有空间的特征，又具有属性的特征，并且随时间的不同而有不同的表达结构，因此作为数字农业技术平台的数据库，它要容纳不同类型和格式的数据。在数据库设计的开始，就要考虑数据库系统的选型、数据库的构成、怎么样实现数据库的共享，以及如何建立元数据标准等问题，既要考虑数据的特征，又要兼顾应用的目的。

1. 数据库的选择。考虑数据采集、传输、预处理、储存、处理、应用的流程，以及数据更新维护的机制，兼顾平台的应用模式（C/S 模式和 B/S 模式），农业业务从国家级到省级、市级及县级统一作业的考虑，数据库系统的选择应该选择性能稳定、功能强大和安全性级别比较高的大型数据库系统。在实例中，数据库选择 Oracle9i 系列。

2. 数据库的逻辑构成。数据间通过业务处理流程建立关联，数据库存储系统内部的各种数据，模型库存储业务系统的公用算法，参数库存储各种算法的参数。模型库的算法一般可提供给多个业务处理过程使用，不同算法在不同条件下使用的参数都存储在参数库中。

3. 以空间数据仓库思想管理数据。农业种植的土壤肥力、种植业布局和农机设备等空间数据，能够反映农业业务的动态变化，具有数据挖掘的意义和必要性。一些大型数据库系统虽然可以访问大量数据，但其数值计算能力很薄弱，不能满足用户的要求，数据仓库技术则可以解决历史数据的重用等问题。它从大量的事务型数据中抽取数据，并将其清理、转换为新的存储格式，即为决策目标把数据聚合在一种特殊的格式中，作为决策分析的数据基础，从而解决了从不同系统的数据库中提取数据的难题，因此本系统需要以空间数据仓库的思想来管理数据。

4. 建立元数据标准和数据共享体制。不同区域、不同层次、不同专题的监测数据，通过统一的元数据标准入库，是数据交流、共享的前提条件。

5. 实现多层次信息资源共享。数字农业的管理与应用，是一个由微观管理到宏观管理逐渐过渡的过程，因此决定了从县级到全国，业务图层的精度逐渐降低，而图层范围逐渐扩大。因此，可以将下级的业务图层详细信息逐级汇总、制图综合，形成全国范围内的业务图层，从而形成信息的多层次共享。通过网络实现上下级之间的数据上报和数据库访问，能够实现多层次共享，使数据流程更加规范，数据生产的灵活性、准确性得以提高，减少了工作量和数据投资，满足各层次农业管理工作的要求。

6. 有效的存储、管理与分发图形、图像和音像等海量数据。通过采用分布式数据库、时空数据库、数据仓库和海量数据管理等技术，实现对属性、图形、图像和多媒体等多种形式的海量数据的存储和处理，并通过元数据管理技术，实现海量数据的有效管理与分发。

4.5.4.2 数据库设计的原则

为了提高数据库系统开发的质量和效率,并建设一体化的数字农业技术平台,数据库系统建设应该遵循以下原则。

1. 保证数据库的结构化、规范化和元数据标准。数据库的设计,要遵循相关的国际、国内和行业标准,要参照数据库各种规范,才能保证各地数据库之间的互联互通。设计所需的空间数据元数据规范、信息编码规范以及数据库,保证整个数据库系统设计的完整性、协调性和规范性,便于数据采集、入库、共享、分发和维护,以及数据共享机制的形成,实现农业信息、图形、图像、多媒体等多种形式数据的存储和处理,并通过元数据管理技术,实现海量数据的有效管理与分发。

2. 数据的独立性和可扩展性。数据库中的数据将独立于应用程序之外,保证数据库结构的变化不影响程序,反之亦然。同时,为适应应用系统的不断变化,在数据库设计中要考虑其扩展接口,保证数据库的延续性。考虑到平台的应用会逐步与其他与农业业务挂钩的部门的系统集成,本系统应留有接口,支持与管理信息系统(MIS)和办公自动化(OA)的集成。

3. 共享数据的正确性和一致性。数据库的设计是通过数据模型,来模拟现实世界信息类别与信息之间的联系,要实现数据的共享,就要充分了解用户的需求,利用良好的软件工程规范和工具,充分发挥数据库管理系统的特点,在同时面向多个应用程序和多个用户的时候,保证数据的正确性和一致性。

4. 保证数据库的稳定、安全和可靠。采用 B/S 或 3 层 C/S 结构,可以使客户端不直接与数据库产生联系,从而保证数据库的安全性,防止因某一个或某几个数据库的临时故障而导致整个信息系统的瘫痪或故障死锁。

5. 与现有数据资料的兼容性。现有的资料构成复杂、种类不一,在设计数据库时,要考虑到数据库的兼容性和利用现有资料数据的能力。

6. 数据库的恢复功能。对由于计算机系统的故障(硬件故障、软件故障、网络故障、进程故障和系统故障)影响数据库系统的操作,影响数据库中数据的正确性,甚至破坏数据库,使数据库中全部或部分数据丢失的情况,要有数据恢复的功能。

7. 数据库的同步更新。需要保持数据库内容的及时更新,保证客户端与服务器中的数据同步,保证各地数据库之间的数据同步,使数据库成为真正意义上的资源清单,使数据库可以成为任何一个系统和部门的完整的电子信息档案库。

8. 采用时空数据库技术。农业的业务信息是连续、有时间序列和长期的,系统需采用时空数据库技术,信息进行动态存储,能实现历史信息的回溯、对比、分析，从而为预测预报系统、决策支持系统和其他系统服务。

4.5.4.3　时空数据模型

1. 时空数据模型的含义。时空数据模型主要是一种能够有效地组织和管理时态地理数据，实现空间、属性、时间特征统一的数据模型。研究时空数据主体、事件、状态的因果关联、时空拓扑关系形成机理、描述与表达、时空数据组织与存取方法、基础地理数据库的更新模式与关键技术等。时空数据模型是新一代 GIS 理论与技术研究的重要基础，为设计时空数据库和发展动态 GIS，提供相关的理论方法和关键技术。设计一个合理的时空数据模型，需要考虑如下几个方面的因素：节省储存空间、加快存取速度和表现时空语义。时空语义包括地理实体的空间结构、有效时间结构、空间关系、时态关系、地理事件和时空关系。

地理数据具有显著的动态特性，在多数情况下，实体的空间位置和属性在其生命周期内会随着时间而发生变化。为了更准确地表示现实世界，建立新型空间数据模型是新一代 GIS 研究和发展的重要基础之一。时间则是空间数据的一个基本特征，这里的时间是指时间位置、空间和属性状态的时变信息，即用时间、空间和属性来共同标识地理实体。传统的 GIS 只存储管理单一时刻或少数几个时刻的空间数据，随着时间的变化，新的数据入库覆盖旧数据，导致历史数据丢失。由于缺乏历史状态的重建、时空变化跟踪、未来发展预测等功能，难以满足随时间变化而发生变化的空间数据应用的需要。

2. 时间切片时空数据模型的思想。本节中设计的时空数据模型，是在空间数据库设计中加入时间切片的概念。以时间切片的开始时间和结束时间为标志，来合理有效地管理空间、属性和时间一体化数据，即建立一种合理的时空数据模型，以便高效地组织管理及表达时态地理数据、空间、属性和时态语义关系。数据模型的好坏，直接影响到空间数据库的数据查询、检索的方式、速度和效率。

3. 时空数据库整体设计思路。

1）概念模型采用时空切片模型。

2）时空数据库设计为两层架构，表现层为忽略时间维度的普通 GIS 业务表，数据层为具体的时空数据表。

3）表现层的设计基于传统 GIS 模型，可不考虑时间因素，只根据业务流程和业务关系设计视图及其相互之间的关系；表现层也可按时间、空间的分布来表达，具体依用户的需求而定。

4）数据层的设计基于时空切片模型，运用主外键等各类约束，强制满足数据的一致性和完备性。

5）由于视图层不能建立约束，数据层的设计要满足视图层的结构关系。

6）在视图层的视图上建立触发器，代替用户完成添加、删除和修改等操作。

4. 时空数据模型实现方式。时空数据模型实现从空间数据表和模型两个方面考虑。

1）空间数据在空间表中采用增量存储方式，小数据量可在原表上追加记录，大数据量可单独建表存储增量记录。

2）模型可采用时空拓扑模型或非拓扑的时间序列模型。时空拓扑模型，是在矢量拓扑模型基础上，增加变化前后的时间标记，便于检索，但较复杂。

5. 时空数据表与属性数据表的连接方式。

1）时空对象。一个时空对象，是指一个在四维空间中相对稳定的对象延续。在执行添加、修改、分裂、融合等操作时，都认为是旧对象的终止和新对象的产生。对象修改时，认为旧的对象被新的对象所替换，新对象直接继承旧对象的属性信息。

2）对象 ID。对象 ID 是唯一地标识一个时空对象的序列号。以时空数据表为核心，按照主外键关系和一对多的概念与属性数据表相连接。时空数据表中的主键为对象 ID，属性数据表中的外键为对象 ID 参考时空数据表的主键，在时空数据表中插入新对象时，要将属性数据表中的对象复制一份，以维护其连接关系。

6. 对矢量编辑程序处理方式的要求。

1）编辑程序使用签出和签入的概念。在编辑某个图层之前，首先要将图层表（时空数据表）中的当前可用记录装载到本地，并锁定相应的图层表，编辑完成后，将编辑结果上载到图层表中，并解除图层表的锁定。

2）程序升级时的功能增强设计。图层数据签出时，不保存在本地机器中，而是保存在数据库的其他表空间中，由当前签出的用户独占使用，签入时再将数据装载入图层表（时空数据表）中。

3）其他要求。图层数据签出时，要同时签出属性表中的数据，并锁定相关的属性表，图形和属性数据都编辑完成后，再一起签入。

4）初步接口设计。业务层程序传递图层表名称，需要共同编辑的属性表名称，属性表中的对象 ID 列（外键列）名称，锁定图层表和属性表时用到的用户 ID，然后由矢量编辑程序执行签出操作，开始执行编辑，编辑完成后由用户确认并签入，解除表锁定。在编辑时，编辑程序负责矢量编辑，业务层程序通过编辑程序提供的接口执行属性编辑。

7. 对数据库设计的要求。

1）外键相关的属性数据表最好只有一个。

2）属性数据表中不能有 Blob、Clob 之类的大对象字段。

3）由于矢量编辑程序需要提供属性编辑接口，所以应把属性字段类型限制为 Text、Number、Date。

8. 时空数据库设计示例。现以一个空间对象为例，说明时空数据库的设计。对于一个空间对象，标识其对象 ID、图层 ID、加入时间切片的开始时间和结束时间。在同一时刻一个对象对应一条属性，此属性为普通属性。一个对象只能对应一条属性，此属性可能会被其他扩展属性所依赖，即在同一时刻，一条主属性对应多条扩展属性。

4.5.4.4　数据库的逻辑结构设计

数据库逻辑结构的设计是数字农业技术平台数据存储层设计的核心，其目的是要规划出整个数据库的框架，为应用设计打好基础。通过逻辑设计形成的相应数据库的数据模型应该独立于系统的物理结构，使用者基于这种逻辑设计，可随时组织自己的应用问题和分析模型，并且面向应用，易于为用户理解。同时，数据库的逻辑结构设计要考虑到农业业务的发展，使数据库可以根据需求来扩充，为应用提供扩充支持。

1. 逻辑设计的规范。在设计数据库时，关键的步骤就是要确保数据正确地分布到数据库的表中。使用正确的数据结构，不仅便于对数据库进行相应的存取操作，而且可以简化应用程序的其他内容（查询、窗体、报表和代码等）。

1）图层分层。图层分层是根据 GIS 的表达方式，按照不同的要素分层处理，放在不同的空间表里。为了提高对数据的访问效率和减少系统的开销，按照统一的地理坐标，对地理实体要素进行分层叠合，是 GIS 数据库逻辑设计的基本思想之一。根据这一原则，把一类具有相同实体意义和空间特征的图形要素存放在一起，构成一个图层。

2）遥感影像金字塔。为减小影像的传输数据量和优化显示性能，需建立影像金字塔，通过影像重采样方法，建立一系列的不同分辨率的影像图层，每个图层分割存储，并建立相应的空间索引机制。金字塔技术可以加速栅格数据的显示速度，因为客户在查询栅格数据时，空间数据库引擎会根据客户端查询窗口的大小，来决定应该显示影像金字塔中的哪一级影像，而不是总显示真实分辨率的影像数据。

3）命名的规范。正确进行表设计的正式名称，就是"数据库规范化"。命名的规范化，可以提高设计的可读性、通用性及对数据库的管理和规范。不同的数据库产品对对象的命名有不同的要求，我们建议对名称定义要具有代表意义，使程序员和数据库的维护人员能望文生义。数据库中各种对象的命名、后台程序的代码编写应使用英文单词（或拼音）的形式，命名不允许使用汉字或者特殊字符。

英文单词使用与对象本身意义相对或相近的单词，选择最简单或最通用的单词。当一个单词不能表达对象的含义时，可用词组组合；如果组合太长，应采用简写或缩写，缩写要基本能表达原单词的意义。当出现对象名重名时，加类型前缀或后缀以示区别。各种对象命名长度不要超过 30 个字符，这样便于应用系统适应不同的数据库平台，使命名规范达到行业的通用规范。

（1）表名。在北京市基于 3S 技术的农业宏观决策支持系统中，对于普通的属性数据表，前缀为 TA；对于空间数据表，前缀为 TG；对于代码性数据表，前缀为 TC；对于关系表，前缀为 TG；数据表名称必须以有特征含义的单词或缩写组成，中间可以用"_"分割，如 TA_ENVI_DETECTITEMRESULT 表示土壤环境监测结果子表。

（2）字段名。字段名称必须用字母开头，且该字母代表着该字段的类型，用"_"分割，字段采用有特征含义的单词或缩写，如 N_DETECTITEMRESULTID 代表监测信息项结果 ID，C_QUARANTINEUNIT 代表检疫单位。

（3）索引。前缀为 IDX_。索引名称应是：前缀+表名+构成的字段名。如果复合索引的构成字段较多，则只包含第一个字段，并添加序号。表名可以去掉前缀。

主键索引，前缀为 IDX_PK_。索引名称应是：前缀+表名+构成的主键字段名，在创建表时，用 usingindex 指定主键索引属性。

唯一索引，前缀为 IDX_UK_。索引名称应是：前缀+表名+构成的字段名。

外键索引，前缀为 IDX_FK_。索引名称应是：前缀+表名+构成的外键字段名。

函数索引，前缀为 IDX_func_。索引名称应是：前缀+表名+构成的特征表达字符。

簇索引，前缀为 IDX_clu_。索引名称应是：前缀+表名+构成的簇字段。

（4）视图。前缀为 V_，属性视图以 VA_ 开头，空间视图以 VG_ 开头，视图名称必须是由有特征含义的单词或单词的缩写组成，中间可以用"_"隔开，如 TG_ENVI_MONITORFACTAREA 代表环境监测点实际面积分布图。

（5）存储过程，前缀为 Proc_。按业务操作命名存储过程。

（6）触发器，前缀为 Trig_。触发器名应是：前缀+表名+触发器名。

（7）函数，前缀为 Func_。按业务操作命名函数。

（8）序列，前缀为 Seq_。按业务属性命名。

（9）游标，前缀为 Cur_。游标需要慎用，游标提供了对特定集合中逐行扫描的手段，一般使用游标逐行遍历数据，根据取出的数据的不同条件，进行不同的操作。游标占用系统开销。

2. 数据库划分。平台的数据库系统按数据的性质，分为空间数据库、非空间数据库、参数库、共享库、元数据库和管理维护数据库。其中，空间数据库又分为基础空间数据库、专题数据库、影像数据库和 DEM 图形数据库，非空间数据库又分为属性数据库和多媒体数据库。

数据库的构成按对应用系统的支持，即按业务分，分为环境评价数据库、动物疫病预警与预防决策支持数据库、种植业管理数据库、土肥管理数据库，以及其他业务部门数据库。业务数据库安装于各业务部门的前置机上，由各部门自行管理，信息管理中心采用分布式的管理方式，进行统一管理。

1）空间数据库。空间数据库包括地形、行政区域、专题图、遥感影像和 DEM 等，该数据库存储空间定位控制数据和一些相对稳定的参考性数据，很多应用都基于该数据库，如对农业经济指标的统计，一般情况下按照行政区域进行分区域统计，农业土壤水分、养分和农作物生长状况，要通过地形图作背景，将取样点 GPS 定位数据（经纬度）转换为大地坐标，以取样点的测定数据（属性值）作空间插值，生成各专题图。在进行历史比对时，通过影像图叠加农业专题图制作专题图，从而可让用户更直观地了解各种农业资源的历史与现状。该数据库是实现基于 3S 技术的农业宏观决策支持系统功能的主要数据，数据库的内容包括土地利用状况图、农作物产量分布图形数据、农作物分布图、土壤养分、水分分布图、气候（降雨和气温）、人口分布图、土壤水分含量和植株养分含量（N、P 和 K 等）分布图等信息，农业专题数据库不仅包含图形数据，而且包含与图形数据有关的属性数据，它们通过关键字连接，共存于农业专题数据库中，并保存各种经过校正、增强的现状和历史遥感图像。影像数据存储在数据库中，其存取接口由空间数据库引擎实现，系统开发人员可以直接使用。

2）非空间数据库。非空间数据库包括农业质量环境评价数据库、动物疫病预警与预防决策指挥数据库、种植业管理数据库、土肥管理数据库，以及其他业务部门数据库。各业务单位通过网络，把各种数据传输到 GIS 数据库服务器，农业业务的管理、分析和查询统计等都基于此库。

3）模型参数库。模型参数库主要是通过数据仓库的思想，通过数据挖掘来分析农业业务规律和趋势，确立农业业务模型。此库主要存储与决策支持相关的模型、方法的类型、描述及其物理位置和决策知识及其描述，当决策模型改变时，可通过系统维护子系统，来维护模型库。

4）管理维护数据库。平台的稳定性、对不同角色的支持性等，在很大程度上依赖于平台的维护系统，因此在平台建设中，专门建立平台维护数据库，用来存储系统用户及权限等相关信息。管理维护型数据包括用户和分类编码等数据。用户数据设置系统的访问用户和用户权限，分类编码数据指按数据库中的各种类别，进行标准的分类编码，如评价指标和行政区划代码等。

5）元数据库。元数据即数据的数据，也就是对现有数据的解释、定义和描述，主要是数据的来源、性质、精度、形成时间、坐标系统、数据的生产者和数据质量等内容，在海量的数据存储中，元数据对数据库的管理和维护提供了清晰的结构。元数据不是自然存在的，是从现有的数据中提取出来的。元数据可以帮助用户确定所需数据的位置及该数据的有关特征，其对在网上发布信息和查询信息相当重要。平台将各个数据库的元数据单独抽取出来，建立专门的元数据库。

6）共享库。共享库是通过应用系统为平台提供的接口，直接调用其他应用系统的数据库。同时，也为其他应用系统留有接口，便于其他应用系统共享本系统的数据。系统采用分布式的方式进行统一管理。

3. 分布式数据库设计。农业数据是具有丰富地理特征的地理数据的集合，数据量大，如果集中存储，会对服务器端的环境造成很大的压力和负担。同时，各个部门经过多年的收集、调查和考核等工作，已经积累了一定数量的农业生产数据、气象数据、遥感影像数据和基础地形数据等，但这些数据都是不同组织和单位根据自身状况和需求进行采集的，所以数据的类型和格式大部分不统一，形成了"信息孤岛"。为了充分利用资源，整合各个部门的信息，平台在数据存储层采用了分布式数据库设计。分布式数据库在逻辑上是一个整体，在物理上是相互独立的。这样既保证了数据的独立性，又能实现集中与自治相结合的控制机制。

目前，主要的分布式技术有两种，即 COM/DCOM 和 CORBA。DCOM 作为微软的分布式计算策略，是微软的组件对象模型 COM 的扩充版，它主要适用于 Windows 环境。CORBA 即公共对象请求代理体系结构，它的平台无关性实现了对象的跨平台引用。

4. 共享元数据设计。元数据是针对数据进行描述的数据，用于描述地理数据集的内容、质量、表示方式、空间参照系、管理方式，以及数据集的其他特征。空间元数据的功能在总体上分为两类，即内部数据管理和外部数据共享。内部数据管理帮助数据生产单位有效地管理和维护空间数据，建立数据文档；外部数据的共享，即向用户提供数据生产单位数据存储、数据分类、数据内容、数据质量和数据交换等方向的信息，便于用户了解数据来源和质量水平，快速、有效地查询、检索、评价、比较、获取和使用地理数据。

随着 Internet 和 Web 的迅速发展，元数据技术逐渐成为分布式信息计算的核心技术之一，受到广泛重视。在基于 Web 的数据共享解决方案中，地理元数据已经成为从一种数据描述与索引的方法，扩展到包括数据发现、数据转换、数据管理和数据使用的整个网络信息过程中不可或缺的工具和方法之一。

基于元数据管理的数据共享，先要根据行业或学科的元数据标准，建立相应的元数据库，在该元数据库中，每一个数据集对应一个全局唯一标识，可以理解为元数据中的一条记录对应于一个数据集，对数据集的访问是基于对元数据记录的访问。以元数据的集中存储、集中管理，已经逐步取代以数据集为核心的传统共享模式。基于元数据管理的数据共享模式，最大限度地发挥元数据的优势，有效地利用 Web Service 的设计思想，有效地解决了传统共享管理方式中的异构、异地数据库访问问题。元数据是实现数字农业中地理空间信息共享的前提条件和基本保障，可以说，没有元数据，就没有信息的网络共享。

1）元数据系统体系。由于农业地理信息系统属于多功能集成系统，在技术上涉及 GPS、RS、GIS 及 DSS 等众多领域，项目内容丰富，整个系统涉及的信息也较为广泛，且种类繁多，因此需要对各门类数据进行分类描述，以利于系统开发、数据保密和用户本身对数据的理解和管理。元数据的内容包括数据精度、比例尺、范围、族系和时效性等。引入元数据，对于保证数据一致性、可更新性，提高数据库管理的效率，具有很重要的意义。

2）多源异构数据共享元数据设计。随着空间数据在各个行业的广泛生产和应用，相应的元数据的种类和元数据项也越来越多，缺少统一的元数据标准规范。由于行业不同，制定统一的元数据规范不现实，可以建立空间元数据管理库来管理元数据，实现多源异构分布数据的集成和信息共享。实现多源异构元数据共享，要先对元数据进行定义。元数据的定义，是指新的元数据标准在元数据库中的注册。元数据定义要确定原数据标准具体项的类型、格式、字段长和有效性检验。

5. 逻辑结构设计。基于数字农业业务的需求分析，进行平台数据库的逻辑结构设计。北京市基于 3S 技术的农业宏观决策支持系统的数据库设计，采用的是 Power Designer 数据库设计工具。前面章节已经进行了北京市农业局业务分析、数据分类、相应的对表进行分类，并在 Power Designer 中以不同的颜色标识。表分为属性表、代码表、代表多对多关联的中间表、统计表、图层数据表、数据导入表、多媒体信息和注释信息，其中，市级行政区划分布图、区县级行政区划分布图、乡镇级行政区划分布图为整个体系的基础底层数据，为各个子系统共有的公共基础空间数据。

在进行设计的工作空间中，根据业务部门的不同，将数据库的设计分为农业土壤肥力监测、农业环境动态监测、农业种植业基础数据管理、畜牧生产免疫检疫和系统元数据五个部分。现以农业环境的动态监测为例，重点说明在此业务模块中设计的表及表之间的关系。

1）农业环境动态监测。根据前面对农业环境监测站的业务分析，此部门的业务包括以下四个方面。

（1）对监测点的管理：包括对监测点基本情况的管理、监测点信息的管理（监测点信息的输入输出）、监测点图形输出。

（2）对监测项目参数的管理：根据监测的参数，对土壤质量分级标注进行设置，对土壤评价的指标进行管理，对土壤评价标准值的管理，预警参数表的管理和土壤修复指标管理。

（3）农业环境评价：根据对土壤基本信息的管理和评价参数的管理，可以对监测点进行评价，包括无公害标准评价、绿色食品评价、背景值评价、土壤修复评价。

（4）监测点专题图表的管理：对于所有涉及监测点的图表的管理，包括监测点分布图、单指标浓度分布图、单污染指数分布图、综合污染指数分布图、单项超标分布图、综合超标情况分布图、预警系统图、历史对比图、污染源分布图、土壤修复图和超标率统计表等。

环境监测点基本属性表（TG_Envi_Monitor Point Baselnfo）。这是一个图层数据表，是环境动态监测业务点的核心表，对于监测点这个图层信息的描述、对监测点环境评价等，都会与此图层发生联系，因此对于其他表的设计，都要围绕这个表来进行。监测点的基本信息保存在此表中，监测点 ID 为主键，农作物的名称为外键，对于不可为空的字段给出了约束。

农业环境监测点代表实际面积图（TG_Envi_Monitor Fact Area）。该表也是图层数据表，存储着监测点实际代表面积及相关信息，它通过对应的主键监测点 ID 与监测点基本信息表建立联系，以获取监测点的一些基本信息。

农业环境监测点代表推算面积图（TG_Envi_Monitor Suppose Area）。这是根据监测点基本信息，来推算监测点面积的图层数据，为面图层，通过主键监测点 ID 与监测点基本信息建立联系。

土壤环境监测信息父表（TA_Envi_Monitoring）。土壤环境监测的总信息保存于该表中，监测信息 ID 为主键，通过主键监测点 ID 与监测点图层数据表建立联系，该表主要保存 pH 值的信息，以判断监测点的酸碱度。

土壤环境监测信息子表（TA_Envi_Monitoringitem）。该表中保存具体监测项（铜、汞、砷、铅、珞、镉等）的信息，监测信息项 ID 为主键，通过主键监测信息 ID 与监测信息父表建立联系，通过监测项目 ID 与评价标准监测项代码表建立联系。

评价标准监测项代码表（TC_Envi_Slandard Item）。该表中保存国家规定的标准监测项的值，标准监测项 ID 为主键，通过外键评价标注 ID 与评价标准代码表建立联系。

评价标准代码表（TC_Envi_Monitoring Standard）。该表存放着评价标准的名称、代码和综合污染指数等信息，通过外键评价标准 ID 与评价标准监测项代码表建立联系。

土壤环境监测结果父表（TA_Envi_Detect Result）。土壤环境监测的结果和评价结果存放于此表中，此表中主要的保存信息是综合污染指数和执行标注 ID，通过外键监测信息 ID 与土壤环境监测信息父表建立联系。

土壤环境监测结果子表（TA_Envi_Detect Item Result）。土壤环境监测的每个具体的单项结果保存于此表中，通过外键监测结果 ID 与土壤环境监测结果父表建立联系。

2）农业土壤肥力监测。根据农业业务的分析，在农业土壤肥力监测这个业务点，设计的主要功能有对京郊各个土壤肥力监测点的管理，包括对监测点肥力基本情况管理、单个监测点全年肥料投入产出情况统计表、全市监测点作物统计肥料投入产出情况表、年度作物肥料投入产出情况表、区县作物田土壤养分统计表、全市作物田土壤养分统计表、全市作物投入产出分析表、土壤养分含量变化趋势统计、养分盈余分布图、肥料投入结构图、监测点统计专题图、土壤肥力监测点基本情况导出成 excel 等，还有对监测点土壤肥力参数的管理。根据要完成的功能点，在此设计了 11 个表。

（1）土壤监测点基本情况调查表（TG_Soil_Observe Spot Base Info）。该表是空间数据表，监测点 ID 为主键，土壤肥力监测点的基本所需信息均存于此表中。对于农业土壤肥力监测业务点的所有功能设计，都以该表为核心。

（2）土壤肥力监测点推算面积图（TG_Soil_Observe Suppose Area）。这是空间数据表，为面图层，对于土壤肥力监测点推算面积及相关信息存于此表中，监测点代表面积 ID 为主键，通过外键土壤监测点 ID 与土壤监测点基本情况调查表建立联系。

（3）土壤肥力长期定位监测点土壤理化性质表（TA_Soil_Obse Spot Phys Chem-Info）。土壤监测点的理化性质的信息保存于此表中，包括土壤的采样深度、土壤所含微量元素的名称、比重、容重、采样的时间和 pH 值等信息。土壤理化性质 ID 为主键，通过外键土壤监测点 ID 与土壤监测点基本情况调查表建立联系。

（4）土壤肥力长期定位监测点田间作业管理情况表（TA_Soil_Observe Spot-Worklnfo）。土壤肥力长期定位监测点田间作业管理情况的一些信息保存于此表中，农作物田间作业管理情况 ID 为主键，通过外键土壤监测点 ID 与土壤监测点基本情况调查表建立联系，通过外键农作物 ID 与农作物种类编码表建立联系。

（5）土壤肥力长期定位监测点田间作业灌溉情况表（TA_Soil_Irrigationinfo）。监测点田间灌溉的详细信息存于此表中，灌溉情况 ID 为主键，通过外键田间作业管理情况 ID 与土壤肥力长期定位监测点田间作业管理情况表建立联系。

（6）土壤肥力长期定位监测点田间作业肥料使用情况表（TA_Soil_Fertilizer Use In-fo）。监测点田间作业肥料使用情况的信息保存于此表中。肥力使用情况

ID 为主键，通过外键田间作业管理情况 ID 与土壤肥力长期定位监测点田间作业管理情况表建立联系。

（7）土壤肥力长期定位监测点田间作业病虫害防治情况表（TA_Soil_Insect Info）。监测点田间作业病虫害防治情况表的一些基本宿息保存于此表中，病虫害防治情况 ID 为主键，通过外键田间作业管理情况 ID 与土壤肥力长期定位监测点田间作业管理情况表建立联系。

（8）农作物种类编码表（TC_Grow_Crop Kind）。该表为代码表，保存农作物种类的代码及相应的名称，用代码代替相应的名称，方便编程。

（9）肥料养分含量表（TC_Soil_Fertilizer Nutri Cont）。该表为代码表，肥料养分的具体单项值的含量保存于此表中。

（10）生物量参数表（TC_Soil_Crop Biologic Amount）。该表为代码表，生物量参数的维护主要依靠于此表，生物量 ID 为主键。

（11）土壤基础图（TG_Soil_Base Map）。该表为空间数据表，地块 ID 为主键。

3）种植业管理。根据前面对种植业管理业务的分析，在此要实现对种植业布局信息、种植业种基础数据、基地信息及对专业遥感影像模块的管理。该模块涉及的业务点多，信息量大。

4）畜牧生产防疫监督管理。根据畜牧兽医的业务，数据库的逻辑设计主要分为三大部分，即生产免疫、检疫监督和物资储备。

生产免疫模块，主要以生产企业（养殖场）分布图的空间表为核心，通过主外键分别与动物生产情况表、免疫情况表、动物及动物产品产地检疫记录、养殖场与动物品种关系表、饲养场类型和动物名称关联关系表、动物品种与疫病关联关系表、养殖场类型代码表、生产品种（动物种类）编码表和免疫情况编码表建立关联。

检疫监督模块，主要以屠宰企业（屠宰厂）分布图的空间表为核心，通过主外键分别与动物定点屠宰厂检疫监督记录、冷库分布图、北京市动物及动物产品运输检疫监督记录、兽医卫生检疫监督站分布图、批发市场分布图和路口分布图，建立关联关系。

物资储备模块，主要以物资储备点分布图的空间表为核心，通过主外键分别与物资储备名称基本信息表、物资类型表、物资储备记录表建立关联。

5）系统元数据与业务导航树设计。对系统元数据的设计是为了实现检索、访问数据库，并维护好系统数据。对业务导航树的设计是为了通过对业务导航树的管理和维护，使系统界面展示不同的风格和形式。

（1）字段字典表（TA_Meta_FIELDDICT）。该表保存数据库中所有表中自动的描述信息。数据集唯一标识号和字段标识号合为主键，同时数据集唯一标识号又是外键，通过这个外键与数据集字典表相联系。

（2）数据集字典（TA_Meta_DATASETDICT）。对于数据集信息的描述，数据集唯一标识号为主键。

（3）业务导航树（TA_Meta_SYSMODULEINFO）。此表中是业务导航树结点中保存的信息，模块标识为主键。

（4）图层控制列表（TA_Meta_Map LAYERS）。图层的控制信息保存于此表中，特定比例尺图层标识为主键。

（5）测试数据提供表（Test Data Profiles）。表中保存的是测试数据的信息，详细记载了对测试数据的描述。

6）系统维护数据库设计。对系统维护数据库的设计，是为了实现对用户的管理，包括访问用户资料及对应的用户访问权限、系统操作日志。

（1）用户表（TA_Meta_User Info）。用户登录系统所需用户 ID、用户密码等基本信息存于此表，用户 ID 为唯一标识。

（2）用户组（TA_Meta_User Role）。对用户分组信息的描述，角色 ID 为唯一标识，并作为外键与用户表相关联。

（3）用户单位信息表（TA_Meta_User UnitInfo）。对用户单位信息的描述，单位 ID 为唯一标识，并作为外键与用户表相关联。

（4）权限分类表（TA_Meta_Purview）。根据用户组划分权限，详细记载了权限的描述信息，权限分类 ID 为唯一标识。

（5）登录日志表（TA_Meta_Logon）。用户每一次访问信息都记录在该表，登录 ID 为唯一标识。

（6）用户操作日志（TA_Meta_User Activity Log）。详细记录了用户的历史操作，日志记录 ID 为唯一标识，登录 ID 作为外键与登录日志表相关联。

（7）业务导航树（TA_Meta_SYSMODULEINFO）。为元数据库中表，通过业务树 ID 与权限分类表相关联，构成系统维护数据库与系统元数据库的关联。

7）遥感影像数据库。遥感影像数据库可以分为影像元数据库和影像数据库两部分。影像元数据库用于存储、管理遥感影像元数据中的数据，影像数据库用于存储、管理影像数据。对于每一幅导入的专题影像如裸露地分析，我们为其提供一个 ID 号和影像名称，该 ID 号在系统中唯一标识该幅影像，我们称之为影像 ID。通过影像 ID，把每幅影像的影像数据与元数据关联起来。

由于遥感影像的数据量十分庞大，直接以整幅图像为单位进行存储，不利于影像数据的后继的提取、浏览与检索，所以需要对影像数据进行采样、压缩和影像分割等操作。影像分割是将遥感影像数据按照行列值，将其分割为相同大小的数据块（Tile），以 Tile 为影像存储的基本单元，每个 Tile 均以一条记录的方式进行存储，不同记录通过编号进行排列。对于不能够平分的、出现多余的行或列时，应将其单独存放。对于大小既定的栅格数据来说，Tile 越大，则记录数越少，查询速度越快，但占用内存大；反之，Tile 越小，记录数越大，查询速度越慢，但占用内存少。应该通过实验，来确定最优的 Tile 大小，以达到最佳查询性能。当用户对影像进行调用时，通过映射关系，只调用与用户有关的 Tile 集合即可，从而优化了数据的存储、传输和浏览模式。

由于遥感影像数据量比较大，为减少影像的存储空间，还需要对影像进行压缩处理，然后进行存储。当用户调用数据的时候，首先对数据进行解压缩处理，然后再返回给用户。

6. 数据库设计工具比较。在传统的项目建设中，在进行数据库设计时，许多人喜欢使用 word 文档的格式设计好数据库结构以后，再进行物理数据库的创建；真正使用数据库建模工具，进行数据库设计的比较少。在数据库设计中建立实体时，实体的属性就是表的各个字段，实体之间的关系就是表与表之间的关系，如果这些工作采用传统的文档设计的形式，那么字符输入量将浪费很多的时间。如果使用建模工具进行相关操作，则可以节省很多的时间。利用建模工具直接生成创建数据库的 SQL 代码，或者让建模工具和数据库建立连接，这样就可以随时通过更改实体及他们之间的关系，来直接更改数据库结构了。更重要的是，利用建模工具设计的数据库与平台无关。

目前，主流的建模工具有 Power Designer，ERWin、Visio 和 Rose 等。Power Design 是 Sybase 推出的主打数据库设计工具。它致力于采用基于 Entiry-Relation 的数据模型，分别从概念数据模型和物理数据模型两个层次，对数据库进行设计。概念数据模型描述的是独立于数据库管理系统的实体定义和实体关系定义。物理数据模型是在概念数据模型的基础上，针对目标数据库管理系统的具体化。ERWin 是 CA 公司的拳头产品，它有一个兄弟是 BPWin，这个是 CASE 工具的一个里程碑似的产品。ERWin 界面相当简洁漂亮，也是采用 ER 模型，在一个实体中，不同的属性类型采用可定制的图标显示，实体与实体的关系一目了然。ERWin 不适合非常大的数据库的设计，因为它对 Diagram 欠缺更多层次的组织。Visio 是微软的产品，简单易用（有中文的），对 MS 的支持很好，数据库设计只是其小部分内容，是非专业的数据库设计工具。Rational Rose 是分析和设计面向对象软件系统的强大的可视化工具，可以用来先建模再编写代码，从而一开始就保证了系统结构合理。数据库设计也只是其中的一部分，由于 Rose 系统庞大，初学者不易掌握。

4.5.4.5 数据库的物理结构设计

1. 数据库的选型。数据库的逻辑设计完成后，进入物理设计阶段，主要任务是建立能反映现实世界和信息的联系、满足用户要求、能被某个 DBMS 所接受，同时能实现系统目标，并有效存取数据的数据库。

农业地理信息数据是海量数据，数据库的选择要考虑到平台的企业级应用和管理。鉴于 Oracle 在大型关系型数据库中的领先地位，及其对海量存储和多用户的并发访问的支持，选择 Oracle9i 系列作为后台数据库。Oracle 作为一个商业数据库软件，在对空间数据分析的能力上，并不能满足用户的要求，所以必须对它进行扩展，使之成为能够满足用户需求的关系型数据库管理系统。对数据库进行扩展的 GIS 软件很多，如 Oracle Spatial 和 DtSDE。从空间数据管理的角度来看，DtSDE 可以看成是一个连续的空间数据模型，借助这一模型，可用 RDBMS 管理空间数据。在 RDBMS 中融入空间数据后，DtSDE 可以提供对空间、非空间数据进行高效率操作的数据库服务。因此，对数据进行存储和管理，采用"Oracle+SDE"的模式。在实际应用中，这种模式被证明是一种有效存储海量数据，并对其进行管理和分析的方法。

采用这种数据库管理模式管理地理信息数据，具体有以下技术特点：

其一，保证系统数据的一致性，即空间数据和属性数据统一管理在关系数据库中。

其二，支持超大数据集，对海量数据进行高效的管理。

其三，以面向对象的技术存储和管理数据，使地理信息数据变得智能。

其四，灵活、高效的空间数据检索。

其五，在网络传输的是操作请求和应答，而不是整个原始数据，这样就减少了"网络塞车"的现象。

其六，DtSDE 还具有独特的历史数据的版本管理和逻辑上的无缝、连续的数据，以及完整、灵活的安全控制机制。

2. 数据库的物理布局。数据库的物理结构设计，是将逻辑结构设计的模型在实际的物理存储设备上加以实现，从而建立一个具有良好性能的物理数据库。在进行物理结构设计的时候，要考虑文件结构、内存和硬盘空间、数据交换、速度等因素。当取定之后，应用系统所选用的 DBMS 提供的数据定义语言，把逻辑设计的结果描述出来，并将源模式变成目标模式。由于目前使用的 DBMS 基本上是关系型的，物理设计的主要工作是由系统自动完成的，一般用户只要关心索引文件的创建即可。但在现实中，应用各种不同数据库的时候，往往会忽略数据库的物理布局，只有在数据库性能遇到问题的时候才去考虑，这是得不偿失的，影响数据库的性能和效率。因此，在创建数据库之前，进行数据库物理布局的规划，是很重要的。

底层数据以大型数据库管理系统 Oracle9i 来管理空间和属性数据，对于空间数据，用 DtSDE 作为中间层服务器，提取空间数据。DtSDE 可以集成管理遥感影像数据，因此可以实现影像数据与图形数据的一体化管理。下面，针对实例，从磁盘布局优化和配置、数据库初始化参数的选择、设置和管理内存、设置和管理 CPU、设置和管理表空间、设置和管理回滚段、设置和管理归档重做日志等几个方面加以陈述。

1）磁盘布局优化和配置。首先，所用的磁盘容量，用多个容量小的磁盘比用一个大的磁盘效果更好，因为可以进行更高级的并行 I/O 操作。其次，磁盘的速度，如反应时间和寻道时间，都将影响 I/O 的性能，可以考虑使用合适的文件系统作为数据文件。再者，使用合适的 RAID，对于该选择哪种方式不能一概而论，要根据具体情况而定。有些应用软件先天性地受到磁盘的 I/O 限制，在设计的时候应尽量使 Oracle 的性能不受 I/O 的限制，所以在设计一个 I/O 系统时，要考虑以下的数据库需要：存储磁盘的最小字节、可用性，如 24X7、9X5；性能，如 I/O 的输出和响应时间。决定 Oracle 文件的 I/O 统计信息，可以来查询下列内容：物理读数量、物理写数量、平均时间，I/O=物理读+物理写。而 I/O 的平均数量=（物理读+物理写）/共用秒数，估计这个数据对于新系统是有用的，可以查询出新应用程序的 I/O 需求与系统的 I/O 能力是否匹配，以便及时调整。

2）初始化参数选择。数据库的初始化参数有些可以改，有些不可以改。对于一些像数据库块的大小等参数，可以设置一个较大的数据库，这样可以提高集中查询时的性能。

3）内存的设置和管理。Oracle 常使用的内存结构为系统全局区（SGA），在设置它之前，要先考虑物理内存的大小、操作系统占用的内存量、数据库运行的模式等。Oracle 在运行期间，向数据库高速缓存读写数据，高速缓存命中表示信息已在内存中，高速缓存失败意味着 Oracle 必须进行磁盘 I/O。保持高速缓存失败率最小的关键是确保高速缓存的大小，Oracle9i 中初始化参数 Db_cache_siz 控制数据库缓冲区高速缓存的大小。

4）CUP 的设置和管理。在 UNIX 系统中，可以运行 sar-u 工具，检查整个系统使用 CPU 的水平。其统计信息包括用户时间、系统时间、空闲时间、I/O 等待时间。在正常工作负载的情况下，如果空闲时间和 I/O 等待时间接近于 0 或少于 5%，那就表示 CPU 的使用存在问题。对于 Windows 系统可以通过性能监视器，来检查 CPU 的使用状况，可以提供如下信息：处理器时间、用户时间、特权时间、中断时间、DPC 时间。如果 CPU 的使用存在问题，则可以通过以下的方式来解决：优化系统和数据库，增加硬件的能力；对 CPU 资源分配进行划分优先级。Oracle 数据库资源管理器，负责在用户和应用程序之间分配和管理 CPU 资源。

5）表空间的设置和管理。表和索引通常应该被分配或分区到多个表空间中，以降低单个数据文件的 I/O，最好把每一种功能相同的区域对象建立单独的表空间。

6）回滚段的设置和管理。回滚对于数据库的很多操作都有效。回滚段的大小是通过创建回滚段时指定的存储子句来设置的，对于时间很长的查询，为了维护读取的一致性且有大量的回滚信息，就需要较大的回滚段，建立回滚段的大小最好为最大表的 10%左右（大多数查询只影响到表约 10%的数据量）。设置回滚段的大小可以通过 createrollbacksegment 和 alterrollbacksegment 语句来实现。

7）归档重做日志的设置和管理。数据库在每个联机重做日志文件写满后，对它进行拷贝，通常是写入磁盘，也可以写入别的设备，这需要人为干预。arch 后台执行归档功能，如果有大量频繁的事物，会产生重做日志文件磁盘方面的竞争，避免这种竞争的方式，是将联机重做日志文件分布到多个磁盘上。为了提高归档的性能，可以创建具有多个成员的联机重做日志文件组，但必须考虑到每个设备的 I/O。归档重做日志文件不应与 system、rbs、data，temp、indexes 表空间等存储在同一个设备中，更不能与任何的联机重做日志文件存储在同一个设备中，以免发生磁盘的竞争。归档重做日志文件备份之后是可以删除或备份到别的地方的，否则会占据比较大的空间，而影响硬盘的使用和降低系统的性能。

3. 分布式存储。随着农业信息中空间数据的大量增加，如不同比例尺下的基础地理信息、遥感影像等，数据库的存贮与管理变成了数字农业技术平台设计的重要部分。分布式的农业信息服务，是针对这种状况的一种管理海量数据解决方案。

一个分布式数据库，是由若干个已经存在的相关的数据库集成的。这些数据库分布在由计算机网络连接起来的多个地点，分布式存储的目的是将这些分布在不同地点的空间数据库，以新型继承的方式联系起来，实现信息共享。

4.5.4.6 数据库安全设计

为了保证数据库数据的安全性、可靠性和正确有效，数据库系统必须提供统一的数据保护功能。数据保护也称为数据控制，主要包括数据库的安全性、完整性、并发控制和恢复。

1. 数据的安全性。数据的安全性，是指保护数据，以防止不合法的使用造成数据泄漏、更改和破坏。

数据库安全可分为两类，即系统安全性和数据安全性。

系统安全性，是指在系统级控制数据库的存取和使用的机制，包含以下方面：

1）有效的用户名/口令的组合；

2）一个用户是否授权可连接数据库；

3）用户对象可用的磁盘空间的数量；

4）用户的资源限制；

5）数据库审计是否是有效的；

6）用户可执行哪些系统操作。

数据安全性，是指在对象级控制数据库的存取和使用的机制，包含以下方面：

1）哪些用户可存取指定的模式对象；

2）在对象上，允许做哪些操作类型。

（1）对数据库默认用户的管理。对于平台，无论采用哪种关系型数据库，它一般都有自己默认的系统用户，这种系统用户方便了对系统的管理，但同时也因为它的通用性而存在潜在的危险性，所以对于数据库系统，在平台的建设时，必须严格管理系统用户，修改默认密码，禁止用该用户建立数据库应用对象。

（2）角色与权限。确定每个角色对数据库表的操作权限，如创建、检索、更新和删除等。每个角色拥有能够完成任务的权限。在应用时再为用户分配角色，则每个用户的权限等于它所兼角色的权限之和。

（3）数据库的应用权限设计。平台数据库的建设，需要按照应用需求，设计不同的用户访问权限，包括应用系统管理用户、普通用户等，按照业务需求，建立不同的应用角色。应用级的用户账号密码不能与数据库相同，防止用户直接操作数据库。用户只能用账号登录到应用软件，通过应用软件访问数据库，而没有其他途径操作数据库。如果用户尝试对某一数据对象进行某种权限外的操作，将被拒绝。

提供给应用级的用户访问数据库的应用软件是"权限管理工具"，通过这个工具来管理不同用户的权限，从而对这个系统可以有不同的操作。

（4）数据加密。数据存储在介质上（磁盘等），如果有人盗取磁盘，则数据的安全性就失去了保障。对于一些保密性要求高的数据，可以通过加密的方式，来保证数据的安全性。

2. 数据的完整性。数据的完整性，指数据的正确性和相容性，指数据的准确性、有效性和一致性，防止错误的数据进入数据库，造成无效操作。一个数据可能受到多个完整性约束的限制，可能是简单的，也可能是复杂的，但它们的完整性通常是靠约束来规范的。约束的分类有两方面：

1）数据值的约束。数据值的约束，即对数值类型、范围和精度等进行约束，如农业土壤环境监测酸碱度的 pH 范围为 0~4。

2）结构的约束。结构的约束，即对数据间联系的约束，如函数依赖关系、实体完整性约束、参照完整性约束等。农业业务的数据量大，涉及的数据表多，因此在数据库建设中要注意数据间的完整性，对于有依赖关系的表，如主外键关系表，在删除父表时必须删除其子表的相应数据，或者按照某种业务规则转移该数据。

3. 数据可维护性。数据库的维护是数据设计中的一个重点，基本内容有网络管理、系统参数管理、元数据管理、权限管理、日志维护、用户管理、数据备份与恢复管理、病毒及黑客侵入预防。

1）网络管理。

（1）利用系统的网络管理软件，实现对网络系统中各种设备的管理、数据流量的监测及网络服务管理。

（2）加强用户口令管理制度，合理设置口令的长度、更换周期，并及时注销到期账号。

（3）利用网络系统及网络应用的权限机制，对不同用户提供不同的访问权限。

（4）定期分析运行记录，防止非法入网和越权访问。

（5）加强行政管理，进行网络安全教育和培训。

2）参数管理。参数管理用于对应用软件系统相关参数进行设置、修改和维护。

3）元数据的管理。元数据的管理主要包括对元数据的添加、删除、修改和代码回收。

4）权限管理，确保数据的安全。

5）日志维护。日志包括操作日志和系统日志，系统管理员可以查看各用户的操作日志，可以规定日志的保存期限。

6）用户管理。用于对网络系统用户进行管理，实现用户的创建、注册、删除和授权功能。

7）病毒及黑客侵入预防。安装病毒在线防火墙和查杀毒软件，保证系统的正常运行。系统具有自写日志的功能，记录每次对系统操作的时间、内容项目。系统一旦被错误操作或非法操作而引起系统错误，管理人员可在日志中查出，以便及时发现导致错误的原因，并修改和恢复数据。

对于网络安全运行、数据库及时更新与维护，指定专人负责管理，专机使用，并在系统设计时充分考虑可能出现的各种故障，设计自动维护和修正模块，同时定期改造、利用新技术，以保持系统的先进性。

4. 数据可恢复性。数据的可恢复性，就是当系统发生故障造成数据库中全部或部分数据丢失时，系统必须具有监测故障，并把数据库恢复到故障发生前的某一已知的正确状态的功能。

1）故障的种类。

（1）介质故障。主要为存储介质，这类故障将破坏整个数据库或部分数据库。

（2）操作错误。操作人员的误操作，使数据库中输入了错误数据或删除了不应该删除的数据等。

（3）系统故障。由于电压不稳、突然断电、硬件错误、操作系统故障、DBMS的程序设计缺陷等，造成系统停止运行的事务，导致主存和数据库缓冲区中的内存丢失，没有将结果写入数据库，使数据库中的数据受损。

（4）事务故障。是事务故障指事务没有正常结束，如运算溢出、用户程序非正常终止等，这种状态下的数据库可能处于不正确状态。

由上述原因引起的数据库故障，一类是数据库已破坏，无法恢复的，另一类是部分数据受损，经修改数据库还可用的。

2）数据库恢复的技术。一般的数据库都提供了数据快速的备份和恢复手段，像 Oracle 数据库提供了数据库级、用户级和表级的数据备份恢复方式。这种方法一般作为数据库辅助备份手段。在 Oracle 中，恢复指的是从归档和联机重做日志中读取重做日志记录，并将哲学变化应用到数据文件中，将其更新到最近状态的过程。

4.5.5 应用服务设计

应用服务层是位于存储层和应用系统之间的通用服务，作为数据库系统与应用系统之间的桥梁，负责向前端应用系统提供统一的空间数据管理、分析等方面的接口，以及应用系统与数据库系统之间的数据 I/O 处理，封装底层各数据库系统提供的应用接口，同时提供通用的空间数据管理、空间信息查询、空间分析等基础功能。这一层封装了 GIS 功能部件、数据库访问部件等。它们可以分布到不同的服务器中，可以利用 Web-Service 技术，通过 HTTP、SOAP（简单对象访问协议）等协议，与不同机器上的网络服务进行通信。

这些服务具有标准的接口和协议。针对不同的操作系统和硬件平台，它们可以有符合接口和协议规范的多种实现。应用服务层通过提供在网络上互相通信的标准机制来支撑应用，能够屏蔽操作系统和网络协议的差异。系统中间件分布于应用系统和信息服务系统之中，为业务应用服务器。它一般采用可重用度很高的软件技术（如构件技术）及分布式对象技术来实现，能为应用提供多种通信机制，并提供相应的服务，以满足不同领域应用的需要，为应用系统和信息服务系统提供一个相对稳定的环境。

应用服务层集中了平台的业务逻辑处理，可以说是 GIS 应用系统中的核心部分。平台的健壮性、灵活性、可重用性、可升级性和可维护性，在很大程度上取决于应用服务层的设计。因此，如何构建一个具有良好架构的应用服务层，是应用型 GIS 开发者需要重点考虑的问题。

为了使应用服务层的设计达到最好的效果，我们通常需要对应用服务做进一步的职能分析和层次细分。以 GIS 作为数字农业技术平台，由各个子系统采集农业业务数据，将这些原始数据以规定的格式返回，再对数据进行分类、抽取、挖掘和融合等处理。在数据存储的同时，将不同的信息，按照规范的协议发布给相应的应用子系统。同时，提供多种静态和动态的农业信息查询接口，满足这些外部系统对农业信息的需求。应用服务层提供专业的应用服务，如 GIS Server 和 Report Server 等，当应用程序业务逻辑或数据处理逻辑发生变化时，只需在中间层应用服务器上更新，而不需对所有的客户端都进行更新。

4.5.5.1　空间数据服务

数据服务层为应用服务层提供所需的数据服务，包括空间数据库的存取管理功能。海量数据采用空间数据库进行管理。目前的空间数据库基本上是基于一些通用的数据库管理系统来构建的，由于不同的 DBMS 在数据模型、物理实现等诸多方面都存在很大的差异，要弥合这些差异靠 DBMS 厂商自身不能解决问题，而通过空间数据服务这个中间层，可以将不同的操作系统平台和数据库平台的差异屏蔽掉。这样的应用，使得数据提供者和数据应用者能够专心于各自专业领域的开发应用，也使系统的 GIS 功能应用与后台数据访问实现了分离，降低了系统的负载程度，可以使空间数据库的数据能够被充分地利用和共享。

空间数据库引擎（SDE）是北京地拓科技研究院研制的软件模块，它在 GIS 应用程序和基于 RDBMS 的空间数据库之间提供了一个开放的接口，是一种中间件技术。用户可以通过空间数据引擎，将 GIS 数据提交给 RDBMS，由 RDBMS 统一存储、管理和获取 GIS 数据。在 GIS 应用层的设计中，需要重点考虑的是对于数据库访问的并发处理。对此，在 GIS 应用层的设计中，需要使用多线程的连接池和数据缓存服务，从而提高 GIS 应用服务器处理的效率。通常要对空间数据进行压缩处理，目前对于栅格的压缩有比较成熟的算法实现，即可以实现准无损压缩。但在一些商业化的软件中，使用了一种矢量栅格化技术，即在应用服务层上将用户所需要的矢量数据转换成栅格数据，然后进行传输。经过这样的处理，可以大大缩短客户端对地图的放大、缩小和漫游的响应时间。

为了实现空间数据的动态存储、历史分析、长事物处理和海量数据管理等，在数据库（包括空间数据库）与应用系统之间开发时空 GIS 中间件，包括空间数据库接口、地图控制、历史数据搜索、海量数据传输、海量数据的地图显示和全信息时态空间数据存储等。

数据库服务由空间数据库引擎和大型商用数据库构成，在 DBMS 基础上建立空间数据库，用于存储、管理和维护各类数据，建立并维护空间和非空间索引。空间数据库引擎，是一个用于访问储于 RDBMS 中的海量多用户地理数据库的服务器软件产品。它提供了一组服务，用于增强数据管理功能、扩展数据类型，以便存储于 RDBMS 中，使模型在 RDBMS 间便于操作，并提供灵活的配置。

空间数据库的服务层屏蔽了客户端对数据库服务器的直接操作。用户端只能通过中间层来访问数据层（数据库），这样把很多危险的操作都屏蔽掉了。

空间数据库引擎提供一些基础性的空间数据库服务：

其一，物理存储各种专题数据，包括空间数据和非空间数据，如矢量地图、遥感影像、空间元数据、栅格、地理编码标准和空间信息可视化规范等。

其二，维护专题数据的一致性。

其三，建立和维护低级空间索引及非空间索引。

其四，提供基于用户和角色的安全管理。

其五，接受保存和更新数据的请求，对数据进行基本检查，保存数据，返回结果。

其六，接受查询请求，抽取或裁切数据，返回数据子集。

1. 数据库服务层功能结构。数据库服务层可以提供创建数据库的功能，通过空间数据库引擎的功能，建立空间数据库；实现空间数据对象管理，建立和维护空间数据对象字典，建立和删除空间索引，创建和管理空间数据登陆、用户、角色，并根据不同的用户授予不同的权限；数据库服务层还可以提供对空间数据加锁、解锁及锁监控，并对空间数据进行备份和恢复等管理，对空间数据的操作进行监控。

2. 空间数据库引擎。

1）空间数据库引擎的工作原理。空间数据建立在大型商用数据库管理系统上，一般有两种技术，来实现对空间数据的储存、管理、检索和维护。一种是通过扩展关系型数据库系统，这种方式使空间数据和属性数据在同一个 DBMS 的管理之下，这不仅使空间和属性数据之间的练习比较密切，还便于利用某些 DBMS 产品的现成功能（如多用户的控制、客户机/服务器的运行模式等），但为了使空间数据适应关系模型，须牺牲软件运行的效率。

例如，Oracle Spatial，它是 Oracle 公司推出的空间数据库组件，通过 Oracle 数据库系统存储和管理空间数据。Oracle 从 9i 开始，对空间数据提供较完备的支持。由于 Oracle Spatial 本身是 Oracle 数据库的一个特殊的部分，因此可以用 Oracle

提供的程序接口对 Oracle Spatial 管理的空间数据进行操作。目前，Oracle 数据库主要提供两种接口方式，对其数据进行存取：

（1）Oracle 提供的面向 C 语言程序员的编程接口 OCI；

（2）用 Oracle 本身所提供的 OLE 对象，来快速访问有关数据库。

Oracle Spatial 主要通过元数据表、空间数据字段（即 SDO_GEOMETRY 字段）和空间索引，来管理空间数据，并在此基础上提供一系列空间查询和空间分析的函数，让用户进行更深层次的 GIS 应用开发。Oracle Spatial 使用空间字段 SDO_GEOMETRY 存储空间数据，用元数据表来管理具有 SDO_GEOMETRY 字段的空间数据表，并采用 R 树索引和四叉树索引，技术来提高空间查询和空间分析的速度。

另一种是通过软件提供的一组服务，来实现对空间数据的管理功能，如 DtSDE.DtSDE 支持工业标准的 DBMS 平台，同时引入了其独有的异步缓冲机制和协同操作机制，使得空间数据服务的响应效率空前提高，真正起到了"引擎"的作用，而非仅仅提供一种空间数据存储方式。

2）空间数据库引擎体系结构。空间数据库引擎是一个中间件，其作用实时关系型数据库管理系统能够存储、管理和快速检索空间数据库。

4.5.5.2　通用 GIS 组件

通用组件 GIS 的基本思想，是把 GIS 的各大功能模块划分为几个控件，每个控件完成不同的功能。各个 GIS 控件之间、GIS 控件与其他非 GIS 控件之间，可以方便地通过可视化的软件开发工具集成起来，形成最终的 GIS 应用。控件如同一堆各式各样的"积木"，它们分别实现不同的功能（包括 GIS 和非 GIS 功能），根据需要把实现各种功能的"积木"搭建起来，就构成了应用系统。

1. GIS 基础功能展示。

1）基本图形操作。系统提供对当前地图进行浏览功能，包括地图的放大、缩小、平移、全图显示、放大到当前图层、历史视野范围追溯和方向漫游功能，方便用户对地图的定位。

2）鹰眼导航。系统提供对当前地图进行缩略图导航的功能，便于用户在大范围内把握地理位置信息。

3）图层控制。

（1）增加图层、编辑节点、地图节点显示、图层属性控制。

（2）专题图输出。根据相关专业应用进行分析，将分析的结果以专题图的形式出图。

（3）业务操作和图层控制融合。所有通用 Web GIS 站点和专业 Web GIS 站点，都是采取将业务逻辑和 GIS 功能逻辑分开处理的模式。事实上，专业用户和普通用户对 GIS 都是不太熟悉的，他们需要直接操作业务，又不想关注 GIS 原理和烦琐的操作。这样，业务和 GIS 操作就需要一定的融合。在操作业务时，一般最频繁使用的 GIS 模块是图层控制，要想真正方便用户操作，必须在操作业务的同时，对用户屏蔽图层控制。我们已经实现这种功能，点击业务导航树上的某个业务节点，此节点业务对应的图层自动会被设置为可见，而最需要查询的图层同时会被设置为活动图层。

4）遥感影像的管理。保存各种经过校正的、增强的现状和历史遥感图像，包括专业遥感影像。系统将建立影像数据库，实现多分辨率无缝影像数据的存储管理，采用高效影像压缩/解压技术，可以在不影响原始高分辨率影像质量和精度的情况下，维持原始图像的质量及完整性，减少了数据传输的时间，加快了传输的速度，减少了数据的存储空间。

2. GIS 二维分析。空间分析是为了解决地理空间问题而进行的数据分析与数据挖掘，是从 GIS 目标之间的空间关系中获取派生的信息和新的知识，是从一个或多个空间数据图层中获取信息的过程。空间分析通过地理计算和空间表达，挖掘潜在的空间信息，其本质包括探测空间数据中的模式，研究数据间的关系，并建立空间数据模型，使得空间数据更为直观地表达出其潜在的含义，改进地理空间事件的预测和控制能力。空间分析是基于地理对象的位置和形态特征的一种空间数据分析技术，其目的在于提取和传输空间信息，这种技术也提供了提取和传输信息的能力。

二维分析，是指在二维空间中几何特征的分析，如空间量度、缓冲区分析和网络分桥等。

1）空间量度。根据农业业务的需要，提供特定的空间度量服务，进行计算和决策支持，如计算不同物资储备点间的距离，分析物资储备点分布的合理性，计算监测区域的周长和面积等，具体包括以下方面：

（1）点的大小。地图学中的点，是有一定地理和人文要素的意义的实体点，需要读出其大小。

（2）线的长度。

（3）多边形的周长。周长越长，其外界越开放，与外界的接触度越高。

（4）多边形的面积。分解成简单图形相加或是积分办法求积。

空间量度在二维地图中地理基本要素之间的关系，表现在以下四个方面：

（1）点到点的距离。具有网络连通性的点到点的距离分析。

（2）点到线的最短距离。在组成线的点集合中寻找一个点，这个点到集合外的点的距离最短。

（3）点到多边形的边的最短距离。在多边形的边的点集合中找到集合外的点的距离最小的点。

（4）线与线的最短距离。找到两个点集的任意成员的组合，求其中距离最短的一组点的组合。

2）缓冲区分析。根据农业业务需要，提供特定的缓冲区分析服务，进行查询和决策支持，如当某一地区发生污染，利用缓冲区分析，来查询和判断污染对周边地区的影响范围等。

（1）点的缓冲区。点的缓冲区，是指所有到点的距离在一定范围 R 之内的点的集合。

（2）线的缓冲区。线的缓冲区，是指所有到线的最短距离在一定范围 R 之内的点的集合。

（3）多边形的缓冲。多边形的缓冲，实质就是作多边形轮廓的缓冲区，即所有到多边形轮廓线的距离在一定范围 R 之内的点的集合，其中，相向一面的缓冲区称为向内缓冲，相背一面的缓冲区称向外缓冲。

3）拓扑分析。根据农业业务的需要，提供特定的拓扑分析服务，进行查询和决策支持。拓扑分析主要是指点、线、多边形之间的关系分析，如农业饲料加工企业的选址分析、种植布局分析等，对农业经济及周边环境的影响等。

4）网络分析。根据农业业务的需要，提供特定的网络分析服务，进行查询和决策支持，如畜牧检疫监督站点的分布，对检疫监督工作的影响范围分析等。

网络分析的主要用途：选择最佳路径、选择最佳布局中心位置。

网络基本要素，有以下四个方面：

（1）结点。结点是网络中任意两条弧段的交点。

（2）连通路线或链。连通路线或链具有一定的方向性。

（3）中心。中心是网络线路中具有接收和发送物质流、信息流的结点点位。

（4）障碍。线路不具有连通性，就是障碍。

3. GIS 三维分析（基于 DEM 的地学分析）。数字高程模型（DEM）是空间构架数据的基本内容，是各种地学信息的载体，在空间数据基础设施的建设和数字农业战略实施的过程中，都具有十分重要的作用。GIS 三维分析是指利用 DEM 进行的一系列与高程相关的分析，DEM 是定义在二维区域上的一个有限项的向量序列，以离散分布的平面点，来模拟连续分布的地形地貌的分布或其他地理现象的分布，具体包含 DEM 的生成、坡度分析、坡向分析、地形剖面分析和其他方面。

4.5.5.3　专业模型组件

专业模型组件是抽象出行业应用的特定算法，固化到组件中，进一步加速开发过程。农业业务模型组件是针对农业行业的特点和规律，建立农业行业的对象模型体系，包括行政区、土壤和监测站点等业务对象及业务对象之间的关系，农业行业常用的地形图层、坐标体系及农业部门的组织结构等。这些模型组件通常采用归纳、抽象和合并等手段进行开发，使本模块的开发接口直接反映农业行业的业务概念体系，并形成行业中常用的组件资源及众多的原子操作功能组件。

随着农业业务的扩展，以后还会开发和挖掘更多的系统模块，以及根据我们保留的历史数据推算出的农业模型，如土壤肥力预测模型、疫情预警模型和施肥推荐模型等决策支持模型，并将逐步建成与其他系统相集成的公共信息系统，为农业及其他行业部门的宏观决策，提供翔实的基础依据，从而为生产、规划、管理提供科学、合理的支持。所以，平台的建设应留有接口，以便业务的扩展和平台的扩建。

4.5.5.4　Web 发布组件

分布式 Web GIS 可以分为分布式服务和 GIS 服务。分布式服务包括注册服务、事件服务及安全服务等，这些服务是建立分布式 Web GIS 的基础上的。GIS 应用服务层是分布式 Web GIS 的应用核心，主要实现 GIS 的应用服务，如数据格式转换服务、GIS 空间分析服务、数据获取服务和投影变换服务等。这些服务可以通过组件的方法实现。

Web 发布组件的原理是，Web 浏览器发出查询请求后，由 Web Map 中间件在应用服务器上进行空间数据检索、空间分析和统计，结果以图片的形式返回到客户端。

1. Web 方式的地图发布和维护。利用 Web 发布组件，可以实现地图自动发布管理，既可以管理地图发布需要的资源文（dwg、图层文件和 mwf 文件），又可以定制发布需要的地图，选择地图资源，选择需要添加的图层，以及在添加的图层中应用报表。利用 Web 发布组件，还可以动态地进行地图的编辑，添加维护图上的显示元素。

2. Web 报表服务管理。利用 Web 报表服务管理，可以实现 Web 方式管理报表模板、报表发布，实时生成业务部门生产日报、月报、年报和汇总报表等，并提供报表常用电子文档格式的导出（如 excel、pdf）。

用户连接到 Web 服务器，向 Web 发送一个数据请求，GIS 应用服务器根据用户请求向数据库获取原始数据，并处理生成用户所需的数据。

用户需要的图形与数据资源整合好后返回给 Web 服务，最后由 Web 把内容返回给用户。当 Web 服务接受用户的访问请求后，向 GIS 服务发出请求。

1）Web GIS 的农业信息系统功能结构。Web GIS 下的功能，主要包括通用的公共信息和按权限访问的专业信息两类。其中，公共信息模块包括查询、检索、统计和输出等模块，专业信息包括农业环境监测、土壤肥力监测与评价、动物疫病预防与监督等模块。

2）地图操作模块。该模块主要实现图形浏览和空间属性查询浏览，是 Web GIS 所必需的组成部分，实现以下功能：

（1）固定比例放大、缩小。

（2）拉框放大、缩小。

（3）前一视图、后一视图。

（4）全图显示、放大到当前激活图层。

（5）图层控制。

（6）多比例尺分层显示空间数据。

（7）点选查询属性。对空间实体点击后查询其属性，包括地类图斑（土壤图）、点（监测点）、线状地物（线状污染源）等。

（8）矩形选择查询属性。矩形选择后查询该矩形区域内的空间实体的属性，通过属性反向定位到具体的空间实体。当查询地类图斑时，对具体的地类图斑进行缓冲区分析，查询该行政区内的点（监测点）、线状地物（线状污染源）。系统通过选取对象的颜色变化突出选中效果，并放在查询集中以备后续操作（如缓冲区分析操作要先选中对象）。

（9）多边形选择查询属性。多边形选择查询该多边形区域内的空间实体的属性，通过属性反向定位到具体的空间实体。当查询地类图斑时，对具体的地类图斑进行缓冲区分析，查询该地类图斑内的点（监测点）、线状地物（线状污染源）。系统通过选取对象的颜色变化突出选中效果，并放在查询集中，以备后续操作（如级冲区分析操作要先选中对象）。

（10）测量距离。可以测量任何折线的距离，同时显示客户端用户所画的折线。在各户端对用户的鼠标事件进行捕捉，动态地显示距离的提示信息。

（11）缓冲区分析。对选中的空间实体利用拓扑关系进行缓冲区分析，查询与该选中实体存在包含关系的其他空间要素。显示找到的空间实体的属性信息，同时通过特殊的颜色高亮度显示所生成的缓冲区形状。

（12）地图打印。对当前显示的地图进行打印输出，用户可以设置打印地图的大小，设置打印标题，利用 IE 的打印功能直接打印输出。

（13）清除选择集。由于系统选取的对象都是以高亮度的渲染色进行显示，选择的对象越多，系统的运行速度越慢，所以用户需要不断地清除已经选择的对象，以提高系统的运行速度。

3）地图加载模块。实例中，由于本系统发布的图层很多，如何发布图层并保证良好的发布速度，是一个攻坚性问题。本组件就是为了解决这个问题而设计的。成功完成本模块需要服务器端（Server）的地图服务（Map Server）和客户端（Client）用户操作的共同支持。

该模块能实现以下功能：

（1）创建地图服务。创建要发布的地图服务。

（2）多服务（Muti-Services）的叠加显示。将多个服务的地图叠加显示在一个界面中。

（3）动态添加地图服务。对服务器端创建的地图服务在客户端进行动态的添加和删除，并与具体的目录树建立密切联系，控制客户端目录树中图层的添加和删除。

（4）图层显示控制。设置显示图层的可见性，控制图层动态的添加和删除。

（5）图层的多级显示。由于加载的图层太多，每个图层内的地理要素记录非常大，要按业务和显示的比例尺分配加载。

（6）图层要素的多级显示。让其在不同的视野范围内，显示不同的地理要素，从而提高地图的显示速度。

4）影像加载模块。在我们的实例系统中发布的图层很多，部分业务职能站的影像栅格数据和基础影像数据要与地图矢量数据进行叠加显示，实现影像数据作为背景数据的显示效果，本模块实现了同时发布 Oracle 9i 中的地图数据和影像数据，同时动态添加影像的功能。本模块的成功完成，需要服务器端的地图服务和客户端用户操作的共同支持。该模块能实现以下功能：

（1）创建影像地图服务。创建影像地图服务，是指向地图服务中添加影像数据。

（2）加载影像。加载影像，是指在客户端动态地加载和删除影像数据。

（3）控制可见性。控制可见性，是指在客户端对加载的影像数据以图层的方式进行管理，控制其可见性。

（4）影像和矢量图层的叠加显示。影像和矢量图层的叠加显示，是指自动将影像数据放在最底层，充当背景数据，同时对面状的地物进行控制，让其不能遮挡加载的影像数据，提高其叠加显示的效果。

5）专题图浏览模块。该模块是方便业务和领导用户查看专题图，实现以下功能；

（1）固定专题图浏览。固定专题图浏览主要是常用的重要专题图，设置好存储在系统中，用户不用到决策支持子系统中进行设置，便可以直接浏览、查看的一类专题图。具体包括：按区县畜牧生产专题图、按品种畜牧生产专题图、按产地屠宰企业检疫监督专题图、按产地运输检疫监督信息专题图、按产地动物产地检疫监督专题图、全市监测点作物田肥料投入产出专题图、全市作物田土壤养分专题图、年度作物田土壤养分变化趋势专题图、肥料盈余分布图、作物肥料投入结构专题图、全市土壤监测点分布图、监测点单指标浓度专题图、监测点单项污染指数专题图、监测点综合污染指数专题图、监测点预警专题图、各类型污染源分布图、土壤修复专题图、全市种植作物面积分布图、全市种植作物总产分布图、全市种植作物单产分布图、全市涉农企业分布图、全市基地分布图，以及全市气象站点分布图。

（2）动态加载专题图浏览。由于农业业务复杂，多数业务不是很稳定，所以对于不常用的统计专题图采用动态加载的办法，通过在决策支持子系统定制满足业务要求的专题图后发布到网上，用户就可以像打开固定业务专题图一样，直接对加载的专题图进行浏览和打印操作。这样，保持了 Web GIS 展示子系统界面的清晰、功能的简单易用，如年度全市各乡镇玉米种植单产分布图、年度全市各乡镇饲草的总产比例分布图、年度各乡镇不同类型农业设施总面积比例分布图、年度各乡镇畜禽总产值比例分布图。

4.5.5.5　三维虚拟中间件

提供矢量数据和 DEM 数据、三维效果视图接口，应用层提供事物请求后，由该中间件进行虚拟运算，并以图片形式返回到客户端。三维虚拟中间件应具有光效、空中飞行、立体贴图等效果接口。

三维虚拟技术的关键技术是 DEM 的表达。对 DEM 数据的组织，较多地用不规则三角网（TIN）模型或规则网格（GRID）模型。TIN 模型是由分散的地形点按照一定的规则构成的一系列不相交的三角形网组成，所表示的地形表面的真实程度由地形点的密度决定，并能充分表现高程细节的变化，适合于地形复杂的地区。TIN 可以利用原始高程点重建地形表面，地形平坦的地方多边形较少，复杂的地区多边形较多，对地形的描述具有很好的合理性。GRID 模型具有较小的存储量和简单的数据结构。

三维 GIS 与二维 GIS 相比，可以帮助人们更加准确、真实地认识客观世界。因为三维显示通常采用截面图、等距平面和立体块状图等多种表现形式，对地理现象可以从不同角度观察。借助三维显示技术，通过离散的高程点形成的等高线图、截面图和透视图等，可以利用程序高效地完成。

基于建成的空间数据库，开发农业信息 3D 模拟分析中间件，实现基础地图数据、影像数据和 DEM 数据三者的叠加显示和控制，并可基于空间数据库中的空间数据，进行农业业务信息查询、三维分析和沿特定线路的三维飞行。其基本功能有以下方面：

1. 3D 基本操作。3D 基本操作包括放大、缩小、漫游、测距、面积量算、点击查询和框选等基本功能。

2. TIN 模型的生成和渲染。可根据地物高程值，生成 TIN 高程模型，同时提供丰富的 TIN 模型专题渲染方式。

3. 影像与地图配准。支持各类不同分辨率的影像数据与地图数据的镶嵌配准。

4. 影像与 TIN 模型镶嵌。支持各类不同分辨率的影像数据与 TIN 模型的镶嵌配准。

5. 多源异类数据叠加。多源异类数据叠加包括影像数据（卫片和航片等）、矢量地图数据、DEM 模型数据的配准、叠加和显示。

6. 矢量地图专题渲染。支持矢量地图的各种渲染方式，包括简单渲染、分级渲染和独立值渲染等。

7. 矢量地图符号定制。支持各种二维和 3D 符号的可视化定制。

8. 通用查询。可根据具体地物名称，进行定位查询。

9. 通用三维表面分析。可以计算农作物的生长趋势，进行挖填方分析、洪水淹没分析等。

10. 基于农业业务的三维分析。在用户选择的任何视点，以用户确定的视角、比例因子和符号，来表示所有地物或某些指定的物体。

11. 飞行动画。可沿预先设置好的飞行路径，在高程模型中飞行。

4.5.5.6 农业宏观决策支持

农业宏观决策支持，是利用系统提供的模型及方法对业务数据进行评价和判定，为决策者提供决策的参考意见。同时，农业决策支持制作专题图功能，允许业务用户经过统计分析，制作某一方面的专题图供业务用户和领导用户使用。它为决策者提供分析问题、建立模型、模拟决策过程和方案，调用各种信息资源，以帮助决策者提高决策水平和质量。

通过该系统，可以有效地管理具有空间属性的各种农业资源信息，对农业管理和实践模式进行快速和重复的分析测试，便于制定决策；有效地对多期的农业资源及生产活动变化进行动态监测和分析比较；可将数据收集、空间分析和决策过程综合为一个共同的信息流，显著地提高工作效率和经济效益。

1. 统计分析模块。

1）综合统计。由用户选择想根据哪些农业指标统计哪些另外的农业指标。用户需先选择业务表的名称，再选择每个业务关心的指标，可以选择过滤条件，也可以选择按某一指标分组或排序，最后生成统计表。

2）统计结果显示。所有的统计结果，按照一种表格风格显示。

3）数据导出。能够将数据按照屏幕上的显示格式导出到 excel 表格，保持显示和导出到本地文件的一致性。

2. 专题图模块。本系统针对农业数据类型的多样性，根据用户自己的需求制作专题图。该模块能实现以下功能：

1）统计分析。功能同上一模块，允许用户选择不同业务和不同业务的数据指标，根据任意条件过滤或分组，根据某一数据内容排序等，最后形成报表。

2）制作专题地图。可以选择专题图类型，利用前面生成的统计数据自动制作各种专题图，如按区县畜牧生产专题图、按品种畜牧生产专题图、屠宰企业检疫监督专题图、全市监测点作物田肥料投入产出专题图、全市作物田土壤养分专题图和年度作物田土壤养分变化趋势专题图等。

3）图例更改。用户能够更改专题图的图例，包括颜色和样式等。

4.5.5.7　系统维护

系统维护中间件是数字农业技术平台建设的一个重要方面，肩负着对系统的管理和维护。系统的建设要具有开放性，便于对信息的共享和整合，这就要求对系统的元数据进行管理和维护；为保证系统的可扩展性，并使不同的部门和用户使用不同的应用系统，系统要对业务导航树进行管理和维护，便于系统业务的扩展、变更及"换肤"的需要；为保证系统安全级别高的数据不遭到意外破坏和更改，以及不同部门人员可以使用不同的系统，需要对用户的权限进行管理和维护；为能实时掌握不同用户对系统所做的各项操作，需要对系统的日志进行管理和维护。

1. 元数据的管理和维护。

1）元数据管理与维护的设计思想。数字农业技术平台建立在分布式的异构网络环境下，由于分布式的环境下异构系统的复杂性，用户远程访问分布式的农业信息数据库和网络地图服务非常困难，需要面对分布式的空间信息服务进行管理。一个可行的方法就是创建与农业空间数据内容和服务相关的元数据，这些元数据可以由用户或者元数据搜索引擎进行解释。这样，能使元数据成为连接分布式异构环境下的农业空间信息数据库和服务的桥梁，同时元数据也提供用户有关农业空间信息数据库的语义和语法等信息。元数据的使用有利于在分布式环境下进行农业信息服务的标识、实现异构系统的互操作，一个综合的元数据结构对于开发开放的、分布式的农业网络信息服务系统是至关重要的。因此，针对区域农业信息管理与服务系统的体系，需要对元数据的管理和维护进行设计。

在基于 B/S 结构的网络信息系统，同样存在对数据进行共享和安全管理的需求，因此在系统建设中，有必要引入元数据管理技术，实现系统数据的高度共享和快速检索，以利于系统开发、数据保密和用户本身对数据的理解和管理。元数据可理解为"关于数据的数据"，它提供对系统空间数据集的内容、质量、状态和其他特性的描述，为各种形态的数字化信息单元和资源集合提供规范、普遍的描述方法和检索工具，为分布的、多种数字化资源有机构成的信息体系提供整合的工具和纽带。系统中 Web 上的发布信息主要是元数据，查询的用户可以了解所需数据的属性，但不能直接获得数据内容，这样，既保证了数据的共享，又实现了数据保密的要求。国外对于元数据技术的应用已经非常普遍，并制定了相应的标准。我国也制定了通用的标准和实施策略。元数据的作用在系统建设中体现为以下五个方面：

（1）帮助数据生产单位有效地管理和维护空间数据，建立数据档案，并保证即使其主要工作人员变动时，也不会影响对数据情况的了解；

（2）提供数据生产单位数据存储、数据分类、数据内容、数据质量、数据交换网络、数据发布的信息及权限设定内容，便于用户查询检索和对数据进行有效管理；

（3）提供通过网络对数据进行查询检索的方法或途径，以及与数据交换和传输有关的辅助信息；

（4）帮助用户了解数据，以便就数据是否满足其需要作出正确的判断；

（5）提供有关信息，便于用户处理和转换接受的外部数据。

在本系统的设计中，元数据标准参考美国制定并被国际标准化组织采用的《地理空间元数据的内容标准》，结合本系统的数据特点，做适应性修改后应用。系统中的元数据在存储形式上分为格式化文本（如超文本或 html）和关系型数据库两类。遵循元数据定义的层次结构，在利用关系型数据库表达和操作不便的情况下，对于一些整体数据集的描述采用格式化文本形式存储，兼顾本系统的本身就是 Web GIS 的特点，可以设计成超文本或 html 格式，以实现网上浏览，使用户了解有关对象数据集的说明并提供相关链接，它们往往作为元数据管理系统的查询结果出现。对于诸如数据字典之类的元数据，由于其本身具有清晰的结构，且访问频繁，因此可以建立关系型数据库，数据结构由需表达的实体类型和它的属性数据集决定。在整个系统开发过程中，应同时建立元数据管理子系统，它建立在元数据库之上，实现对元数据库的创建、更新、输出、查询、检索及表示等基本功能，还应建立元数据库与系统空间数据库等被描述对象数据库之间的链接，具备通过对元数据库的查询完成最终目标数据的提取能力。

考虑到系统的可持续发展策略，现行的元数据内容有可能在发展过程中不能满足信息发展的多方需要，因此应依据标准规定，允许对元数据定义内容的扩充，使元数据库具备可扩展性。

2）元数据管理与维护的功能设计。元数据不仅被用来描述数据本身的一些特性，同时涉及对数据操作方面的内容。元数据既是面向数据的，又是面向应用的。元数据的设计必须考虑将来的数据使用问题。对于农业信息管理与服务系统，它要为农业生产、决策服务，针对某些确定的数据内容，会有一些特定的操作。因此，从系统整体来考虑，元数据的设计应当侧重操作性功能而非描述性内容。操作性元数据用于定义作用在数据上的操作行为，进行这些行为所要求的条件和设置等，有了这些信息，再配合相应的软件支持，就可以实现特定的操作，如地图显示、空间分析等。所以，操作性元数据是将数据、软件（程序）和网络地图服务，进行集成和动态交互的基础。

（1）对元数据描述性内容。

①影像库元数据内容：影像类型、影像编码、内容描述、影像空间范围和存储格式等。

②矢量数据元数据内容：层名称、比例尺、投影（坐标系统）、存储格式、空间范围、是否包含拓扑关系和内容描述等。

（2）操作元数据内容。

①地图显示元数据。通过地图显示元数据，可以指定空间数据在计算机屏幕上的可视化表达方式，如一个矢量的空间数据图层，包含如下元数据内容：地图特征类型（点、线和多边形）、维数（二维和三维）、地图符号（符号大小和符号形状等）、专题显示类型（范围分类图、点密度图和直方图等）、缩放显示阈值范围和颜色等。

②信息查询元数据。查询是系统最重要的功能之一。分布式系统下的查询元数据需要包括如下内容：远程数据库连接方式、查询语言、数据压缩 P 解压缩方式、查询结果的输出格式和查询结果的存储地点等。

③平台软件服务元数据。平台软件封装了底层各数据库系统提供的应用接口，同时也提供通用的空间数据管理、空间信息查询、空间分析等基础功能。在分布式的环境下，通常使用 Java、DCOM 和 CORBA 等技术来建构软件平台。它的操作性元数据通常需要考虑到如下内容：数据输入要求（数据格式、投影信息和数据精度等）、数据输出描述（数据格式和输出位置等）、运行时的系统要求（临时空间和内存要求等）和组件注册信息等。

④应用服务元数据。应用层的服务内容是多种多样的，用户直接与应用层进行交互。在分布式的网络结构下，一个应用服务可能需要调用多个平台软件的服务内容。因此，应用服务元数据应包括在分布式的环境下动态集成和管理多种信息服务的内容，如远程计算机地址和端口、所采用的通信协议、通信语言、网络带宽等。针对不同的应用需要，元数据会有不同的内容，对于空间数据处理来说，通常是一些操作的综合，如空间查询、在线缓冲区分析、网络分析等。

2. 业务导航树的管理和维护。业务导航树的管理和维护是对系统"换肤"需求的支持。所谓的"换肤"，就是可以根据使用系统用户的不同，随意改变应用系统的风貌，即通过对业务导航树的管理和维护，可以使系统开发出来的界面并不是一成不变的形式。在对数字农业业务的需求分析中发现，农业业务涉及的部门多，相互之间的业务有一定的联系，但是不同的业务部门、不同的人员对系统有不同的操作，所以在系统的维护层提出了对业务导航树的管理与维护，这是专门设计的系统维护工具，与平台有接口，在不同的部门展示不同系统。

系统展示不同的界面时，所访问的系统的后台数据库是不同的，并且有不同的应用权限，同时可以支持业务的扩展和变更，为不同部门、不同用户服务。

3. 用户权限管理和维护。数字农业技术平台的使用分为不同的用户，系统中的数据很全面，数据种类繁多，因此其使用十分广泛和深入。其设计用户范围为下至某个市的各区县、乡镇的农业管理部门、农技推广、土肥、环境监测、畜牧、检疫监督等业务单位，上至农业部的领导。如何方便用户的使用，并提高系统性能，是本平台设计的一个重点。为此，系统平台从实际情况出发，指定了一套全面的角色与权限控制体系。

在权限管理中，主要体现了两个对象，一个是行使权限的用户，另一个是用户可以行使的权限。权限管理工具的主要功能就是确定这两个对象之间的关系，即指定每个用户所能行使的权限，并将这种关系保存、记录下来。具体来说，该工具就是实现用户管理、权限表示和用户权限关系管理这三个主要功能。

即用户=角色 1+角色 2+角色 3+……

角色=专业+操作

专业是指农业不同职能部门对于不同的数据资源具有不同的访问权限，我们将角色分成专业，是为了达到区分业务的目的。

1）具体业务具有具体的权限组合。

2）按角色分配权限。

3）支持用户分组。

4）支持用户加入多个用户组。

5）将权限与业务导航树组合，权限可控制到业务导航树的叶节点。系统对用户的管理和维护的主要功能，主要有以下两方面：

1）系统用户管理，包括用户分组管理和用户密码管理。

2）用户权限管理，包括授予回收功能权限和授予回收数据权限。

4. 日志管理和维护。日志管理和维护，是对用户使用系统的信息和操作的内容等进行记录管理。日志包括操作日志和系统日志，系统具有自写日志的功能，记录对系统的每次操作的时间、内容项目。系统一旦被错误操作或非法操作而引起系统错误，管理人员可在日志中查出，以便及时发现导致错误的原因，并修改和恢复数据。系统管理员可以规定日志的保存期限，过期的日志可以删除。

4.5.6　应用系统设计

应用系统设计是用户可以直接操作的系统，可以为政府、企业、事业机构和公众服务。用户通过 Internet 浏览器访问系统，如 IE 和 Netscape 等，访问过程实际上是连接网络服务并发送请求，然后接受返回结构的过程。具体到特定的系统，还需要设置用户的访问权限，对用户进行等级划分，用户在访问前需要进行身份验证。按照对农业业务的需求，针对数字农业服务的对象和目标，来建立相应的应用系统。系统的主要功能由应用服务层提供，对应用系统的设计侧重于对系统的表现。

4.5.6.1　应用系统的结构设计

平台以功能部件组合划分模块，以业务与功能模块的组合划分子系统，便于子系统的重组，使整个系统的特殊需求与系统的通用性结合起来。应用系统总体上分为两大类：一类是业务系统，主要展现给各个不同的业务部门使用的系统；一类是系统维护，主要展现给管理员对系统的维护与管理。

4.5.6.2　应用系统的功能设计

模块化软件设计思想与功能组件设计，都是为解决一类问题而设计的，该类问题与其他应用间具有不重叠的功能，都是为了软件的复用，减少开发的工作量和方便系统的开发与维护。功能组件化设计的软件复用是基于二进制代码的基础上复用的，所以支持 COM、EJB 等组件的操作平台都能共用。在一个具体的应用中（如本系统），从复杂的功能需求中抽象出功能组件，即功能组件分类是问题的关键。所以，采用功能组件内聚与外松的原则，结合数字农业的功能需求分析，抽象出功能部件模块，对每个功能部件设计出具有标准性、通用性的接口，以保证这些功能模块的封装性和重用性。

1. 系统的功能组件设计需要的步骤。

1）分析功能需求，按用户的详细功能需求，理解并列出每一项要求的具体含义；

2）抽象出功能组件（库），根据用户不同的业务范围，将功能组件库进行分解，每个功能组件库中包含了解决用户特定需求的一组功能组件；

3）设计功能组件的对外接口，对每一个功能组件，要求设计出具有广泛适应性、标准的对外接口，以便功能组件的复用；

4）测试功能组件，准备好测试数据，将单个（或简单组合的）功能组件按测试数据进行测试，观看是否按预期的目标输出；

5）使用、组合功能组件，将各种功能组件组合成用户视图。

2. 把各子系统相同的功能设计成通用模块，便于各个系统的调用。

北京农业宏观决策支持系统，包括地图控制、空间查询、属性查询、空间分析、地图显示、地图输出和报表等功能模块。

系统的输入输出设计，主要是通过 RS、GPS 及固定的农业业务信息采集点，收集和统计土地利用闲置、植被分布、农业作物的生长情况、农业作物的灾区分布情况、土壤肥力农业人口、设施、生产条件、耕地面积、产值和农业气象数据等多种空间和属性信息，并进行组织管理，实现农业生产基础数据管理、种植业结构分析、专业遥感影像分析等。提供数据导入接口，用于将监测点测定数据（如土壤养分含量、土壤水分状况、气候状况和 GPS 数据）和农业统计数据（如粮食产量和监测点代表的行政区域内的各种农业指标）追加到服务器端的数据库中。

系统输入输出的任务，是将县区业务单位及监测点获取上报及监测数据（包括农业统计数据和实验化验数据）、行政单位（县、乡镇）上报的农业数据采集入库，并实现数据库中相关数据的输出显示。

1）对空间数据的输入设计。实现对空间数据库方便、高效的管理，使变更的数据可以及时得到更新，保持数据库的现势性，并结合农业业务的需要，建立数据和功能的分发机制，使不同的业务部门可以根据相应的权限，使用合法的功能处理合法的数据，所以功能应该具有并发处理机制，保证一定量的用户可以同时更新使用数据库。

针对不同的信息源，采用不同的数据获取方法和处理手段，常用的技术方法包括野外 GPS 数据采集、数字化仪输入及扫描矢量化输入、航测数字摄影测量数据采集。

构建的技术平台将支持多种数据采集方式，具备高效的数据采集、记录、输入功能，提供多种格式数据的接口。已有地形图的数字化采集处理，主要有两种方法，即手扶数字化和扫描矢量化。针对农业局大比例地形图内容复杂、数量大的特点，可采用上述两种方法配合屏幕编辑修改的方式，进行地形图的数字化工作，建议以扫描处理为主，以数字化仪采集和编辑为辅。对于外部通用 GIS 格式（Arcinfo、DtGIS、Map GIS 等）及 GPS 野外采集的数据文件，系统将提供格式转换工具，保证不同格式的数据能顺利转入数据库中。

（1）输入方式。数据第一次入库时，可以采用系统提供的数据导入功能，将完成编辑的数据导入系统，建立本底数据库。系统开始运行后，建议采用在线输入的方式，即连接服务器上的数据库直接进行数据输入。

（2）输入类型。本系统设计的数据输入类型，包括原始输入、操作输入和交互式输入等需要人工干预的物理输入。

（3）输入格式。输入数据记录格式，包括主流 GIS 软件所支持的空间数据格式。

（4）输入设备。本系统设计的输入设备，包括扫描仪、数字化仪、鼠标、键盘和 GPS 等。

2）属性数据和多媒体数据的输入设计。提供数据导入接口，用于将监测点测定数据（如土壤养分含量、土壤重金属含量、GPS 数据）和农业统计数据（如粮食产量、监测点代表的行政区域内的各种农业指标）追加到服务器端的数据库中，提供数据录入和文件导入两种方法。输入录入时，是对数据的入库；文件导入时，执行的功能相当于将整个文件导入到数据库中。

输入数据记录格式包括 excel、access、txt 等软件所支持的属性数据格式，以及 bmp、tif、jpg、avi、mpg3、dat、wav、mid、word，txt、excel、ppt 等多媒体数据格式。

3）输出设计。输出的基本要求，是把输出信息以用户感兴趣的形式，准确、及时地呈现在输出设备上。所谓用户感兴趣的形式，是指输出方式和格式的综合表现，如各种打印表格、清单和图形等；所谓准确，就是指信息内容的正确性；所谓及时，就是输出的速度和时间。

4）输出内容。本系统的输出内容包括各种业务专题的统计图、统计表、报表、专题图、清单，以及图形、声音、图像和动画多媒体等内容，可以根据用户需要，对选定时间、空间范围内的专题内容进行实时统计、出图、出表。

（1）标准图幅打印：按照地图制图标准和规范，进行地图的制图输出。

（2）属性报表导出：根据设置条件，把属性报表导出，保存到本地或外部存储设备。

5）输出格式。输出格式包括图形、图像、图表、报表、文字报告、音频和视频等。

6）输出设备与介质。本系统支持的输出设备包括显示终端、打印机、绘图仪、磁带机、磁盘机及多媒体设备，输出介质主要包括纸张、磁带、磁盘和光盘等。

4.5.6.3 业务系统设计

数字农业技术平台业务系统的设计，可根据农业业务部门的不同进行设计。业务系统分为农业环境动态监测子系统、动物疫病预警与预防决策支持子系统、土肥管理子系统、种植业管理子系统和能媒信息管理子系统等。现以农业环境动态监测业务系统为例，说明对业务系统的设计。

1. 农业环境动态监测系统。农业环境动态监测系统主要实现对农业基础环境的土壤、水和大气环境进行动态监测分析，结合气候、污染源和水资源等情况，对产品的质量进行相应的评价，及时查找出污染区和污染源，计算污染的面积等，为监测和监管农业产品的安全提供及时准确的信息，从而实现食品安全定量、自动化管理。同时，系统提供对农业环境质量评价涉及的指标的标准值和评价分级标准的设置，包括土壤质量评价指标标准值设置、土壤质量分级标准设置、农田灌溉水质量评价指标标准值设置、农田灌溉水质量分级标准设置、养殖水域水质量评价指标标准值设置、农业大气质量评价指标标准值设置、农业大气质量分级标准设置、地下水质量评价指标标准值设置、地下水质量分级标准设置、畜禽养殖场大气质量评价指标标准值设置和畜禽养殖场水质量评价指标标准值设置等。农业环境质量评价的各个指标数据依赖于国家对绿色食品的各个参数标准的设定，直接从数据库中读取。

1）GIS 基础展示功能。

2）信息统计分析评价决策功能，即对农业环境质量、标准、农产品指标等信息的查询、浏览与统计分析。数据查询可以从图形到属性，或者从属性到图形，也可以对农业经济指标进行查询，从而使用户能够对当前农业环境现状有一个全面的了解。

（1）信息查询。

图属互查：系统在这个模块提供了两种查询方式，一种是通过图形查看属性信息，即属性查图，可以查找满足条件的空间位置和相应的属性数据；另一种是通过属性信息查图，即在地图任一位置通过鼠标点击操作，以方便地查询到相应区域（点）的属性信息。在农业地形图上查出满足一定属性条件的图形目标，并将查到的图形目标定位到地图窗口的中心，实现图形与属性的互动查询，如点选查询、空间对象的选择查询（矩形选择、多边形选择）、地理要素查询。

条件查询：查找指定内容（路名、基地名等）的基础信息。

SQL查询：根据SQL查询界面，进行灵活的用户自定义查询。

空间查询：选取满足一定空间条件的图形目标，系统高亮显示选择的图形对象，包括缓冲区查询、相交查询、包含查询等。

例如，系统可以实现如下查询统计功能：按行政区分类统计土地资源、按行政区分类选择统计土地资源、按行政区统计农业、土壤资源分类统计、土壤监测点信息查询、统计监测基地、监测点指标信息统计、针对标准化农业基地、绿色食品基地情况，进行基地基本信息统计；按行政区划、饲养种类、养殖场信息、畜牧兽医站、区县种植业服务中心、兽医卫生检疫站和检疫路口等农业畜牧防疫有关数据进行查询统计。查询统计结果输出为表格、文件和图形等方式，由用户自定义输出。

（2）图层叠加显示。对不同类型（矢量和影像）数据叠加后，进行显示。

（3）专题图分析，并根据用户的业务需要，制作各种专题图，利用不同业务数据，根据不同业务之间的联系，结合空间模型对各项业务空间分析，生成专题图，如土壤肥力分布、土壤环境评价、作物分布等专题图。

3）数据录入编辑模块。这一模块的主要功能是根据农业生产环境监测和质量评价的要求，设计一套原始数据输入、增删和修改等功能模块。属性数据按业务专题分别提供相应录入表格，包括输入、修改、查询、删除等功能，图形数据基于底图进行添加，包括点、线、多边形的绘制、修改，位置移动、拓扑建立等功能。数据编辑功能主要是将环境质量监测数据等属性资料和地图空间数据进行动态连接，并对属性和空间数据进行编辑和修改等。

4）土壤信息管理模块。这一模块的主要功能是对农业土壤环境综合污染指数、单污染指数及单污染浓度等各项指标信息的管理、查询、统计和分析。系统提供对土壤指标信息的评价方式（即按绿色食品、土壤环境二级标准或土壤环境背景值）、统计方式（实际面积统计或推算面积）、监测项目和取样时间等，根据用户的不同设置，来统计分析各项土壤指标。

5）产品监测模块。产品监测主要是针对某些农产品（蔬菜、水果和其他农产品），对要监测的农产品进行采样化验，得到一组测试数据，把这组数据和标准值进行比对，得出这种农产品的质量评价；并可根据不同农产品抽样地点的类型、行政区分布等进行查询，形成专题图；可以维护监测项目，对其进行增删、修改等操作。

（1）农业产品基地基本信息的管理。对产品抽样基地基本情况数据进行录入、浏览、修改、删除和查询操作。用户可以选择产品抽样基地基本情况表中所有字段进行灵活查询，查询出的监测点在地图上高亮显示，并列出查询到的产品抽样基地基本情况列表。

（2）集贸市场基本信息管理。对集贸市场基本情况数据进行录入、浏览、修改、删除和查询操作。用户可以选择集贸市场基本情况表中所有字段进行灵活查询，查询出的监测点在地图上高亮显示，并列出查询到的集贸市场基本情况列表。

（3）产品抽样点分布图。显示产品抽样点分布图，并且显示分布图上产品抽样点的基本信息列表。

（4）产品监测信息维护。对集贸市场基本情况数据进行录入、浏览、修改、删除和查询操作。用户可以选择产品监测信息情况表中所有字段进行灵活查询，查询出的产品的抽样点在地图上高亮显示，并列出查询到的产品和产品抽样点的情况列表。

（5）产品评价指标管理。实现对产品评价指标管理的录入、浏览、修改和删除。

（6）产品单指标浓度统计表。统计一定浓度区间的产品信息。选择监测指标，设置要统计的浓度区间进行统计，并把符合要求的产品和产品抽样点的信息列表显示。

（7）超标基地分布图。打开生产产品的基地图，选择超标的项目，把产品项目的浓度与指标评价指标进行对比，利用对比结果渲染超标基地分布图，并显示超标基地和产品的信息。

（8）产品按项目超标率统计图表。把产品各监测项目的浓度与评价指标进行比对，大于1的为超标，小于1的为合格，计算超标率，并用生成超标率图，把合格的项目和超标的项目列表显示。

产品抽样点基本信息导出：选择要导出的数据项，把需要的产品抽样点信息导出成 excel 表。

产品监测信息导出成 excel：选择要导出的数据项，把需要的产品监测信息导出成 excel 表。

6）环境质量评价。在这个模块，要选择相应的评价功能，系统会根据用户输入的相应参数，依据专业模型组件中相应的计算模型，进行一系列运算，并返回评价结果。在评价过程中，用户既可以进行单要素的土壤、农田灌溉水和大气环境质量评价，又可以进行农业生产环境质量的综合评价，并能根据评价区域具体的种植方式（水田、旱地、水旱轮作和蔬菜地）进行针对性的农业环境质量评价，且可以根据评价区域具体的环境质量现状增加评价因子，使评价结果更能反映实际环境的质量状况。

例如，在做农业土壤质量环境评价时，系统首先检查当前有没有其他用户正在进行农业土壤环境质量评价，如果有，则给出提示信息，返回系统主页面；如果没有，则开始进行评价计算。农业土壤环境质量评价的基本单元是各个监测点，评价数据从数据库中获取，评价结果保存在农业环境质量评价结果表中。

把农业环境质量评价结果表中的评价结果数据根据分级设置，用不同的颜色表示出来，具体的颜色可以在系统开发过程中根据实际情况进行调试，以确定比较适合的颜色，来表达农作物生产潜力评价结果。

农业环境质量评价是以监测点为基本评价单元，评价结果也是每个监测点的评价结果，在最后评价结果展示时要把这些点的评价结果整理到评价基本单元中去，一般情况下是取每个环境基本评价单元的所有监测点的平均值，作为环境评价基本单元的评价结果值；根据每一个评价单元的评价结果，分级设置表中对应相应的污染等级，然后用不同的颜色把评价结果展示出来。

2. 农业土壤肥力监测与评价系统。影响植物生长的土壤因素包括土壤水分、土壤养分和土壤热量等。这些因素之间相互影响，密不可分。土壤肥力是决定作物产量的重要因素之一。农业土壤肥力监测与评价系统，是通过对耕地土壤肥力长期定位监测，对经营过程的施肥、农药和灌溉等进行管理，对全市农业土壤养分进行自动评价，预测农田质量变化趋势，为农业生产决策服务。此系统主要包括土壤肥力信息管理、肥料投入产出、土壤养分含量和肥料投入结构四个模块。

3. 动物疫病预警与预防决策系统。此系统是一个基于风险评估模型的动物疫病预警与预防决策系统。面向各乡镇或养殖企业，通过对动物种类、数量、分布、疫情历史、疫病现状等数据进行采集、处理、分析，结合地理、地面交通和物资药品储备等情况，对动物疫病进行动态监测。以图文并茂的形式为各类用户（主要包括系统管理员、农业决策者和风险分析专家）提供有关动植物疫情风险等级、管理措施，以及风险评估指标、标准和模型的查询、管理和分析功能。支持动物疫病风险评估指标体系、评判标准、评判模型和应对措施的开放式管理，为动物危险疫情防控提供决策支持，并为预防治理提供辅助决策工具，包括养殖场生产免疫信息、屠宰企业基本信息、检疫监督站、畜牧兽医站、检疫路口信息和物资储备信息，产地、市场、路口检疫监督信息、动物疫情管理，动物疫情风险分析等。

4. 农业种植业管理子系统。对农业种植业管理系统的功能设计，是针对其业务需求分析，将其业务模块扩展和细化。系统重点设计对种植业的行业管理、农用生产资料的中长期发展规划、农情信息的发布及通过分析、统计和查询等，来对种植业的发展作出宏观决策、各业务信息的导入和管理、相关专题图的制作。

4.5.6.4 系统维护设计

1. 元数据管理与维护。元数据管理与维护是数字农业技术平台的一个重要组成部分，建立元数据是为了帮助人们理解和使用元数据所描述的数据对象。元数据维护模块是为了保证平台元数据的完整性与准确性，做到对维护数据的实时更新。应用元数据进行管理，可以体现信息资源的高度结构化、高效地管理和组织信息、挖掘信息资源、帮助人们从不同的资料或系统中准确获取数据。

元数据包括系统提供的多种类型空间数据的元数据和系统用到的属性数据的元数据表（如行政区划代码、绿色食品评价指标和畜牧动物种类划分等），包括以下四项功能：

1）元数据查询和检索。对元数据的查询，是指按用户指定的条件，在数据库中查询符合条件的数据。而对元数据的检索，是指按照一定的分类关系，进行按级查找。对于元数据的查询和检索，是通过元数据维护系统的交互界面，是以图形界面的形式向用户提供此功能，具体的查询流程包括以下方面：

（1）关键词查询。通过设置检索关键词，查询出包含关键词的元数据内容。

（2）条件查询。条件查询可以根据属性组合定制查询元数据内容。

（3）时间范围查询。通过设置元数据中的查询时间范围，查询出满足条件的元数据内容。

（4）空间范围查询。通过设置元数据中的查询空间范围，查询出满足条件的元数据内容。

2）元数据属性编辑。连接上系统数据库后，就可以对元数据进行编辑，对于表名、表的中文名、视图是否可见和注释等进行编辑，而且可对于表中的每个字段、数据类型、是否可见和查找编码表等进行编辑设置，以达到对元数据的更新与维护。

3）元数据的导入。为保证系统的扩充，实现扩充后系统元数据的维护，在元数据管理工具中，我们设计了导入字段的功能，即用户可以根据需要指定要导入的表及表中的字段，追加元数据。

4）元数据输出。

（1）xml 格式输出（即 Web 发布输出）。

（2）打印输出。可以将元数据按照规定的报表格式输出，并支持打印输出。

在系统中，元数据主要保存在 Oracle 9i 数据库中，元数据自身的输入、编辑、查询统计，以及输出主要是对该数据库进行操作，同时实现元数据与空间数据的交互查询。

2. 业务导航树的管理与维护。在系统中，可以实现多服务控制，即在业务导航树上，为用户增加了一个特别定制的服务节点，用户可以根据给领导演示需要或业务操作需要添加一些特别定制的 DtMap 服务。它的优点是用户可以用 DtMap 定制出许多 DtRSMap 不支持的效果，如复杂的统计、饼图、直方图等。用户可以借助系统开发的业务导航树，管理工具自由定制新的服务节点和服务组，以充分满足业务扩展需要。

权限维护中体现了两种对象，一个是业务，一个是权限，业务是权限的基础。

权限维护工具就是要在业务和权限之间建立联系，并保存这种联系。

1）业务的表示。各项业务之间的关系具有层次的特点，在存储方面，把数据表设计成可以保存各项业务之间的关系；在表现方面，可以通过树结构来展示这种层次结构，每个树节点代表一项业务。

2）权限的表示。权限是可以对业务进行的基本操作，可以分为信息浏览、信息查询、属性添加、属性修改、属性删除、报表打印、导入 excel 和导出 excel 等。根据赋予的权限，对应于相应的业务节点的不同的功能。

3）业务权限关系管理。这是权限维护工具的主要功能，就是给各项业务指定可以进行的操作。每项业务都可以指定若干操作，并可以在数据表中保存这些关系，具体功能有以下三点。

（1）业务导航树的生成。平台展现给不同用户的界面风格，是由业务导航树的管理来实现的，通过对业务各级节点的拖拽，可以实现不同风格的界面，可以按业务分，也可按不同用户的角色分，还可按部门来分等。

（2）各级父节点创建与删除。可根据业务的需求，随时增加业务功能节点，实现新业务与平台的无缝集成，也可以删除业务节点。

（3）各级子节点创建与删除。对各个子节点的创建与删除，作用和功能同父节点。节点属性编辑，对各级节点的名称、属性等信息的编辑。

3. 用户权限管理与维护。在系统中，为了保证系统的正常运行和数据的保密性，除了需要制定规章制度外，系统还给不同的用户赋予不同的操作权限，并通过系统注册和身份验证系统，排除非法用户进入系统。

1）系统用户管理。用户管理可以参考 Windows 系统的用户管理方式，分为组和用户的两级管理。组代表一个权限集，组可以包含用户，被包含的用户自动继承组拥有的权限。一个组可以包含多个用户。对组的操作包括添加、修改和删除等。

用户是行使权限的主体，可以隶属于多个组，隶属于多个组的用户拥有这些组的全部权限。同时，用户也可以拥有自己的权限。那么，用户的最终权限就是所属组的权限和私有权限的并集。对用户的操作包括添加、修改和删除等。

2）权限管理。在权限管理中，我们将每项权限看成一个单独的对象。每一项权限又是基于业务的。通过树的结构可以表示业务和业务之间的关系，而每项权限可以通过树结构的叶节点来表示，并挂在对应的业务节点上。

3）用户权限关系管理。这是用户权限管理工具的核心功能，主要是根据需要确定组和权限、用户和权限之间的关系，并将这种关系保存到数据库。具体来说，就是确定保存用户和业务导航树上叶子节点之间的关系。这种关系也叫操作类型权限，指用户对系统功能模块的使用权限，对于系统本身来说，操作就是界面、菜单、按钮或子程序；从用户角度上讲，操作就是系统用户的日常业务的分解；

从数据角度讲,操作是对数据库中存储的数据资源的一个或多个物理操作的组合,如增加、删除和修改等。

当用户对系统进行某种操作时,要从上面的两个方面来检查其权限,只有两个方面都符合要求时,才能进行。

4. 日志的管理和维护。日志对于安全来说非常重要,它记录了系统每天发生的各种各样的事情,可以通过日志来检查错误发生的原因,或者检查系统用户操作时留下的痕迹。日志的主要功能有记录和监测,它还可以实时地监测系统状态,管理者能够通过日志管理子系统,查询、统计登录用户对本系统所进行的维护操作,提高系统的安全性,同时可以把系统出现故障的情况进行登记、修改和删除,便于查询、分析和汇总。

1)对系统维护操作记录。对系统维护操作记录,包括对系统进行的维护、日志管理和维护系统自动记录维护操作进行的日期和时间,并对该事件进行维护的标识。

2)对系统操作用户的记录。自动记录对系统进行操作的用户组和用户名,及该用户使用的计算机的名字,便于记录该项操作发生在哪台计算机上。

3)故障监测。对系统出现的各种故障按等级进行划分等级,对故障类型进行分类。

(1)故障等级分为严重影响系统运行、系统可运用、部分用户不能使用、单个用户不能使用等;

(2)故障类型分为计算机故障、网络设备故障、数据库故障、应用软件故障、其他设备故障。

4)处理结果。对故障处理结果的登记,便于对系统维护管理的查询和分析。

5)故障发生时间。自动记录故障发生的时间。

6)恢复正常时间。自动记录系统恢复正常的时间。

7)日志记录查询。对所有日志记录的查询分析。

8)日志记录的删除。系统管理员可以规定日志的保存期限,过期的日志可以删除。

5 无人农场

5.1 无人农场概述

5.1.1 发展无人农场背景分析

5.1.1.1 农业人口老龄化

随着经济社会的发展，在生育水平持续下降、人均预期寿命普遍延长的双重作用下，世界人口老龄化已经成为人口发展的必然趋势。除非洲国家以外的几乎所有国家，都在经历老龄化的过程。欧洲各国、日本、韩国、中国等国家和各地区都存在人口老龄化发展的趋势，而发达国家是最先进入老龄化社会的。农业劳动力是农业生产中最主要的资源，世界发达国家人口老龄化影响着适龄劳动力的数量和质量。国际上通常认为，当一个国家或地区 60 岁以上老年人口占人口总数的 10%，或 65 岁以上老年人口占人口总数的 7%，即意味着这个国家或地区的人口处于老龄化社会。当 65 岁以上老年人口比例达到或超过 14%时，该国家无疑称之为"超老龄社会"。

我国的人口老龄化问题同样不轻松。例如，在 2020 年 12 月召开的一次会议上，央行前副行长朱民曾经表示，我国 60 岁以上老年人口已经达到 2.5 亿人，每年老年群体迅速增长。长此以往下去，老年人的数量势必会增多。此前，中国发展基金会发布报告曾预测：到 2022 年，社会将进入老龄社会；到 2050 年，人口会发生根本性变化。老龄化的加速，对经济、社会都将产生巨大的压力，农业人口老龄化必然会使从事农业的劳动力减少。

5.1.1.2 农业劳动力成本逐年提高

进入 21 世纪以来，我国以农民工为主体的普通劳动力工资在不断上涨，这一现象的产生主要源于我国农村有效剩余劳动力数量的持续下降，且普通劳动力供求关系正在发生转折性的变化。随着"刘易斯拐点"的到来和人口红利的逐步消失，我国劳动力成本发生着巨大变化，特别是2004年"民工荒"现象的出现，进一步加剧了劳动力成本的上涨。下面，选取2000～2017年的数据进行分析，并以2000年为基期，利用换算后的消费价格指数剔除通货膨胀因素，得出2000～2017年农业从业人员平均工资水平的变化情况。我国农业从业人员平均工资呈现持续上涨趋势，2009年和2012年的增长幅度最大，增长率分别高达21.90%和19.71%。不同阶段的增长率存在较大波动，2004～2009年，增长率持续快速上升，可能源于大量农村剩余劳动力进城务工，农业劳动力机会成本急剧上升。2009～2017年增长率呈现波动式下降趋势，但由于工资基数的持续增加，工资增长的势头仍显强劲。

农业劳动力成本的上升，会进一步增加农业生产成本。面对劳动力成本持续上升的趋势，一方面，要充分认识到这一趋势的合理性和积极意义，进一步采取措施改善劳动者社会保障和福利水平，切实维护劳动者的权益，在提高劳动力市场资源配置效率的同时，又要让劳动者充分分享经济发展成果；另一方面，要加大对农村劳动者的教育和培训投入，提高劳动者的技能和素质，有助于增强农民工在城镇就业居住的稳定性，鼓励技术进步和产业升级，通过提高劳动生产率，来减轻劳动力成本上升的负面影响。

5.1.1.3　农业劳动人口流出严重

改革开放以后，随着传统计划经济体制向市场经济体制的转轨，我国的工业化和城市化步伐不断加快，伴随其中的一个重要现象就是农村劳动力向城市、城镇流动。农村劳动力流动的根本原因，就在于城市较高的预期收入和农业边际生产率的十分低下。我国农村劳动力流动开始于20世纪80年代，至今已形成数量十分庞大的农民工队伍。例如，第一次农业普查（1996年）数据显示，外出从业劳动力为7 222万人，第二次农业普查（2006年）数据显示已增加到13 181万人。根据《2013年全国农民工监测调查报告》显示，2013年末农民工总量达到了2.69亿人，其中1.66亿人是外出劳动力。这表明，随着经济的发展，农村劳动力外出务工人数不断增多，农村劳动力流向城镇的速度加快。同时，从流动地区来看，西部地区是主要的劳动力流出地，农民工跨省流动就业的主要去向是东部沿海发达地区和大中城市。流出劳动力多以青年人为主，且文化程度较高。农村劳动力大量向城镇非农产业的流动，必然会导致农村劳动力存量及结构的变化，进而影响农业劳动力数量和结构。

5.1.2　无人农场的定义

无人农场就是人工不进入农场的情况下，采用物联网、大数据、人工智能、5G、机器人等新一代信息技术，通过对农场设施、装备、机械等远程控制或智能装备与机器人的自主决策、自主作业，完成所有农场生产、管理任务的一种全天候、全过程、全空间的无人化生产作业模式。

因此，无人农场需要对农场动植物的生长环境、生长状态、各种作业装备的工作状态进行全天候监测，以根据监测信息开展农场作业与管理；全过程无人化就是农业生产的各个工序、各个环节都是机器自主自动完成的，不需要人类的参与，特别是业务对接环节，都需要装备之间通过通信和识别，完成自主对接；全空间的无人化是在农场的物理空间里，不需要人的介入，无人车、无人船、无人机和移动机器人完成物理空间的移动作业，并实现固定装备与移动装备之间的无缝对接。随着物联网、大数据、人工智能等新一代信息技术的发展，英国、美国、以色列、荷兰、德国、日本等发达国家陆续开始构建无人大田农场、无人猪场、无人渔场。

理想中的无人农场全程无人操作机器装备智能化运行，就是那种不需要人工参与，仅依靠物联网、大数据、各种智能农机设备实现农场的无人化管理。目前的技术能力尚不足以支撑，仅停留在半人工的状态，逐步实现有人—少人—无人，无人化农场是未来农业生产的新方向。

5.1.3　发展无人农场的特点

5.1.3.1　生产加工机械化

根据农场种植作物的品类、养殖类型等多种因素，实现全程机械化，即若是种植类农场，可进行种、管、收、加工的全程机械化。目前，真正实现大田作物全程无人化的农场还在建设中，全农场作业的无人化是最终发展目标。

5.1.3.2　作业无人化

理想状态下的作业无人化是：农机设备自行启动，从农机库中开到田间，并自行完成收割、播种、撒药等作业。若作业过程中出现了突发意外情况，也能自行判断处理。完成作业后，农机重新回到农机库中充电或加油。

5.1.3.3　应急处理智能化

针对农机在作业或从农机库转移到田间过程中，遇到人员、禽畜、雷雨天气等情况，需要农机自行根据遇到的情况，采取拟人化操作，例如，监测到几米外有一人，语音播报提示人员避让或重新规划行走路线等。可依据安全至上、作业顺利等原则，设定农机的应急处理逻辑。

5.1.3.4　监测调控可视化

需要对作物、禽畜、水产品等的生长过程进行监控，包括对作业过程、生长过程、病虫害防治等情况全时全程监控，并在此基础上对全经营过程施加调控。

5.1.3.5　决策无人化

无人农场中的决策主要指作业过程和管理过程，在作业过程中，根据作物生产需求，决定该作物种植区域是否要喷药或除草、喷哪种药、药量大小、浓度强弱等。

5.1.4　无人农场关键技术

无人农场是一个复杂的系统工程，是新一代信息技术、装备技术和种养工艺的深度融合产物。无人农场通过对农业生产资源、环境、种养对象、装备等各要素的在线化、数据化，实现对种养殖对象的精准化管理、生产过程的智能化决策和无人化作业，其中，物联网技术、大数据技术、人工智能技术、智能装备与机器人技术起关键性作用。

5.1.4.1　物联网技术是无人农场的基本组成部分

农场要实现无人化作业，首要面临的问题就是装备、农业种植养殖对象和云管控平台要形成一个实时通信的实体网络，装备根据环境、动植物生长实时状态开展相应作业，因此物联网技术使各种装备网联化成为可能。

5.1.4.2 大数据技术

在无人农场中,各种作业都是通过智能装备完成的,装备依靠各种实时数据的分析开展精准作业。无人农场时时刻刻产生海量、异构、多源数据,因此如何获取、处理、存储、应用这些数据是必须解决的问题。大数据技术为无人农场数据的获取、处理、存储、应用,提供技术支持。

5.1.4.3 人工智能技术

无人农场的本质,就是实现机器对人的替换,因此机器必须具有生产者的判断力、决策力和操作技能。人工智能技术的支持给无人农场装上了"智能大脑",让无人农场具备了"思考能力"。

5.1.4.4 智能装备与机器人技术

无人农场要实现对人工劳动的完全替换,关键是让智能装备与机器人完成传统农场人工要完成的工作。智能装备与机器人是人工智能技术与装备技术的深度融合,除了人工智能技术外,装备与机器人还需要机器视觉、导航、定位,以及针对农业生产场景中各种作业的运动空间、时间、能耗、作业强度的精准控制技术的支撑。无人农场智能装备主要包括无人车、无人机、无人船和移动机器人等移动装备,以及智能饲喂机、分类分级机、智能肥水一体机等装备。无人农场机器人分为采摘机器人、自动巡航管理机器人、除草机器人、种植机器人、喷药机器人、水产养殖机器人等。一般情况下,固定装备与移动装备协同完成无人农场的各种作业,无人车、无人船、无人机在移动装备中发挥重要的作用。无人农场智能装备与机器人技术主要包括状态数字化监测技术、信息智能感知技术、边缘计算技术、智能作业技术、智能导航控制技术和智能动力驱动等关键技术。智能装备与机器人能够在无人农场中完成自主精准作业,实现无人农场生产过程中的精准化、高效化和无人化。

5.2　无人大田农场

5.2.1　概述

根据机器与人的参与深度，可将无人大田农场分为远程控制、无人值守和自主作业三个阶段。远程控制阶段是无人大田农场的初级阶段，该阶段需要人对大田的作业机械及设备进行远程控制，完成大田的耕、种、播、收、水肥等业务；无人值守阶段是无人大田农场的中级阶段，该阶段只需要农场主进行必要的大田作业指令和生产管理决策，不再单一控制某一机器或者设备，而是对大田业务各个系统下达作业指令，农场主角色也由控制者变为决策者，无须时刻值守、实时操控；自主作业阶段是无人大田农场的高级阶段，该阶段大田所有业务与管理均由云管控平台进行决策和下达作业指令，不需要人的参与，由装备自主完成所有大田业务，完全将人从大田农业生产活动中解放出来。

5.2.1.1　无人大田农场的定义

无人大田农场，是在劳动力不进入大田的情况下，采用物联网、大数据、人工智能、云平台、5G、机器人、无人驾驶等新兴信息技术，对大田业务所需设施、装备、作业车辆等进行智能优化和全自动控制，用机器替代人工完成大田农场所有业务，实现大田农场生产过程的无人化。在无人大田农场的种植地内（旱田、水田），布置各种温湿度传感器、光照传感器、墒情传感器、病虫害监测装备及大田环境图像采集等设备。通过田间传输节点，将收集的大田作物和环境数据传输到控制中心，云平台进行分析后发送指令给大型农田作业机械，进行自动化作业。无人大田农场具有地形平坦、地广人稀、生产规模大、障碍物少、屏蔽物少等特点，有利于无人驾驶拖拉机技术、机器视觉技术及5G技术的应用，适合大型农业无人作业车辆的联合作业，大规模进行耕、种、管、收等大田无人作业，从而实现大田种植的高度规模化、集约化、无人化。

5.2.1.2　无人大田农场的组成和功能

无人大田农场分为基础设施系统、固定装备系统、移动装备系统、测控装备系统、管控云平台五大系统。无人大田农场是五大系统与大田业务深层次融合的产物，五大系统相互协作，在无人大田农场的生产过程中扮演不同的角色，共同实现大田作业的无人化生产模式。

　　基础设施系统是一切无人大田农场作业的基础，为固定设备和移动设备的作业提供工作环境和条件，主要包括了车道（主干道、田间支路）、电力设施（电线桩、输配线路、充电桩等）、水利设施（堤坝、沟渠、机井等）、车库（充电、加油、停放）、粮仓（通风、除湿装备）、料仓、仓库（农业器具、杂物）等基础设施，为大田农场无人化作业提供保障。

　　固定装备系统是指建设在大田农场中的固定设施，不需要移动便能完成大田工作，如大田安装的各式传感器设备安装载体、气象站、自动灌溉装备（喷头、滴灌管道）、捕虫装备（捕虫灯、捕虫板）、水肥一体机、视频监控安装载体等。固定装备有效代替了人工作业，完成大田农场的一些工作。

　　移动装备系统是指用于替代需要人工作业的移动装备，通过移动完成作业，如无人耕整机械、无人播种机、无人植保机、测产无人机、运输机等装备。移动设备依赖于基础设施的建设，与固定设备相配合，执行平台所下达的指令，实现对人工作业的替换。

　　测控装备系统，主要包括各种传感器及安装载体、视频监测装置、生长情况必测装备（干旱程度、水肥、病虫害、成熟度）等。使用各种传感器代替传统的人工工作，用更加精确、科学的方法来检测土壤的干旱程度、作物的营养状况、作物的病虫等大田中常见的生产问题，并对大田作业装备实现精准控制，完成无人大田测控工作。

　　管控云平台系统是无人大田农场的大脑，是无人大田农场的神经中枢。云平台负责将所收集的大田环境信息、作物生长信息数据化，经过数据处理、云端决策后下达作业命令，作业装备的统一调动、协同作业，并对大田作业状况实时反馈，全面替换人工，管理大田农场的生产。五大系统在无人大田农场中各尽其责，缺一不可。具体来说，基础设施系统是一切工作的基础，只有拥有完善的基础设施建设，才能更加有效地进行大田的无人化作业。除此之外，农场各种探头或者传感器设备的建设也必不可少。固定装备系统和移动装备系统则用来进行监测和田间作业，一方面收集大田信息并传输到数据中心，另一方面接受控制中心发来的指令进行无人化大田作业。测控装备系统是大田作业的重要感知系统，实现对大田业务的检测和管理。管控云平台系统是无人大田农场的大脑，通过将测控装备系统采集的田间要素进行数据化分析和智能决策，构建成大田生产过程中的耕播、水肥、植保、仓储、收获五大业务系统，对种植的作物进行精准管理和生产过程的无人化作业。

5.2.1.3 无人大田农场的类型

无人大田按照田地类型的方式，可以分为旱田和水田。旱田即土地表面不蓄水的田地，一方面靠天然降水，另一方面通过建设固定的灌溉设施进行灌溉，保证作物的生长。旱田主要分布在北方地区，常用来种植大量的耐旱、抗旱类作物，如小麦、玉米、杂粮等作物。水田是用于种植水稻等水生作物的土地，按其水源方式，可以分为望天田和灌溉水田。望天田主要靠天然降雨，满足水生作物的生长要求；灌溉水田则是依靠水源和水利设施的耕地，对地理环境要求较高，是一种依赖水利设施的水田模式。

5.2.2 无人大田农场的业务系统

无人大田农场的自动化作业，按照农作物的生产规律可分为耕播、水肥、植保、仓储、收获等环节。无人大田农场在生产过程中的无人化业务，主要可以分为五个系统，即无人耕播系统、无人水肥系统、无人植保系统、无人仓储系统和无人收获系统。

5.2.2.1 无人耕播系统

无人耕播系统主要包括土地的深耕、平整及作物播种等作业。耕作是大田种植的关键作业步骤，良好的深耕作业，可以有效解决土壤板结、水土流失、人工作业强度大等问题，使作物在生长初期有一个良好的生长环境，便于生根发芽。除此之外，无人整地装置不仅为播种作业提供良好的作业环境，减少局部涝灾等问题，而且能为作物生长期间的植保作业、收获作业、全部无人化机械作业提供良好的作业环境。无人播种系统根据作物种类、土壤条件、天气情况等因素，来制定合理的播种数量和间距，使作物种植更加科学。

1. 旱地无人耕整装备系统。旱地无人耕整装备系统主要是对田地进行灭茬、深松、耙整地等自主作业，动力机械为无人驾驶拖拉机，农机载具根据作业目的不同而有所区别，工作模式一般由无人驾驶拖拉机搭载作业载具，如灭茬机构、深松机构、圆盘耙耕机构、碎土压整机构、激光平地机构等。旱地无人耕整装备系统在进行农业作业时，由无人驾驶拖拉机提供作业动力，无人作业车上装有GNSS供云平台进行大田作业调度，针对不同土壤采用不同耕整机构，调整深松深度、碎土大小等作业。

深松作业主要由无人拖拉机和深松机械完成，是一种常用于旱地的土壤作业，是对耕地进行保护的一种复式作业技术，可有效提高作物的产量。无人拖拉机在进行深松作业时搭载深松机构，根据不同田地类型搭载不同深松机构，调整深松深度，深松深度一般为 25 cm。深松作业可以有效地深松动土层，疏松土壤，增加水分吸收，减少水分蒸发损失，有效实现灭茬、松土、碎土、保墒等作业，使大田土壤在产后保持良好的墒情，尤其是使干旱、土质硬的土壤达到良好的待播状态，为大田作物生长提供一个良好的生长环境。

平整作业主要由无人驾驶拖拉机、激光发射器、激光接收器、控制器和液压工作站完成，是一种整地作业，可有效解决土地不平整、局部旱涝、大型作业机械受限等问题。平整作业采用北斗定位系统和激光平地设备，对大田土地进行平地工作。以激光发射器发出的基准平面为基准，刮土铲接收器将采集信号转换为对液压执行机构的命令，液压机构按照要求控制刮土铲进行上下动作。平整作业采用先粗平后细平的平整模式，将土地进行修整。平整后的土地不仅利于播种等一系列农业机械作业，而且可大大减少局部旱涝的问题，使得田地排水更加迅速，有效提高作物的产量。

2. 水田无人耕整装备系统。水田耕整作业主要是通过耕整机械对水田进行土层翻耕、土壤细碎、优化水田土壤结构，实现残茬覆盖，将地表化肥混入土壤，从而有效提高水稻产量。水田无人耕整装备系统主要由水田打浆机构和水田平整机构组成。水田打浆机构和水田平整机构可根据田间地块大小自由调整农具宽幅，提高工作效率，实现一次性完成水田打浆作业和平地作业，其主要装备是水田激光打浆平地机。水田激光打浆平地机主要由平地机构、打浆机构、自动调平机构、液压系统和控制系统组成。机器作业时，自动调平机构会根据地形调整平地机构和打浆机构，以激光发射器所发射的平面为参考，激光接收器接收信号并由控制系统进行判断处理驱动液压系统进行打浆和平地作业。打浆平地作业有效地改善了田间土地平整情况。

3. 旱地自动播种装备系统。旱地自动播种装备系统极大地解放了农业生产中的劳动力资源，该自动播种装备系统主要由动力系统、播种系统、漏播检测系统、补播系统、云平台控制系统组成。其中，运动系统是无人拖拉机，主要技术是无人驾驶自动导航技术，该技术使播种机具有自行行走和定位功能，工作过程中通过传感器实时监测播种机自身的状态，获取播种机速度、位置、方向、播种速度等信息，根据作业计划规划路径实现自我导航。自动播种装备系统可以根据不同类型、不同种植间距要求，自主改变播种间距和播种数量，使得自动播种系统可以针对不同地区、不同作物对生长深度的要求及种子数量，执行不同的播种方案。无人大田自动播种装备系统采用全自动控制，实现了无人化自主播种，播种精确，株距均匀，节省了物质资源，为植物的生长发育创造了良好条件。除了大型播种设备外，旱地"可移动农业机器人群"也可以实现自动播种作业。它是由拖挂车搭载 6～12 台 Xaver 群机器人到达农田，形成自主作业的机器人群，可实现自动播种玉米等作物，最新的芬特农业机器人 Xaver 配备了精准农业种植组件，能够实现 24 h 播种，全天候运行。该机采用轻量化设计，极大限度地降低了对土壤的压实。除此之外，它也可进行其他农活，小型机器人大大减少了对环境的影响，可实现更多的大田作业功能。

4. 水田无人种植装备系统。无人插秧机是水田中最常见的无人种植装备系统的主体。无人插秧机系统主要包括无人插秧机和无人秧苗运输车，可实现自给自足，全程无人化作业。无人插秧机基于精准的卫星导航系统和机器视觉技术，运用自动控制系统实现自动化无人作业；无人插秧机安装有各类传感器，可以准确感知插秧机作业状态与位置、障碍物位置、周围环境；决策平台对收集的信息进行判断并控制插秧机，进行田间作业和路径规划。无人插秧机全程大田工作采用自主驾驶，摆脱传统人工插秧或人机结合的插秧工作，维持高精度插秧工作，做到插秧不重复、不遗漏、不间断，大大提高了插秧效率，降低了大田成本，减少了人工作业的遗漏和疏漏，提高了作业质量，从而实现了更加科学、精确、高效的稻田插秧工作。

5.2.2.2 无人水肥系统

传统大田施肥方式是通过人力将肥料施加在田地中，费时费力，施肥用量不一，造成浪费及作物养分不足。不仅如此，传统大田灌溉采用漫灌的方式，这种灌溉方式不仅浪费水资源，而且会造成土壤养分流失、污染环境，不利于作物的生长。传统水肥施加不能够根据土壤或种植作物特点针对性地定量施肥，造成作物营养的失衡和缺失，不利于作物的生长，影响作物的品质和产量。无人水肥系统综合了作物水分和养分需求的田间管理措施，通过对作物水分和养分的实时检测，检测结果传输到云平台，云平台控制中心对检测结果进行科学分析和计算然后制定水肥施用方案，控制水肥作业，定时、定量地给农作物施加水肥。与传统大田施肥相比，无人水肥系统具有省时、省工、节水、节肥、增产等特点。

1. 无人旱田水肥系统。无人旱田水肥系统的主要作业是灌溉和施肥，其灌溉方式包括移动式灌溉和固定式灌溉方式。考虑到无人大田作业涉及大型作业车辆，其中包括深耕机、平地机等作业车辆，所以未来无人大田灌溉系统中移动式喷灌机是比较有潜力的。无人水肥系统的实现，需要首先对大田数据进行收集和处理。通过在大田中布置的各类传感器，监测大田环境参数，如土壤水吸力、温度、湿度、雨量、光照、管道压力等信息参数，控制中心对采集的数据进行计算、分析，指挥灌溉设备对大田作物进行定量、定时灌溉，并根据决策结果，对大田的灌溉设施进行自动控制和监测。通过大田环境信息采集装备获取大田土壤的肥力数据，并根种植作物的种类、生长时期、土壤实际情况，制定不同的施肥策略，科学配比给出最适量的施肥方案。大田肥力测控系统实时检测土壤墒情和作物营养信息，并通过无线网络发送给云平台，云平台对收集数据进行智能推算并给出最佳施肥方案，控制作业机构（喷头、滴灌电磁阀）进行施肥作业，实现定量、定时、精准施肥。水肥一体化中对肥料的选择也至关重要，以选择水溶性好、养分含量高、品质好、与水作用小、腐蚀性小的肥料为佳。通过将肥料融于灌溉的水中，形成水肥液对大田作物进行施加水肥。精准科学施肥可以把肥料对环境的影响降到最低，减少化肥的浪费和流失，大幅度降低农业成本，提高生产率和作物产量。

2. 无人水田施肥系统。无人水田施肥包括无人机变量施肥和水稻插秧同步侧深施肥。无人机变量施肥包括了无人机遥感信息获取、长势分析、生成施肥方案、变量施肥作业等步骤。无人机通过对水稻长势进行分析后，确定水稻对养分的需求量、土壤养分的供给量及所施肥料的利用率等因素，从而制定变量施肥方案，自主规划飞行路线和变量施肥作业，局部肥料施撒均匀。该施肥方式具有稳定生产、节约成本、绿色环保的特点。在水稻插秧同步侧深施肥时，传感器对稻田土壤养分进行检测并上传至控制中心，确定施肥用量、施肥地点，从而实现定量、定点、定位施加肥料。在进行插秧的同时，水稻插秧同步侧深施肥机将缓释肥料施加在秧苗根部，省时省料，施肥更加均匀，从而减少了化肥的流失和对环境的污染。

5.2.2.3 无人植保系统

传统大田病虫害防治都离不开人工，然而农药具有强烈毒性，人工作业时很容易会吸入部分农药，易损害人体健康，而且当大田种植面积较大时，病虫害问题就会更多，人工管理费时费力、浪费农药。采用植保无人机、植保无人车，可以有效避免这些问题，并提高大田植保作业效率。在无人大田中，无人植保系统主要包括田间除草装备系统、喷雾装备系统、植保无人机装备系统等，其中，无人水田中的无人植保系统主要是植保无人机装备系统。

1. 除草装备系统。除草装备系统各式各样，按照除草方式，大致可以分为物理除草和化学除草两种。物理除草主要包括机械除草、火焰除草、电击除草、激光除草等，最常用的是机械除草。电击除草是通过高压电击的方式进行除草的，其工作原理是：机器人的轮子作为一根电极与地面接触，另一根电极通过移动与杂草接触，通过杂草形成回路，同时产生热量，使得植物细胞瞬间汽化，从而从茎至根将杂草除去，随后，杂草的残留物将在土壤中自然分解。针对的杂草类型不同，所采用的电压也有所差异。除了采用物理除草外，还可采用化学除草。其中，最有代表性的是瑞士 EcoRobotix 除草机器人，这种机器人搭载太阳能面板，运用图像处理系统、定位系统实现杂草识别及定位，从而根据杂草的种类、数目进行除草剂的选择和喷洒用量，以实现用最少的资源，保护作物生长、土壤和水文资源。通过机械手臂对杂草进行除草剂喷洒，使除草剂使用量比传统方式大大减少，实现资源利用最大化，作业过程完全自动化作业，从而实现了无人大田自主除草作业。

2. 喷雾装备系统。喷雾机器人依托病虫害识别系统和控制系统，可根据害虫的种类和数量进行自主作业的农药喷洒。但在传统的农药喷洒过程中，农药雾滴容易受到空气运动、喷嘴尺寸、农业机械速度、悬臂高度和液滴尺寸大小等因素的影响，至少浪费了70%的农药，漂移的农药更可能会对农田、水域、农民造成影响。自主作业的农药喷洒可提高农药利用率、保护环境、保护农民，在机械速度、稳定性、精准性等方面都得到了提高，从而实现高效的、自主的农药喷洒。

3. 植保无人机装备系统。植保无人机装备系统适用于水田作业和旱田作业。植保无人机通过搭载的传感器及摄像头等信息采集系统，获取图像等大量信息数据，通过基站获取其位置信息，并建立统一的网络传输协议，通过无线通信系统将数据传输到云端。云平台基于大数据技术处理大量的实时信息，在进行算法处理后，将控制无人机姿态信息的指令发出，实现避障并正确飞行；基于计算机视觉技术，对图像进行分析，从而找出遭受病虫害的作物区域；将控制喷头开闭与开口大小指令传送到无人机喷洒系统，实现定量精确喷洒；将无人机实时作业画面通过网络远程传输至控制台，以便进行实时观测。该系统需要准备相应的充电基础设施及农药存放基础设施，以便及时提供动力，并填满作业药箱。

5.2.2.4　无人仓储系统

无人仓储装备系统，主要由粮食仓库、通风除潮系统、报警系统、作物种子、肥料农药仓库、农机作业悬挂机具、物料搬运机器人、仓储环境信息系统等组成。无人运输车将收获的粮食运送到粮食仓库，经过清洗、烘干等措施后进行存储，并由环境测控装备对粮仓的温度、湿度、气体成分进行监测，根据温度、湿度高低来调节通风除潮系统。

5.2.2.5 无人收获系统

无人收获系统通过各种传感器和 GNSS 定位系统，实现对各种粮食作物的收获，并实时测产、测量作物参数、形成作物产量图储存数据，为大数据平台分析提供数据支撑。无人收获系统包括无人大田收获装备系统、无人大田秸秆处理装备系统、粮食运输车、无人大田收获载具等作业系统。

1. 无人大田收获装备系统。无人大田收获装备系统主要由无人驾驶收获机和无人驾驶运粮车组成。在进行收获作业时，两者之间协同作业，当无人驾驶收获机发出仓满警报时，会自主发送卸粮命令给无人驾驶运粮车和收获机，此时的无人驾驶运粮车会根据自身所处位置，智能规划回仓路线，完成粮食的运送。在无人驾驶收获机上安装的产量计量器可以在收割作物的同时，精准收集该大田农场有关作物产量的信息，并绘制该区域的产量图。大田控制系统可根据这些产量图来制定下一季度的种植计划，包括化肥、农药、灌溉的用量。除此之外，自动控制系统可以通过监测发动机转速、作业速度车轮行进速度等，对车辆进行控速。当喂如量过大时，作业速度也会自动降低，实现精准作业，从而实现大田收获无人化、精准化作业。

2. 无人大田秸秆处理装备系统。无人大田秸秆处理装备系统包括秸秆灭茬机、秸秆打压捆机、秸秆草捆装卸设备和草捆运输车等装备。小麦秸秆收割后，可直接切碎还田。玉米秸秆有所不同，一般来说，玉米秸秆还田工艺为：摘穗—切碎—施肥—灭茬—深耕—整地。秸秆灭茬机主要是将田间的残留秸秆采用机械粉碎后撒到田地里，通过耕作将秸秆用作底肥翻入地表，秸秆还田不仅有效杜绝了焚烧秸秆带来的危害，还有利于增加土壤肥力，增产保收。除此之外，秸秆收获主要由收割、搂晒、打捆、码垛、装运等工序组成。不同作物所采用的收割设备有所不同，搂晒阶段主要对收割的秸秆进行晾晒、搂垄，为打捆作业做准备。打捆机有圆捆机、方捆机、二次压捆机等，打捆机将田间秸秆进行打捆处理，由草捆捡拾车和草捆码垛车收集田间草捆装车运输，完成农作物秸秆处理作业。

5.2.3 无人大田农场的规划与系统集成

5.2.3.1 空间规划

无人大田农场的建设应地势平坦，适合大型作业车辆作业，应有电力和水利设施支撑；在空间布局上，主要是大田种植区、控制室及仓储区，由控制中心统一调控管理和监测大田种植，各部分有机结合，协同作业。

基础设施。道路、水利、电力的建设必须依据大田类型（水田、旱田）、作业机械、地质地貌，建设合理的道路，修建电力设施和水利设施，确保无人大田作业装备系统的路况保障、能源供给和灌溉作业。

测控系统。根据作业需求，在大田种植区设置相应的测控系统，如土壤监测系统、空气监测系统、病虫害监测系统、土壤肥力监测系统、植物养分监控系统、气象站等，实时测控大田的植物状态、环境情况、土壤情况等。

装备系统。在大田种植区进行无人化作业，代替传统农业作业，控制中心根据不同作业阶段调动相应的作业装备系统，如耕作装备系统、播种装备系统、植保装备系统、水肥一体机、收获装备系统等。

仓储系统。仓储系统用于储存粮食，存放作业车辆、农机载具等，并为作业车辆提供电能。

控制中心。控制中心用于监测和控制无人大田的作业，是无人大田农场的大脑，包括云服务平台、大数据服务平台、远程监控系统等智能系统。

5.2.3.2 基础设施系统建设

基础设施系统，是无人大田农场各种装备进行自动化、无人化作业的重要前提，是实现无人大田农场的重要保障。无人大田农场的基础设施系统主要包括道路、水利、电力、仓储等多种设施。

1. 大田道路系统。基于无人化大田农场的要求，未来无人化大田道路建设十分重要，它是一切自动化农机装备进行田间作业的重要保障。道路建设必须依据大田环境与作业机械而建，农田合并是必不可少的，依据大田环境布局合理的道路，可以有效地实现无人农机装备作业的高精度、高效率、高产出，降低农机能耗，完成田间作物的耕种播收等田间作业。大田道路系统通常由主路、机耕道组成，主路一般在大田一侧，主要用于无人农机的行驶；机耕道根据作物的需求而建设，一般用于小型作业车的行驶。

2. 大田水利系统。大田水利系统是农作物抗旱排涝的重要措施，也是实现无人大田农场旱涝保收、高产、稳定的重要保障。其主要是由四部分组成，即灌溉、抗旱、抗涝、防治盐渍设施。具体来说，大田节水灌溉用到灌溉管道和田间建筑物，抗旱用到水源设施（机井、水泵），排涝用到排水沟渠、排水闸、排水站等设施，防治盐渍用到溉沟渠、管道等设施。但更重要的是基于不同地域特点来建设水利设施，如河流少、雨水少的地方要适当建设一体化的灌溉设施（机井站点、水泵、灌溉管道等），南方多雨水、多河流地区要重点建设抗涝设施，做好排水设施的一体化工作，地方干旱地区需要建设蓄水坝、蓄水渠等。

3. 大田电力系统。大田电力系统是未来无人大田实施的重要能源支撑，其建设主要涉及变压器高低压输电线路、配电线路、配电装置、防雷、接地、充电桩等。电力系统的建设应当与田间道路、水利设施等基础设施相结合，与农田环境相适应。高低压线路主要满足无人大田农场用电需求，为大田农作物信息采集和实时监测传感器或探头、除虫装备、大田作业农机、节水灌溉水泵等设备供电。

4. 大田仓储系统。大田仓储系统包括粮仓、无人作业车辆存放车库、物料库等基础设施。粮仓是无人大田收获粮食的主要存放地方，粮仓的大小依据农田大小、作物种类确定，其中配有通风、除湿等设备，以保证粮食的品质，避免粮食出现霉变等情况。车库是大田无人作业车辆和无人机停放的场所。无人大田农场的车库依据无人作业车辆的功能、多少、大小，来设定车库的大小和距离。车库设立自主充电或加油设备，为作业车辆提供能源，保障车辆的正常工作。

5.2.3.3　作业装备系统集成

1. 移动装备系统集成。无人大田农场中的移动装备是指用于替代人工完成大田作业的移动装备，如田地的自动耕地平地农机、自动播种机、无人植保机、无人测产机、无人收获机、无人运输车等。移动装备依赖基础设施的建设，与固定装备相配合，执行云平台所下达的指令，完成对人工作业的替换，实现无人化作业。

在无人大田农场中，移动装备主要是以无人作业农机为载体车辆，搭载传感器的载体车辆具有感知信息、收集数据、连接大田与云平台、控制作业装备的作用。无人拖拉机搭载旋耕装置和激光整地装备可以对大田土地进行深耕、整地作业，给作物播种提供良好的土壤环境。无人播种机是由无人拖拉机搭载播种机构组成，实现精准播种、监测播种量、漏播、补播等作业。无人收获系统是由无人收获机和无人运输车组成，主要用于对田间作物的收获工作和运输储藏工作，将收获的粮食自动运输到粮仓中。无人机主要进行农药喷洒、监测大田长势、大田测产等工作。

无人大田农场中的作业载体车辆上均装备有各式传感器，其中最重要的是位置传感器、测距传感器、环境传感器、作业工况传感器。位置传感器实时提供作业车辆的位置信息，云平台依据作业车辆的位置信息为作业车辆提供作业路径规划，调配多个作业设备，实现对大田作业车辆的统一规划，科学、高效地完成大田工作。测距传感器是无人作业车辆在进行田间作业时的重要传感器，当作业车辆遇到障碍物时，作业车辆可以选择停止工作或绕行作业。除此之外，载体作业装备上也安装有各式传感器，如整地作业机构上的激光平地装置、播种作业机构上的漏播监测装置、收获机构中的满仓传感装置等。

2. 固定装备系统集成。水肥固定设备包括蓄水池、水渠、施肥系统、田间管网、灌水器、自动控制系统等装置，水肥一体化灌溉方式有滴灌、喷灌、微灌等，通过建设喷灌设备和铺设大田全网管道，可实现对大田作物的全覆盖。采用水溶性好、溶解速度快、腐蚀性小的肥料，在灌溉的同时施加肥料，肥料种类、用量依据云平台对土壤水肥情况、作物营养状况等监测分析而定，实现科学精准施肥。除此之外，田间布置的捕虫灯、捕虫板可以有效减少田间害虫；气象站固定设备可以有效收集环境信息，为云平台管理系统提供环境信息；仓储系统中的充电设备可以为大田作物车辆提供能源支撑；粮仓中的除湿设备和通风设备可以防止粮食发生霉变的情况。

5.2.3.4　测控装备系统集成

无人大田农场中各设备的正常执行和业务的完成，依赖于感知信息的智能测控装备系统。无人大田农场中的智能测控系统通过功能不同的传感器和搭载平台，实现对作物生长、胁迫，环境的空、天、地立体化监控，并且同时对作业设备的运行状况能够进行实时监测，保障设备的平稳运行及突发情况的及时处理。智能测控装备系统在农田作业流程中扮演着感知和决策的角色，是整个无人大田农场的中枢。具体而言，搭载在不同平台设备上的传感器将采集的数据信息，以某种传输协议方式传输给智能测控装备系统的数据处理中心，数据中心中的大规模并行服务器经过建模分析，提供相应的可实施方案，将指令传递给相应的执行器，进而完成根据作物自身生长和环境条件部署的智能化作业方案。其间，用户可以通过个人计算机、手机等智能设备登录云平台系统，查看实时的田间数据信息及作业信息，并且能够辅助修订作业实时方案，添加一些用户的个性化方案。无人大田农场的测控装备系统主要包括信息感知层、信息传输层、信息处理层，并能够实现信息显示于用户端。无人大田农场的测控装备系统，在对象上主要包括作物环境参数测量、作物自身生长信息测量、作物胁迫信息测量与执行器工况状态监控四个业务模块。

1. 作物环境参数测量。作物环境信息测量有利于为作物生产提供变量化方案，是精细农业在信息化时代的重要环节。结合作物本身生长适宜的环境参数，通过实际环境参数的精确测量分析，来为植物提供更加适宜的环境。用来感知和测量作物环境的传感器主要是环境温湿度传感器、土壤湿度传感器、土壤温度传感器、空气湿度传感器、空气温度传感器、降雨量传感器等。环境温湿度传感器用来感知大田环境温湿度和土壤温湿度，通常由感温元件和测量湿度的元件组成。土壤湿度传感器又叫土壤水分传感器,用于在节水灌溉系统中采集土壤的含水量信息。其工作原理是根据在不同介质中电磁波传播频率计算介电常数,通过介电常数和含水量的线性关系可以推算出土壤容积含水量。土壤温度传感器通常采用铂热电阻,基于其阻值在一定范围内与温度呈线性关系,从而反应温度的变化,通常使用测得的电压和电流信号进行温度的推算。空气湿度传感器通常利用湿敏元件测量湿度。湿敏元件主要分为电阻式和电容式,两种元件都是基于当环境湿度改变时,元件表面附着的水蒸气发生变化,导致相应电阻的电阻率或者电容的介电常数发生变化。

2. 作物生长信息测量。作物生长信息测量是通过传感器来获取植物的电信号和表型特征,来判断植物的生长状态。通过测量植物含氮量、叶绿素含量的传感器,来查看植物的养分含量;也可以通过计算机视觉的方法,对植物的生长状况进行建模,判断植物的生长健康状况。近年来,摄像头大规模普及,为获取大量图像的数据提供了便捷,有利于建立植物表型数据库,记录在特定植物缺乏某种营养元素时的叶片状态植株状况等图像信息;云平台可以利用建立好的数据库,并基于一定的算法来建立植物的生长检测状态模型,从而能够自主辨识作物某种营养元素是否缺失或含水量的高低,及时把作物的信息状况传输给云平台。此外,株高、冠层密度、开花数量及其颜色状态都是植物的表型特征,可以建立相应的数据库,来为模型训练做准备。近年来,植物表型平台作为研究植物主要性状的方式和途径备受关注。无人农场中在自然条件下的田间作物,可以通过一系列从近到远的平台进行精确观测研究,涵盖了从单个植物的器官、植株,到成片的农田植株,再到农场及行政区域级别的农田范围。通过平台中携带的可见光相机、近红外相机、红外相机、热成像仪、光谱成像仪、荧光成像仪等装备,对田间作物的形状进行观测。观测的表型特征包括了植物生长发育的高度、叶子形态、果实特征等,以及产量、生物量,还有作物的生物胁迫(病虫害、杂草等)和非生物胁迫(干旱、洪涝、盐碱度)。

3. 作物胁迫信息测量。环境胁迫主要包含干旱及土地盐碱度方面的胁迫。卫星遥感技术可以在较大范围内监测土壤墒情,感知大范围内含水量的空间变异性,目前应用广泛的是微波遥感和光学遥感。但微波遥感和光学遥感获得的图像分辨率较低,难以在农田尺度上进行土壤水分监测。无人机低空遥感弥补了这一不足。无人机遥感可以通过搭载多光谱相机、高光谱相机、近红外相机和热成像仪,对农田土壤水分进行监测。研究人员通过选取对土壤含水量敏感的波段,建立模型来分析土壤水分含量。除了环境中的含水量外,因为我们关心的真正对象是作物,因此作物水分胁迫信息作为自身生理变化的重要指标很好反映了作物的需水量。作物的水分胁迫信息包括叶水势、茎水势、气孔导度等。气孔导度能够反映蒸腾速率的大小。当土壤含水量不足以满足作物自身生长需求时，作物的气孔导度会变小，其蒸腾速率减缓，使冠层温度升高，这些可通过热红外探测仪进行观测。此外，作物本身还会表现出叶子卷曲的形态，以减小蒸腾速率，这些可以通过可见光成像进行观测。作物受到胁迫所导致的形态变化，可以通过大田自动巡检机器人或者无人机进行观测。无人机通过观测采集数据后，可以通过建立植被指数和植物水分胁迫的模型。此外，无人机热红外成像遥感技术、图像处理技术为植物冠层温度测量方面提供了方案，可以作为植物水分胁迫的观测参考。

4. 执行器工况状态监控。执行器工作监控是指在进行农田作业任务时，对执行器工作状态进行监测，从而为进一步决策提供依据。例如，在智能施肥控制系统中，需要监测系统管路中电磁阀工作状态、活塞工作状态、电机工作状态，以及肥液浓度、液位、流量、压力等指标，以便实时地为进一步的决策提供参考依据。

5.2.3.5　管控云平台集成

我国疆域辽阔，农田分布广泛，并且由于气候等差异，各地的种植制度与收获季节各有差异，为了增加农机的利用率和减少收获时间，往往需要跨区域作业及相应的资源调配，此时需要有效的信息共享平台帮助农技人员和农户之间取得有效沟通与联系，并能监督作业进度、农机装备运行状况等。随着互联网技术、物联网技术的发展，并借鉴"共享经济"的模式，在无人农场推出农场管控云平台，农户和农技人员、农业公司可以通过手机等移动端下载相应的 App，来进行信息查询和服务咨询等业务，缓解农机利用率低，农机难以及时到位，突发情况农田应急抢险等问题。管控云平台的业务包括从宏观到微观，从长期到突发的情况监测及预警。首先通过卫星遥感及地理信息系统技术绘制农场的平面图和三维图，对模型图中物联网传感器节点及基础设施进行分类标注，以便实现空间信息存储和可视化管理。利用云平台远程控制，实现执行器（如喷头、阀门、电源开关等）的无人化管理及控制。云平台利用大田中的传感器和摄像头传回的数据进行长期的农田监测，关注于农田作物的生物胁迫信息和环境胁迫信息，同时收集相关的气象数据信息，以便能提前预测重大的天气变化，并能对一些突发情况（如水灾等）进行及时预警，为人们采取相应措施争取时间。

1. 农机调度。农机的合理化调度有利于农机资源的合理高效地利用。无人大田中通常有多块耕地，需要不同功能的农业机械进行作业。根据农业作业的工序，农业装备之间有的可以并行使用，有的只能串行使用。由于信息传递不及时，有些地方农业装备过剩，有些地方农业装备不足，这对无人大田的运行都有着极大挑战。管控云平台提供了一个合理有效的解决方式，通过信息收集、汇总、算法决策，从而高效地完成农机分配，资源合理利用。基于 GNSS 和基站来对农机进行定位，将农机的位置实时发送到云平台，通过机载传感器实时监控农机的工作运行状况。基于大数据技术进行不同类型的农机日程表规划，对多农机协同作业方案制定规划，对燃料、零配件等进行管理，同时对无人化农机进行作业路径规划。此外，在云平台中建立数据库，对农机的运行状况进行统一记录管理，包括农机作业时间、运行里程、加油记录、维修记录。用户通过在手机、计算机登录到云平台界面，可以实时查看农机在无人大田中的实际作业情况，并能对农机的调度作业增加一些个性化调配。

2. 大田测控系统。农田中的田间管理工作监管时间长，监管范围大，耗费人力成本高，而农田测控系统对不同地块的信息监测有利于精确化地管理调控。智能化大田测控系统为农田的无人化监管提供了很好的方案。大田测控系统依赖于农业物联网技术与大数据处理等技术。大田测控系统包含了信息采集模块、通信模块、信息处理模块，田间的各传感器节点采集的作物及环境信息，通过无线通信模块传输至云端，借助基地的服务器进行信息的汇总，并根据已有的模型算法进行处理决策，再将相应的指令要求发送到无人农场的控制模块，进行大田测控作业，实现大田农场的无人测控。

5.2.3.6 系统测试

无人大田农场在投入生产之前，需要对硬件设备和软件系统进行全面的测试，确保无人大田农场的正常运作。测试主要包括两大部分，一是硬件设备测试，二是软件系统稳定性测试。

1. 硬件测试。硬件测试主要是针对大田农场中的基础设施、固定作业装备、移动作业装备、测控系统及云平台的硬件进行测试。基础设施测试，包括道路路面平整度是否满足作业装备车辆行驶的需求、电力设备是否满足大田设备的供电需求、安全性能能否达到国家用电标准，水利设施各管道、阀门是否正常工作等；固定作业装备测试，包括视频监控系统、仓储中的充电桩、除潮通风系统等是否能正常运行；移动作业装备测试，包括移动作业车辆在进行充电、定位、感知障碍物、田间作业、自动行驶等工作时是否能正常工作；测控系统测试，包括检测各类传感器在进行采集环境参数、植物营养参数等数据时是否正常工作；云平台的硬件测试，主要是检测数据存储、处理、决策等工作是否能正常进行。

2. 软件测试。无人大田农场的软件测试主要是对云平台的软件进行测试。云平台是无人大田农场的大脑，是无人大田农场的控制中心，云平台能否正常运行关系到无人大田农场的实现程度。云平台的软件测试主要包括：能否准确无误地显示和处理测控系统所检测的环境信息、作物生长信息、作业装备运行情况等；能否实时掌握作业车辆的车体状况、作业情况；能否根据环境变化调整装备的作业状态，合理利用作业车辆资源，统一调控；云平台所作出的决策还应当达到专家系统的水准，满足农场用户实时查询大田农场的各项状况，以便更好地管理无人大田农场。

5.3 无人果园

5.3.1 概述

远程控制是无人果园农场的初级阶段，通过人对果园中的装备进行远程控制，实现果园的无人作业。尽管该阶段实现了机器对人力的替换，但还需要人进行远程操作、控制和决策。无人果园农场发展的中级阶段是无人值守，该阶段的特点是不需要人的实时操控，系统可以自主作业，但还需要人参与对作业装备下达决策指令。自主作业是无人果园农场的高级阶段，该阶段完全不需要人的参与，所有的果园作业与管理都由管控云平台自主决策，完全将人彻底从农业生产活动中解放出来。

5.3.1.1 无人果园农场的定义

无人果园农场就是在没有任何人进入果园的情况下，由信息采集设备来监控果园信息、果树的生产状态等，经过数据的传输、智能数据处理实现果园作业自动控制，最终由相对应的果园无人系统完成果园中的植保作业、套袋作业、施肥灌溉作业、修剪作业，以及果实收获作业和分级作业。信息的采集、传输、处理及自动控制技术，是实现果园无人化的基础。人工打药、爬树摘果子等是传统果园的场景。果园实现无人化，要通过传感器摄像头等感知设备，获取果园中的环境信息和设备运行状态，通过计算机进行图像信号处理，对机械设备发出明确指令，来确保果树处于优良的生长环境。无人果园通过云平台控制水肥精准灌溉，自主对果树进行整形修剪，指挥果实套袋机、摘袋机进行套袋、摘袋作业。果实成熟后，将由专门的果实采摘机器，对水果进行收集，统一运输到果园作业平台，完成自动分拣。果园无人化作业，会促进未来果园的管理更加自动化、科学化、标准化和高效化。

5.3.1.2 无人果园农场的组成与特点

无人果园农场系统主要包括基础设施、作业装备、测控装备和云平台，这些系统的集成，保证了无人果园设备的正常运转。传统果园产业从耕作、种植、管理和收获的每一个环节，都离不开人工操作。无人果园农场的特点是用自动化设备代替人的决策、劳动。具体来说，在基础设施系统（如轨道）建立的基础上，由果园内的传感器等设备采集信息，云平台通过机器视觉、数据分析等技术，对采集到的信息进行分析，将果树生长过程监测、病虫害防治、采摘管理等各个系统连接起来，再把指令发送给果园内的无人作业装备。通过果园内不同系统之间的协调与配合，最终实现果园的无人化、数字化管理。

5.3.2 无人果园农场作业装备

无人果园农场作业装备，是指在果园生产作业过程中使用的装备。这些装备主要用于果园中的耕作、施肥、灌溉、植保、自然灾害防护、整形修剪，以及采收等作业。无人果园就是将这些装备智能化，通过云平台实现装备的自动化作业。

5.3.2.1 日常作业系统

无人果园农场的日常作业系统，主要包含果园除草系统、病虫害防治系统、防鸟兽害系统、防霜冻系统、果实套袋系统和果树修枝系统。这些系统的协同工作，保障了果树的正常生长及果实的产量。通过无线传感器对果园中的装备、环境和果树生长信息进行实时获取，然后通过无线传感网络发送到云平台，云平台对这些数据进行实时处理后，实时更新在云平台上展示当前设备状态和环境等信息的实时状态，结合智能算法对装备的自主作业进行精准控制。

1. 果园除草系统。果园除草系统主要包括无人机械除草系统和无人喷药除草系统。无人机械除草系统（除草机器人）主要由机械臂、执行器、摄像头和主体组成。其工作原理，主要是在云平台建立杂草数据库，存储果园中杂草的具体特征。在进行除草工作时，除草机器人上方的摄像头对果园垄间的杂草进行实时拍照，所拍得的照片会传输到云平台计算机处理中心进行比较分析，云平台向主体内部计算机处理中心发布控制指令，控制除草机器人的移动方向和距离。除草机器人末端的执行器打开割草刀片，完成经过区域的除草工作。除草机器人主要采用了机器视觉导航技术引导除草机器人沿着农作物行自动行走，同时利用机器视觉技术检测农作物行间作物位置，防止割伤果树。

2. 果园病虫害防治系统。果园病虫害防治是果园生产作业过程中非常重要的一个环节，果园病虫害的防治，可以有效挽回果农的经济损失。国外目前普遍使用的是风送喷雾技术对果园进行喷药，该技术的原理是使用高速气流，将喷头雾化后的药物进一步撞击成更细的雾滴，增加雾滴的贯穿能力。果园喷雾装置可以精准按需喷药，果园风送喷雾技术与装备目前正朝着精准化和智能化的方向发展。基于光电感知技术、超声波探测技术、激光雷达技术及电子鼻技术的综合应用，去探测果树病虫害位置、病害程度及果园的冠层信息等，在此基础上分析喷药装置的喷药量，按需调控风速，实现精准喷药。

3. 果园防鸟兽害系统。果园在果实成熟和越冬期常遭鸟兽危害，如麻雀、喜鹊等各种鸟类啄食果实，使受害水果失去商品价值，或造成减产；野兔、鼠类等动物啃食树皮、枝梢和树根，使树受到损伤，影响生长发育。无人果园中防治鸟兽害主要依靠架设防鸟网，果园中部署多个网络摄像机采集图像，云平台根据采集到的图像进行鸟兽识别，然后控制部署在果园中的音响播放鸟类的惨叫声，吓退鸟兽。

4. 果园防霜冻系统。在无人果园农场中，通过气象站获取天气情况。当气象信息显示当前存在霜冻风险时，云平台会下发控制指令给测控装置，测控装置会对果园进行覆盖防寒衣或升温装置进行点火作业。利用燃烧气体产生的热量，使果园气温上升，以防止霜冻。

5. 果园果实套袋系统。果实近熟期易受吸果夜蛾的危害，为了保证果实不受危害，所以进行果实套袋。果实套袋的实质是使果实与外界空间隔离，让果实在专用果袋里生长，并通过有效地改变果际微域环境，包括光照、温度、湿度等，来达到影响果实生长发育的目的，从而最终改善果实的外观品质。传统的果实套袋完全依靠人工进行手动套袋，工作效率较低。采用无人果实套袋系统（机器人），可以有效提高果实套袋的工作效率，并且可以避免袋口松紧不一致的现象，实现了套袋的标准化。无人果实套袋机器人通过机械臂前端采集到的图像发送到云平台，云平台对采集到的图像进行算法处理后对果实进行识别和定位，云平台下发控制指令给作业车辆引导机械臂对幼果进行套袋处理。

6. 果园修枝系统。传统的果树剪枝，主要通过人工借助凳子、梯子进行修剪，生产率低，质量差，劳动强度高且作业具有危险性。无人整形修剪装备的动力由空气压缩机提供，可切割最大直径达 30 mm 的树枝。为满足更舒适、高效的剪枝工作要求，特别设计的剪刀可 360° 旋转。气动剪枝机可显著提高生产率，减少人工开支。无人整形修剪装备是运用计算机模拟果园场景的方式，建立形态模型，通过数据分析模拟，分析剪枝对象的生长状态，从而找出最优的修剪方案。相比普通机械剪枝，无人整形修剪装备能够解放劳动力，实现更优的修剪效果，从而提高果实质量。

5.3.2.2　水肥一体化系统

果园传统的施肥方式是通过人工方式将肥料进行施撒，再通过沟渠对果园作物进行大水漫灌，来达到对作物灌溉施肥的效果。无人果园水肥一体化系统是将灌溉用水和可溶性肥料融为一体，根据果园环境信息采集系统获取的数据和果树不同生长阶段对水和肥料需求，作出灌溉或施肥的最优决策，并生成适合果树生长的最佳配方。在无人果园农场中，首先利用传感器将果园中的土壤信息、气象信息、果树冠层信息及水肥设备状态信息，通过无线网关发送给云平台，云平台利用这些信息和训练好的模型，对测控系统下发控制指令控制水肥设备的运行。采用无人果园水肥一体化系统能够有效地解决目前果园里灌溉、施肥效率低等问题，同时有利于加快果树根系吸收速度和保持旺盛的生长速度，提高果树果实的产量和品质。

5.3.2.3　收获系统

果品收获是果园作业最后的关键环节，果品收获机械类型及其工作原理因果树种类、种植模式而形式各异。无人果园农场的收获系统有无人果园采摘机器人、无人果园振动式采摘机器人和无人果园果实捡拾机器人等。

1. 果园采摘机器人。最初的振摇式采收机器人具有生产率低且对水果破坏性较大等缺点，果园采摘机器人将计算机、人工智能等先进技术融合到采摘机器人当中，为采摘机器人朝着多样化、智能化方向发展作出了重要贡献。采摘机器人的主要功能是识别、定位与抓取果实。随着研究的不断深入，图像处理技术与控制理论的发展也为采摘机器人向智能化方向发展创造了条件。

2. 果园振动式采摘机器人。果园振动式采摘机器人通过给果树施加一定频率和振幅的机械振动，使果实受到加速运动产生惯性力。当果实受到的惯性力大于果实与果枝间结合力时，果柄断裂，果实下落。果园振动式采摘机器人的采摘效率与频率、振幅、夹持位置等因素有关，既适用于苹果、梨等大中型水果的采摘，也适用于青梅、核桃和山楂等小型林果的采摘。

3. 果园果实捡拾机器人。林果收获作业是林果生产全过程中最重要的环节，果实捡拾机器人能够有效分离出果实，节省劳动力，提高工作效率。果实捡拾机器人就是在其前端安装摄像头，当摄像头观测区域到达目标所在区域时，摄像头每隔 0.01 s 便自动定焦于搜索目标，当搜索目标与摄像头相对静止时则做单次定焦，大大提高了视频的清晰度。同时，利用无线网传输技术，将摄像头所拍摄的视频分解成图片传送到云平台，达到实时视频同步的作用。云平台识别出干果后，将指令下发给果实捡拾机器人，果实捡拾机器人打开气泵将干果吸入装备内部，完成捡拾作业。

5.3.2.4　果品分级系统

果品分级系统主要由水果传送机构、光照与摄像系统、机器视觉系统和分级系统四部分组成。该系统的基本工作原理为水果经由水果传送机构连续不断地传送至光照与摄像系统，摄像头对水果进行图像采集；解码后的图像数据（包括水果的直径、缺陷和色泽等数据）传送给图像处理器，图像处理器将图像识别的结果与预定的结果进行对比后得出水果的等级，将分级结果和水果的位置信息一并传送给系统分级机构，分级机构将水果落入对应等级的料槽内。

5.3.3　无人果园农场的规划与系统集成

5.3.3.1　空间规划

果园的选址需要考虑多方面因素，既需要考虑果树种植密度，又需要考虑到果实运输方便、气候条件等。选址需要因地制宜，对空间进行合理规划。无人果园农场主要包括以下区域规划：

作业区。果园作业区，即果树种植收获区。该区域需要完成果树从无人栽种、管理到收获的全过程，需要以自动机器作业为主。作业区的面积需要根据土质、光照等特点的不同进行划分，这样有利于同一区域的自动化种植调控。

配药室。配药室宜在交通方便处，以利于机器人、无人机等及时装灌农药进行喷洒。

果实储存室。在果园中心可建立果实储存室，用于果实收集仓储、暂时存放果品等。

作业装备室。在果园一端可以建立大型作业装备室，用于存放果园管理所需的设备，如无人作业农机和无人机等。

包装室。包装室要尽可能设置在果园中心，以方便对果实实行自动筛选、分级、包装。

指挥室，指挥室内有计算机、监控屏幕等。通过传感器、摄像头等采集果园内的实时信息，监测果园内的情况。基于地图、遥感影像等空间信息，为果园大数据研究与应用提供基础数据支撑，并针对地块进行果园图像和视频、生产决策信息采集。处理动态数据，对自动化机器发出作业指令。人们可以通过手机、计算机等终端平台，看到果园内机器的运作情况。

5.3.3.2 基础设施系统建设

无人果园农场的基础设施系统，是以果树的种植、管理和收获等工作为基础的物质工程，是实现装备自动化作业的前提。无人果园农场的基础设施系统包括道路、水电、建筑和仓库等多种设施。

1. 果园道路系统。无人果园农场需要合理布局道路，用于机械化自动完成果树种植、果实采摘、喷药等田间管理作业任务。无人果园农场的道路系统类似于传统果园道路系统，通常包括主路、支路和各种小路。根据运输路线的需要，可以在道路系统上布置轨道，无人运输车、采摘机器人等无人机械可以各行其道，相互协作，互不打扰作业。主路要求位置适中，通常宽度为 8~10 m，是贯穿整个果园的道路，主要是为了无人运输车、机器人、作业装备等移动设备的高效行走。丘陵地区果园的主路可直上直下，为减少积水，路面中央可设置稍高；山地果园的主路可以呈"之"字形或者螺旋形绕山而上，绕山道路上升的坡度不可过高。支路与主路相通。小路的路面宽度通常也要满足方便运输车、机器人等进行田间作业的需求。为了防止机器打滑，道路的路面可以采用摩擦力较大的材料，以确保机器人等设备的平稳运行。

2. 果园水利系统。无人果园农场采用水肥一体化滴灌系统。水利系统规划可以与道路建设相结合，通常需要考虑以周围无污染的河流、水塘、地下水作为水源。为节约用水，防止在滴灌中途产生渗漏和积水，通常会修建防渗渠或用管道进行输水。水肥一体化方案，调节机械臂高度和位置等。移动装备上都需要安装测距传感器和定位系统。通过定位系统，将各个作业机械的位置进行采集，云平台可通过移动设备定位信息，为果园内的机械调度提供最优化的路径。当有作业要求时，需要迅速定位距离任务点最近的装备，实现快速精准的调度，使无人果园内的作业科学、高效地完成。测距传感器可以保证各个装置在各自工作时，遇到前后方机械可自动进行避让。绕开障碍后，移动装备将自动启动，继续完成工作。技术是灌溉与施肥融为一体的农业新技术，通过可控管道系统供水、供肥。水肥通道系统的规划也需要与道路建设相结合，通过管道和滴头形成滴灌。

3. 果园电力系统。电力是无人果园农场运转的动力，也是自动化设备运行的关键。电力供应基础设施包括配电室、电线、电塔、发电机及电力设备等，用于无人果园农场内的机器、灯光、监控系统的发电、变电、送电，以保障果园的电力供应。电力系统是实现无人果园农场的能源核心。

4. 果园建筑系统。无人果园农场内的基础设施，还包括仓库、配料室、包装室等基础建筑物。仓库按照干果、水果分类建造，仓库位置宜在果园的中心位置，以便于运输与分配。配料室须建设在交通便利处，以方便农药的装灌。包装室负责果实的称重、分拣和包装。这些建筑内都需要配备完善的电力系统、通风与除湿设备。监控室内设有计算机、显示器等，负责园区内的监控、设备调度。基础建筑是无人果园能够顺利运行的基础，当基础建筑得到合理的布置，各类自主机器就可以运行起来了。

5.3.3.3 作业装备系统集成

1. 移动装备系统集成。无人果园农场内的移动装备主要包括运输作业车、移动机器人、无人机等可以自由移动的装备。移动装备在果园中可以完成从挖栽植穴、栽植到果园管理等作业。移动装备的运作过程需要依靠基础设施建设，并与固定装备相配合完成。

这些移动装备一般均搭载太阳能面板，以确保机器及时充电。无人果树种植挖坑机械可测量树苗根茎大小，调节到不同的挖坑装备，进行挖坑填土作业；无人运输作业车可用于将树苗、果实运输到指定位置；果实套袋机器可以通过机械臂前端的数据、图像采集装置，拍摄、采集果实信息，包括果实位置、大小等，并将信息传输到云平台，通过控制中心对采集到的信息进行处理，发送指令调节机械臂，指导机器进行套袋操作；无人机主要用于果园内的农药喷洒，无人机配有摄像头，并搭载喷洒装置，将采集的果树定位信息传输到云平台，云平台自动规划路径并输入到控制系统中，自动调节无人机的高度，使药剂均匀喷洒到植物靠近土壤部分及茎叶的背面；植保无人车也可完成喷药作业；采摘机器人通过摄像头采集果实信息，通过云平台处理，识别出成熟度较好的果实进行采摘作业；剪枝作业装备通过移动车搭载机械臂配备的传感器、摄像头等采集树枝信息，剪刀特别设计为可 360° 自由旋转的，通过云平台数据分析建立分析模型，分析采集对象的生长状态，选出最合适的修剪形状。

2. 固定装备系统集成。无人果园农场内的固定装备，主要包括果园监控设备、水肥一体化装备、果实分级装备和仓库内的一些固定设施等，它们不需要移动位置即可完成工作。水肥一体化装备通过可控管道系统供水和供肥，使水肥相溶后，通过管道和滴头进行均匀、定时、定量的滴灌，水肥浸润作物根系生长发育区域，使主要根系周围的土壤始终保持疏松和适宜的含水量。同时，根据不同区域作物的需肥量和生长期需水要求、施肥规律、周围土壤环境和养分含量状况等因素，进行不同的施水施肥设计，将水分、养分按比例自动提供给作物。果实分级装备主要是对果实进行分拣和分装，在分装的过程中可以利用传感器，检测果实的质量，根据不同的质量可以将果实分到不同的收藏系统。进行质量分级后，可以利用图像采集摄像头，对果实进行图像采集，利用图像分析技术，将不同色泽的果实进行分类。通过一系列的分拣操作，将果实按照颜色、大小、受伤程度和质量信息等综合分析进行等级分级。

5.3.3.4 测控装备系统集成

无人果园农场内的测控装备系统包括环境信息测控装备系统、果树信息测控装备系统和果园设备状态测控装备系统等。这些测控装备系统可保证无人果园农场能够根据作物实际的生长发育和生活环境进行智能化管控。

1. 环境信息测控装备系统。环境信息测控装备系统是实现果园无人化的基础，采集数据信息的常用设备有传感器、摄像头和无人机等。传感器可以采集果园内的环境参数，摄像头可以采集图像信息。

1）果园气象信息采集感测系统。气象信息采集感测系统包括温度传感器、湿度传感器、风速风向传感器、雨量传感器、降水测量传感器和光照强度传感器等，可实时监测果园内温度、湿度等的变化，并保存数据。通过温度传感器，可以预测果园霜冻事件的发生，提高防霜冻效果，果园内的最低温度及其出现时间预测非常关键。果树在不同的生长期，对于水分的要求也是不一样的，但大多数的果树，尤其是在炎热的夏天，添加水分的时间一定要控制好。风速风向传感器对果园周围风速风向进行实时监测，可以提早采取防护措施，防止果树受到风沙袭击而造成损失。雨量传感器用来监测降水量、降水强度、降水起止时间。降水测量传感器用于果园内的水文自动测报。光照强度对果园中果树蒸腾量是有影响的，光照强度越强，蒸发蒸腾量越大，采用光照强度传感器，可将光照强度信息传递到终端监测。

2）果园内监控信息采集感测系统。在果园环境中，需要经常对果树的情况进行查看，因此果园内监控摄像头需要遍布无人果园的作业区、道路和仓库等各个区域。无人果园农场内的监控摄像机，可以实时监测果园内的运作情况，防止鸟等对水果进行破坏，因此选择一个网络摄像头可以有效地查看果园中的动态，为远程监控、特定目标监测、故障预判等提供可靠的实时信息。

2. 果树信息测控装备系统。果树信息测控装备系统可对果树自身生长状态及水肥信息进行采集，利用云平台进行分析，并调控作业设备进行作业。果树上装置叶片摄像头、果实摄像头，可以采集果树的叶片、果实图像信息，利用信息传输系统，将传感器、摄像头采集到的果树数据、图片信息传送到云平台进行处理、分析。通过分析叶片信息，可以得知果树是否缺水，是否经受病虫灾害。云平台能够及时了解果树的健康状态、果实形态、饱满程度等生长信息。通过对果园中主要环境参数时空分布特性的研究，实现了果园环境信息（空气温度与湿度、降雨量、光照强度、土壤水分和土壤温度等）、果园虫害信息、单树产量信息、果农作业信息和投入品等信息的数字化采集和实时传输，为果园无人化管理奠定了数据基础。

3. 果园设备状态测控装备系统。无人果园农场内的设备状态测控装备系统，主要是对果园中的固定装备、移动装备等工作状态进行监控。当摄像头、传感器和控制器等失效时，能及时发出预警，对装备每个时刻的运行状态进行监测，并在云平台进行记录。

5.3.3.5　管控云平台系统集成

管控云平台系统是无人果园农场中的核心部分，可以对果园内的所有数据进行系统的存储和分析，实现果园真正的无人化生产。通过信息采集装备收集果园内的果树信息、环境信息等，采集到的信息经过信息传输系统传输到云平台。依据传输介质的不同，信息传输系统可分为有线传输和无线传输。有线传输结构简单，通过架设有线网线、布置网络交换机，即可实现信息的传输。有线传输信息量大，速度快，传输稳定，并且系统简单，对设备的要求较低。无线传输是主要的通信方式，无线通信包括果园内部无线局域网、网际网通、移动通信、无线传感网、卫星通信等。云平台负责果园内数据信息的存储、预处理和分类，对获取信息进行加工处理，使之成为有用信息，分类处理是为了实现数据库的建立。云平台的处理核心是产生决策的过程，决策的判断来源可以是成熟的专家系统，还可以是数据内的更新，并由系统进行自我学习。这些都可以成为云平台的存储知识，为得到最终决策而提供基础参考。决策将指导果园内的机器运转，同时收集相关的气象数据信息，形成历史数据，可以提前预测重大的天气变化，提供果园灾害预警，以便提前做好防灾措施。

5.3.3.6　系统测试

无人果园农场在正式运行前，需要对各个组成部分进行系统测试。测试主要包括两大部分：一是硬件设备测试，二是软件稳定性、安全性测试。

1. 硬件测试。硬件测试主要针对果园中的基础设施、固定装备、移动装备、测控系统等硬件进行测试。基础设施测试包括果园井水的供水能力是否满足果园正常灌溉需求、果园防洪排涝能力是否能保证最大暴雨情况下果园的安全、果园布局是否满足存放所有农用装备、道路平整度和硬度是否满足作业车辆的正常行驶需求、电力设备能否保障果园内所有设备的供电需求及是否存在用电安全隐患。固定装备测试主要包括设备能否正常运行、是否存在安全隐患。移动装备测试包括移动作业车辆能够准确定位感知障碍物、能否正常行驶和作业完成后能否回到制定的仓库停放。测控系统测试包括检测果园中各类传感器能否正常采集和上传数据。

2. 软件测试。软件测试主要对无人果园农场的管控云平台进行测试，云平台能否准确接收到来自果园环境传感器和作业装备采集到的数据；云平台能否对采集到的数据进行处理和数据异常报警；云平台能否根据处理后的数据进行自主决策下发控制指令，如云平台检测到果树的病害信息后，下发给无人喷药机器人进行配药、喷药作业的指令。软件测试还应对系统的运行环境进行测试，以满足平台的适用性，还应对软件的安全性进行测试，确保软件运行的安全性。

5.4 无人温室

5.4.1 概况

5.4.1.1 无人温室农场的定义

农场是指直接或者基于合同从事适度规模的农业生产、加工、销售的农业经营主体，而温室农场是以温室的设计概念为基础，摒弃了传统的土壤栽培模式，采用新型的基质栽培和水培技术，在密闭式的、控制环境下的空间内进行高密度农业生产的组织。无人温室农场是在此基础上以生产初期的远程控制，到中期的无人值守，到最后的自主作业为目标，采用物联网、大数据、人工智能、5G、机器人等新一代技术，通过对温室设施、装备、机械等自动控制或远程控制，完成作物播种、育苗、定植、采收、分拣、包装等机械化生产流程，以及温室作物生长监测、环境综合调控、水肥智能管理等生产全过程自动控制的一种全新生模式。在密闭式系统空间内，实现集中化、全天候、全空间的生产全过程无人化作业，是无人温室农场的基本特征，本质就是利用智能装备代替劳动力的所有作业。无人温室农场农产品自动生产线，主要包含七大业务系统：

1. 育苗系统。负责种子播种到种苗移栽工作。

2. 作物生长监测系统。可以密切跟踪植物生长阶段和健康状态，在早期发现植物生长异常，识别作物营养不均衡、营养胁迫、病害胁迫和水胁迫，从而为植物反馈控制装备提供全面的信息。

3. 温室环境调控系统。可为处于不同生长周期的作物提供最适宜的生长环境。

4. 水肥自动调控系统。根据作物生长状态和环境因子，智能、精准、高效地施用水肥。

5. 自动采收系统。可以无损采收农作物。

6. 自动分拣包装系统。用于收获后农产品质量的测评和包装。

7. 清洗消毒系统。为了节约资源，生产中所用的材料、设备需要经过清洗消毒，以备下次使用，除了育苗穴盘、栽培槽、营养液之外，用于水培的水桶、水箱、水培槽、储液池，以及用于基质培的基质、栽培钵等，都可以通过清洗消毒系统处理后进行循环利用。

无人温室农场引进的智能化装备，为精准作业提供了技术保障。先进的物联网系统通过全方位布置的各类传感器，如温度与湿度传感器、光照传感器、摄像头等，为云平台的数据分析与模型优化提供数据支持。云平台集成了先进的图像分析技术、5G技术、人工智能技术、大数据分析技术等，在无人温室农场发展的不同阶段，完成半自主到全自主的温室环境调控、作物监控、水肥施用病害防治等业务。各类智能装备系统，如自动播种装备、自动移栽装备、无人运输车、无人授粉机、自动采摘机等，互相配合，协同作业，为温室提供其他的无人化的业务。各个生产环节相互协调配合、高效作业，从而实现了温室作物生产的规模化和无人化。

5.4.1.2　无人温室农场的组成与功能

无人温室农场由基础设施、固定装备、移动装备、测量控制系统、管控云平台五大部分组成。这五大部分协同作业，实现温室作物生产线所有业务的无人化管理。

基础设施为无人温室农场提供基础工作条件和作物生长环境，通常包括温室主体（钢架结构、顶棚覆盖材料、四周围护材料，通风口等）、仓库（种子、栽培槽、穴盘、肥料等）、水肥管理设施（管道、蓄水池、营养液罐）、电力设施（电线桩、输配线路、充电设备）、室内运输轨道（为无人运输车、自动采摘机等提供作业轨道）等基础条件。基础设施是无人温室农场的基础物理架构，为温室无人化作业提供工作环境保障。

固定装备，即不需要移动即可完成温室主要业务的装备，如温室的自动播种机、幼苗自动移栽机、作物分级包装装备、水肥智能调控装备、环境调控装备、自动清洗消毒装备（紫外消毒、高温消毒、清洗、干燥）等。这些装备有些可单独调控，有些需要互相协作进行系统的作业控制，例如，在作物缺水时，不仅要控制水肥自动调控装备增加水供给，而且要开启环境调控装置适当降低温度，以减少植物蒸腾和水分蒸发。

移动装备，即需要移动来完成作业的装备，如温室的自动采摘装备、自动授粉装备、运输装备、装载装备等。移动装备与固定装备是无人温室农场作业的执行者，多数情况下无人温室农场的作业都需要移动装备与固定装备配合作业，实现对人工作业的替换。

测量控制系统主要包括各种传感器、摄像装置、采集器、控制器、定位导航装置等，主要功能是感知环境，感知种养对象的生长状态（干旱、营养缺乏、病虫害、果实成熟度），感知装备的工作状态（电量不足、轨道偏移、决策失误等），保障实时通信，进行作业端的智能技术及精准变量作业控制。

管控云平台是无人温室农场的大脑，主要负责各种环境、作物、装备等信息、数据、知识的存储、学习，负责数据处理、推理、决策的云端计算，负责各种作业指令、命令的下达，是无人温室农场的神经中枢。虽然基础设施、固定装备、移动装备、测量控制系统、管控云平台的角色、结构和功能各不相同，但它们之间联系密切，在温室作业任务中互相配合，缺一不可，共同组成无人温室农场的七大业务系统，即育苗系统、作物生长监测系统、水肥自动调控系统、温室环境调控系统、自动采收系统、自动分拣包装系统、清洗消毒系统，实现了机器作业对人工作业的全面替换。

5.4.1.3 无人温室农场的类型

无人温室农场按照作物能量供给方式，分为玻璃温室农场和植物工厂。

玻璃温室农场，是以玻璃为主要透光、覆盖材料的温室农场，具有采光面积大、90%以上的透光率、光照均匀、使用时间长等优点，是一种节能、高效的栽培方式。

植物工厂，是一种新兴的生产方式。它通过对温室环境的高精度控制，如人工光照代替自然光照，使作物不受自然环境的限制，从而实现作物的连续生产。植物工厂通常采用垂直种植的方式，以解决土地等环境资源越来越少、自然环境多变等问题。

5.4.2　无人温室农场的业务系统

5.4.2.1　育苗系统

1. 自动播种装备系统。传统的播种操作通常需要人工完成，然而，由于种子体积小、质量小，人工播种不仅效率低下，还会出现漏播、重播、损伤种子等问题。面对大面积、高密度种植的无人温室农场，集填土或配备岩棉、钻穴、播种、覆盖和喷灌或滴灌于一体的自动播种系统，成功解决了传统播种模式的弊端。精准且高效的自动穴盘播种机是系统的主要装备，可分为滚筒式真空播种机和平板针式播种机。滚筒式真空播种机运用真空吸力吸附和释放种子，当感应到穴盘或岩棉时，吸附的种子会自动落入孔穴中。平板针式播种机通过吸嘴完成种子的吸附和释放，针对不同形状和大小的种子，吸嘴的型号也有所不同。较小的种子由于体积太小、质量过小，无法通过吸力吸附起来，需要采用丸粒化包衣技术使其适宜自动播种。管控云平台存储有穴盘和种子的所有型号参数。云平台会将农产品的相关信息发送给无人运输车和自动播种机，无人运输车可根据信息从仓库调配最适合的穴盘或岩棉，自动播种机也将根据信息调整吸嘴、真空压力值等参数，以达到对应种子类型的最优播种效果。在播种的过程中，由于基质存在一定的填充密度，容易散坨，会给幼苗的移栽带来难度，因此对于辣椒、茄子、黄瓜、番茄等，不宜重茬、种植株数相对较少的藤蔓类作物，可使用营养钵进行播种，出苗后无须移栽，可直接带钵定植于栽培槽中。基质纸钵可降解，对环境友好，可降低碳排放，在维持生命所需空间的同时，可使幼苗非常容易地从穴盘中移出。

2. 幼苗自动移栽装备系统。叶菜种子在播种后的 10~15 d，果菜种子在播种后的 20~25 d（萌发出 2~4 片幼叶）可达到营养阶段的初期，此时干物质开始加速生成。为了给予作物足够的生长空间，需要将幼苗移栽到栽培槽中生长。传统的人力移栽，首先需要将幼苗运输到栽培室，再手动剥离幼苗至栽培槽。这一操作不仅需要耗费大量的人力，而且会由于操作不当伤及幼苗。集成精准定位、智能感测技术的自动幼苗移栽系统，可以在不损伤幼苗的情况下，在短时间内完成大规模的移栽工作。智能穴盘移栽机是自动移栽系统的主要装备。在云平台的控制下，无菌栽培槽从仓库运至育苗温室。移栽机可以 1 600 株 h 以上的速率，进行从穴盘到栽培槽的移栽作业，精准的传感系统避免在夹持时对幼苗造成损伤。定植于栽培槽的幼苗经由输送线从育苗温室送至生长温室进行生长。

5.4.2.2　温室环境调控系统

为确保作物处于最适宜的生长环境，无人温室农场需要严格监控光量、光质、光照时间、气流、湿度、温度等环境参数。传统日光温室作物栽培的综合环境控制技术水平低，调控能力差，并且以单个环境因子的调控设备为主。无人温室农场的密闭式环境调节系统构建了温度、湿度、风力等大气微循环，通过传感器采集环境参数并反馈到中控系统，实现智能化、综合化调控，最大限度地减少了资源的消耗。

1. 无人温室农场的环境温度特点及调控。蔬果花卉等农作物的发育进程，在很大程度上受到温度的影响。温度调控是温室控制的重要环节。生菜等叶菜的生长温度通常控制在 20℃左右为佳，番茄、黄瓜的生长温度控制在 25℃左右，茄子、辣椒的生长温度控制在 30℃左右，因此变温管理是常态化的温室作物品质调控的重要手段。在温度偏差超出预期范围时，云平台将控制变温装备调节环境温度。常见的增温调控手段有热水式采暖系统、热风式采暖系统、电热采暖系统。热水式采暖系统由于其温度稳定、均匀、热惰性大等特点，是目前最常用的采暖方式。然而，传统的热水式采暖系统通常由锅炉加热，会增加温室气体的排放。减少化石燃料的使用，寻求有效的清洁能源是环境友好型无人温室农场的要求。科学家们对地热能温室控温进行了许多尝试，该方法被证明对可持续发展具有重要意义。地热能温控系统由地热井取热循环系统、温室空气循环系统和温室地表管道加热循环系统组成。地热循环系统中的高温水通过与温室地表管道水进行热交换，实现温室地表的加温，温室空气循环系统通过驱使空气流动使温室温度均匀。除了地热能之外，清洁能源或其他工业的余热利用也是未来无人温室农场的重要控温技术。温室降温手段有湿帘风机降温、高压喷雾降温、遮阴降温、空调降温等。湿帘风机由湿帘箱、循环水系统、轴流风机和控制系统四部分组成，通过内部循环水系统吸收空气中的热量，来达到降温的效果。高压喷雾装备在工作压力 100～200 Pa 下可以喷出直径 5 um 的雾滴，雾滴在空气中迅速吸收热量汽化，以达到降温的效果。该装备降温速度快、温度分布均匀，还可以起到增加温室相对湿度的作用，所以被广泛应用。

2. 无人温室农场的环境湿度特点及调控。温室湿度调节的目的是降低空气相对湿度，减少作物叶冠结露现象。一般来讲，番茄等茄果类蔬菜适合生长的相对湿度为 50%～60%；瓜类作物的适宜湿度范围有所差异，西瓜、甜瓜等作物栽培需将相对湿度控制在 40%～50%，而黄瓜栽培则需 70%～80%的高湿环境；豆类蔬菜（如毛豆、豇豆）的相对湿度在 50%～70%为宜。加湿业务通常选用高压喷雾装备完成。降低相对湿度，除了进行通风换气以外，在无人温室农场中，将传统的沟灌和漫灌改为滴灌和渗灌，减少了作物的蒸腾，也是降低相对湿度的重要措施。

3. 无人温室农场的光环境特点及调控。太阳辐射强度是影响作物光合作用和干物质生产的重要因素，所以以无人温室农场生产控制光通量及光周期等光环境是非常必要的。智能补光系统，可以在作物光照不足时补充光照强度。传统的补光装备以高压钠光灯为主，其光谱全、综合性价比高。新兴的 LED 光源比传统光源具有光谱可选择、热辐射小等优点，可以对植株进行近距离补光，是节能、高效无人温室农场的最佳补光选择。由于 LED 光源价格昂贵，可采用高压钠光灯和 LED 灯混合补光的模式，但要注意高压钠光灯的热辐射对温室、温度带来的影响。光量子传感器通常置于与作物冠层持平的位置，以每分钟一次的频率采集到达冠层的光量子通量密度。云平台实时分析太阳辐射是否能满足作物的生长需求。在秋冬季和冬春季，自然光照通常无法满足温室作物的生长需求，无人温室农场的管控云平台会根据光通量需求，合理增加 LED 补光灯的开启数量和开灯时间，以进行调控补光业务。智能补光业务在为作物提供足够的光合能量的同时，避免了光能过量带来的浪费。植物工厂这种密闭式的作物栽培系统，通常用于培育具有特定外观的农产品，LED 补光灯可以为作物提供不同波段的光源，以满足培育的需求。

4. 无人温室农场的气体特点及调控。实时监测温室内部 CO_2 浓度，并根据控制中心的指令，通过 CO_2 发生器等自动补充，这对作物的呼吸作用至关重要。早前的荷兰温室实践证明，在作物生长的旺盛期，合理地提高 CO_2 浓度可提高产量 20%。然而试验指出，随着太阳的升起，温室中 CO_2 含量呈降低趋势，直到下午作物呼吸作用放出 CO_2，温室中 CO_2 的浓度又会上升。CO_2 增施装备主要通过两种途径产生 CO_2，一种是通过强酸和强碱的化学反应释放 CO_2 气体，另一种是通过有机物发酵释放 CO_2 气体。

5.4.2.3 农作物生长监测系统

当农作物遇到生物及非生物胁迫，如营养缺乏、病虫害、水缺乏时，其形态、生理和生化代谢将发生特定变化。传统温室生产主要以人工观测作物外观变化的方式，对农作物健康状态进行诊断，这一方法不仅效率低下，还具有主观性，极易作出错误的决策。也有许多便携式的测量仪器，如 SPAD-502 测量仪，叶绿素测量仪，CropScan、GreenSeeker、Yara-N 传感器等，可以测量作物的生理参数（如叶绿素含量、氮含量等），但是这些技术需要有人参与，对于高密度的无人温室农场生产是不适用的。

在无人农场的初级阶段，工人可以根据作物生长状态远程控制装备作业，在农作物出现生长异常时，及时调整水肥配比、温室环境参数等，使作物处于最优的生长状态。在无人温室农场发展的中高级阶段，即实现无人值守，甚至是自主作业，需要由管控云平台作出管理决策，开发针对不同物种的最优生长模型，并及时调整与优化模型。无人温室农场的作物生长监测系统，通过机器视觉、多传感器融合、5G技术，利用全方位布置的摄像头，实时采集最新、丰富且综合的植物表型信息，为管控云平台的复杂运算提供大数据支持，及时更新作物生长状态与作物表型，如叶片颜色、叶片纹理、植株高度、冠层光反射率等变化间的关系。同时，管控云平台的智能图像分析算法通过图像预处理、图像分割、图像特征提取、图像分析技术，对作物图像的特征进行精准定位、分类、量化和预测，判断作物是否处于营养缺乏、病虫害或水缺乏状态。最后，管控云平台再次通过物联网络优化各个装备的作业模式，在作物出现亚健康的情况下及时做出调整。

5.4.2.4 水肥自动调控系统

水肥供给在作物营养生长阶段非常重要。水肥比例施用的失误会造成作物不同的营养缺乏症状，最终会造成农产品产量和质量下降。传统生产模式多采用经验法、时序控制法或土壤墒情控制法进行灌溉施肥，缺乏智能决策方案，人工依赖度高。无人温室农场通过物联网技术实时自动采集温室内环境参数和生物信息参数，并通过物联网智能水肥一体控制系统，将水分和养分同步、均匀、准确、定时、定量地供应给作物，实现水肥一体精准施入，大大提高灌水和肥料的利用效率。与传统水肥管理方式相比，智能水肥调控技术可增产20%~30%、节水50%、节肥40%~50%。水肥自动调控系统集混液装置、动力系统、灌溉控制系统及肥液检测装置于一体。混液装置用于调配和储存肥液。肥液检测装置对肥液EC值和液面高度进行实时测量。动力系统为混液、肥液的传输提供动力。控制系统以作物自身水肥需求特点为依据，以基质含水率、环境因子等为决策指标，为作物制定最适灌溉策略。配备的先进的荷兰PB滴灌系统，最大限度地保证了植物的营养获得一致性。滴灌后排出的水肥经过消毒处理后，可以再循环利用，实现水肥的零排放、零污染。

5.4.2.5 自动采收系统

自动采收技术依靠机器视觉系统对目标进行精准识别，并在智能传感技术、导航定位技术、精准控制技术的支撑下，完成农产品的无损收获。自动采收系统根据不同的栽培对象，分为果实自动采摘系统、花卉自动采收系统和蔬菜自动收割系统。在果菜栽培温室中，果实的自动采摘装备配有电子控制模块、传感器和机械臂装置。电子控制模块包括控制器、电动机驱动、舵机控制等。传感器系统由配有彩色相机、红外相机等多种相机的机器视觉系统和测距系统组成。机械臂装置分为机械臂和机械手，由舵机控制。自带的传感器系统智能计算果实的位置信息，控制器驱动舵机操纵机械臂装置完成采摘任务。机械手的指尖装有传感器，可以感受压力的强度和方向，能够避免收获过程中对农产品的损伤。对于高架作物，如黄瓜、番茄吊蔓栽培方式，植株较高较密，需要设计行间作业轨道，自动采摘机需要配备升降平台或可伸缩手臂，依照作业轨道开展业务。在花卉栽培温室中，盆装花卉可通过自动运输线直接进入分拣包装环节。花卉的自动采摘先通过输送线送至自动剪枝装备处，自动剪枝装备配备的视觉系统和切割装备互相配合，精准定位带有花苞的枝干，对鲜花进行精准采收。在荷兰的温室中，已有成熟的盆装花卉和插花的自动采收系统。叶菜的自动收割对于果菜和插花类花卉的采收来说较为简单，不用进行复杂的定位和机械手控制操作。一般来讲，叶菜采用水培的栽培模式，成熟的叶菜可以随栽培槽批量运输至收割装置，切割刀置于栽培槽上部，即植物根部位置，有序进行叶菜的收割。

5.4.2.6 自动分栋包装系统

农产品的分拣、分级和包装可以将温室作物的经济价值最大化。传统的农产品分拣主要靠人工实现，不仅效率低下，长期单调的重复劳动还会导致人的疲劳而出现分级失误。除此之外，人工只能通过检测农产品外部形态来作出判断，对于农产品内部的病变、水分和糖分等含量不得而知，这也是人工分拣的不足之一。无人温室农场应用自动农产品分拣装备，可以解决上述问题。基于红外热波、核磁共振等无损伤机器视觉检测技术的农产品品质检测方法，不仅可以从外观对农产品进行评估，而且可以获取农产品内部信息，如水分含量、糖分含量等。这些成像技术集成在自动分拣装备内部，可以大大提高分级分类的准确性。同时，通过其他传感器（如压力传感器）的配合，可以获取农产品的质量信息，对每个农产品建立品质分级信息库，为后期农产品质量的整体评估提供参考。在荷兰智慧温室盆栽花卉物流化体系中，盆栽花卉通过传送带进入分级装置中，可以实现花卉的自动分级。在无人温室农场中，产品经由导向槽进入分拣中心，分拣中心配有核磁共振仪、红外相机、计数器彩色相机等成像传感器。核磁共振成像设备仪可以获取农产品内部结构，检测农产品是否有内部病变、成分含量等信息。红外相机或彩色相机可以得到农产品外部信息，如颜色、表皮纹理、体积等，从而判断农产品自动分拣装备分拣的产品是否有外部损伤、色泽是否鲜艳、果实是否饱满。同时，分拣中心底部安装有压力传感器，以获取农产品的质量信息。依据上述由传感器获取的信息，控制中心会控制电动推杆，将农产品推送至指定类别的导向槽。在每个导向槽中安装有红外计数器，以记录不同等级的农产品的个数。圆弧板与十字拨杆配合计数器，将农产品分拣入指定的包装箱中。经过分拣系统的筛选，不同品质的农产品将会被分配到不同的流水线上，进行最后的包装。全程无菌冷链包装系统可以最大限度地保证农产品的新鲜度。对于草莓、番茄等易损坏的软果，需要包裹防振减压泡沫，以防在运输过程中造成损坏。

5.4.2.7　清洗消毒系统

潜伏在种子表面、基质、穴盘、栽培槽、水肥中的害虫、细菌，给温室生产带来极大的健康隐患。因此，在生产前，针对材料设备的杀菌消毒工作非常关键。无人温室农场清洗消毒系统，包括清洗机、吹风和干燥装置、物理杀菌设备（紫外线消毒、高温杀菌）、自动装载与卸载装备等。清洗消毒系统针对不同的清洗、消毒对象，有多种模式可供选择。对于穴盘、栽培槽、储液箱、水箱等栽培设施，不仅要清洗烘干，而且要进行消毒操作，最后经由装载与卸载装备运输至育苗温室，以备下次生产时使用。营养液则须经过过滤和紫外线物理消毒处理，以便循环利用。循环利用的营养液极大提高了水的利用效率，降低了生产成本。基质中残存的病菌、虫卵、害虫、杂草种子无法通过清洗或紫外线杀菌全部消除，需要利用高温技术达到消毒的目的。种子通过温汤浸种、干热处理等方式，就可杀死种子表面及内部的病菌，减少苗期病害的发生。

5.4.3　无人温室农场的规划与系统集成

5.4.3.1　空间规划

1. 温室选址。根据温室建设和作物生长销售等环节的要求，温室建设地点的选取主要考虑当地的气候是否适合作物的生长，地形、地质、土壤等是否适宜建造温室，水、暖、电是否满足温室日常的运营需要，以及是否有将成熟作物运送到市场的交通运输条件等。

1）气候条件。气候是大自然形成的人所不能控制的影响因素，对于温室的耐用性及温室内作物的生长，都有十分重要的影响。主要的气候影响因素，包括气温、光照、大风及雨雪等。

（1）气温。在建造温室前，需要精确掌握温室选址地域的气温变化。这是因为，一方面，气温对于作物质量的影响很大；另一方面，也可以根据掌握的气温数据，对冬季温室取暖、夏季温室降温所需消耗的能源成本进行估计。还要对靠近海洋河流、山丘、森林的温室选址区域内影响气温的关键因素进行分析，如所处经度与纬度、海拔等，以便因地制宜。

（2）光照。光照强度和光照时长主要影响温室内作物的光合作用、呼吸作用和温室内的温度状况，进而影响作物的生长状态和成本消耗。地理位置或者空气质量都会影响光照强度和光照时长。温室在冬季生产时需要光照的充足，以便节能保温，例如，在我国北方，要充分保证温室前端和屋顶的透光性。

（3）风。主要考虑温室选址区域的风速、风向，以及是否处于风带或处于风带的位置。对于温室的建造来说，首先，温室不能处于强风口和强风地带，因为较强的风载会损害温室的外部构造，从而减短温室的使用寿命；其次，温室不能选在不利于冬季保温的寒风地带建造，适于在背风向阳的地域建造；最后，在夏季生产时，温室需要根据风向进行自然通风换气，便于调节温室内 CO_2 的浓度。例如，在我国北方，冬季的风主要是西北风，温室应该坐北朝南，在大规模的温室群北面最好有山等天然或人工的屏障；对于东西两面的屏障，以不影响光照为宜，要与温室保持一定的距离。

（4）雨、雪、雹。由于温室的主体框架是轻型结构，而雪的融化时间长，这对温室的框架有较高的要求，尤其对于大中型的连栋温室来说，除雪较为困难，要避免在大雪区域建造温室。冰雹的破坏力极大，会严重影响温室的安全，应避免在冰雹发生较严重的区域建造温室。我国是温带大陆性季风气候，四季比较温和，但也不排除会有大雪、暴雨和冰雹等天气出现，所以在建造温室时，应根据当地的雨、雪、雹的危害情况，慎重选择温室钢架材料和外围覆盖材料。

（5）空气质量。空气中的污染物主要是臭氧、二氧化硫及颗粒性粉尘等。它们主要来自城市车辆尾气及大型工厂的废气排放，对于植物的整个生长阶段都有严重的影响。空气中含有的烟尘、粉尘等颗粒状物质对光线有反射作用，使温室的光照量大幅降低。因此，温室应该建在空气质量较好的郊区、城镇或者工厂的上风向。

2）地形与地质条件温室选址应在地形平坦、交通便利的地方，既可节省建造成本，又可方便对温室进行管理。温室内地面的坡度应不大于1%，坡度过大会导致室内的温度难以调控，坡度过小又会导致室内积水。温室不应建在向北倾斜的斜坡上，以免影响早晚阳光的射入。在建造温室前，需要进行地质调查和勘探，避免将温室建在地震带等地壳运动频发的地带。

3）水、电及交通。

（1）水。温室内用水主要考虑水量和水质因素。温室内灌溉、水培、加湿、水肥、升降温等都需要用到水，特别是对于作物直接吸收的水质和水量更要保证，而对于一些设备来说，水质差会减短其使用寿命，增加生产成本。因此，要保证温室用水的水质和水量，温室最好靠近活水。

（2）电。无人温室农场的全部工作都由机械自动完成，因此电力供应是必不可少的，要保证电源的稳定可靠、连续供电，否则可能带来巨大的财产损失。

（3）交通。对于温室产品来说，尤其是反季节产品，如何快速运输到消费市场显得尤为重要。如果产品运送不及时，一方面，会增加产品保鲜的费用，造成产品不新鲜；另一方面，对于易腐易烂的产品，会使产品销量降低，从而导致收益大幅度减少。因此，无人温室农场应建在交通便利但处于非交通要道（如省道、国道）的地方。

2. 温室布局。无人温室农场需要巨大的资金投入，适宜大规模地建造。但大规模温室占地面积大，所需设施设备多，必须对温室布局进行合理规划，提高土地的利用率，进而减少成本。

（1）建筑组成及布局。在无人温室农场的总体布局中，首先，要考虑温室种植区，使温室处于光照、通风等最适宜的地方；其次，各种仓储间、操作室、工作间等配套车间应建在温室群的北面，这样既可以为种植区域节省向阳区域，又可防止种子、药物等因温度过高而发芽变质，从而提高土地的利用率；最后，烟囱要位于下风口，既可防止烟雾随风飘落于易燃物上引起火灾，造成安全隐患，又可避免飘落在外围覆盖材料上，影响光照。各种仓储室、加工车间等不宜离种植区域太远，以免影响物料的运输。

（2）温室的间距。前后栋温室的间距不宜过大，也不宜过小。间距过大会加大占地面积，土地利用率低；间距过小会影响后面的温室的采光。冬至12时太阳的高度角最小，此时靠南温室的阴影最长，可根据这时的阴影长度建造后面的温室，将不会影响靠北温室的采光，这为最佳选择。

（3）温室的方位。温室方位就是温室三角形屋脊的走向，它的选择虽然不会直接影响温室的建造成本，但对于室内采光和产品质量具有重要的影响。我国所跨纬度范围较大。以北纬40°为界，大于北纬40°时，东西方位日平均透光率较大，以东西方位建造为佳；在小于北纬40°时，南北方位日平均透光率较大，一般以南北方位建造为宜。

3. 无人温室农场的空间规划。播种室主要用来存放全自动播种机和补苗机，用于温室生产的前期播种和补苗；育苗室主要用来培育幼苗；生长温室主要用于果菜和叶菜的生长；自动分拣包装系统主要用于果实和叶菜的分级和包装；仓储室（种子存储室）用于保存种子和营养液，防止种子发芽和营养液变质。此外，还有保鲜库（用于对产品进行保鲜）、产品存储室（用于存放包装好且即将出售的成品），以及存放各种粉状药物、存放育苗穴盘和栽培槽、存放各种移动作业设备的存储室等。

5.4.3.2 基础设施系统建设

基础设施系统是无人温室农场建设的基础物质工程设施，也是无人温室农场的基础物理框架，主要为无人温室农场的自动化和无人化作业提供基础工作条件和环境，为温室内果菜、叶菜等作物的生长提供基础的环境保障。

1. 无人温室农场主体框架与外围覆盖材料设施。温室结构设计主要考虑安全性、适用性和持久性。钢架玻璃结构使得温室的光线通透性较好，通过立柱柱网布置、玻璃墙面等分隔出使用空间。荷兰在温室结构设计技术上已经非常成熟，主要以文洛型和大屋面型为主。文洛型温室居多，大屋面温室适合光照要求更高的作物，如盆栽花卉。温室平行弦桁架相比梁来说，具有更大的跨度，为温室提供更多的种植空间。框架是由梁和柱构成的组合体，框架的设计要根据气候考虑柱间间距和肩高，还要考虑抗风性和抗震性。支撑是联系温室屋架、天沟、立柱等的主要构件，是保证温室整体刚度的重要组成部分。支撑体系分为柱间支撑、墙体支撑、天沟高度水平支撑和屋面支撑。目前，温室外围覆盖材料主要有玻璃、聚碳酸酯板（PC）和塑料薄膜，其中，荷兰主要以玻璃温室为主。理想的覆盖材料应具有透光量大、散热慢、结实耐用、成本低、便于安装等特点。以荷兰温室为例，部分温室顶部玻璃采用高透光、高散射的材料，可以提供房间内均匀分布的光线，具有耗热量低、防滴漏、维护方便的优势；四周墙体采用保温散射光中空玻璃，透光性好，密封性好，墙体保温，观赏性高，节约能源。玻璃温室具有造价高、质量大、构造过程较为复杂等缺点，而 PC 板质量小，造价低，美观大方，并且可达到玻璃温室的环境调控水平，具有自洁、防流滴、抗老化、不起皮、不变皱、不产生裂缝或磨损等优势。虽然不同地区使用的材料不尽相同，但是保温需求是一致的，只要能配合加热系统，将温室温度控制在适宜温度即可。

2. 无人温室农场的物流网运输道路设施。道路设施是无人温室农场中最重要的基础设施之一，主要是便于农产品和生产资料的运输，并且与主干道距离最近。为了方便自动作业设备（如运输作业车、采摘作业车等）的行进作业，每两行作物之间需要留有作业车轨道，规模较大的温室群干道宽度一般为 6～8 m，次干道宽度为 3～6 m。南北每隔 10 栋温室应设东西大道一条，东西每隔 2 栋温室设南北大道一条。在无人温室农场中，育苗室与生长温室之间通过传送系统连接。幼苗的移栽在育苗室中由自动移栽机器人完成，带有幼苗的栽培槽经由传送系统运输至生长温室的指定位置。各工作车间之间都需要有物联网运输道路，以便完成温室内作物的生产包装工艺流程。

3. 无人温室农场的产品物料仓库设施。仓库设施主要包括肥料存储室、穴盘（栽培槽）存储室、种子存储室、农药存储室、产品存储室及设备存储室，它们是各自独立的不同的物料存储车间，每个车间根据物料的存储条件不同有不同的环境设置，例如，产品存储室应具有产品保鲜功能、种子存储室要阴凉干燥等。

4. 无人温室农场的供水管道设施。供水管道设施主要包括集水设施、加温管道、灌溉管道等。集水设施主要包括集流槽、沉淀池和集雨窖，用于收集和贮存雨水，然后通过抽水设施、过滤系统和滴灌施肥技术，高效地利用雨水。加温管道用于维持温室温度。灌溉管道用于灌溉温室作物。供水系统最好采用自来水或用变频泵恒压供水。施肥机将水与营养液母液按比例混合，经过管道和滴管，采用滴灌、喷灌等技术，将营养液精确供给每一棵作物，也可用于降温加湿系统，调节温室内部的温湿度，防止病虫害发生。

5. 无人温室农场的供电设施。无人温室农场供电系统为实现可持续发展，采用集中供电为主导，太阳能供电为辅的思路。太阳能发电光伏装置主要包括太阳能电池板和固定在太阳能电池板背面的背板，光伏装置的支撑板可以按照太阳光方向自动调节倾角大小。在无人温室农场中，大多数的作业设施及一些日常管理工作都需要用电，需电量较大，还是以集中供电为主，以便于统一控制和管理。温室的主输电线路最好采用三相电。在温室内的电线一定要密封防水，以免漏电发生危险；对于电线较多的区域，一定要将电线梳理清楚，电线最好安装在地下或者高空。

5.4.3.3　作业装备系统集成

1. 移动装备系统集成。无人温室农场中的移动装备主要包括无人机、采收作业车、运输作业车等，无人温室农场内的移动装备必须在移动过程中完成温室内的喷药、温室"巡视"、采收、运输等业务，多数情况下与固定装备配合完成温室内的各项工作。

1）无人机主要用于温室内药物的喷洒、高空喷雾降温，以及拍摄图像，对温室内的果菜和叶菜的生长状况进行监视。

2）采收作业车主要用于对花、果、菜的采收工作，一般具有识别花、果、菜成熟度和精确采收的功能，例如果实采摘作业车。

3）运输作业车主要用于对不同区域内的作物或物品进行运输，例如，将移栽好的幼苗运输到生长区，或将采收的叶菜运输到自动分拣装备，将花、果、蔬从自动分拣装备运输到自动包装装备等。移动装备根据云平台建立的最优模型的调控不断更新内部程序，以便可以应对各种突发状况，实现无人化的精确作业。

4）无人温室农场中的移动装备上均装有 GPS 位置传感器和测距传感器。

（1）GPS 位置传感器将各个移动作业设备的位置信息，经信息通信技术传送到云平台，云平台根据位置信息分析移动装备的工作状态，并调配各个移动作业设备，以保证各个移动作业设备的高效运行。

（2）测距传感器将会检测设备周围的障碍物信息，当前方存在障碍物时，移动作业车停止运行；当障碍物离开后，移动作业车缓慢启动。当移动装备发生故障时，会发出预警信号并传送到云平台，以便云平台及时调配作业车，完成相应的业务。

2. 固定装备系统集成。无人温室农场中的固定装备，主要包括全自动播种机、补苗机、全自动移栽机、水肥自动调控装备、自动清洗消毒装备和自动分拣包装装备等大型作业设备。这些装备无须移动，或单独可调控，或与其他装备结合，即可完成无人温室农场中的播种、施肥及产品的分级包装等业务。

1）全自动播种装备的工艺流程，主要包括基质填充、冲穴、播种、蛭石覆盖与浇水。种子通过空气泵喷射到滚筒膜上，带上种子的滚筒播种机经过矩阵排布，与下方传动的线程盆盒精确贴合。一方面，滚筒式播种机带有的超大尺寸真空泵和消除双种子现象的专利空气系统，播种精度高、速度快；另一方面，还可以直接播种原种。此外，全自动播种机还可以进行穴盘填土、表层土覆盖、浇水等操作，实现了高效的无人化温室播种流水线。

2）补苗机。全自动播种机虽然利用空气泵填种，难免会出现气流压力不均，可能会出现一些漏播或者播种浅等情况，导致后期缺苗现象。为了弥补全自动播种机的这种不足，后续需要接入补苗机。补苗穴盘逐一经过补苗机的图像识别系统后，将空苗和不合格种苗的位置识别出来，自动将不合格的种苗剔除，自动补苗抓手从源苗盘中抓取好苗，逐行补入新苗。补苗后的目标盘内种苗合格率达100%，目标盘经传送带输送到生长温室。

3）全自动移栽机。温室作物幼苗根据品种和生长周期的不同，需要不同规格的盆盒对幼苗进行移栽。全自动移栽机通过抓手抓取育苗穴盘中的幼苗放入到目标盘（盆）中，可分为盘—盘移栽机和盘—盆移栽机。盘—盘移栽机主要针对叶菜植物，因为叶菜植物长势慢，无侧枝，根系比较简单且质量小，在盘中即可满足的生长需要，方便运输并且节省空间；盘—盆移栽机主要针对果菜植物，因为果菜植物长势快，侧枝多，根系发达且质量大，后期需要在盆中生长。

4）水肥自动调控装备可以实现每天定时定量自动对作物进行施肥，包含两个系统，即水肥智能灌溉系统和回液紫外消毒系统。一方面，灌溉系统对于温室作物的生长不可或缺，灌溉系统还具有定量化和智能化的施肥机。在作物生长缺水或温室需要降温、加湿时，可根据温室内环境条件（光照和温度）自动调节灌溉总量，并能够根据作物生长过程需要设定灌溉的具体参数，完成灌溉过程的智能控制；在作物遭遇病虫害时，施肥机可根据云平台建立的最优模型，对防治该种病虫害所需的水肥或药物用量精确调配，从而能够提供植物最佳的生长环境。另一方面，对于采用无土栽培（如岩棉无土栽培）模式的温室作物，需要一定的回液量来调节根系生长环境及吸收能力。为了提高水肥的利用率，可以通过紫外线对回液进行消毒处理，从而实现回液的重复利用，减少对水资源的浪费，降低成本。

5）自动清洗消毒装备主要用于对穴盘、栽培槽、水肥自动调控装备管道等进行清洗消毒处理，既可以对它们进行二次利用，减少投入的成本，又可以减少设备对种苗病毒感染的概率。

6）自动分拣包装装备主要是对花、果、菜进行分级和包装。自动分拣装备可通过上方的摄像头和下方的压力传感器传送花、果、菜的颜色、大小、形状、损伤程度和质量信息，经综合分析后对花、果、菜进行自动分级。分级好的花、果、菜进入自动包装环节，自动包装装备对分级好的花、果、菜进行不同等级的包装。

5.4.3.4 测控装备系统集成

测控装备系统是无人温室农场的感官系统，主要包括各种传感器、摄像装置、采集器、控制器、定位导航装置等，主要用来感知温室内环境状态、作物的生长状态、各种自动化装备的运行状态，保障温室内的正常通信，对自动作业装备进行技术和作业的精准控制。传感器主要是采集温度、湿度、光照强度、CO_2 浓度、距离、压力等信息。摄像头主要是采集外观图像信息。室外气象站主要是对室外气温、光照强度、空气湿度、风速、风向、雨、雪、冰雹等进行监测。

1. 无人温室农场的环境调控系统。无人温室农场的环境调控系统主要针对温室内外的环境进行监测，对温室内环境进行控制，避免室内温度波动过大。温室内的温度、湿度、CO_2 浓度和光照强度与植物光合作用和呼吸作用有较大联系，对温室作物的生长状态影响很大。空气温湿度传感器用于监测温室内空气温度和相对湿度；土壤温湿度传感器主要用来监测温室内作物栽培基质的温度和含水量；CO_2 浓度传感器用于监测温室内的 CO_2 浓度，浓度过低不利于植物的光合作用；光传感器主要用来监测温室内的光照强度，光照强度对于植物的光合作用和室内温度有较大影响；小型室外气象站主要用于室外气温、光照强度、空气湿度、风速、风向、雨、雪、冰雹等室外环境的监测，便于结合室内环境监测系统，对影响温室内作物生长的环境因素进行控制，例如，根据室外风向开启相应方向的顶部玻璃窗，根据风速和风向决定开启窗户、屋顶板的方向。空气温湿度传感器、土壤温湿度传感器、CO_2 浓度传感器、光传感器等监测到的室内环境信息和室外气象站监测到的室外环境信息，经环境采集仪进行信息汇总，通过信息通信技术传送到云平台。云平台对这些环境数据进行存储分析，并在云平台上进行可视化。当测得的环境参数高于或者低于系统设定的正常参数范围时，控制器会自动打开相关的执行设备（如升降温系统、通风系统、加湿系统等）调节温室内环境，使得温室内温度、湿度、CO_2 浓度、光照强度等处于标准状态。

2. 无人温室农场的作物生长监测系统。无人温室农场的作物生长监控系统主要是对作物整个生长周期的病虫害和生长状况进行监测，按作物生长阶段补充营养，并对病虫害进行防治。

在育苗阶段，摄像头拍摄幼苗图像传送到云平台进行图像分析，得到幼苗的生长状态数据，补苗机自动对未发芽、病害和死亡幼苗进行补苗，对于长势比较慢的幼苗进行再培育，直到摄像头拍摄的幼苗图像经云平台分析达到标准，运输作业车自动将良好的幼苗运输到种植区域。

在生长阶段，摄像头实时拍摄作物图像，传送到云平台进行植物表型分析，得到作物植株的病虫害和营养数据，当植物发生病虫害或营养缺乏等症状时，水肥自动调控设备根据云平台的最优作物种植模型进行精确水肥配比，调节作物的生长状态。

在结果阶段，摄像头拍摄果菜的果实和叶菜的图像传送到云平台，通过云平台图像表型分析，得到温室花果菜的成熟度数据，自动采收作业车对成熟的花、果、菜进行采收。

3. 无人温室农场的设备作业监控系统。无人温室农场的设备作业状态监控系统，主要是对无人温室农场中的固定装备、移动装备、测控系统的硬件设备等的运行工作状态进行监控。

对于温室内的固定装备，如水肥自动调控设备、三维立体加温系统、主动冷却系统、自动分拣设备、自动包装设备等，能否正常运行及目前的运行状态进行监测，并传送到云平台，以便云平台及时调控设备运行。

对于温室内的移动装备，如园艺整枝机器人、采摘机器人、无人运输车等移动设备进行监测，GPS 定位装置将移动设备的位置信息传送给云平台，云平台记录位置信息，并据此安排就近作业设备。

对于温室内的测控系统的硬件设备，如摄像头、传感器、采集器、控制器能否正常运行及目前的运行状态进行监测，并传送到云平台，及时发现故障设备，以便采取补救措施。无人温室农场中使用的测控设备将会有很大的改进，传感器部分将会更加轻便、低成本、高精确度和高灵敏度，基于多传感器的信息融合技术将会在无人温室农场中广泛使用。摄像头部分获取的图像更加清晰、直观，可直接呈现二维、三维甚至多维图像，一张图像呈现更多信息，图像融合技术也会具有重要应用。

5.4.3.5　管控云平台系统集成

无人温室农场的管控云平台系统。云平台的构建会经历三个阶段：第一阶段是远程控制，人根据测控系统监测到的环境、作物生长状态等信息进行分析，远程控制执行作业设备完成相应的业务，不需要云平台的参与；第二阶段是无人值守，对于简单的常规业务，高度自动化的设备不需要人的参与，可以在云平台的调控下自主完成作业，对于突发、异常或者比较多变的业务，则需要人进行判断分析后，远程控制设备运行；第三阶段是自主作业，各种设备在云平台的调控下都可以完全实现自主运行，不需要人的参与。

固定装备和移动装备能够自主完成比较常规的业务，对于突发或者异常状态则需要云平台进行调控，如水肥自动调控设备每天定时定量自动对作物进行施肥灌溉，但当作物出现病虫害时，则需要云平台进行调控更新设备中的数据信息，设备自动进行精确的水和药液配比。因此，云平台相当于无人温室农场的大脑，对无人温室农场进行全面、实时的监控和大数据分析，根据环境数据信息、作物生理状态信息、设备工作状态信息等进行自动分析，自动建立起覆盖整个作物生长周期的最优种植模型，实现温室的无人化、智能化作业。

云平台对无人温室农场中经过处理后的数据信息，如环境信息、作物生长状态信息、各种设备的工作状态信息进行存储、汇总、分析与管理，根据摄像头传送的图像可分析叶菜和果菜的颜色、大小、病虫害程度及种类，然后通过接收到的数据信息不断更新数据库，建立最优作物生长模型，各种作业设备根据最优模型实现精确的自主作业。当设备发生故障不能正常作业时，设备自动发出预警信息，并将故障信息发送给云平台。

云平台会对所有温室的数据信息进行整理分析，删除无用信息，保留有用信息，建立覆盖作物整个生长周期的最优模型，以便为今后的温室作物种植提供经验和参考依据。云平台作为有效的信息共享平台，将温室之间、用户与温室之间联系起来并进行有效沟通。用户可通过手机、计算机等客户端下载的 App，对云平台中存储的数据信息进行实时查询，既可以横向查询一天内的数据信息，又可以纵向查询一周、一月甚至一年的各项数据变化，以及云平台根据数据分析出的相关信息，也可通过手机客户端远程读取云平台中存储的数据信息及数据分析结果。

无人温室农场中的每一棵果菜或叶菜都有独立的成长日志，可以通过云平台查看果菜或叶菜每一天的营养状态、生长环境数据、水肥供给情况，甚至可以追溯到生长温度、光照数据（光合作用指数）等诸多信息。云平台还可通过网络形式在允许权限范围内接入新增监测点，并且能够接收到新接入监测点的监测信息。

5.4.3.6　系统测试

系统测试能够实现对监控中的温室状态、运行参数的异常状态（包括偏差报警、超限程报警、变化率报警、过压过流报警及设备故障报警等）进行监测报警，并通过有效的管控机制做到紧急停机、临时关闭等功能。此外，并将这些特定的处理事件（包括操作事件、登录事件、工作站事件、应用程序事件）通过短信平台与远程操控中心进行有效报告。

1. 硬件测试。在无人温室农场正式投入生产运营之前，需要对硬件设备（包括基础设施、固定和移动设备、测控设备等）进行测试。对各种基础设施能否支持温室后期的正常运行进行检测，如温室的抗风能力与稳固性相关，温室的稳固性与建筑质量、骨架材质、顶面弧度、柱梁跨度有密切关系，检测温室主体框架的安全性、持久性和抗风、抗震性能，对于主体框架的最大耐受程度有大致了解，以便及时修理损坏的温室骨架；检测无人温室农场的外围覆盖材料的透光性、密封性和耐用性，判断外围材料是否能提供作物生长的必要条件；检测无人温室农场的物流网运输道路的适用性，是否能够满足各种移动设备的通畅运行等；检测无人温室农场的水网管道能否正常运行，管道是否有滴漏或破损，过滤消毒系统是否正常运行，以及过滤消毒后的水是否符合预期要求；检测无人温室农场的电力系统供电是否正常，各种用电设备是否能够接收到电，有无漏电或断电现象。对各种移动和固定设备是否能正常运行进行检测；检测各种移动设备是否能安全高效运行，有无设备相撞，或者一个设备工作另一个设备在旁等待等现象；检测各种固定设备是否能达到预期要求。

当然，也要检测作业装备的正常或异常运行能否在云平台上进行显示，以及作业装备异常运行报警系统是否能正常运行。测控系统的测试主要是对环境调控系统和作物生长监测系统进行能否正常运行的测试。首先，检测各种传感器能否正确显示温度、湿度等各种环境数据状态，各个摄像头是否能够拍摄到有用的作物图像，室外气象站能否正确监测到室外环境信息；其次，检测各种环境和作物生长数据能否正确传送到云平台，并可显示、可查询；最后，任意改变某一环境参数，检测相应的执行设备是否可以自动对该环境参数进行调节，云平台能否通过图像正确分析出作物的病害信息，以及相应的水肥系统能否针对该种病害进行精确的水肥配比。

2. 软件测试。无人温室农场的软件测试系统主要针对云平台进行测试：检测云平台能否接收到并精确显示出采集到的各种数据信息，如各种环境信息、作物生长状态参数和各种设备的运行信息；检测云平台能否对采集到的信息进行汇总分析出正确的结果，如作物的病害信息等；检测云平台能否作出判断、发出正确的控制命令，以使各种设备高效运行；还可检测云平台是否能够满足用户的各项查询要求，用户是否可以远程通过手机、计算机等进行查询和控制云平台。

软件测试主要是对程序进行测试，需要对高层需求和底层需求进行全覆盖，可以在系统级（由传感器、摄像头、各种作业装备及执行设施等营造的真实环境）对高层需求进行完整覆盖测试，在单元级（桌面环境）对底层需求进行测试，使其达到温室正常运行的要求。

5.5 无人牧场

5.5.1 概述

5.5.1.1 无人牧场的定义

无人牧场，就是在劳动力不进牧场的情况下，采用物联网、大数据、人工智能、5G、机器人等新一代信息技术，通过对牧场自主饲喂机器人、全自动挤奶机器人、巡检机器人、环境监测传感器等智能化、机械化、信息化设备的远程控制、全程自动控制或设备自主控制，实现牧场全天候、全空间、全过程的无人化、自动化、数字化、精细化作业，是牧场未来发展的全新生产模式。

无人牧场的发展要经历三个阶段，即初级阶段、中级阶段、高级阶段。无人牧场初级阶段，需要监控室内的工作人员 24 h 值守，在不进入牧场的情况下，可以实现对牧场内的智能设备远程监测和控制；无人牧场中级阶段，不需要全天候实时监测，工作人员和养殖户只在需要的情况下人工参与决策、管理，该阶段实现了无人值守，但仍需要人工参与；无人牧场高级阶段，管控云平台和智能设备协作配合，实现牧场全天候、全空间、全过程的无人化自主作业。近年来，随着牧场规模化、集约化、工厂化程度的逐步提高，劳动力减少及劳动力成本增加，智能装备参与牧场劳作逐步代替劳力是未来牧场发展的趋势。人工劳力完全被现代化智能机器替代的无人牧场，具体来说，就是通过环境监测与自动控制系统、智能饲喂系统、智能繁育系统、自动挤奶系统、管理系统、疫病防控系统、自动清洁系统等业务系统，既彼此独立、可靠有效完成各系统所负责业务，又相互衔接、融合协作完成牧场的复杂业务，分别针对牧场养殖不同生产目标进行全方位的生产信息收集和自动化管理，达到牧场运作的无人化水平，实现牧场无人化运转模式。本文以养奶牛为例，来介绍牧场的组成与运行系统。

5.5.1.2 无人牛场的组成与功能

无人牛场主要由基础设施系统、固定装备系统移动装备系统、测控装备系统、管控云平台系统五大系统组成，分别为测控装备系统、管控云平台系统、基础设施系统、固定装备系统、移动装备系统，分别相当于牛场"感官"、牛场"大脑"、牛场"骨架"、牛场"内脏"、牛场"手足"，五大系统在无人牛场生产作业过程中分别承担着不同的生产业务，系统之间深度交互融合，共同协作完成无人牛场的相关业务，达到牛场的无人化运行。

1. 基础设施系统。基础设施系统直接服务于牛只、牛群，为牛场固定设备和移动设备等装备的日常作业提供运行环境和条件。牛场基础设施分为外部基础设施和内部基础设施。牛场外部基础设施主要有设备通行道路，草料库、精料库、营养物品仓等原料储备仓，网络设施，供水管道、加水仓、供电线路、充电桩等水电配送设施，消毒管道、消毒罐等消毒设施。外部基础设施是无人牛场日常运行的最基本的保障，辅助和维持无人牛场的正常运行。牛场内部基础设施主要有犊牛、育成牛、妊娠牛等养殖车间，牛舍牛室的墙体、顶棚、天花板等，牛颈枷、牛卧床等限位设备，牛槽等饲喂设施，混凝土、橡胶、漏粪地板等地面设施，运动场，挤奶厅，排水排污管等管道设施。内部基础设施是无人牛场基础设施系统的核心。

2. 固定装备系统。固定装备是牛场内不需要移动或不可移动的设备，主要包括饲料加工制作设备、牛舍牛室内的风机风扇等通风设备、喷雾消毒降温设备、暖风暖气加温设备、自助牛体刷等福利设备、传送带式饲喂设备、自动挤奶机器人、牛奶储藏冷藏设备、粪污无害化处理设备（如固液分离机、沼气发酵池等）。固定设备可在原位完成牛场无人化运作的生产业务。

3. 移动装备系统。移动装备是牛场内需要移动、动态完成相关工作的智能设备，主要包括自走式推料送料机器人、自走式犊牛喂奶罐、轨道式移动刮粪板、自主清粪机器人、智能巡检机器人、无人运输调度车、放牧机器人等。移动装备是代替人力进行生产作业的主要部分，保证无人牛场灵活性与业务系统作业的弹性。

4. 测控装备系统。测控装备主要是指摄像头及各类智能传感器。在牛场生产作业过程中，测控装备负责测量、记录生产数据。根据数据来源，测控装备可大致分为四类，即环境信息采集设备、牛只生长信息采集设备、产品信息采集设备、设备信息采集设备。环境信息采集设备包括摄像机、温湿度传感器、光照传感器，以及有毒气体传感器；牛只生长信息采集设备包括摄像机、电子耳牌、便携式心率计、计步器、乳腺炎监测传感器、发情监测传感器、体温传感器、反刍行为监测传感器等；产品信息采集设备包括牛奶电导率传感器、牛奶浓度传感器、牛奶流量计、酸碱度传感器、牛肉新鲜度检测传感器；设备信息采集设备包括电流电压传感器、过载传感器等。测控装备对多源、海量、高质量传感器数据进行实时采集、记录，并将这些信息上传至云平台进行数据清洗、融合、分析、挖掘，从而实现对牛场环境条件、牛群牛只生长情况、牛场设备运行状态的实时监测、调控和管理。部署在每个农场上的多个 WSN 系统，将形成一个涵盖牛场管理各个方面的集成环境，提供无人牛场的智能洞察力。

5. 管控云平台系统。云平台是无人牛场无人化运转的核心，是无人牛场的"大脑"，主要在云端对测控装备系统采集到的实时数据信息进行分析、存储与可视化，进行智能决策并下达执行指令，及时调整牛场的生产状态，对牛场进行全面、综合的管理。牛场养殖户可以通过计算机、手机、手环等信息终端登录管控云平台，实时掌握牛场运作信息，及时获取异常预警报警信息，并可在终端参与牛场决策和管理。

以云平台系统为核心的牛场可实现无人养殖与管理，有效代替人力，提高工作效率和降低人员工作强度。要确保牛场的无人化运行，五大系统应各尽其责、缺一不可。形象地说，基础设施是无人牛场的"骨架"，提供牛场所有业务正常运行的基础条件，完善的基础设施是牛场无人化作业的根本保障；固定装备是牛场的"内脏"，是牛场的重要组成部分，在原位完成生产任务；移动装备是牛场的"手足"，是无人牛场灵活运行的重要保障，是代替人力劳作的主要部分；测控系统是无人牛场的"感官"，是牛场信息的重要感知系统；云平台是无人牛场的"大脑"，将海量多源信息数据化，进行汇集、挖掘、分析、管理和智能决策。五大系统分工协作组为一体，实现牛场全过程、全天候、全空间生产的无人化精准管理。

5.5.1.3 无人牛场的类型

无人牛场根据养殖对象主要可以分为两种类型，一种是以获取牛奶等奶产品为主要目标的奶牛养殖场，在无劳动力参与的情况下，获得高品质的牛奶等奶类产品，并可自动化检测牛奶乳脂率、乳蛋白率等品质指标，以及检测体细胞、菌落总数等卫生指标参数；另一种是以获取牛肉等肉产品为目标的肉牛养殖场，在无劳动力参与的情况下，获得高品质的牛肉等肉类产品，并可以自动化检测牛肉新鲜度、牛肉嫩度、pH 值等牛肉品质参数。无人肉牛养殖场与无人奶牛养殖场在饲喂养殖、管理模式、生产目标、系统集成等方面存在较大的差异，但两种无人化养殖场都能有效提高牛只的生产性能，增加经济效益。

5.5.2 无人牛场的业务系统

无人牛场的全过程生产业务均由无人智能设备完成，无人参与牛场运作，具体可分为以下七大业务系统：环境自动控制系统（环境调控无人化）、智能繁育系统（繁育无人化）、智能饲喂系统（饲喂无人化）、自动清洁系统（清粪、集粪、消毒无人化）、疾病防治系统（预防、治病无人化）、无人管理系统（放牧、巡检、运输无人化）、自动挤奶系统（挤奶无人化）。

5.5.2.1 环境自动控制系统

牛场环境条件对于牛群牛只生产表现和生产性能有重要影响，适宜的环境条件不仅有利于牛只的健康和正常的生产活动，更能够有效地提高牛只的生理水平和生产潜力，进而提高牛场的经济效益。无人牛场的环境自动控制系统可对各种牛舍、挤奶厅、运动场等场所环境参数进行智能自动调节，调节对象主要包括温度、湿度及有害气体浓度三个方面。

1. 智能温度控制。牛舍的温度控制是牛场环境条件调控的重中之重，不同品种、地区、气候条件、生长阶段的牛只对环境温度的敏感性不同。智能温度控制主要由温度传感器、摄像机、热成像仪、通风机、加热炉、暖风机、制冷机、湿帘和云平台参与，可智能调控牛场各区域的环境温度。温度传感器、摄像机、热成像仪分布于牛场的各个重要位置，如牛舍、运动场、牧场等，温度传感器采集环境温度信息，热成像仪采集牛只的身体温度数据，经无线传输到云平台，云平台将环境温度信息、牛只温度信息、个体状态信息融合分析，结合牛只的生长阶段、品种、健康状态等信息，进行智能决策并下达执行指令，自动调控通风机、加热炉、暖风机、制冷机、湿帘工作，进而调控牛场各个场所的局部温度，使牛只生长在最适宜的温度环境中。

2. 智能湿度控制。牛的生物学特性表明，牛不耐湿热，温度与湿度共同影响着牛只的生产性能。若牛舍空气湿度较低，舍内容易起灰尘，牛只皮肤、黏膜易受细菌感染，易得皮肤病和呼吸道疾病；若牛舍空气湿度过大，容易滋生有害微生物。一般情况下，肉牛对牛舍环境湿度要求为 55% ~ 75%，舍内相对湿度不能超过 80%。在适宜的温度条件下，养殖育肥公牛、繁殖母牛、青年牛的牛舍内的相对湿度不能高于 85%，哺乳犊牛牛舍、产房内的相对湿度不能高于 75%。智能湿度控制系统可有效控制牛场的环境湿度，维持牛场湿度在适宜牛只生长的范围内。该系统主要由湿度传感器、干燥机、湿帘、喷雾设施组成，云平台参与调控。湿度传感器采集环境的湿度信息，传输至云平台的湿度数据与个体生理状态数据融合，云平台决策调控干燥机、湿帘、喷雾设施的工作状态和工作模式。

3. 智能有害气体浓度控制。与温度、湿度不同，牛舍内产生的有害气体对牛只健康造成的影响更具有直接性和严重性。如果不能对有害气体及时处理，将会使牛只乃至牛场的生产性能下降，给养殖场造成重大的经济损失。牛舍内的有害气体主要有氨气、硫化氢、二氧化碳、一氧化碳、甲烷等，主要源于饲料分解、牛只排泄物、呼吸过程等。二氧化碳变送器、氨气传感器等分布于牛舍中，实时上传气体浓度数据至云平台。当相关传感器检测到对应气体的浓度偏高时，调控通风机、换气扇等开始工作，提高牛舍与外界环境的空气交换效率，降低有害气体的浓度。同时，云平台调控牛只的饲料配方，添加一些添加剂，如生物制剂、酶抑制剂等。

5.5.2.2　智能繁育系统

目前，牛场繁育过程广泛应用人工授精技术，发情监测、精液储存、冷冻精液解冻、解冻精液的处理和精液的放置等高重复性步骤都由人工完成，劳动密集、劳动强度大。智能繁育系统是无人牛场实现无人化繁殖育种的重要组成部分，按照繁育的过程及先后顺序，智能繁育系统包括发情监测子系统、授精配种设备、孕检及妊娠护理子系统、分娩协助机器人、产后护理装备、泌乳催乳设备等。整个过程由智能设备替代人工，无人力参与，装备和系统相互配合协调，共同完成牛场的无人化生殖繁育业务。

1. 发情监测。发情监测子系统用于监测牛只的发情起始时间、发情周期等，及早发现发情牛只，以便确定牛只授精配种日期，避免错过配种时期，造成不必要的损失。发情监测子系统主要由电子项圈内部活动量探测器（计步器）、数据发送单元、长距离数据发送与接收天线组成。牛只发情与活动量密切相关，发情监测依靠牛只腿部或颈部项圈内置的活动量探测器，记录牛只编号、行走、躺卧等活动量水平信息。项圈内置数据发送单元，可将牛只的活动量水平信息经长距离天线以无线传输方式发送至管控云平台。云平台根据活动量与发情关系预测模型，判断实时活动量对应的牛只是否处于发情期，从而实现自动检测发情牛只。

此系统可以大大提高牛只发情检测的准确性，代替传统人工的低效率、低准确率的发情监测。

2. 授精配种。发情牛只的受精配种工作由精准授精配种机械臂完成，能够及时在正确的发情期（一般在排卵前 3 h 内）实施授精。授精配种设备的组成部件包括微型摄像头、传动装置、解冻单元、机械臂等。进行配种之前，首先通过解冻单元对冻精自动解冻，摄像头采集高分辨率图像精确定位生殖部位，然后以直肠把握法，准确地把适量解冻后的优质精液自动输送到发情牛的子宫内，完成授精工作。在相关操作前后进行严格的消毒工作，包括对牛的外阴及其周围消毒、机械臂消毒等，避免外源性感染。此装备可有效代替人工授精实现自动授精配种，能够提高牛只的受孕率。

3. 孕检及妊娠护理。配种完成的牛只孕检和妊娠护理工作在妊娠护理室内完成，由分布式摄像头、测孕及护理设备实现。妊娠护理工作范畴包括检查母牛配种状况信息，及时发现空胎奶牛并适时地复配补配，提高配孕率；有针对性地加强怀孕牛只的护理，专门收集并记录怀孕牛只的信息，如妊娠周期等，并自动计算预产日期，安排干奶时间。孕检工作主要由摄像头采集图像信息，根据图像中牛只受孕的相关特征信息，如行为温顺、采食量增加、乳房膨胀、乳头硬直等。此外，怀孕牛只的瞳孔正上方虹膜出现 3 条显露的竖立血管，即所谓的妊娠血管，充盈突起于虹膜表面，呈紫红色等，并进行牛怀孕试纸和 B 超检测，将三方面采集到的信息上传到云平台。通过检孕模型决策怀孕牛只、空怀牛只等，及时进行护理或复配补配。云平台针对妊娠母牛加强补充营养，尤其是微量元素和矿物质元素的补充，并对干奶期母牛的饲料中添加干奶药物。

4. 协助分娩。分娩过程由协助分娩机器人完成，将其配置在妊娠室内。观察妊娠母牛的产前特征，大部分奶牛产前 10 天左右受雌激素、生长激素、催乳素的作用，乳腺迅速发育，乳腺小泡和输乳导管积蓄初乳不断增多，表现为乳房膨胀、水肿、胀大；临近分娩时，从产道流出透明黏液，运动困难，焦虑不安，常做排泄动作，食欲降低，采食量减少。针对这些特征，协助分娩机器人采集并记录征兆信息。奶牛分娩过程经过开口期、产出期和胎衣排出期，协助分娩机器人可根据三个阶段的所用时间区分、辨别顺产与难产。对于这两种情况，分娩机器人可自动切换工作状态，人性化智能协助母牛分娩，并在整个分娩过程中记录和上传数据，包括生产开始时间、顺产难产、胎衣排出时间、恶露排出量及颜色、生产结束时间等。

5. 产后护理。产后护理工作主要由电子产后护理仪完成，该护理仪由物镜系统、像阵面光电传感器、信号转换集成模块、清洁头、药物喷洒头等组成。电子产后护理仪主要针对分娩母牛的生殖器官自动进行产后护理，可获得高分辨率、高清晰度的图像，并进行图像处理，具备三维显像、测定黏膜血流、黏膜局部血色素含量测定及局部温度测量等功能，并可对产房消毒、设备自身清洁消毒。电子产后护理仪探头由机器臂推动，进入分娩牛的生殖器官，将产道内的影像通过微小的物镜系统成像到像阵面光电传感器，然后将接收到的图像信号传送到图像处理系统，并在护理仪屏幕上输出处理后的图像。对于处理后的图像自主进行智能分析、决策，从而检查卵巢和子宫恢复状况，判断是否需要清洁、喷洒药物。电子产后护理仪可以降低牛只的乳房炎、卵巢囊肿、卵巢静止等生殖障碍疾病发生的可能性，减少产道、子宫内膜的损伤和感染风险。

6. 催乳泌乳。一般来说，奶牛从产犊开始持续 305 d 是奶牛的产奶时期，通常称为泌乳期。之后，持续 60 d 奶牛不产奶，在此期间，奶牛休息并准备下一次产犊和哺乳，这一时期通常称为干旱期。无人牛场配备有柔性催乳机械手，该机械手是催乳泌乳装备的主要组成部分，由药物磁性材料、微型摄像头、柔性机械臂等组成。对于育成期母牛，柔性催乳机械手可促进乳腺发育，提升泌乳潜力和生产性能。而对于围产期母牛，通过柔性催乳机械手可实现促进乳汁分泌，将泌乳期提前，增加牛乳的分泌量，延长分泌周期等。微型机器视觉传感器置于柔性机械手前端，机械臂头部配有带有催乳作用的药物磁性材料。处于工作状态时，柔性机械手配备的机器视觉传感器检测牛乳头，获得以牛乳头为图像特征的高分辨率图像，再根据牛乳头大小、位置信息自动分析、计算药物磁性材料的定位位置，从而定位乳头附近相应的催乳穴位。分析计算完成之后，将药物磁性材料贴于对应的位置，并以适当的力度进行乳房按摩、推拿、多速颤动。乳房按摩是促进母牛乳腺发育的关键措施，能够促进乳腺组织进一步发育，提高泌乳潜力，并使血液循环加快，加强乳汁分泌，使分泌更加旺盛，延长泌乳高峰期，有效缓解产后无乳、少乳、乳腺堵塞、乳汁淤积、乳头凹陷等乳房问题。

5.5.2.3 智能饲喂系统

牛只饲喂的重要性毋庸置疑，涉及饲料配方、质量、饲喂方式、饲喂时机等方面，不仅关乎牛只的健康状态，甚至在一定程度上决定着牛场的生产性能和经济效益。无人牛场的智能化饲喂，从饲料来源到饲料去向全程无人力参与。根据饲喂过程，智能饲喂系统可分为原料运输、饲料制作加工、饲料运输、精准饲喂四个阶段。

1. 原料运输。无人原料搬运车用于原料运输，由可称重铲斗、动力装置、控制箱、摄像器材等部分组成，负责识别并搬运饲料原料，如牧草、秸秆、矿物质等。此设备主要有两种工作状态，即原料入仓和原料出仓。原料入仓，即可识别原料并进行分类，鉴定原料品质进行分级，自动称重，之后搬运原料至相应的仓库并记录原料信息，通过无线传输至管控云平台，储存原料信息；原料出仓，即可接受管控云平台下达的饲料配方信息，自动识别原料类别、称重、鉴定品质，并与平台数据库信息对比，进一步确保原料搬运正确无误，搬送原料至饲料制作加工设备进行饲料制作加工，并将原料变动信息及时更新至管控云平台。目前，牧场多由人工操控载具（如铲车等）进行原料搬运，还需进一步称重、搬运，存在劳动强度大，劳动力成本高，时间成本高，效率低等问题。

2. 饲料制作加工。牛场饲喂的饲料由一体化饲料制作加工设备制作，该设备主要由粉碎单元、混合搅拌单元、传送带、摄像头、压感传感器、控制系统等组成，可将牧草、秸秆等低价值的饲料原料加工制作成高营养价值的肉牛或奶牛饲料，包括各类精饲料、粗饲料、补充饲料和代乳料等。

该设备通过摄像头、压感传感器等识别分类青绿牧草、秸秆、干草、青贮饲料等原料，而后经过清理、粉碎、蒸煮调质、压片、配料、混合、制粒和冷却等工序组合成各类饲料，设备通过对制作完好的块状饲料贴标签或贴码的方式，记录饲料制作时间、制作原料、加工工序等，并将饲料数据信息传输至管控云平台，供云平台存储、建模、建库。目前，我国饲料制作工艺多由几个独立的机器完成，如粉碎机、搅拌机等，传统饲料生产加工过程的协调性差，饲料生产成本高。

该设备具有以下特点：

1）制作的饲料营养价值高，营养成分混合均匀，口感较好，并且适合牛类反刍动物消化吸收。

2）此设备有精饲料、粗饲料、多汁饲料、饲料添加剂等出料口，可按饲料配方需要混料，继而送料至投喂设备。

3）可进一步按饲料配方比例制成饲料，如全混合日粮（TMR）饲料。

3. 饲料运输。自走式饲料搬运机器人负责搬运制作加工完好的饲料，完成饲料运输业务。主要有两种工作模式：一是搬运制作加工完备的块状或柱状饲料至饲料仓进行贮存，并通过饲料上的二维码标签同步记录饲料品级、配方信息，同时记录饲料贮存位置等信息，及时上传至管控云平台；二是搬运饲料仓中的饲料至一体化饲料加工制作设备进行解压和粉碎，以进一步投喂，并将饲料使用信息同步至管控云平台，及时更新饲料变动情况。

4. 精准饲喂。通常，奶牛每天采食饲料（TMR 饲料）<36 kg，每次采食量<12 kg。云平台根据牛只个体状态、牛群生长阶段、气候条件等信息，可实现牛场精准化、数字化无人化饲喂。精准饲喂装备可分为三种，即传送带式饲喂设备、轨道式精准饲喂设备、自走式饲喂机器人。为了实现牛只个体精准饲养的目标，可结合两种或三种设备，具体使用情况应根据饲养规模、场地、养殖方式、资金成

本等因素综合考虑。

1）传送带式饲喂装备。传送带式饲喂装备包括饲料提升传送带与饲料投喂传送带。饲料经过饲料提升传送带传送至饲料投喂传送带，最终饲料送至牛槽或牛舍过道。饲料提升传送带最大倾角可达 450°，传送带左右两侧间隔布有橡胶刮板，具有封闭的底部结构和自洁功能，可避免饲料滑落。饲料投喂传送带配备带有滑动犁的挡板、摄像头、射频传感装置，挡板、摄像头、射频传感装置一体化，但与传送带分离，独立于传送带。传送带饲喂系统可接受云平台下达的个体饲喂量信息，自动识别牛只，在需要投喂时自动放下并控制挡板下挡时间，从而控制个体进食量，实现精准投喂。

2）轨道式精准饲喂设备。轨道式饲喂设备主要由室顶轨道、摄像头、滚动轴、料仓、图像处理单元等组成。牛舍顶部配置供轨道式饲喂设备运行的轨道，可接受云平台传达的牛只个体饲喂信息。通过机器视觉、无线射频技术，结合牛耳部、牛颈部电子标签信息和图像信息，准确识别牛只编号，按照饲料配方自动控制料仓出料口闭合与开启，通过出料时间、出料速度确定料仓出料量，进而混合投喂，并记录投喂量、投喂时间、投料配方、牛只编号等信息，并及时上传至云平台，实现饲料精准定点投放。

3）自走式饲喂机器人。自走式饲喂机器人主要由制动系统、推料装置、储料仓、摄像头、距离传感器、定位系统等组成。首先，饲喂机器人接收云平台下达的饲喂信息，包括牛只编号、对应饲喂配方、饲喂量等，通过定位系统确定自身位置，与接收到的饲料加工制作设备的位置信息结合，计算行动路径，自主行进至饲料制作设备。其次，饲喂机器人按照饲料配方信息，以无线传输方式按次序下达饲料制作设备出料指令，并在相应出料口接料，完成饲料配备。最后，饲喂机器人行进至牛舍过道，摄像头采集图像信息，识别牛只编号，按照饲喂量、饲料配方投放，记录并上传饲喂信息至云平台。此外，在行进过程中，饲喂机器人可自动推料，将因牛只进食散开的饲料推进、推齐，实现推料和精准饲喂。

5.5.2.4　自动清洁系统

自动清洁系统主要由粪污清扫子系统、粪污处理子系统和消毒子系统组成。现代化的牛养殖场的地面主要采用漏粪地板，是清洁系统运行的重要基础。首先，由粪污清扫子系统将未漏到漏粪地板、仍处于地面上的粪污清扫至排污管道，而后由粪污处理子系统对粪污进行资源化、无害化处理利用，最后由消毒子系统对粪污清理后的牛场牛舍进行进一步的消毒清洁处理。牛场环境对牛只生产性能、牛场经济效益的影响至关重要，要保证牛场空气、地面乃至牛只牛舍的干净卫生，清洁系统起着非常重要的作用。

1. 粪污清扫。粪污清扫子系统主要由自主清粪机器人和轨道式清粪板组成，负责将牛舍内的粪污助推入漏粪地板，使之进入排污管道。粪污较多时可集中粪污于一处，但在日常运行情况下，可实现 24 h 清粪，所以粪污集中情况较少。自主清粪机器人和轨道式清粪板都可有效净化牛舍的室内环境，提高清洁效率和清洁率。

1）自主清粪机器人。自主清粪机器人主要由红外传感器、超声波传感器、运动系统、控制器、编码器、陀螺仪、刮粪板、水流喷头、滑轮、充电电极等组成，配备设施还有充电桩、加水站，可自主完成清粪、充电、加水工作。自主清粪机器人的噪声很小，动作缓慢，不会引起牛只的应激反应。

云平台接收环境监控系统上传的图像、气体浓度等信息，进行智能分析决策，判断是否需要清粪工作。若需要清粪，下达清粪指令给清粪机器人，清粪机器人启动工作模式并处于工作状态。指令信息包含云平台分析、设计并优化完成之后的工作路径，清粪机器人按照路径行进。前端刮粪板是其清粪的主要部件，在行进过程中，刮粪板推动粪便进入漏粪地板完成清粪工作。超声波传感器主要检测障碍物，并计算障碍物的距离信息，避开障碍物，主要是牛只，以免伤害到牛群牛只。红外传感器主要接收充电桩、加水站红外信号，在电量或水量较低时自动返回充电桩或加水站进行补充。编码器可记录行进速度、行进距离信息。陀螺仪用来协助控制行进方向。刮粪板两端可加置滑轮，以减小接触摩擦，减缓刮粪板损坏程度，并协助清粪机器人更好地前进。在清粪过程中，前端洒水、推粪，后端喷洒水流，前端喷水是为了软化粪便，后端喷水是为了实现边清粪边清污，提高清洁率。清粪机器人内置电量检测装置、水量检测装置，在其工作过程中，电量或水分达到设定低值，则中断工作模式，由机身内置红外传感器检测充电桩或加水站红外信号，自动返回进行补充。

2）轨道式清粪板。轨道式清粪板主要由牛舍过道轨道、刮粪板、控制装置链条等组成。根据轨道传动方式，清粪板可分为链条式清粪板、钢索式清粪板、液压式清粪板，刮板类型可分为直刮板、V 型刮板。接收到云平台清粪指令后，控制单元控制其沿铺设好的轨道运行，前端刮粪板推粪。因其速度较慢，牛舍过道上的牛只可自主躲避刮粪板的到来。

2. 粪污处理。粪污处理子系统主要由排污管道、固液分离机、发酵罐等组成，可将牛场粪污进行无害化与资源化处理。牛舍的粪污及挤奶厅的废水经排污管道收集后，在输送泵作用下集中于粪池，经固液分离机使粪、水有效分离。固液分离机由粪污输送泵、分离装置、传送带等组成，可实现固液有效分离，并将固体成分混合、挤压、成粒，经传送带传送至集中加工处，等进一步加工处理或出售。

沥水后的牛粪可通过添加发酵剂存于沼气发酵罐，用于产生二次能源沼气，实现粪污再利用。粪水经三级沉淀池沉淀后，可售出用于灌溉农田。

3. 杀菌消毒。牛场消毒包括环境消毒、用具消毒、活体环境消毒、生产区消毒、设施消毒等。环境消毒常用消毒剂为 2%氢氧化钠溶液、生石灰、漂白粉，用具消毒常用消毒剂为 0.1%新洁尔灭或 0.2%～0.5%过氧乙酸溶液，活体环境消毒常用消毒剂为 0.1%新洁尔灭、0.3%过氧乙酸和 0.1%次氯酸钠溶液，生产区消毒常用消毒剂为 0.1%～0.3%过氧乙酸或 1.5%～2%氢氧化钠溶液。消毒机器人可根据消毒对象，有针对性地配备消毒剂。

5.5.2.5 疫病防治系统

疫病防治系统在于"防"与"治"，主要包括喷洒管道系统、自主消毒机器人、药物注射机器人、无人牛只运输车等。喷洒管道系统、自主消毒机器人负责"防"疫病，药物注射机器人、无人牛只运输车负责"治"疫病。根据不同季节、不同气候，对不同生长发育阶段的牛群牛只进行定制化消毒处理，保证牛场卫生安全和牛只健康生产，提高牛群出栏率，确保牛场经济效益。现如今，为了进一步追求牛场经济效益，牛场的规模化、集约化程度逐渐提高，这为传染性疫病，如肺炎，发病率和致死率更高的严重疾病，如口蹄疫、炭疽、破伤风、巴氏杆菌病、布鲁氏菌病等，提供了广泛传播的条件，疫病防控系统尤为重要。

1. "防"疫病。牛场预防疫病措施主要由喷洒管道、自主消毒机器人实现。喷洒管道系统由喷洒管道、信号接收器、控制器、消毒药罐、喷洒头等组成，分布于牛舍顶部和牛舍底部，用来对牛舍定期、及时消毒，对牛只正常的生产生活行动不构成影响。云平台根据牛场卫生情况，如空气质量、有害气体浓度及牛只活动信息等，智能决策是否进行消毒工作。按计划消毒时间，结合实际需求，云平台下达消毒指令给喷洒管道系统的信号接收器，控制器控制喷洒头开启，喷洒配备好的消毒药罐药物。上方喷洒主要对牛舍大范围消毒、灭菌，下方喷洒主要对地面、牛只的蹄部进行冲洗、清洁、消毒，以降低相关疾病发生的概率。

自主消毒机器人由摄像机、药仓、行进机构、控制单元、传感器等组成，主要负责对牛只、牛舍建筑、设备进行消毒。消毒情况按消毒对象可分为两种：一种是为牛只部位，如乳房、蹄部、牛尾等消毒：一种为牛舍地面、墙壁、卧床、颈枷等消毒。对于不同的消毒对象，所用的消毒剂种类、消毒方式、药物剂量、浓度比例等都会有所不同。

云平台根据牛只活动信息、消毒计划方案和实时牛舍情况，下达指令给自主消毒机器人。自主消毒机器人接收到指令后自动配备消毒剂，由摄像头采集到的图像自动识别牛乳头、牛尾、地面、卧床等，从而确定消毒方式、消毒剂种类等。在消毒时，自主消毒机器人会通过图像信息自动检测牛舍是否空舍，若空舍才可对牛舍建筑等进行消毒，若牛舍内有牛只活动，则只对牛只进行消毒，避免高毒性消毒剂对牛只的生理健康造成影响。

2. "治"疫病。由先监控系统监测牛只的发病症状，检测牛体生物参数（如体温、尿液 pH 值、伤口等）、行为参数（如呕吐、坡脚、抽搐等）、饮食参数（如少食、不食等）。具体来说，牛只尿液的 pH 值被记录下来，当其酸度增加时，肝脏可能受到损害。RGB 传感器用于通过识别颜色的变化来识别伤口的大小、阶段、严重程度等，可利用带有温度传感器的 RGB 传感器识别口蹄疫。同时，这些感应参数被传输到云平台，从而更加全面监控、保障牛只的健康状态。

疾病疫情治理工作主要由药物注射机器人、无人运输车完成。药物注射机器人主要由注射装置、药剂瓶、摄像头、行走机构等组成，主要负责对接种期牛群统一接种疫苗，以及对病牛注射治疗药物，预防和治疗相关疾病。工作时，首先接收云平台下达的指令，指令信息包括发病牛只编号、疾病种类、使用药物，应用机器视觉传感器自取相关药物，结合牛脸识别技术和射频识别技术，自动识别牛只个体，将注射信息与牛只编号严格对应，自动记录注射信息并上传至云平台。因突发疫情致病的牛只，云平台可决策其是否具有治疗价值。若可治愈，则下达指令给药物注射机器人，治愈并充分隔离观察后，混入牛群正常饲养；若无法治愈，则下达指令给无人运输车，由运输车搬运至病死牛处理区域进行无害化处理。

5.5.2.6　无人管理系统

随着牛场的现代化智能化水平的提高，管理方法、管理模式和管理水平显得越发重要。牛场的管理水平很大程度上影响着牛只的生产性能，决定着牛场的经济效益。因此，无人管理系统对牛场生产过程的无人化实现占据举足轻重的地位。无人管理系统主要由安全巡检、放牧、信息管理、分栏管理和福利养殖等子系统组成，实现对牛场牛只、基础设施设备、智能设备或无人设备等的无人化精准管理。分栏管理子系统实现牛只调度功能，安全巡检机器人负责对牛场基础设施等设备的巡检，放牧机器人管理放牧的牛群牛只，信息管理则主要是由管控云平台实现，福利养殖子系统包括自助牛体刷等，这些子系统分工完成牛场无人化管理工作。

1. 分栏管理。分栏管理子系统主要由摄像头、RFID 读卡器、控制装置、足浴过道等组成，主要对牛群牛只的活动进行管理，包括根据生长发育阶段进行牛群划分，对牛只分阶段饲养、管理，引导进栏、出栏、整进整出，提高牛群出栏率。结合牛脸识别技术，通过无线射频技术识别牛耳牌或牛颈圈电子标签信息，机器视觉传感器采集牛只图像信息，对牛只进行个体识别。再将牛只编号上传至云平台，云平台在数据库查找对应牛只实时信息，决策牛只行进路线，下达指令给分群分栏子系统，控制相应闸门开关，从而实现对牛只活动"一对一"精准管理。分群分栏设施配备有足浴设施（即足浴过道），既利于牛只行走，引导牛只按照指定路线行走，又可对牛蹄部进行冲洗、浸洗、消毒等，有效降低蹄类疾病（如口蹄疫）的发病率。相应地，牛只活动信息、位置信息也实时上传、存储于管控云平台。

2. 设备管理。设备管理子系统主要由摄像头、温度传感器等组成，主要监控智能设备的工作运行状态，调整设备工作模式，设备工作异常时及时报警和紧急强制停止其运行，保证无人牛场的安全性和可靠性。摄像头可监测设备行为，对智能设备的状态进行识别；传感器监测设备运行状态，如温度信息等。这些信息汇集至管控云平台，然后对信息进行融合、处理、存储、决策等，实时监测设备运行状态，下达重启、强制关闭、切换工作模式等指令至对应设备，实现对异常设备的及时管控，从而恢复正常工作，确保牛场的正常运作。

3. 福利养殖。福利养殖子系统主要由自助牛体刷、卧床、橡胶过道、防滑地板、运动场等组成，旨在为牛只提供舒适良好的生产、生活环境。自助牛体刷安装于牛场牛只活动区域，如运动场、牧场等，不仅可以增加牛只的舒适感，还可清洁皮肤，促进皮肤血液循环，提高生产潜力。传统人工刷牛每天 1～2 次，时间控制在 5 min 左右，而无人牛场配备有自助牛体刷，牛只可根据个体需求自助使用。按摩同样是促进身体发育，如乳腺发育的关键措施，由自动按摩机械臂完成，6～18 个月大的奶牛通常每天按摩 1 次，超过 18 个月的奶牛每天按摩 2 次。卧床、运动场与奶牛的产奶量息息相关。卧床是牛只休息和反刍的场所，休息行为和反刍行为是牛只生产活动的重要部分，能直接影响牛只的消化、吸收、健康和生产性能。奶牛每天有 50%～60% 的时间在卧床上休息和反刍，充足的休息能提高反刍效果，增加采食量和产奶量，并且减少蹄部的压力和跛脚的发生率。橡胶过道和防滑地板铺设于场所的交接地带，例如卧床和挤奶厅交接区域，可有效改善牛只蹄部压力和减少滑倒、跛脚的发生，提高牛群的安全性。运动场是牛只运动、休息、乘凉的场所，牛只在进食后需要有一定的活动量，在运动场中既不限制牛只的自由，又可以增强体质，改善体况，提高奶产品和肉产品的质量。

4. 智能放牧。智能放牧机器人主要由热成像仪、视觉传感器、警报系统、传动系统、控制系统等组成，可代替传统人工进行放牧管理。车载热成像仪和视觉传感器可以实时监测牛群的放牧状况，牛只的健康状况包括体温变化、行为变化，发现发病牛只、受伤牛只及时进行预警。研究表明，奶牛能够很快适应无人值守车辆。放牧机器人可自动追踪牛只，在牛只活动到禁牧区或者牧区以外区域时，可拦截牛只并发出警报，还可以监测草场的牧草品质，监测放牧强度和牛群牛只采食量。传动系统可以确保其稳定通过崎岖、坑洼的地形，如沼泽和丘陵等。放牧机器人可将牛群位置、健康、行为等信息实时上传至云平台，形成牛只牧区历史轨迹可视化，实现人工查看。放牧机器人可有效代替人力，适应各种环境下的牧场，提高牛群放牧管理效率，方便草地、畜牧管理部门管理、加快实现"划区轮牧""退牧还草""围栏封育"等天然草地建设项目的科学决策。

在面积广阔的天然牧场，无人机在监测牛只活动范围、定位、数量、行为等方面有着很大的优势。无人机搭载固定摄像机等，对从获取的自顶向下静止图像中的个体进行端到端的识别，同时有效地处理无人机拍摄的动态群体视频。随着技术的突破、实际问题的克服和监管制度的完善，无人机在农业方面的使用会大大普及。

5. 智能巡检。自主智能巡检机器人主要负责自主巡视牛场，包括监视各设备运行状态等。智能巡检机器人由摄像头、多传感器、传动系统、预警系统等组成。根据行进结构，智能巡检机器人可分为轮式智能巡检机器人和履带式智能巡检机器人。巡检机器人可根据场景地形自主构建巡逻路线，自主优化导航路径，将自身实时定位信息上传至云平台供可视化，便于人工远程操控，支持多人同时访问，或平台自主决策。多传感器系统实现对周边范围内障碍物进行智能识别，并自主避让。摄像头可 360° 无死角旋转，巡逻路段全面监控，根据采集到的图像分析设备运行状况，监控视频实时上传，供存储及视频回放，观看现场实时或历史情况。巡检机器人具备抵近侦察能力，可构建动静结合的安保系统。搭载智能预警系统，通过温湿度传感技术、行为识别技术、人工智能等综合运用，实现自动巡检时提前发现可能造成牛场异常的不稳定因素，将预警信息及时上传，供平台结合其他监测系统智能决策，避免牛场的经济损失。

6. 运输调度。无人运输调度车主要由摄像头、多传感器、升降臂、车身车架等组成，主要对发病、受伤等无法行走的牛只、故障设备进行搬运调度。接收云平台下达调度指令，指令信息包含牛只编号、牛只位置或故障设备及其对应位置、搬运目标区域等。摄像头和多传感器系统结合牛脸识别和射频技术，对牛只进行个体识别，找到目标牛只并利用升降臂搬运目标牛只上车，平稳搬运至目标区域，同样使用升降臂搬运下车，整个搬运过程安全、平稳。将搬运信息实时上传至平台，供云平台更新牛只信息和再次调度运输。

5.5.2.7 自动挤奶系统

自动挤奶系统是现代奶牛养殖的重要系统，目的是取代目前的劳动密集型机器挤奶。使用自动挤奶系统，可以降低劳动力成本，提高奶牛幸福指数，同时可提高奶牛的挤奶频率，减少挤奶期间乳房中细菌的生长时间。自动挤奶系统主要由分群分栏子系统、带清洁子系统的全自动智能挤奶机器人、挤奶厅组成。管控云平台全天候监控牛群牛只，通过摄像头、智能传感器等全面精确掌控牛只的个体生理信息。在此基础上，管控云平台根据牛只数据智能划分牛群，通过调控分群分栏子系统，将泌乳期奶牛划分为一个或几个整群，便于集中、有效、针对性管理。

分栏分群子系统主要由摄像头、RFID 读卡器、控制装置等组成，结合牛脸识别技术和无线射频技术，实时开启与闭合闸门，从而实现分群。

全自动智能挤奶机器人主要由飞行时间摄像机、挤奶杯组、清洁刷、清洁喷头、机械臂、食槽、牛奶参数传感器等组成，可实现无人安全高效挤奶。奶牛进入挤奶机器人的挤奶区域时，摄像系统识别定位牛乳房，控制清洁刷清洁牛乳头，四支清洁刷两两相对，可同时对四个牛乳头高效清洁。清洁时牛乳头处在两刷中间低速转动的软刷清洁牛乳头，同时起到按摩作用，增加奶牛分泌舒适度，促进激素分泌进而促进牛乳分泌。清洁后，多喷雾头对清洁刷进行消毒，做好挤奶前的准备工作。

挤奶机器人还配备有食槽，可同时投喂固体、液体饲料，在挤奶过程中为牛只补充饲料，从而补充体力。挤奶杯组内置飞行时间摄像头或其他类型图像传感器，采集奶牛乳房区域图像，自动识别图像中乳头特征并定位乳头位置，分析计算挤奶杯运动路径，实现与牛乳头的精准对接。若在挤奶过程中，牛只因不自然、不舒适打断挤奶过程，蹬掉挤奶杯组，这种情况下，挤奶杯组可重新定位、对接。为了减少这种情况的发生，挤奶杯组内有加热装置，温度设置接近牛只的实时体温，进一步增加牛只的舒适感。挤奶杯组内部可阻断，配置多挤奶管道。由于挤奶初期牛奶质量不高，开始挤奶较短时间后阻断入奶，换挤奶管道继续挤奶入奶，达到更高品质集奶。在集奶管道下部配置牛奶体细胞计数传感器、乳脂率传感器等，可及时监测牛奶品质参数，便于牛奶品质分级冷藏、加工、处理。挤奶完成后，挤奶杯组自动归位，并及时做消毒处理，同时清洁喷头对牛乳头及牛蹄进行清洁、冲洗、消毒，减少交叉感染风险。对于规模较大的奶牛场，可配备挤奶厅，挤奶厅可分为鱼骨式挤奶厅、并列式挤奶厅、转盘式挤奶厅。采用自动挤奶系统，可实现挤奶、消毒、按摩高度集成和自动化，从而显著提高挤奶效率。

5.5.3 无人牛场的规划与系统集成

5.5.3.1 空间规划

养牛场具有一定的环境污染，其选址应该考虑诸多因素的影响。高效规模的牛养殖场，既需要考虑饲养数量，又需要考虑便利运输、有效防病、安全生产、气候条件等因素，需要因地制宜、合理规划。养牛场的选址总体应从以下四方面考虑。

1. 场区的选择要符合国家环境保护所规定的范围，应节约用地，不占或少占良田；选择的区域要地势高、干燥、土质坚实，并有缓坡，向阳通风，平坦开阔，地下水位较低，排水良好。山区建场坡度一般小于 15%，避免坡底谷地、山顶或风口，可利用山区和树林形成隔离带。

2. 必须保证养牛场附近有充足的水源，并且具有良好的水质。

3. 应避免将养牛场建在交通繁忙的地区，以免因噪声污染破坏牛只生长需要的安静环境，影响牛只的生长，但同时也要具有良好的交通运输条件。

4. 养牛场选址应符合卫生防疫的要求，场址应建在居民区的下风处，且远离居民区。

牛场在布局上应该具有良好的功能区划分，使各区发挥各自的作用，从而促进整个场区功能的发挥。通常来说，牛场可以按照生活与管理区、生产区、辅助生产区、污粪处理区等划分。布局上要考虑既有功能上的相对独立，又有彼此之间应有的联系。

5.5.3.2 基础设施系统建设

无人牛场的基础设施，是指为牛场繁育、养殖、放牧和管理提供公共服务的物质工程设施，是保证无人牛场正常运行不可或缺的骨架。基础设施系统配备许多环境或图像传感器，其采集的信息通过网络传输到云平台，用于牛场的监控和管理。

1. 非生产区设施。

1）道路。道路是最基本的设施，无人牛场的道路应纵横交错，可以连接牛场与场外的各片区。道路建设具有一定的规范，针对特殊要求的场区，其道路宽度和厚度应因地制宜。

2）水电设施。水电设施包括水力设施和电力设施，无人牛场水利设施用于保障基本的水力供应。电力设施用于保障牛场的电力供应。

3）干草库。干草库是用于存放干草料的场所，干草库是开放式结构，其建设规模与牛场的饲养规模和采购次数有关。干草库的建筑尺寸由草料的种类和存储量决定，并要求与其他建筑分开一定的距离，同时配备防火、防潮的措施。

4）精料库。精料库是用于存放精料的仓库，精料具有育肥的作用。精料库的设计多为开放式结构，采用隔板的方式，以划分不同种类的精料。精料库的大小取决于牛存栏量、精料采食量和原料储备时间。精料库的设计要求配置防潮和防鼠的措施。

5）青贮池。青贮池是存放青贮饲料发酵的场所，起到保存或以最低的成本提高青贮饲料养分含量的作用。青贮池有地下式、半地下式和地上式三种形式，结构为长方形或圆形。青贮池的底壁建造要求采用防水、防渗措施。

6）粪便发酵池。粪便发酵池是养殖粪便的处理设施，用于牛场粪便回收存放和发酵，粪便发酵产生的能量可用于牛场的生产。粪便发酵池应处于生产区的下风处，靠近牛场粪道，便于粪便清运。粪便发酵池有地下式、半地下式和地上式三种形式。

7）消毒设施。消毒设施包括消毒池和喷雾枪，它是隔绝外界病原微生物进入养殖内环境的重要门户。对进出场区的移动设备进行消毒处理，可以有效减少牛只疾病的发生。

8）车库。车库是牛场移动作业设备停放的场所。无人农场的车库按照移动作业设备的功能和距离，分设多个车库。每个车库在位置上按照移动作业设备就近设置，从而保证车库的功能化区分和低耗能投入。车库配备专门的自动充电或自动加油系统，从而为移动作业设备提供能源供应，保障正常的工作。

9）数据中心与监控室。数据中心和监控室是牛场的信息数据采集、存储和管控的场所，包括机房、数据室和监控室等。数据中心可以与云平台实现互联互通，是无人牛场的管控核心。

2. 生产区设施。

1）公共基础设施。牛场的公共基础设施，是指牛场内部两种及以上设施共同具有的基础设施，包括场区的架构、地面、通风机、升降温设备等。牛场内部架构采用封顶结构，牛场地面为水泥混凝土材质，牛场内部跑道为橡胶材质。地面采用漏缝式设计，以方便粪便清洁。牛舍分为开放式和封闭式，配备隔离栏、柔和照明光源、自动升降门、通风机、空调、二氧化碳检测设备等。

2）孕育室。孕育室是针对孕期或生产期牛只而设计的牛舍，采用分栏的方式对每头母牛进行分开管理。孕期的母牛具有一些特殊的行为和需求，为保证孕期母牛能够健康、舒适地孕育和诞生幼崽，需要对孕期的母牛进行单独的监测。母牛进入孕期后，其生活环境和饮食条件与一般的牛有所不同，尤其是在牛饲料的营养配比和食用量上存在较大差异。孕育室将孕期母牛单独分栏，可以保证有效的饲养管理。此外，孕育室配备接生设备，可以帮助母牛安全地生产犊牛。

3）犊牛室。犊牛室是专门针对犊牛而设计的牛舍，其一般与孕育室邻近。犊牛与成年牛的摄食存在较大差异，犊牛期是生长发育最强、饲料利用率最高、开发潜力最大的一个时期。良好的环境条件对犊牛至关重要，关系到牛场的未来。犊牛室除正常喂食设施外，对于还处于哺乳期的犊牛，犊牛室还配备了喂奶设备。

4）普通牛舍。普通牛舍是一般成年牛的养殖场所，是牛场中的核心区域，是绝大部分牛只起居和饮食的区域。牛舍的大小决定牛场里的牛的进出栏量和产量的大小。普通牛舍结构简单，牛舍形式的设计要根据气候条件、饲养规模、饲养方式、分群大小、环境控制方式等而定。例如，北方地区牛舍设计主要是防寒，可设计为暖棚牛舍；长江以南地区则以防暑为主，可设计为半开放式牛舍。牛舍建筑平面布置采用单列、双列及多列形式。

5）运动场。运动场是牛只运动和休闲的场所。运动场的跑道采用橡胶材质，漏缝式设计，有助于提高牛只在运动场上散步的舒适感。此外，运动场设有福利休闲平台，平台配有清洗和按摩设备，可以提供牛只生长过程中的福利待遇，有助于提高牛肉或牛奶的品质。

6）放牧场。放牧场是牛只进行户外自由觅食的地方，其主要为人工牧场。放牧场规格按场区大小、存出栏量确定，其边界设有栅栏，并配备触栏预警设备，以保障放牧场内牛的安全。

7）挤奶厅。挤奶厅是奶牛挤奶的场所，采用封闭式设计，其规模取决于牛场奶牛的数量。挤奶厅设有单向护栏通道，通道一次仅允许一头奶牛通过。通道进口为自动分栏器，可以对奶牛进行分隔管理，用于引导奶牛到达指定通道进行挤奶。挤奶厅的位置一般有两种设置方法：一种为设在成乳牛舍的中央，另一种为设在多栋成乳牛舍的一侧。挤奶厅的类型有并列式、鱼骨式和串列式、转盘式、放射式等。

5.5.3.3 作业装备系统集成

作业装备是架设在基础设施上的行动执行器，是无人牛场自动化运行的基础。作业装备分为固定装备与移动装备。固定装备是一种固定式的操作执行器，如风机等，其相应配备各类信息采集的传感器，从而帮助固定装备的智能运行。移动装备是可移动的机器人，具有高度的自动化或智能化，具有自我监测和运行的功能，如自走式 TMR 搅拌机。环境控制装备是一种固定装备，环境控制装备主要为通风机、加热器、制冷机及湿帘等。通风机的安装有三方面：其一为安装在牛舍内的小型轴风机，用于加速大型牛舍内空气的流动；其二为安装在牛舍墙体的大型轴风机，用于纵向通风，实现牛舍和外界环境的空气交换；最后一种为屋顶小型轴风机，主要用于牛舍气体的排放。通风机在牛舍中具有重要的作用，温湿度及二氧化碳浓度的控制都需要通风机的参与。加热器与制冷机主要用于温度调节，加热器包括电加热炉和热水管道，热水管分布在各个牛舍的侧边墙角落。加热炉具有单独的热炉室，一般位于牛舍的后方；制冷机采用空调制冷压缩机。在一些最低气温不是很低的环境中，加热器与制冷机一般可以被大型中央空调代替。湿帘、喷淋或者雾化喷头一般安装在牛舍的侧边，并配有风机，其功能一方面为湿度控制，另一方面为温度的调节。

此外，固定装备还包括固定饲喂装备、固定清扫装备等系统中的固定智能机器。移动装备则是一系列的智能移动设备，如饲料运输车、清洁机器人、巡检机器人等。作业装备与云平台互联，统一由云平台调度和管理，并工作在各个业务系统中，是实现牛场业务无人化运行的重要组成部分。

5.5.3.4　测控装备系统集成

信息测控依赖于各类传感器和装备的协作，无人牛场的信息主要涉及环境、作业设备、牛只管理三大方面。

无人牛场是一个综合的大系统，对实现无人化的运行，测控装备系统起到至关重要的作用，智能信息感测系统负责无人牛场的信息采集，传输系统是无人牛场的信息互联的桥梁，管控云平台是无人牛场的信息集中和处理的中心，它是无人牛场的"大脑"，负责指挥牛场的正常运转。

1. 环境测控。环境信息是无人牛场的基本环境参数，主要包括牛舍、繁殖室、育种室、挤奶厅的各项环境指标，以及场区内外设施的实时图像信息。环境信息的采集依托于智能化的监控摄像机及各项环境参数传感器，主要包括温度传感器、湿度传感器、二氧化碳浓度传感器等。

1）温度。温度传感器主要安装在封闭式的牛舍及干草料库。牛舍温度信息采集可以为牛舍的智能温控系统提供数据支持，通过智能温度控制系统，保障牛舍处于合适的环境温度。干料库的温度传感主要用于消防参考，云平台实时监测温度的情况，以保障消防的安全。

2）湿度。湿度传感器主要安装在牛舍和饲料库，如干草料库、精料库等。牛舍温湿度信息关系到牛只的健康生长，通过智能湿度控制系统可以保障牛区内的湿度处于干活当的范围。饲料库的湿度信息主要为饲料质量是否发生变化的依据，如果湿度过高会引发饲料变质，尤其是长时间储存的情况，这些信息会上传到云平台，用于云平台的饲料管理系统，进而用于饲料的管理，如饲料作废处理、饲料采购规划及饲料营养配比。

3）二氧化碳浓度。二氧化碳浓度传感器主要分布在封闭式的牛舍，如孕育室等。云平台实时监测二氧化碳浓度的变化，并通过智能二氧化碳浓度控制系统对其进行调控。

4）监控摄像机。监控摄像机是图像采集的传感器，其广泛分布于无人牛场的牛舍、饲料库、道路等各个区域。云平台通过监控摄像机真实地了解环境视野的实时状况，为远程监控、特定目标监测、故障预判等提供可靠的实时信息。

2. 作业设备测控。作业设备测控主要是依据各种装备的工作状态信息实时管理作业设备，装备的信息监测由设备自身系统提供检测和传感功能，云平台在处理信息后，通过反馈信息指导作业设备的运行。作业设备的测控主要包括以下几方面信息：

1）设备异常态信息。异常态是设备能否继续工作的判断依据，也为设备检修提供信息支撑。异常态主要分四个等级：I级为正常状态；II级为警报状态，表示设备存在故障报警，但是不影响正常的作业任务；III级为故障状态，表示设备存在部分主要功能缺失性故障，设备可以进行部分作业；IV级为无法工作状态，表示设备存在主要功能缺失，设备已无法进行作业。当作业设备处于II～IV级状态时，云平台首先会通知检修人员，并及时调度替代设备进行作业。

2）设备工作状态信息。设备工作状态信息是表示设备是否在进行作业的信息，包含正在作业、待作业和未作业三种状态。

3）设备位置信息。设备位置信息是表示设备位置状态的信息，由GPS或北斗卫星定位系统提供目标位置信息，主要用于作业设备的定位，以方便设备的索引和管理。

4）设备工作时间。设备工作时间是表示设备从开始工作到查询时所工作的时间，未作业设备的工作时间为零。工作时间可以作为设备的使用寿命及移动作业设备能源剩余的判断依据。

5）设备工作轨迹。设备工作轨迹主要是移动设备的工作轨迹，可用于设备工作质量的评判标准，同时可用于优化移动设备的作业线路。采用GPS或北斗卫星导航提供位置坐标，通过数据模块记录轨迹信息，作业设备信息均通过无线网络直接与云平台对接，它可以帮助控制系统识别和判断作业设备的工作状态或者异常态，依据设备的各项信息，系统可以更好地进行作业任务安排，优化作业配置，同时减少故障率，提高运行效率。

3. 牛只管理测控。牛只管理测控是对牛生长活动与健康的管理。生长活动信息是指牛的生长和活动两方面的信息。牛在各阶段的生长和活动是不一样的，如犊牛和成年牛、发情与未发情的牛、孕期与非孕期的牛等，它们在各阶段的表现和需求存在很大的差异。健康状况信息是牛生理健康与病态的判断依据，健康状况传感器可对牛进行实时健康评判与监测。记录牛的生长活动和健康信息，可以帮助云平台更好地了解每头牛的阶段生长状况和活动规律，预测牛的下阶段需求，从而更好地为牛提供适应性的配套措施，如饲料配比、饲喂量、发情管理等。以下为几种主要的牛只的生长活动信息：

1）个体识别。个体识别用于每头牛的身份区分和确认，依托于电子耳牌、电子标签等个体识别技术，来实现该功能。个体识别是定位和溯源的基础，云平台可以实时记录每只牛的具体情况，并有针对性地的管理每只牛。

2）体长体重。体长体重指每头牛的体长和体重数据，依托于红外测量和电子地秤传感来实现该功能。体重和体长是牛生长过程最直接的状况体现，云平台可以通过体长和体重信息判断牛生长到了哪个阶段。

3）活动步数。活动步数表示牛行走活动的数据，依托于计步器（速度与加速度计）。牛的活动步数反映了个体牛的运动量，可以作为判断牛健壮程度的依据。

4）活动轨迹。活动轨迹表示牛活动范围的数据，依托于 GPS 或北斗定位系统提供实时位置信息，为云平台绘制活动轨迹提供数据支持。活动轨迹可以用于表示个体牛的活动规律。

5）发情与孕期状态。发情状态分为两种状态，一种是发情状态，另一种是非发情状态。由发情监测系统判断状态，如果处于发情状态，由智能繁育系统提供配种、孕检、分娩和产后护理服务。

牛只的健康信息，主要包括以下方面：

（1）姿势步态信息。其信息获取依赖于视觉的传感。健康牛步态稳健，动作协调、自如。疾病牛步态不稳，有跛行等异常情况，整体表现为运动不协调。一般来说，特定的疾病都有相应的症状表现，如脑包虫病会导致牛的定向转圈。

（2）呼吸状况。采用呼吸频率传感器和机器视觉相结合的传感方式，实时对呼吸状况监测，健康牛的呼吸频率为 10～30 次/ min，且为平稳的胸腹式呼吸，一般受生理和外界条件的影响，会稍有波动。疾病牛的呼吸频率和呼吸方式会有改变。

（3）心率。采用心率传感器实时传感心率变化，心率过高或过低表明牛为非健康状态。

（4）体温。采用红外测温的方式，实时监测牛的体温的变化。一般来讲，牛的异常或疾病都伴随着体温的变化。

（5）反刍信息。反刍信息的获取依托于视觉相机传感。健康牛在食后 1 h 左右开始反刍，每次持续时长约 1 h，每次咀嚼 40～80 次。当牛患有疾病时，其反刍会存在障碍，表现为不反刍或反刍指标异常。

（6）精神状态。精神状态信息获取依赖于视觉的传感，健康牛对环境反应灵敏，病态牛头低耳垂，呆立不动或前冲后撞、乱跑乱撞。健康状况非实时信息，传感主要是对毛和皮肤、眼结膜、鼻腔及牛体内血液参数的检测等，采用个体定期取血、定期视察等措施，阶段性传感牛体的生理健康状况。例如，采用自动取血设备，定期监测血蛋白、白细胞及生殖激素等多项血液常规检测指标；采用高清摄像探头，自动获取牛眼结膜和毛色、皮肤的健康状况。云平台通过综合信息了解牛只的健康状况，当牛处于非健康状态时，通过疾病防治系统对牛只的健康进行管理。

5.5.3.5 管控云平台系统集成

管控云平台系统是一个智能综合的系统，它是数据的汇总、分析与管理中心，将终端设备采集的数据信息进行接收汇总，通过数据分析向执行设备发送指令。

1. 数据中心。数据中心是无人牛场的信息预处理、分类、存储和管理的平台。信息预处理是指对获取信息进行加工处理，使之成为有用信息，其主要是对信息进行去伪存真、去粗取精、由表及里、由此及彼的加工过程。信息分类是指按照信息的属性进行分类，从而实现对应的数据库存储，包括了信息的提取和识别过程。信息存储和管理就是指信息的数据库存放，其涉及数据库的建立。

云数据中心是一个开放的平台，它允许外部设备对其进行数据访问，通过接口读取数据中心的信息。用户在有网络的地方，可以通过计算机、移动终端等设备随时随地接入数据中心，从而了解农场的相关信息，通过统计、处理、可视化等操作实现农场信息的直观显示。此外，数据中心通过网络形式，在允许权限范围内可接入新增监测点，并且能够接收到新接入监测点的监测信息。

2. 云平台。云平台是无人农场的"大脑"，它可以对信息进行分析处理并形成决策，同时可以进行自我学习。云平台对接收的信息进行处理决策后，并对作业机构发送指令控制这些执行机构的运作。此外，用户也可通过手机客户端远程操控云平台发送指令。

云平台的核心是决策的形成，其决策支持来源于两方面：一方面是云专家系统，一方面是自我学习。专家系统是科学性的基础，它包括了饲喂投量、健康状况、疾病检索等多方面的信息，可以为决策提供基础参考。自我学习是云平台对特定系统的经验总结，其优势在于对牛场系统具有针对性。云平台在处理信息时会通过信息的分类属性在云专家系统中搜索相应的参考数据，并通过对比分析给出结果，结合自我学习得到的经验值，对专家系统给出的结果进行优化处理，并作为决策结果给出。

5.5.3.6　系统测试

无人牛场是一个结构复杂，同时功能点、数据量都较为庞大的多业务集成系统，进行无人牛场系统测试是为了发现牛场集成系统可能存在的一系列问题，如程序是否错误，功能需求是否满足，安全漏洞是否存在，以及运行性能是否达标等，从而可以进一步地提高系统的准确性、完整性及可靠性。

1. 硬件测试。牛场的硬件设备是无人牛场系统运行的基础，硬件测试的目的是检验硬件设备功能是否正常，确保无人牛场可以运行和生产。硬件测试主要包括基础设施、移动与固定装备、测控装备等硬件设备的测试。

基础设施的各项测试除了测试功能性之外，还要增加长效性测试。例如，对场区架构和仓库进行温度、湿度及压力胁迫测试，检验场区架构的稳定性、安全性和长久性；对管道进行漏损和抗压检测；对电力设备进行测试，检验其是否能够正常满足电力供给需求，保证电力安全；对粪便处理设备和消毒设备进行测试的重点是测试它们能否正常工作。此外，还应测试各个预警系统是否正常。

对固定装备和移动装备进行测试，主要是检测它们能否正常工作。例如，固定装备动作是否满足设计的需求，能否达到预期效果，装备是否存在异常动作情况；移动装备系统自我运行的情况如何，是否按照预期运行，成效是否达标等。此外，在设备存在异常态时，设备是否是能够实时上报异常态信息。

进行测控装备测试，主要是对各类传感器和执行器的性能检测。测试的第一步是对各传感器和执行器进行校准，之后分别对各类传感器和执行器进行人工模拟测量，并与标准数据对比，确保传感器和执行器能够正常工作。模拟测试完毕后，再应用于农场系统，在测试模式下检验测控装备能够正常完成检测和执行的功能。

2. 软件测试。无人牛场的软件测试主要针对云平台和互联网的测试。首先是云平台的通信测试，包括了有线和无线通信设备信号传输测试、信号安全能力测试及抗干扰测试等。其次是云平台数据处理测试，包括了数据接收准确性检测，数据处理能力检测，如数据处理量大小、处理后的判断结果是否正确，是否符合需求等。最后是控制指令传导能力检测，如控制指令能否使得执行器正常工作。此外，软件系统的安全性和可靠性也需要进行模拟测试。

对云平台与各信息设备进行的测试，采用单系统测试方式，分别对各业务系统进行设施设备、固定和移动装备及测控装备的运行测试。各业务系统测试完毕后，由云平台进行集中测试。

6 数字农业之智慧乡村/数字农村

6.1 数字化农产品流通——农产品电子商务

6.1.1 发展农产品电子商务的价值分析

6.1.1.1 扩大农产品销售半径，提升农业效益

农产品电商渠道可以跨越生产和消费的物理边界，完成农产品与全国市场乃至全球市场的对接，跨越小生产与大市场之间的鸿沟，扩大销路，使农产品不再依赖传统的市场收购或销售方式，农业生产的效益大大增加。同时，品种丰富、各具特色的农产品供给，有力地保障了消费者多元化的消费需求，使城乡居民的菜篮子和果盘子更加丰富，农民进行农业生产的意愿得以提升。

6.1.1.2 降低交易成本，提高交易效率

电商销售具有实时互动、即时沟通的优势，在交易过程中减少了大量的中间环节，降低了物流成本，保证了农产品的新鲜度。农产品电商实现了农业领域商业模式的突破，重塑农产品交易流程，实现了农产品交易线上线下的同步进行。

6.1.1.3 有利于提升农产品品质，助力农产品塑造品牌

我国农产品种类丰富、特色明显，背后蕴含的历史文化内涵也都各不相同，这些都为农产品品牌的打造提供了独特的优势。借助微信、直播、微博和自媒体等多种网络营销方式，农产品品牌可以快速崛起。生产者可以通过电商平台生成的产品交易数据，及时有效地获取市场需求和偏好信息，优化生产决策，提升产品品质。

6.1.1.4 发展农村经济，助力乡村振兴

农产品电商可以带动农产品加工、物流快递、观光农业等相关行业的发展，不断催生新产业、新业态，拓宽农民的就业渠道，加速农村第一、第二、第三产业的融合，是推动农业升级和乡村振兴的有力工具。

6.1.2 农产品电子商务模式分析

6.1.2.1 根据农产品电子交易平台的建设运营主体划分

农产品电子商务模式，可以分为政府商务信息模式、农业企业自营平台模式、第三方交易平台模式。

1. 政府商务信息模式。是指由政府部门主导建设，通过在网站上发布农产品产品信息、市场信息、价格及交易信息等，促进农产品交易，例如，由黑龙江省农业委员会主办的黑龙江农业信息网。该模式大部分可提供免费信息，初步实现了农产品供求信息的对接，适合简单的农产品信息发布和宣传，通常不具有实时交易功能。

■案例

"聚农 e 购"农产品电商平台是由安徽省政府批准建设的安徽农网建设和运营平台，专注通过互联网推广销售安徽名特优农产品，是安徽省农产品电子商务的政府性平台。该平台实行"平台+产品+线下店"的一体化运营模式，通过发展区域化用户、开发地区特产的方式，搭建区域用户专享体验服务和区域特色农产品上行便捷渠道，实现特色农产品"走出去、引进来"的双向互动。

2. 农业企业自营平台。是由农业生产、加工和销售类企业自行建设的交易平台，包含网站和微信商城等形态。它拥有便利性和直观性的优点，为农产品加工企业增加了一种便利的展销平台。平台货源可以是向厂商、供应商采购获得，也可以是自己生产，顾客可以直接在自营平台上下单选购。农业企业自营平台的优点在于，可以缩减供应链环节，降低双方交易成本；其缺点在于，先是对企业实力和影响力有较高的要求，再就是平台的开发、运营和维护需要较高的成本。

3. 第三方交易平台。是指农产品的生产和消费双方的交易活动通过第三方提供的平台展开，由第三方交易平台提供完善的交易流程服务并收取费用。这是目前最普遍也是广大消费者最熟悉的交易类型。由于巨型平台带来的影响力和流量

优势，所以给许多农产品生产者提供了展示的机会。这种交易模式，一方面减少了企业自建平台的成本，另一方面可以通过改进营销手段扩大产品和企业的影响力。

6.1.2.2 按照交易双方的主体类型划分

1. 农产品 B2B 交易平台模式。这是商家（泛指农产品生产、加工、销售企业）对商家的电子商务，即企业间通过平台进行产品交易。

根据交易产品的类别，B2B 交易平台又可以分为两类：

1）综合平台，如中国农产品信息网、中农网等。这类平台综合资源丰富，覆盖面广，流量和影响力强，但竞争激烈，要想打造出特色，具有一定的难度。

2）垂直平台，如专注于活体生猪 B2B 交易的国家生猪市场平台，专攻中小餐厅生鲜食材采购的美菜网，金银花 B2B 交易平台"易农通"等。此类平台的优点在于内容专业化，服务集中化，用户精准化；其劣势在于渠道单一，资源分散，规模不大，运营成本高。

按照交易模式，B2B 交易平台可以分为三类：

1）在线交易模式，目前相对较多的是现货农产品交易市场，国内较大的农产品在线批发、采购综合交易平台有慧聪网、中农网、绿谷网等。

2）有价信息服务模式，典型如"一亩田"，它是专门做农产品线上交易撮合的代表性企业。

3）期货市场交易模式，即利用网络工具进行农产品交易。大连期货市场的有期权交易品种豆粕和郑州期货市场的白糖，均在网上进行撮合交易。此外，农业大数据公司布瑞克也开发建设了农产品期货交易平台农产品期货网。

2. B2C 交易平台模式。

1）自营平台，指厂家通过自营的电子商务平台，直接向消费者提供生产的产品的模式。这种平台适合于实力雄厚、具有一定的配送体系支撑和品牌积累的大规模生产加工商，如中粮集团、首农集团。

2）综合类第三方平台。典型平台如淘宝、京东、天猫等大型综合类电商平台。其优势在于产品种类齐全，来源广泛，满足了消费者多样性的选购需求；标准化的配送和售后服务，减少了经营者自身的劳动力数量；网站自身良好的信誉保障，为交易成功提供了基础。其劣势是同类产品竞争激烈，品牌的崛起需要较高的流量支持，用户在平台上营销和推广的成本越来越高。

3）垂直类第三方平台。平台交易商品是特定的细分市场的产品，适合销售毛利润较高的产品、具有价格优势的行业。比较典型的平台是生鲜类平台，如本来生活网、每日优鲜、顺丰优选等。垂直类平台通过自有渠道、专业的产品和服务、价格更加优惠的商品赢得顾客。垂直类平台的优点在于产品的标准化和服务规范化，缺点在于推广成本和物流配送成本较高。

3. C2C 电子商务模式。这是一种个人之间的农产品交易模式。淘宝网众多的农产品个人卖家就是这种模式的典型代表。许多农户都在电子商务中获得了较高的经济利益，提高了农业效益。从更大范围来讲，C2C 农产品电子商务依托于互联网经济的新模式、新业态，正在深层次改变着中国农村的面貌，成为盘活农村经济、增加农民收入、促进乡村振兴的重要力量。

4. C2B/C2F 模式。这是一种个人对厂家的模式，主要是指订单农业模式，通过家庭宅配的方式，把成熟的农产品及加工产品配送给消费者（通常是会员）。订单农业避免了盲目生产，真正做到了按需生产，也实现了消费者的安全消费、放心消费，代表性企业如多利农庄等。这种模式通过预付款的方式，可以直接解决生产资金问题，也在一定程度上保证了农户稳定的收益，消除其生产过程的后顾之忧，调动了农民的生产积极性。但该类模式还处于起步阶段，交易双方主要基于一种信赖关系，产品缺乏权威的检验检疫程序，在食品安全方面存在隐忧。

6.1.3 农产品电子商务发展特点分析

6.1.3.1 农产品电商保持持续高速发展

1. 政策扶持力度继续加码。近年来，国家和地方层面有关扶持农产品电商发展的政策和文件密集出台。

2. 交易规模持续增长。我国农产品电子商务自 2015 年起加速发展，驶上快车道。2017 年，农产品电商零售交易额达到 2 436.6 亿元，同比上升超过 50%。2018 年上半年，全国农产品网络零售额已达 906 亿元，同比增长 39.6%。

3. 促进农民就业效果明显。2017 年，农村网店达到 985.6 万家，比上年同期增加 20.7%，全国淘宝村已经超过 1 300 个，带动就业人数超过 2 800 万人，电商为发展农村人口就业拓展了渠道。

6.1.3.2 生鲜农产品网络零售模式不断创新

生鲜农产品是农产品的一个重要品类。生鲜农产品具有高食品新鲜度、高单价、高复购率和强客户黏性的特点，近年来一直是各大平台竞争激烈的领域。随着物联网和大数据技术的应用落地，生鲜农产品网络销售也加快了线上线下融合的脚步，各类创新业态的涌现，成为农产品电子商务领域一个引人注目的现象。

根据业务模式，我国生鲜电商零售平台主要分为综合平台、垂直平台、O2O等类型。

综合平台的代表性企业包括喵鲜生、京东生鲜、苏宁生鲜、1号店等。该类平台的特点是背靠巨型电商平台，从自营、投资、并购多方发力，借助平台的流量及资源优势不断扩张，其中，喵鲜生、京东生鲜还在加大冷链物流网络建设。

垂直平台代表性企业有每日优鲜、易果生鲜、菜管家、本来生活、我买网等。经历过市场的洗礼和锤炼，部分头部垂直电商平台已经开始实现盈利，获得市场认可和资本青睐，继续加强自身优势，提升运营的精细化水平。部分平台，如易果生鲜，加大与阿里巴巴等巨型综合平台的合作力度，借助双方的资源优势获得更大的发展。

O2O模式的代表性企业如多点、爱鲜蜂、沱沱工社等。该模式基本上以满足家庭生鲜购物为主，通常会借助合作伙伴的线下仓储物流优势，提高服务品质和购物体验，配送安全便捷，可满足一定区域内人们对生鲜的需求。

■案例

生鲜品牌"绿鲜知"创新生鲜供应横式

北京供给互联网有限公司（以下简称"北京供给互联"）是一家新兴的生鲜供应链服务商，以协同式供应链管理系统为依托，以"互联网＋流通"为手段，助力传统批发市场进行智能化升级改造，为生产商和零售商提供信息撮合、担保交易、仓储加工、专业物流等服务，致力于构建智慧的生鲜供应链生态圈。北京供给互联脱胎于北京民营农业巨头——东昇农业科技集团和华北最大的进口水果批发市场——翠鲜缘，已服务于京东七鲜超市、盒马鲜生等新业态的零售企业，旗下"绿鲜知"自有果蔬产品品牌在京东等线上平台取得了不俗的销售业绩。可说，北京供给互联一直是数字农业和供给侧结构性改革政策坚定的践行者。

中国的生鲜农产品市场体量巨大，传统生鲜农产品流通渠道环节长，流通效率低下，从产地到终端消费者手上需要经过七八个环节，漫长的链条还面临着信息不对称、损耗大等诸多问题，国内生鲜农产品流通的损耗高达15%～30%（发达国家只有5%），生鲜农产品的运输成本占总成本的比例高达40%（发达国家只有10%）。同时，我们已经深切地感受到生鲜行业从生产端、流通环节到零售端面临着巨变，在供给侧结构性改革政策的指引下，生产端正朝着规模化、标准化、品牌化的方向前进，而仓储物流的智能化升级、互联网技术和模式的不断进入也在催生着流通环节的更新迭代。新零售的提出和实践，更是对这个行业有变革性的意义，也在倒逼上游快速做出改变。北京供给互联旗下的"翠鲜缘"生鲜农产品流通中心和B2B果蔬配送平台正是在这个背景下诞生的，独创的"翠鲜缘模式"，依托"翠鲜缘农产品流通中心"这个中枢，缩减了流通环节，通过统仓统配模式和智能越库分拣，实现仓配的集约化管理和产品的快速分销，降本增效。同时，翠鲜缘还提供分拣加工、短存仓储、食品安全监测等增值服务，其中分拣加工中心通过标准化小包装产品的加工、包装研发、按需定制，实现了对零售端需求的快速响应，为零售商赋能。

"翠鲜缘协同式供应链管理系统"是"翠鲜缘模式"的根基，经过3年时间的研发，稳健、柔性化的架构设计为整体业务流程的稳定运行提供了重要的支撑。系统融入了供应链协同的思想，打通了所有业务环节的数据，开放平台实现了与所有第三方、第四方服务商的对接，实现上下游的全方位协同。

传统批发市场以对手交易为主，存在诸多问题：①链条上各环节连接不紧密，关系松散，成员间的合作与信任程度较低，供应链不稳定；②核心企业能力有限，在协调能力、信息化能力、外部竞争能力等方面都比较欠缺；③信息不对称，信息系统不完备，缺乏一些基础的运营管理系统和信息发布渠道；④客户服务意识不足，供应链最终都应该回归到如何快速响应客户需求的层面上，向客户提供满意的产品和服务，传统批发商普遍存在客户服务意识不足的问题；⑤传统批发商在新形势下面对的更多的是焦虑和无助。当然，其中也不乏应变者，翠鲜缘就曾帮助某批发商进行ERP实施，深刻地体会到了这个过程的痛苦及传统ERP在生鲜行业应用的瓶颈，诸如：功能大而全，学习成本高，操作复杂；基于工作流模型，业务流程内置，灵活度不足，实施和改造成本高；缺乏供应链协同视角，集成化程度低等。这些问题都对传统的批发商提出了极大的挑战，最终导致ERP仅仅沦为财务系统，除此之外还需要再招聘录单员，每天接收业务端的纸质单据进行系统录入。这样的ERP系统没有为前端业务提供任何价值，前端业务数据传递不准确的情况仍然存在。基于解决上述痛点的考虑，翠鲜缘生鲜供应链SaaSERP应运而生。

翠鲜缘生鲜供应链SaaSERP主要有进销存管理、档口交易、分销监控三大功能模块，增加了多端实时联动的移动开单、客户授信、档口销售绩效管理、档口结账管理、可视化的分销渠道数据监控等特色功能。

翠鲜缘生鲜供应链SaaSERP以低成本的SaaS模式交付，为传统批发经销商提供企业级的经营管理工具，实现与上下游和第三方服务商的高效协同。针对传统批发商在运营管理流程上的诸多问题，包括前后端业务数据断层、交易成本高、库存管理漏洞多、无授信管理、容易形成呆坏账、业务决策靠经验、运营管理效率低下等，翠鲜缘生鲜供应链SaaSERP都给出了对应的解决方案。其中，非常关键的，也是最受关注的，是在批发商与下游销售渠道的供应商协同环节，翠鲜缘生鲜供应链SaaSERP打通了供应商的实时库存，实现了上下游库存的透明化、一体化管理。

近年来，生鲜电商创新模式不断朝着集成化、智能化的方向发展，涌现出以盒马鲜生、永辉超级物种、京东七鲜超市、美团掌鱼生鲜为代表的"线上+线下+餐饮"融合的生鲜零售新模式。与传统零售的最大区别是，生鲜零售新模式集成了大数据、移动互联、智能物联网、云计算等信息技术，完成人、货、场三者之间的最优化匹配，并能一站式解决购物和餐饮问题，提升了消费者的购物体验。

电商巨头纷纷加入社区生鲜零售新业态，加速了线下线上融合的趋势，充分满足了消费者在多种场景下的消费需求。生鲜新零售在2016年的集中爆发，一方面在于人们消费需求的升级，另一方面在于线上流量红利日渐减少，而大数据、物联网和移动支付的逐步成熟也为其提供了技术基础。除了新技术的应用外，新模式对资本和供应链提出了更高的要求，以京东七鲜超市为例，其在选品、采购、包装加工及商品损耗成本控制方面，都自带规模化、系统化和协同化的优势。

6.1.3.3 农产品网络销售不断创新营销模式

互联网为农产品的流通和销售开辟了新的空间，如近年流行的网络直播给农产品销售提供了新思路。一些电商平台也借机开通了直播功能，一时间，网络直播销售农产品成为一种风潮，产销热度不断上升。网络直播的实时性、直观性、互动性、趣味性不仅满足了消费者对产品全方位了解的需求，而且提高了农产品的人气，扩大了知名度，成为农产品网络销售的崭新模式。

农产品网络直播具有以下优势：

1. 通过视频形式，对农产品及其生长环境等场景的全方位展示，有助于拉近买卖双方的心理距离，增进彼此的信任，提升了买方对产品的信心。

2. 直播提供了更充分、更直观的产品体验，如了解农产品的无瑕疵、无农残，从而刺激买家消费。

3. 高颜值的网络主播在一定程度上能刺激消费者进行消费，而且可以在直播过程中设计一些优惠活动，如限时抢优惠券、红包等，从而活跃场景，让用户更有意愿去消费。

除了直播以外，农户纷纷创新网络营销策略，利用微信公众号、抖音等平台进行营销，为农产品网络销售带来生机，帮助实现农产品的及时销售。

6.1.4　农产品电子商务发展存在的问题

6.1.4.1　我国农产品 B2B 电商平台尚处于起步阶段

我国开展数字农业时间不长，农产品电子商务 B2B 模式尚未形成成熟的模式，相对 2C 端来说，模式创新意识不强，行业集中度不高。我国大多数农产品尚没有完成标准化建设，而且具有容易腐败的特性，所以相对工业用品来说，农产品所需物流体系要求更高。此外，一个完整的交易过程需要包含质检、分级、包装、保鲜、仓储加工等线下服务链条，但我国大多数农产品 B2B 电商平台的功能十分单一，多数只是信息平台、交易平台，缺少完善的线下服务支撑，难以让交易双方形成足够的信任，用户黏性不高。

6.1.4.2　如何做好上下游产业的协同是一大难题

虽然国内已经存在农业合作社等形式，但大多组织薄弱、制度不完善，大部分农产品仍然由小规模种植户提供。农户与农业合作社、电商平台之间的利益分配机制，未能充分而有效地建立。个体农户投机性心理与农产品电商平台投资周期长之间存在矛盾，导致农产品电商和种植基地的合作仅仅是定向采购方式，缺乏上下游战略协同的长期稳定关系。

6.1.4.3　农产品电商人才缺乏

农产品电商人才整体数量短缺，综合能力不强。具有现代农产品网络营销意识，对农产品电子商务有深入了解，并能够从宏观层面指导电子商务发展，从而带动区域经济发展的管理型人才并不多见。

6.2 数字化产品营销——农产品品牌建设

农产品品牌建设是农业领域的重要内容，对促进农业标准化生产、提升农产品的品质和安全性具有重要意义。对消费者来说，大品牌意味着高品质、高安全性，更具有吸引力；对农业生产经营者来说，品牌意味着溢价较高，对品牌的追求，可以促进生产者和经营者改善产品品质，从而提升农产品竞争力。因此，推进农产品品牌建设，是保护地方优质特色产品的重要抓手。

6.2.1 农产品品牌建设存在的问题

我国大多数农产品生产加工企业受制于规模和实力问题，多数企业的盈利能力不强，所加工生产的产品科技含量不高，同国外同类产品相比，缺乏竞争力，不足以长久支撑起一个品牌。此外，我国农村经济合作组织发育不成熟、不充分，企业和农户的利益分配机制不稳定、不健全，不利于农产品的标准化和规模化加工，影响了农产品品牌建设。

由于我国农业长期以来是自给自足的经营方式，很多农业经营企业对品牌的建立、策划和运营缺乏整体和系统的认识，依靠自己有限的感觉来进行，没有借助专业品牌营销团队的意识，其将主要精力放在农产品生产和企业管理上，难以进行有效的品牌管理和市场运作。还有许多中小型农业企业对商标和品牌的概念区分不清，认为有了商标就是有了品牌，没有意识到品牌是支撑企业长期发展的重要支撑，最终造成只有名品，没有名牌，这在一定程度上导致农产品品牌有效供给的不足。

塑造和经营农产品品牌成本较高。与普通农产品相比，品牌农产品所需的生产、包装和运营成本相对较高，而且品牌农产品进入零售终端需要进行质量检测等操作，上述所有费用都要由经营者来承担，普通的经营者难以承受。同时，由于农业金融供给不足，农业经营者和农业合作社普遍存在贷款难的问题，这在很大程度上限制了农产品品牌的推广和壮大。

6.2.2 互联网在农产品品牌建设中的作用分析

互联网对社会生活的渗透度很高，已经成为人们生产生活不可或缺的信息渠道。网络在社会生活的泛在性、网络传播的及时性和开放性，降低了产品品牌传播的成本，提高了传播效率。网站、微博、微信、App等极大地丰富了品牌的传播渠道，使得品牌和产品传播的便利性大大提升。

消费者行为大数据的分析，有助于精确完成产销两端的对接。通过对交易平台上海量消费数据的收集分析，经营者可以充分了解消费者的喜好，更好地安排生产，以满足消费的需求。此外，还可以利用消费数据完成产品广告的精准投送。

现代网络技术的集成，可以使消费者对农产品的感知更真实、全面和深入。随着 VR、直播等信息技术应用，农业经营者可以创设出形态多样的产品展示场景，通过精美的画面、视频、地图、音乐开启消费者的互动式体验，使产品信息变得更加透明，还可以通过消费者对产品质量、外形信息的实时反馈，优化产品品质。

在互联网时代，"消费者主权"开始崛起，越来越多的利益相关方进入产品品牌的创建过程中，消费者拥有更多的品牌主权，如消费者从被诉求对象转为互动对象。另外，营销模式的改变，也使渠道商成为品牌创建的关键因素。

网络直播的崛起和网络自媒体的发达，迅速培育了粉丝经济。许多"网红"自带话题性，通过不断打造产品的故事性，增强"网红"与粉丝之间的互动感，利用知名网络 IP 形成话题和内容，引发购买热潮。

6.2.3 "互联网+农产品品牌建设"的实现方式分析

6.2.3.1 利用大型电商平台打造品牌

近年来，大型电商平台实力越来越强，规模日益庞大，平台影响力日益增大，基本上形成了"两超多强"的格局。所谓"两超"，是指阿里系和京东系，"多强"则包括苏宁、唯品会等知名平台。广大农产品经营者依靠大型电商平台庞大的流量和影响力，塑造产品品牌，提高产品知名度。大型第三方电商平台，可以有效解决企业所需的流量问题，特别是在目前流量稀缺、更多集中在大型平台的情况下，借用第三方平台的流量资源显得尤其重要。近年来，以三只松鼠、艺福堂为代表的一批"淘品牌"飞速增长，创造了农产品网络营销的造富神话。

■案例

三只松鼠在发展初期，基本是借助京东、淘宝等大型电商平台实现自己的发展的。其在 2014 年、2015 年及 2016 年，通过天猫商城实现的销售收入分别占到营业收入的 78.55%、75.72%和 63.69%。三只松鼠采用的是 B2C 模式，上线仅仅 65 d，销售就跃居淘宝天猫坚果行业第一名，2014 年"双十一"更是创造了单日销售 1.02 亿元的成绩，创造了中国农产品电子商务历史上的一个奇迹。

三只松鼠所采取的 B2C 模式，是一种直营的模式。它与沿街店铺的价格一致，但是品质及品牌却做到更好。在商超定价这个领域，实际销售毛利可以达到 60% 以上，而三只松鼠 2015 年的整个销售毛利是 30% 以上，但还有 5% 的净利，所以说流通成本的改变，正是能够创造三只松鼠这样一个品牌最大的机会。

截至 2016 年 12 月 31 日，三只松鼠员工人数 3 026 人，完成 44 亿元的销售业绩，在传统渠道环境下，这是不可想象的。

6.2.3.2　O2O 模式

O2O 模式即 Online to Offline，是消费者在线上完成服务或产品的筛选，在线下完成交易的模式。O2O 模式完成了线上线下的融合和互动，同时实体店的消费提升了消费体验，有利于消费者强化购买行为，增加复购率。"褚橙"利用本来生活网迅速爆红，甚至成为现象级"网红水果"，说明利用 O2O 模式销售农产品，打造农产品品牌有巨大的发展潜力。

■案例

绝味鸭脖通过微信服务号的二次开发，2016 年开通了集"会员营销、移动支付和外卖闪电送"三大功能于一体的"绝味官方特惠服务平台"，作为打通绝味 O2O 生态链的重要枢纽。"绝味官方特惠服务平台"开通仅两个月，注册用户突破 300 万个，微信文章阅读量 7 分钟便可达到"10 万+"，仅 2016 年 6 月一个月，线上平台外卖销售额达到 2 000 万元。绝味鸭脖依托"互联网+"，联动线上管销与线下实体门店，迈入全渠道数字化营销的 O2O 时代。

6.2.3.3　利用社群经济打造小众品牌模式

社群现在特指互联网社群，是一群有共同价值观和亚文化的群体。社群经济发端于互联网自媒体兴起之后，它是基于信任和共识，被某类互联网产品满足需求，由用户自己主导的商业形态，可以获得高价值，降低交易成本。

互联网社群成员交互方式具有便捷性、及时性、互动性强的优势，在社群庞大粉丝数量的带动下，个性化需求规模化有了实现的基础，农产品的生产方式也由大规模生产变成大规模定制。社群具备天然的社交属性，明星和粉丝之间容易形成互信、互赢的良性机制，通过这种机制来强化粉丝经济，实现粉丝与消费之间的价值转换，引发爆点，不失为当前社群经济大行其道的情况下打造农产品品牌的良好方式。

■案例

当财经作家吴晓波的公众号粉丝数接近 100 万人时，很多粉丝在后台为吴晓波频道的未来提出了各种可能性，公众号团队也知道自己走到了一个路口，打算做实物类产品的在线零售。吴晓波租下的千岛湖半岛出产的杨梅，并酿成杨梅酒，由此诞生了"吴酒"这一品牌。吴晓波也给岛上的杨梅树发起认领活动，认领者花 2 万元即可以获得投资认养权益及其附带福利，12 个小时内 531 棵杨梅树完成认领。"吴酒"一开始是人格化品牌，现在成了独立的酒水品牌。"吴酒"创立一年后，产生了近 1 000 万元的销售额，现已成为国内杨梅酒第一品牌。

6.3 "互联网+土地流转"

6.3.1 互联网土地流转现状

近年来，随着我国农村产权制度改革的深入推进，农村土地流转（在我国，"土地流转"特指农村土地使用权流转，不涉及农村土地承包权）的步伐逐步加速快，土地的规模化经营取得新进展。

随着政策的明朗和各地土地确权相继完成，各地农村土地流转管理服务制度逐步确立，全国已有 20 个省份制定了工商资本租赁农地监管和风险防范制度，各地已设立近 2 万个土地流转服务中心。截至 2017 年 3 月，土地流转面积约为 4.6 亿亩，已占到耕地总面积的 35%左右。并且，这个数字随着农村人口的城镇化发展，还在继续增长。

2008 年，我国互联网土地交易平台开始出现，并在 2015 年后迅速增长。地合网、土流网等是"互联网+"土地流转平台的代表。网络平台通过提供土地流转信息服务、土地流转交易服务、土地价值评估服务、土地金融及借贷服务等线上线下服务，为土地流转打开了新渠道。

根据土流网监测数据显示，流转市场上的土地类型呈现多种类型共同推进的态势，其中，耕地流转占据主导地位，农用地流转去向以农业种植和养殖为主，占到一半以上。

6.3.2   发展农村土地流转的意义

6.3.2.1   为农业规模化经营开辟了道路

从发达国家的农业现代化经验来看，土地规模化经营是农业发展的大方向。我国传统农业经营受到制度的影响，普遍规模较小，效益低下，"互联网+土地流转"开辟了土地流转新路径，充分发挥了农村闲置土地资源的利用价值。

6.3.2.2   保障农民财产权益的实现

土地是农业最重要的生产要素之一，在市场经济中，生产要素必须是流动的，这同时也是实现农民的土地权益的重要方式。建立农村集体建设用地的流转机制，可以使农民更充分地参与分享城市化、工业化的成果，显示出集体土地的资产价值，促进农民获得财产性增收。

6.3.2.3   土地流转为"三农"金融服务打开突破口

当前，农村金融服务严重滞后，土地流转的推行加速完成了农村金融及农村土地的资本化与市场化，为金融机构支持"三农"创造良好的金融生态环境。

6.3.3   互联网土地流转模式解读

国内的土地流转电子交易平台主要分为两类，即加盟模式和"直营+众包"模式。加盟模式是当前各大平台主流的模式，代表性的企业包括土流网、地合网等；"直营+众包"模式以聚土网为典型代表。

在加盟模式下，平台总部的盈利方式主要是靠收取加盟费、中介费、金融服务费等手段，通常，加盟商掌握的资料信息及人脉资源是达成土地交易的主要渠道，获利手段主要是通过收取会员费、登记备案服务费、下级加盟费、看地费，获取土地流转差价等。

在"自营+众包"模式下，平台不收取加盟费，通过分布在各地的土地经纪人提供标准化服务。其主要靠收取交易佣金的方式盈利，此外，也收取权证、法务等交易服务费和土地金融服务费。

加盟模式的优势在于，可以迅速扩大规模，并通过收取加盟费快速获得资金；

劣势在于，加盟商的服务质量不好把握，各加盟商提供的服务良莠不一，提供的土地资源缺乏保障，容易引发纠纷。"自营+众包"模式可以确保服务的规范性和标准化，但是投入成本较高。

6.3.4 互联网土地流转主要平台特点分析

土流网：首创了与银行、保险公司三方合作的农村土地金融模式，有助于降低农村贷款存在的风险。

聚土网：开通了土地托管和土地金融等多种类型服务。通过平台积累的海量的挂牌交易土地信息、用户信息和交易数据，延伸出订单农业等附加业务。

地合网：买家可以在线了解服务内容和标准定价，提升了服务的透明化、规范化、标准化水平。

神州土地网：建立了县级农村综合产权交易平台，为农村产权流转交易中心开展了一系列综合服务。

6.3.5 农村土地流转面临的问题

土地流转过程的服务规范问题有待解决。当前，有关土地流转相关制度及配套政策的适用标准还未出台，在流转过程中由于缺乏标准带来的不规范现象容易产生纠纷，加之许多农民欠缺法律知识，土地租赁方与承租方在利益分配方面不易达成一致，后期出现问题之后，解决起来较为麻烦。

由于许多青壮年外出务工，在乡村留守农民中有相当大一部分人的认识受限，甚至不知土地流转为何物。另外，消息闭塞导致供需信息不对称。还有一部分农民观念保守，对"互联网+土地流转"这类新事物非常陌生，往往抱有怀疑的态度，很多农民更倾向于把闲置的土地交给亲戚经营，而不考虑借助互联网平台这种形式，交易对象获取困难。

6.4 "互联网+乡村旅游"

6.4.1 "互联网+乡村旅游"的背景和发展现状

近年来，乡村旅游规模快速扩大，但许多乡村旅游地区仍面临着乡村和城市信息不对称、供应能力和需求期望不匹配等问题。具体来看，乡村旅游瓶颈主要体现在如下三点：旅游价格缺乏市场导向；配套设施限制目标游客群体的扩大；服务质量、营销手段、管理方式难以跟上高速增长的游客数量。

2015 年，我国乡村旅游游客数量达到全部游客数量的 1/3，乡村旅游的价值被重新定义和发现。在总体上，乡村旅游的发展仍然受到基础环境、农村经济、配套设施等客观因素的限制，且农家乐、采摘式的乡村旅游形式的吸引力逐渐下降。通过互联网更好地发挥乡村自然资源、人文资源方面的优势和吸引力，通过互联网平衡乡村与城市间的信息，以及利用互联网对接乡村供应能力和消费者需求的期望至关重要。

6.4.1.1 政策背景

为了使互联网赋能乡村旅游，"互联网+乡村旅游"相关政策正逐步完善，且有效融合成果逐步显现（见表 6-1）。2015 年，国务院办公厅发布《关于进一步促进旅游投资和消费的若干意见》，同年，国家旅游局推出《国家旅游局关于实施"旅游+互联网"行动计划的通知》，从此我国乡村旅游产业发展速度从稳定增长转变为高速增长，2015 年乡村旅游接待人数较 2014 年约增加 1 倍，收入约增加 30%。2017 年 7 月，国家发展改革委等 14 个部门联合印发了《促进乡村旅游发展提质升级行动方案（2017 年）》以来，我国休闲农业与乡村旅游行业市场规模继续保持快速发展的趋势。2016 年，全国有 10 万个村开展休闲农业与乡村旅游活动，休闲农业与乡村旅游经营单位达 290 万家，其中，农家乐超过 200 万家。到 2017 年，初步统计全国农家乐数量达到 220 万家。截至 2020 年 9 月底，农业农村部已分 11 批推介了 1 216 个中国美丽休闲乡村。

表 6-1 "互联网+乡村旅游"相关政策

政策文件	发布机构	主要内容
2015 年《进一步促进旅游投资和消费的若干意见》	国务院办公厅	到 2020 年,全国 4A 级以上景区和智慧乡村旅游试点单位实现免费无线局域网、智能导游、电子讲解、在线预订、信息推送等功能全覆盖,在全国打造 1 万家智慧景区和智慧旅游乡村
2015 年《国家旅游局关于实施"旅游+互联网"行动计划的通知》	国家旅游局	支持社会资本和企业发展乡村旅游电子商务平台,推动更多优质农副土特产品实现电子商务平台交易。支持有条件的地方通过乡村旅游 App、微信等网络新媒体手段宣传推广乡村旅游特色产品。鼓励各地建设一体化智慧旅游乡村服务平台。支持有条件的贫困村发展成为智慧旅游示范村
2016 年《乡村旅游扶贫工程行动方案》	国家旅游局等 12 个部门	科学编制乡村旅游扶贫规划,加强旅游基础设施建设,大力开发乡村旅游产品,加强旅游宣传营销,加强乡村旅游扶贫人才培训
2016 年《关于实施旅游休闲重大工程的通知》	国家发展改革委、国家旅游局	到 2020 年,依托旅游休闲重大工程的实施,基本建立与大众旅游时代相匹配的基础完善、城乡一体、结构优化、供需合理、机制科学、规范有序的现代旅游业发展格局
2017 年《关于促进交通运输与旅游融合发展的若干意见》	交通运输部等 6 个部门	完善旅游交通的基础设施网络,进一步健全交通设施旅游服务功能,重点推进旅游交通产品的创新,提升旅游运输服务的质量
2018 年《关于支持深度贫困地区旅游扶贫行动方案》	国家旅游局、国务院扶贫办	到 2020 年,"三区三州"等深度贫困地区旅游扶贫规划水平明显提升,基础设施和公共服务设施明显改善,乡村旅游扶贫减贫措施更加有力,乡村旅游扶贫人才培训质量明显提高,特色旅游产品品质明显提升,乡村旅游品牌得到有效推广,旅游综合效益持续增长,旅游扶贫成果显著
2018 年《促进乡村旅游发展提质升级行动方案(2018—2020 年)》	文化和旅游部等 13 个部门	推动东部地区与中部和东北适应发展乡村旅游的地区结队帮扶,鼓励各地采取政府购买等方式,组织本地从业人员就近参加乡村旅游食宿服务、运营管理、市场营销等技能培训

6.4.1.2 发展现状

互联网旅游的迅猛发展,正在颠覆传统旅游业的格局,中国在线度假旅游市场发展迅速,成为提升旅游产业升级的关键。在线上旅游的带动下,乡村旅游产业也逐年扩大。在线上乡村旅游方面,主要以自然风光、风俗文化及传统美食为基础,附近城市居民为主要客源,互联网的发展成为消费者和消费平台间的主要渠道。

6.4.1.3 规模现状

从乡村旅游人数来看,在互联网为乡村旅游打开线上渠道后,在一项从 2012 年至 2018 年的统计中可以看出,我国休闲农业与乡村旅游的人数不断增加,从

2012 年的 7.2 亿人次增至 2018 年的 30 亿人次，增长十分迅速。"互联网+乡村旅游"成为乡村产业的新亮点。

在互联网的推动下，乡村旅游的从业人数呈现逐年增长的趋势。据前瞻产业研究院数据显示，2015 年至 2017 年，在政策的扶持及庞大的市场需求下，我国乡村旅游从业人数不断增加。2017 年，我国休闲农业和乡村旅游从业人员有 900 万人，同时带动 700 万户农民受益，已成为农村产业融合主体。互联网不仅推动了乡村旅游产业，而且造福了农村贫困人口，也丰富了城市居民的业余生活。

随着数字化与乡村旅游的深度融合，乡村能游收入不断增长且增长速度逐年加快。前瞻产业研究院发布的《中国休闲农业与乡村旅游市场前瞻与投资战略规划分析报告》统计数据显示：2018 年，我国休闲农业与乡村旅游营业总收入超 8 600 亿元，占国内旅游总收入的 16.2%；营收在 2012 年至 2014 年处于相对稳定状态，在中央支持文件发布后，乡村旅游总营收从 2015 年开始高速增长，在 2018 年超过 8 600 亿元，并有希望持续高速增长。

6.4.1.4　主要参与者

乡村旅游的发展，吸引了大批互联网企业参与发展线上乡村旅游。飞猪、马蜂窝、爱彼迎、小猪短租、携程等互联网企业均推出乡村振兴相关项目，互联网企业将乡村的生活与当地的饮食、交通、特色产品整个产业链连接起来，从民宿入手，展示出丰富多彩的乡村生活，通过互联网渠道助力乡村振兴和乡村扶贫事业。

■案例

2018 年 7 月 11 日，携程旅游公司在携程旅行 App 首页正式上线"寻找美丽乡村"专题频道，面向全网游客推广扶贫旅游目的地和乡村旅游产品。"寻找美丽乡村"项目在为旅游者提供优质旅游体验的同时，支持偏远地区乡村振兴及乡村旅游等国家重点项目，同时开启乡村智慧旅游新模式。

"寻找类丽乡村"扶贫专题由携程目的地营销发起和运营，通过乡村目的地、乡村主题游、寻味乡村、线路推荐等板块，深入挖掘乡村旅游的潜力，为全国众多经典乡村旅游目的地提供以旅游振兴乡村经济的服务，带动目的地乡村旅游及各产业的发展。未来，携程"寻找美丽乡村"专题还将不断向中国三、四线地区、中西部、边远农村渗透，逐渐实现以旅游振兴乡村经济。

除了"寻找美丽乡村"专题活动外，携程也与交通运输部联合启动"交通公益+旅游扶贫"项目，双方在活动中发布了全国首批 100 条扶贫旅游线路，覆盖了国内近 20 个省份，通过跟团游、自由行、定制游、一日游、门票玩乐等业务，计划组织服务超过 1 000 万旅游者赴二、三、四线城市和地区旅游，带动贫困地区经济的发展。

6.4.2 "互联网+乡村旅游"模式分析

"互联网+乡村旅游"的核心是以乡村旅游为主导，互联网作为引流渠道和升级方式。在乡村旅游方面，从发展模式来看，可以分为乡村旅游、乡村休闲、乡村度假及乡村综合体；从核心内容来看，乡村旅游的优势在自然资源、人文历史资源及特色产品资源方面。结合乡村旅游的发展模式和核心内容，互联网的主要作用是推动乡村旅游在营销、品牌、宣传方面的变革，从而与乡村旅游主要模式有效融合，帮助乡村快速从乡村旅游 1.0 模式升级为田园综合体 4.0 模式。

6.4.2.1 模式发展阶段分析

近年来，随着乡村旅游的模式更新，田园综合体成为"互联网+乡村旅游"的关键，为乡村振兴、乡村扶贫开创了一条新道路。例如，浙江莫干山、陕西袁家村等，通过构建多维体验的体系化产业链，利用互联网，为村民和广大游客创造价值。

随着互联网经济时代的到来，国家对乡村旅游和乡村振兴方面提出了更高的要求。在此背景下，田园综合体赋予传统农业更高的要求，同时也承担了更多功能，它以"田园"为核心，以"资源优势"作为核心竞争力，通过"互联网渠道"传播，实现更为丰富的"互联网+乡村旅游"生态与第一、第二、第三产业的融合，为贫困地区创造更多的就业机会，提供脱贫的新思路（见表 6-2）。

表 6-2   "互联网+乡村旅游"的发展阶段

发展模式	1.0 模式	2.0 模式	3.0 模式	4.0 模式
发展定位	乡村旅游	乡村休闲	乡村度假	田园综合体
核心吸引	农家乐	一村一品	乡村酒店	场景化综合体验
配套体验	单一体验	单一体验	单一体验	多维体验

6.4.2.2 模式内容分析——自然资源优势

在依托自然资源的模式发展中，环城市乡村旅游发展模式、自然景区依托型模式和特色庄园体验模式为主要的乡村旅游模式。

环城市乡村旅游发展模式和自然景区周边乡村旅游发展模式，是乡村旅游的主要模式。环城市乡村旅游发展模式脱胎于"环城游憩带"理论。根据环城游憩带理论，旅游将渐渐成为环城市乡村的主要功能之一，依托于城市的区位优势、市场优势，在环城市区域已经发展形成一批规模较大、发展较好的环城市乡村旅游圈，为城市居民提供乡间乐趣。

成熟景区巨大的地核吸引力，为区域旅游在资源和市场方面带来发展契机，周边的乡村地区借助这一优势，往往成为乡村旅游优先发展区。鉴于在景区周边乡村发展旅游业时受景区的影响较大，我们将此类旅游发展归类景区依托型。

特色乡村庄园模式则以产业化程度极高的优势农业为依托，通过拓展农业观光、休闲、度假和体验等功能，开发"农业+旅游"产品组合，带动农副产品加工、餐饮服务等相关产业发展，促使农业向第二、第三产业延伸，实现农业与旅游业的协同发展。

特色庄园模式适用于农业产业规模效益显著的地区，以特色农业的大地景观作为旅游吸引物，开发观光、休闲、体验等旅游产品，带动餐饮、住宿、购物、娱乐等产业延伸，产生强大的产业经济协同效益。

6.4.2.3 模式内容分析——人文资源优势

在依托人文资源的模式发展中，主要模式可分为"古村古镇+乡村旅游""特色文化+乡村旅游"和"民间艺术+乡村旅游"。

从"古村古镇+乡村旅游"发展模式近期的发展中可以看出，古村古镇旅游是当前国内旅游开发的一个热点，也是乡村旅游体系中一个比较独特的类型，以其深厚的文化底蕴、淳朴的民风和古色古香的建筑遗迹等特点受到游客的喜爱。

从"特色文化+乡村旅游"发展模式来分析，我国是多民族的国家，不同地区的民族、民俗、民风千差万别，这些不同的文化特征吸引着来自世界各地的游客。在互联网推动的文化大融合背景下，与统一的现代中国城市文化不同的乡村文化、民族文化、民俗文化都是乡村旅游中的重要特色。

在"民间艺术+乡村旅游"发展模式中，民间艺术是区域大众生活的体现和特征，主要包括微雕、陶瓷、布艺、木艺、果核雕刻、刺绣、毛绒、皮影、泥塑、紫砂、蜡艺、文房四宝、书画、铜艺、装饰品、漆器等，代表了一个民族和地方的文化特征，具有区域的独特性。民间艺术具有非常独特的区域性，正逐渐成为乡村文化创意旅游的一个重要方面，通过传统的艺术创新，不仅丰富了乡村旅游体验，更强化了旅游目的地的品牌形象。

6.4.2.4　模式渠道分析

随着互联网的繁荣发展，社区论坛（自驾游、本地生活）、短视频、信息流、口碑营销、新媒体、自媒体、社群推广等互联网方案给乡村旅游营销推广和品牌打造带来了广阔的空间，拓宽了传统的以线下宣传为主的宣传渠道，开拓了线上宣传的新模式，为打通各个层级市场创造了新思路。

■案例 1

浙江省松阳县地处浙江省丽水市，交通很不方便，正因如此，松阳县的自然环境得到了很好的保护，仅是保存完好的国家级传统村落就超过了 50 个，这在经济发达地区是不可想象的。现在，随着自媒体的迅速传播，松阳县成为全国有名的摄影写生基地，每年来松阳写生的学生和摄影爱好者超过 50 万人，松阳也成为户外运动爱好者和骑行一族的旅行天堂。

■案例 2

山西省晋城市高平市的"千年古村"良户，之前由于经济原因没有进行"新农村改造"，反而使大量的明清古院落得以保存，也正因如此，良户古村被评为中国历史文化名村和国家级传统村落，为今天的乡村旅游发展奠定了基础。而在发展乡村旅游中，良户古村高度重视互联网的作用，建设专用信号塔，铺设千兆光纤，全村实现了无线网络全覆盖。同时，建设了公司网站、微信平台、微网店等。在宣传中，以网络自媒体作为主要手段，仅 2015 年元宵灯会的半个月时间，就涌来游客 10 万人。

6.4.3　"互联网+乡村旅游"案例

互联网的出现，特别是移动互联网的全面普及，使乡村在经济发展和城市信息严重不对称中的局面有了很大改观。在乡村旅游的不同模式基础上，拓展互联网渠道，推行政策支持，对发展乡村旅游、有机农业、民宿客栈、手工艺品等业态有很大帮助。在互联网模式推动下，乡村地区经济发展水平将有可能超过过度透支环境的先进地区，实现乡村地区的高速发展。

■案例

在 2006 年以前，地处陕西关中平原腹地礼泉县的袁家村，是一个只有 62 户人家的小乡村，虽然距离著名的唐昭陵（唐太宗李世民的陵墓）仅 4 km，坐享旅游区位便利，但乡村旅游几乎为零。仅仅过了 10 年，袁家村就成为陕西省乃至全国最受欢迎的乡村旅游胜地，被誉为"关中第一村"，无论在旅游知名度、影响力，还是在旅游接待人次和旅游收入上，都远超唐昭陵景区。袁家村一跃成为中国乡村旅游现象级的"网红"。

自 2007 年开发建设以来，袁家村的知名度和旅游人数呈逐年上升趋势。2013 年，仅国庆"黄金周"，袁家村就接待游客 54.6 万人次（堪比秦始皇兵马俑博物馆），旅游收入达 3 276 万元；2014 年春节假期，袁家村共计接待游客 50 万人次，仅 2 月 3 日一天，就接待游客 12 万人次。此外，袁家村的综合旅游收入从 2011 年的 3 600 万元，增长到 2013 年过亿元。且在 2012 年，人均收入达到 3.5 万元，这是陕西省农民人均纯收入的 6 倍多。

袁家村持续发展的精髓是不断创新产业形态。在村干部的带动下，袁家村先是建起农民个体经营的"农家乐"，后来又建了特色小吃街，引来特色餐饮、旅游商品等资源，大力发展旅游文化、健康养生、艺术创意、绿色农业等新兴产业，再现了古代民居、传统手工作坊和民间演艺小吃等关中民俗的历史原貌，提升了乡村旅游层次。随后，又发展酒店住宿、酒吧等夜间经济，还通过成立股份公司、群众入股的方式，实现"全民参与、共同富裕"。

袁家村的发展也少不了互联网与乡村旅游结合的贡献。互联网公司"线上"的运管和盈利模式，在袁家村和马嵬驿"线下"得到了广泛应用。袁家村和马嵬驿的"游"免费，但吃、住、行、购、娱等各种服务还是要收费的。袁家村和马嵬驿都有上百家美食小吃店，品种繁多，绝不重样。在住的服务方面，在袁家村中，既有村民依托自家房屋开的民宿，统一名称为"休闲农家"，每晚住宿价格从几十元到一两百元不等，又有由外来投资者兴建的生活客栈、左右客主题酒店等，每晚房价达到七八百元乃至数千元，但一到节假日，依然一房难求。近年来，袁家村还陆续推出了骑马、射箭、酒吧等多种娱乐项目，满足游客多样化的娱乐需求。在马嵬驿，除了免费的文化演出等娱乐项目外，还有专门针对儿童的小型游乐场和鸵鸟场、针对年轻人的马场和驿家酒吧，这些收费娱乐项目受到了儿童和年轻人的欢迎，吸引他们延长了停留时间。

此外，袁家村实现了网络覆盖和电子支付。面对互联网时代游客对网络和移动支付的强烈需求，袁家村已经实现了全村 Wi-Fi 全覆盖、网络全厦盖，并吸引阿里巴巴在此投资设点。

6.4.4　"互联网+乡村旅游"面临的问题

6.4.4.1　网络信息化管理落后

互联网平台发展速度快，消费者希望通过各类互联网平台获取更多优质化的旅游服务，但乡村经营人员的互联网意识较差，对网络技术的应用不全面，是乡村旅游建设发展的难题。

6.4.4.2　产品同质化

大部分"互联网+乡村旅游"发展模式存在雷同现象，各类产品单一化较为严重，季节性、潮流性明显，未能从自身发展现状出发，不能通过自身发展优势全面发展。乡村旅游虽已有快速增长的营收和消费者数量，但持续快速的增长，需要成熟的商业模式和多元化、高质量的乡村旅游内容。

多地乡村旅游仍存在业务单一的现象，如鲜果采摘、农事活动体验等。在互联网平台的发展中，乡村旅游如何在单一化发展的模式基础上实现多样化，如何在季节性波动较大的情况下保持服务及产品质量，如何在营收波动较大的情况下建立稳定的商业模式，是当前乡村旅游模式发展的难点。

6.4.4.3　运营模式单一

在"互联网+"的时代背景下，乡村旅游的营销渠道存在单一性问题，且宣传力度远远不及城市的娱乐项目。乡村旅游经营渠道仍以现场售卖乡村产品、商品为主，经营方式单一且传统。

乡村旅游营销模式应努力实现"线上+线下"互动营销、融合营销、精准营销，在做好线下营销的同时，应加大线上营销的力度。做好网站建设，开展微信、微博、微商、团购等多种互联网营销模式。

6.4.4.4 乡村旅游缺乏专业人才

在互联网人才、农业专家及旅游管理人才相对缺乏的情况下，乡村旅游的主要从业人员以当地农民为主。由于诸多乡村旅游管理人员自身就缺乏完善的互联网技术与知识，加上互联网专业化人才补充不足，更加阻碍了新时期乡村旅游与互联网的有效融合。诸多旅游管理人员及从业人员的文化素质有待提升，所提供的各项服务不能满足游客多样化的服务要求。因此，乡村旅游快速发展与服务和技术之间存在诸多矛盾，乡村旅游发展缓慢，各项服务质量较低，对我国多个地区乡村旅游业的全面发展具有较大的限制作用。如何引入部分互联网人才、农业专家和旅游管理人才，是乡村旅游人才方面的难点。

6.5 数字化乡村政务

6.5.1 数字化乡村政务背景

在 2016 年的《政府工作报告》中，首次提出要大力推行"互联网+政务服务"。同年，国务院发布《关于加快推进"互联网+政务服务"工作的指导意见》，国务院办公厅印发《"互联网+政务服务"技术体系建设指南》。在一系列中央文件出台之后，各个地区网上政务服务平台开始大力建设。自试点工作展开以来，浙江、贵州等省都取得了不错的成绩。我国"互联网+乡村政务"模式形态已初步完成。

数字化乡村政务的政策，关系到当前乡村的基层矛盾问题、乡村经济发展问题和社会稳定问题。为了解决现有的乡村矛盾，针对乡村文化建设相对弱势的现象，乡村地方政府可以借助信息化平台进行探索，建设符合地方村民需要的信息化服务平台。以建设政务信息公开平台为例，过去，乡村信息传播依靠的是村村通广播系统，或通过村口宣传栏进行村务公开和管理，传播效率低；现在，智能手机的广泛普及，使得村务公开、政务公开和党务公开等实现高效率信息传播成为可能。除了政务公开以外，农村集体"三资"信息化监管平台，即将农村集体财务预算、收入、开支、资源登记等信息公开，也可以实现信息透明，解决乡村地区的基层矛盾。

现在，数字化红利从城市向乡村不断渗透，乡村政务互联网平台成为帮助乡村人民认识互联网、适应互联网的方式，且能让互联网赋能乡村经济，服务于乡村人民，从而形成正向循环的渠道。通过"互联网+乡村政务"平台渠道，可以从高效平衡不对称信息、匹配不均匀资源等方面，改善村民们的实际生活，为乡村振兴夯实基础。

■案例 1

2018 年 3 月底,江苏省推出农村承包土地经营权转让交易价格指数,在全国首次以省为单位发布这一类型价格指数,让土地流转双方有了心理价位,该指数是反映农村不同类型土地交易价格随着时间变化的趋势及幅度的相对数。

参考江苏省发布的农村承包土地经营权转让交易价格指数,4 月 3 日,江苏省淮安市金湖县银涂镇团结村五组依靠平台公开数据,将 335 亩土地流转标出 900 元/亩的底价。

据了解,此次发布的江苏省农村承包土地经营权转让交易价格指数,主要是南京等 9 个设区市和部分县(市、区)的农村承包土地经营权转让交易综合指数,以及农村耕地经营权、农村养殖水面经营权、"四荒"地使用权三种转让交易价格指数。

江苏全省已有 101 个县(市、区)、1 199 个乡镇(涉农街道)进场交易。自 2015 年 2 月全省农村产权交易信息服务平台运行以来,累计交易项目数 10.4 万笔、成交金额 377 亿元、流转土地 513 万亩,项目平均溢价率 3.7%,集体和农民资产在交易中累计增值增收 14 亿元。

江苏农村产权交易信息服务平台在运行过程中汇聚了大量数据,有效开发利用这些大数据成为进一步发挥市场功能的重要路径。所有指数都依据 2015 年第四季度以来在该信息服务平台进行交易的土地价格,并按季度进行编制。大数据时代,价格指数的推出,是对全省农村产权交易数据的有效利用。

■案例 2

在重庆市荣昌区吴家镇,患有脑萎缩的唐树芳现在可以"足不出镇,也能享受专家'就近'坐诊"。近年来,吴家镇中心卫生院配置了远程影像会诊平台,类似唐树芳这样的患者,可以通过系统,与上级医院的专家实时连线,实现科学诊治。

"依托临床影像、心电查阅等信息平台,荣昌区级的医疗资源可辐射到乡镇,不少多发病、常见病在基层都能得到诊疗。"吴家镇中心卫生院院长易强介绍说。

过去,由于医疗资源分布不均,医疗服务"薄弱在基层,短板在农村",这样既使"大医院人满为患、基层医疗机构门可罗雀",又加重了群众"看病难、看病贵"问题。为此,重庆市有针对性地谋划医疗"强基层"，加强乡镇卫生院、村卫生室投入，让农村患者在 30 分钟内就能到达最近的医疗卫生服务点，逐步补齐基层基本医疗卫生短板。

武陵山区的彭水县，近年来组建了乡镇卫生院医院集团，累计投入资金近 3 亿元，改扩建乡镇（社区）卫生院 40 所，彩超、全自动生化分析仪等设备在乡镇卫生院实现全覆盖。在"互联网+"的帮助下，农村基层医疗能力提升，带来的是群众就医选择的变化。在彭水县，门急诊、住院患者留在乡镇基层医疗机构就医的比例已连续多年超过 72%。

6.5.2 数字化乡村政务功能分类

"互联网+"渐渐突破城乡间隔，使乡村政务所面对的使用者越来越多，《中国互联网发展报告 2019》显示，截至 2019 年 6 月，我国农村网民规模达 2.25 亿人，占网民总数的 26.3%，较 2018 年年底增长 305 万人，半年增长率为 1.4%。随着乡村网民的基数扩大，规模化实现"互联网+乡村政务"成为社会发展的必经之路。在乡村政务系统的发展过程中，优化村民们的办事流程，规范乡村政府的工作流程，服务村民农事相关需求，成为电子乡村政务的主要发展方向。

6.5.2.1 农村政务管理功能

数字化乡村政务可实现农村政务管理功能，通过建立面向基层的农村政务管理系统，能够做到市、镇、村三级联网，综合农业生产、农村人口、村务、经济等相关数据，实现农村财务、民主选举、固定资产、土地承包、计划生育等信息的公开，为保证广大农民的知情权建立信息通道。

6.5.2.2 重大自然灾害与疫情监测功能

数字化乡村政务，可实现重大自然灾害与疫情监管和播报作用。通过建设农村自然灾害与疫情监测信息系统和播报系统，提高农村应对自然灾害和疫情的能力。加强农村重大自然灾害应急预警系统的建设，要充分利用"互联网+"和乡村地方政府的职能，提高管理部门对危险源信息的收集、处理、传输、传播能力。同时，提高自然环境信息的综合利用率，加快相关救援部门协调、指挥、调度，提升共同应对自然灾害的能力。另外，强化有效监控的力度，准备好为自然灾害发生后做出准确的现场指挥决策提供可靠的技术支撑和保障。自然灾害与疫情播报的功能目标是对农村重大疫病迅速反应与及时扑灭，有效控制农村重大疫病，确保农村居民的安全，确保农产品损失最低。

6.5.2.3　农产品电子商务功能

数字化乡村政务具有帮助农产品电子商务实现数字化的作用。农村电子商务政务的功能目标是以信息技术和互联网为支撑，将现代商务手段引入农产品生产经营、农资商贸流通、农业旅游营销等农村经济发展等主要方面，保证这些农业资源的信息收集与处理有效畅通。该功能不仅为广大农民提供更好的品牌宣传渠道，而且能为城市消费者提供物美价廉的农产品货源。

6.5.2.4　农产品市场信息化功能

数字化乡村政务具有帮助农产品流通实现信息化的作用。据调查，我国农民在农产品销售中通过商贩销售仍占主导地位，约占 70.0%，直接到市场销售的约占 18.5%，而通过协会、经纪人及订单销售的占比很小。由于市场信息的不对称，农民难以按市场的要求组织生产，难以实现规模化经营，农产品得不到及时转化增值，农民在销售过程中的谈判议价能力、对市场行情信息的把握能力、对农产品销售的组织能力十分有限，因而农产品难卖及增产不增收现象仍较为严重。建设社会主义新农村，必须重视推进农产品市场信息化、数字化的政务功能。随着互联网发展在农村地区的深入，以及农村市场化水平的进一步提高，农产品的流通量会成倍增加，因此政务功能中的农产品市场板块建设至关重要。

6.5.2.5　教育数字化功能

数字化乡村政务有平衡乡村教育资源的作用，该模块要整合现有的农村远程教育资源，通过互联网和通信设施等信息传播渠道，广泛开展农村中小学现代远程教育工程建设。通过建立现代化的教育资源传输系统，使优质教育资源走向农村。同时，该功能可以进一步加强农村文化设施建设，实施文化信息资源共享工程，实现具有轻量级、易使用、资源丰富等特点的乡村政务线上功能。

6.5.3 数字化乡村政务地方案例

■案例

　　2016年夏收期间，安徽省蚌埠市怀远县遭遇连阴雨天气，南部乡镇雨量大，麦田积水较多，小麦抢收时间紧、任务重，怀远县农机部门发挥"农机直通车"等信息平台优势，加大对天气形势、机械需求、作业时间、作业价格、机收进度等动态信息的发布力度，科学调度收割机，引导作业机具有序流动，成功打赢了一场小麦抢收"硬仗"，实现了夏粮颗粒归仓。

　　"农机直通车"平台自2014年上线以来，采取"先试点，后全国"的推广模式，不断修改完善相关功能，提升用户体验效果，形成"口碑相传，自主使用"氛围。"农机直通车"平台使用范围基本覆盖全国，有力打破了区域农机化生产信息平台的服务壁垒，有效促进了跨区机具的有序流动。

　　"农机直通车"平台极大地方便了主管部门及时掌握、了解农机化生产进度。现在，基层农机管理人员可通过"农机直通车（管理版）"手机客户端，在生产现场随时开展农机化生产信息报送统计工作。服务平台打破了原有的只能依靠电脑账号报送相关信息的时间与空间限制，大大提高了信息的时效性和准确性，为农机化生产管理的科学决策提供依据。农业农村部已可以通过该平台组织开展全国农机化生产进度报送统计工作。2016年，共有27个省级农机管理部门、183个市级农机管理部门、1 077个县级农机管理部门使用该系统进行农机调度125 080台次，为保障粮食的颗粒归仓作出了贡献。

　　为农户服务的核心功能"滴滴麦收"也发挥了重要作用。截至2016年上半年，平台累计向339 203名机手发布各类农机作业相关信息295万条，发布作业信息2.2亿亩，有9 536名用户通过手机客户端完成了作业信息对接。由于该平台在"三夏"生产中的良好应用，被多家主流媒体关注。夏收期间，中央电视台《聚焦三农》栏目以"滴滴麦收"为题进行了专项报道，《农民日报》以《"互联网+跨区机收"国家队首秀叫好》为题进行了整版的专题报道，《人民日报》以《农业"滴滴"，等你来约——今年"三夏"跨区机收，农机直通车信息平台显身手》为题进行了专题报道。

　　利用"农机直通车"的信息化管理手段，有力促进了农机合作社的快速发展。作为平台的三大系统之一,合作社信息化管理系统的主要功能包括形象展示、内部通信、业务订单管理、账目管理及供需信息发布五个部分。1.3万余家合作社陆续入驻和应用"农机直通车"平台,有效推进了农机合作社信息化管理进程,提高了生产效率,减少了人力资源投入,降低了运营成本。

7 现阶段发展数字农业的问题与建议

7.1 数字农业建设中存在的问题

近年来，国家大力支持和推动数字技术的发展与应用，我国数字农业的理论研究和实践应用均取得了一定的成绩，各地涌现出一些数字农业的成功案例和典型应用。但是，我国数字农业仍然处于发展初期，仍然存在一些问题。

7.1.1 数字农业的发展缺乏顶层设计

"互联网+"农业涉及的管理部门众多，中央政府层面的主管部门包括国家发展和改革委员会、农业农村部、商务部、工业和信息化部、交通运输部、科学技术部、市场监督管理总局。发展和改革委员会负责宏观经济政策的制定；农业农村部主要负责农业技术推广服务、农产品电商方面的政策制定、信息服务平台的建设、农业科学（如作物育种、畜牧和渔业）的研究开展；商务部着力推广农产品电商的发展及农村电子商务的服务体系建设，注重农产品供应链的完善和物流体系建设；工业和信息化部、科学技术部、交通运输部的关注点主要在科技支撑、平台建设、技术标准和基础设施支撑问题；市场监督管理总局主要负责食品安全监督检查等内容。涉农政策往往缺乏连贯性，政策配套措施不完善。

数字农业的环节繁多，涉及农产品的生产、流通、消费、服务（金融和信息）、农村电子政务等多个方面，总体而言，目前的政策供给缺乏顶层设计，政策之间缺乏统筹，衔接性和可操作性不强，没有统一的行业性统筹协调机构和公共服务平台。上述因素不利于从宏观层面解决数字农业面临的根本性问题，各部门之间的推进行动缺乏协调统筹，使各机构的推进行动难以形成合力，不容易实现理想的政策效果。此外，各管理部门之间的数据缺乏整合和共享，农业数据割裂现象十分突出，跨部门的数据和信息之间畅通流动机制尚未形成，农业数据资源的利用效率低下，影响其功能的实现。

7.1.2 农村物流和网络基础设施建设薄弱

农村物流建设的滞后是制约农产品电商，特别是生鲜电商发展的重要因素。虽然近年来我国的交通及物流体系建设取得了很大进步，但相对于城市地区来说，农村地区物流环节依旧相当薄弱。首先，我国尚未建成农村地区的综合交通运输体系，运输结构有待进一步完善。特别是广袤的西部地区，路网密度不够，物流节点少，道路路况不佳，抬升了农产品运输成本，农村地区的人口分布较稀，同样给物流体系带来了极大挑战。其次，农村地区物流服务体系不健全。农村物流主体数量较多、发展迅速，但普遍规模小，层次低，组织化程度低，服务水平低下，服务效率不高。最后，农产品产地预冷严重滞后。农产品冷链运输是生鲜电商的重要组成部分，我国的冷链发展不够完善，造成农产品物流环节损耗较高。农产品预冷是一种预贮处理方式，也是整个冷链环节必不可少的组成部分。由于预冷库建设成本很高，对普通农户和农业合作社来说无法承受，所以农产品产地预冷非常落后。

农村互联网基础设施供给不足。我国农村地区的互联网普及率仅为36.5%，仅仅是城市普及率的一半左右，甚至远低于世界互联网普及率（47%）。大量农村地区存在网络信号差、网速慢、资费高的问题。在陕西、甘肃、贵州等省的边远山区，还没有网络设施，影响和限制了当地农村电子商务的发展。由于农村网络基础设施滞后等问题，我国农村地区网购应用比例比城镇地区低20个百分点。上述情况表明，我国城乡的信息化差距还十分显著。

7.1.3 数字农业发展成本较高

首先，许多物联网元器件造价高，运营维护的成本也居高不下，对普通农业经营户来说，前期投入较大，无力承担。过高的成本严重制约了农业物联网的推广应用，因此农业物联网的应用，主要以政府主导的引导性示范和大型企业的前瞻性投入为主，中小企业经营者鲜少应用。

其次，生鲜农产品物流成本高。受制于农村地区物流网点较少，冷链设施严重匮乏，导致农产品物流成本长期以来都非常高。冷链设施的匮乏严重影响了农村鲜活农产品的流通。近年来，大量生鲜电商平台纷纷倒闭，背后的重要原因是平台自建冷链体系的成本过高，导致经营难以维系。

最后，我国当前实施家庭联产承包体制下的农业生产规模小、经营分散、效益不高，过于分散的生产经营导致成本过高，低附加值的农产品价格低，而当前农产品营销竞争激烈，大规模宣传推广和品牌塑造成本高，许多小规模经营者无法承受。

7.1.4　数字农业人才不足

首先，农村本地人才不足。农民是发展和建设现代农业、农村的主体力量。我国的大部分农村地区的经济较不发达，科技发展水平低下，各方面依然停留在相对落后的阶段，农民的科技观念和市场意识相对滞后，对新技术的发展和市场需求不敏锐，农业新技术的推广普及有诸多障碍。当前，农村"空心化"问题突出，留守农村的老弱妇孺对现代信息技术知之有限，更不要说熟练上网开展农业活动；部分农民初步具备了现代农业经营观念，但他们获取新技术的渠道有限，不能将知识有效运用到农业生产实践中；部分农民存有保守和短视心理，造成他们对新技术的应用不够积极，并且网络虚假信息的泛滥加重了部分农民对新技术的抵触心理。

其次，农业信息跨界复合型人才不足。"数字农业"是现代高科技和传统农业的融合，其发展高度依赖高素质的人才。现代农业的发展和农村的振兴，急需一大批实用专业技术人才、乡村规划人才、经营人才和管理人才。在我国，熟练掌握物联网和数据技术，了解农产品经营知识，同时还拥有丰富农业生产经验的人才不多，高端人才更是凤毛麟角，对相关人才的培养和培训都存在短板。我国涉农学科和信息技术融合的学科设置及人才培养还处于起步阶段，而农业物联网、农业大数据等方面的实践开展时间不长，相关学科设置更为匮乏。我国农业院校相关学科规模偏小，农业科技类毕业生的数量不足。与城市相比，农村各项条件依然十分落后，很难吸引人才长期留存。

最后，农村电商人才相对缺乏。当前，在大多数从事电商经营的农民中，有相当一部分人的电商观念十分落后，认为"会上网就能开网店"，往往缺乏产品逻辑和商业逻辑，营销技术严重匮乏，对产品包装、产品质量安全检查、品牌塑造和维护、运营推广、售后服务等环节都缺乏充分的认识，并且没有团队来共同参与完成完整、系统的商业流程。同时，各地针对农村电商人才培训的力度不足，除了少数地区已经有了一套完整的模式以外，大多数地区的农民从事农产品电商经营比较盲目。

7.1.5　农业配套设施建设滞后

健全配套的基础设施是发展现代农业的前提和保障，由于我国许多农村地区建设欠账太多，设施陈旧，或者规划落后，根本无法满足当前现代农业的发展需求。例如，新型主体需集中连片的农田，对晾晒烘干的设施、加工存储的设施需水都比较大，要求更迫切。现在仅仅靠新型经营主体的自身投入面临不少的难度，需要政府的支持。再如，农田机械道路的缺失，使大型农业机械没有用武之地；农村、乡镇的农产品仓储用地问题也难以解决。

7.2　数字农业建设的政策建议

当前和今后一段时期，如何用数字技术提升农业竞争力，可在着力加强前端产品质量的控制、中端智慧冷链物流体系的建设、后端需求反馈调节机制的建立，以及合众创新创业生态的培育上发力。具体来说，有以下几个政策建议。

第一，加强政府部门的顶层设计。数字农业建设千头万绪，工作繁杂，必须做好各相关机构的统筹规划，加强顶层设计，制定路线图。要着力推进农业信息化平台数据共享，加强信息一体化建设，并协调整合涉农相关部门信息，建立健全农业数据采集、分析、发布、服务机制，推动政府、企业信息服务资源的共享开放，消除数据壁垒和信息孤岛，加强农业大数据的开发利用。

第二，加快推进农村信息基础设施建设。良好的信息基础设施，是发展数字农业的物质基础。发达国家在农业信息化开展初期，十分重视农业信息基础设施的建设。例如，美国每年约有 15 亿美元经费，用于支持网络体系建设、数据库建设和技术研发等方面的农业信息网络建设。我国要加大对"数字农业"的发展力度，提高农业信息化资金投入，扩大光纤网、宽带网在农村的有效覆盖。设立农村信息建设补贴专项资金，制定管理办法；在加大财政投入的同时，创新融资体制，充分发挥民营资本优势，鼓励和引导社会力量投入到农村信息化建设中来。利用和维护好现有基础设施和信息平台资源，做好促进网速提升和资费下调工作，充分发挥其效用，合理匹配和共享各项资源，避免重复建设。

第三，加强农村物流及配套基础设施建设。要加大对农村物流建设的重视，从农村交通设施的改善起步，增加路网密度，改善道路质量，提升物流体系对农产品产销流通的支撑能力，着力改进各类路桥收费高的现状。要按照城乡统筹、县乡村统筹的原则，优化物流设施配置，加强交通运输、商务、邮政、快递等农村物流基础设施的规划投资和项目建设衔接，减少物流设施之间不衔接、不配套的情况。重视农村地区农产品产地预冷能力的提高，重视物流相关配套设施建设，着力解决好乡镇大型农产品仓储中心用地问题。

第四，加大技术推广应用扶持。应加大对农业科技发展的财政扶持力度，鼓励高校、企业和其他社会力量加强农业科技创新，采取免税等措施，完善各相关单位协同创新机制，理顺利益分配，进一步扶持农业科技型中小企业的成长，建设农业科技产业示范园，引进国外先进技术并加以消化创新。鼓励高校和科研院所、相关标准化组织、企业展开合作，开展农业物联网、农业大数据、农业机器人等核心技术的技术攻关和设备研发，强化先进实用的传感器、智能控制等的推广应用，对一些基础性、前沿性、应用广泛的重点领域和项目优先安排资金。在"数字农业"应用相对成熟的地区，联合重点企业，建设一批示范应用联盟，形成一批成本较低、成熟可复制的"数字农业"应用模式。

第五，加快培育现代化新型职业农民。当前，我国农村人才队伍的数量和质量还难以满足乡村振兴的要求。数字农业的发展离不开有文化、有头脑、懂技术、懂经营的新型农民，他们是新农村建设的主力军。各级政府应把农民教育培训专项经费纳入年度财政预算，不断完善财政资金投入和补贴机制，在与农业相关的第二、第三产业发展基金中，要按比例计提专项培训经费。通过设立专项基金，重点支持职业农民教育培训示范机构建设，支持新型农业经营者创业，组织开展相关的教学实践活动和农村创业人才的进修深造等，以增强新农村的发展后劲。

第六，因地制宜发展数字农业。在地方层面，要从实际出发发展数字农业，需要资金投入和技术投入，结合自己的优势，从实际出发进行建设和推进；依托优势，做出特色，地企联合，优势互补，借助技术资源。在企业层面，不同行业的企业需要根据自身特点及优势，拓展业务领域，融合农业产业环节链条和数字技术；互联网企业应在现有的数字化产品交互方面，注意下沉市场的崛起，降低老年人、低文化水平消费者接触数字农业的门槛，推出有针对性的设计和服务，为释放广大下沉市场的消费力打好基础。

参考文献

[1]刘志澄. 中国农业之研究[M]. 北京：中国农业科技出版社，1990.

[2]钱乐祥. GIS 分析与设计[M]. 北京：中国环境科学出版社，2002.

[3]孙九林. 信息化农业总论[M]. 北京：中国科学技术出版社，2001.

[4]卫礼贤. 中国大百科全书[M]. 北京：中国大百科全书出版社，2005.

[5]吴万夫，张荣权. 渔业工程技术[M]. 郑州：河南科学技术出版社，2000.

[6]中国农业年鉴编辑委员会. 中国农业年鉴[M]. 北京：中国农业出版社，2005.

[7]曹如月，李世超，季宇寒，等. 多机协同导航作业远程管理平台开发[J]. 中国农业大学学报，2019，24（10）：92-99.

[8]陈兵旗. 农田作业视觉导航系统研究[J]. 科技导报，2018，36（11）：66-81.

[9]陈宏金. 精确农业的支持技术及应用进展[J]. 农业与技术，2005，25（5）：54-61.

[10]陈振. 基于遥感数据的玉米涝灾监测与评估技术研究[D]. 北京：中国矿业大学，2016.

[11]陈志泊，韩慧. 数据仓库与数据挖掘[M]. 2 版. 北京：清华大学出版社，2017.

[12]仇裕淇，黄振楠，阮昭，等. 机器视觉技术在农业生产智能化中的应用综述［J］. 机械研究与应用，2019，32（160）：202-206.

[13]崔敏. 久保田智能农业系统助力精准农业[J]. 农机质量与监督，2016（3）：44.

[14]丁亚军. 统计分析：从小数据到大数据[M]. 北京：电子工业出版社，2020.

[15]冯春卫，弓有辉. 基于物联网的果蔬追溯系统设计[J]. 湖北农业科学，2017，56（17）：3338-3341.

[16]葛文杰，赵春江. 农业物联网研究与应用现状及发展对策研究[J]. 农业机械学报，2014，45（7）：222-230.

[17]黄恒杰.RFID 技术在猪肉跟踪追溯系统中的应用研究[D]. 南宁：广西大学，2012.

[18]黄胜海，李宝东，陆俊贤，等. 我国畜禽产品追溯体系研究进展[J]. 中国农业科技导报，2018，20（9）：23-31.

[19]贾永红. 数字图像处理[M]. 武汉：武汉大学出版社，2015.

[20]姜候，杨雅萍，孙九林. 农业大数据研究与应用[J]. 农业大数据学报，2019，1（1）：5-15.

[21]李道亮. 农业物联网导论[M]. 北京：科学出版社，2012.

[22]李航. 统计学习方法[M]. 北京：清华大学出版社，2012.

[23]李瑾，郭美荣，冯献. 农业物联网发展评价指标体系设计：研究综述和构想[J]. 农业现代化研究，2016，37（3）：423-429.

[24]李俊清. 大数据背景下农业数据资源分类及应用前景浅析[J]. 农业图书情报学刊，2018，30（4）：23-27.

[25]李梅，范东琦，任新成，等. 物联网科技导论[M]. 北京：北京邮电大学出版社，2015.

[26]李望月，刘瑾，陈娜. 大数据技术在乡村画像中的应用研究[J]. 大数据，2020，6（1）：99-118.

[27]李耀辉. 风云气象数据在农情定量监测中的应用研究[D]. 郑州：郑州大学，2016.

[28]李一海. 植物根系三维矢量模型的构建与分析方法[D]. 广州：华南农业大学，2016.

[29]李月，滕青林，刘丽丽，等. 农业大数据的发展现状与发展趋势[J]. 安徽农业

科学，2017，45（31）：210-212.

[30]梁书维. 基于多源遥感数据的吉林省西部作物旱灾评价研究[D]. 长春:吉林大学，2019.

[31]林子雨. 大数据技术原理与应用[M]. 2 版. 北京：人民邮电出版社，2017.

[32]刘成良，林洪振，李彦明，等. 农业装备智能控制技术研究现状与发展趋势分析[J]. 农业机械学报，2020，51（1）：1-18.

[33]刘传才. 图像理解与计算机视觉[M]. 厦门：厦门大学出版社，2002.

[34]刘会会，牛玲，秦杰. "互联网+现代农业"现状及关键技术分析[J]. 计算机时代，2018（7）：32-36.

[35]刘建刚，赵春江，杨贵军，等. 无人机遥感解析田间作物表型信息研究进展[J]. 农业工程学报，2016，32（24）：98-106.

[36]刘现，郑回勇，施能强，等. 人工智能在农业生产中的应用进展[J]. 福建农业学报，2013，28（6）：609-614.

[37]刘烨虹. 家禽健康体征的动态监测技术及装置研究[D]. 太原：中北大学，2019.

[38]刘忠超. 奶牛发情体征及行为智能检测技术研究[D]. 杨凌:西北农林科技大学，2019.

[39]陆嘉恒. Hadoop 实战[M]. 2 版. 北京：机械工业出版社，2012.

[40]吕立新，汪伟，卜天然. 基于无线传感器网络的精准农业环境监测系统设计[J]. 计算机系统应用，2009（8）：7-11.

[41]马菁泽，甘诗润，魏霖静. 人工智能在农业领域的应用现状与未来趋势[J]. 软件导刊，2019，6（10）：8-11.

[42]迈尔·舍恩伯格，库克耶. 大数据时代[M]. 浙江：浙江人民出版社，2013.

[43]孟宪伟，许桂秋. 大数据导论[M]. 北京：人民邮电出版社，2019.

[44]尼克松，阿瓜多. 特征提取与图像处理[M]. 李实英，杨高波，译. 北京：电子工业出版社，2010.

[45]倪林. 小波变换与图像处理[M]. 合肥：中国科学技术大学出版社，2010.

[46]宁兆龙，孔祥杰. 大数据导论[M]. 北京：科学出版社，2020.

[47]申格，吴文斌，史云，等. 我国智慧农业研究和应用最新进展分析[J]. 中国农业信息，2018，30（2）：1-14.

[48]沈明霞，刘龙申，闫丽，等. 畜禽养殖个体信息监测技术研究进展[J]. 农业机械学报，2014，45（10）：245-251.

[49]宋长青，温孚江，李俊清，等. 农业大数据研究应用进展与展望[J]. 农业与技术，2018，38（22）：153-156.

[50]孙凝晖，张玉成，石晶林. 构建我国第三代农机的创新体系[J]. 中国科学院院刊，2020，35（2）：154-165.

[51]唐鹏钦，杨鹏，陈仲新，等. 利用交叉信息熵模拟东北地区水稻种植面积空间分布[J]. 农业工程学报，2013，29（17）：96-104.

[52]田娜，杨晓文，单东林. 我国数字农业现状与展望[J]. 中国农机化学报，2019，40（4）：210-213.

[53]王丽丽. 番茄采摘机器人关键技术研究[D]. 北京：北京工业大学，2017.

[54]王伟. 针对黑龙江省农机调度指挥系统的研究[J]. 农机使用与维修，2020（2）：47.

[55]王永明，王贵锦. 图像局部不变特征与描述[M]. 北京：国防工业出版社，2010.

[56]吴文斌，史云，周清波，等. 天空地数字农业管理系统框架设计与构建建议[J]. 智慧农业，2019，1（2）：64-72.

[57]向模军. 基于互联网+数据挖掘的农业数据平台设计[J]. 西南师范大学学报

（自然科学版），2019，44（9）：76-81.

[58]徐爱清. 世界发达国家及我国农业物联网的发展与应用[J]. 互联网天地，2019（11）：34-36.

[59]杨文婧. 农资电商发展模式分析及其优化研究[D]. 长春：吉林农业大学，2016.

[60]张亮. 松嫩平原农作物长势遥感监测研究[D]. 哈尔滨：哈尔滨师范大学，2018.

[61]张晓东，毛罕平，倪军，等. 作物生长多传感信息检测系统设计与应用[J]. 农业机械学报，2009（9）：170-176.

[62]章毓晋. 计算机视觉教程[M]. 北京：人民邮电出版社，2011.

[63]赵冰，毛克彪，蔡玉林，等. 农业大数据关键技术及应用进展[J]. 中国农业信息，2018，30（6）：25-34.

[64]赵春江，薛绪掌，王秀，等. 精准农业技术体系的研究进展与展望[J]. 农业工程学报，2003，19（4）：7-12.

[65]赵一广，杨亮，郑姗姗，等. 家畜智能养殖设备和饲喂技术应用研究现状与发展趋势[J]. 智慧农业，2019，1（1）：20-31.

[66]郑文钟. 国内外智能化农业机械装备发展现状[J]. 现代农机，2015（6）：4-8.

[67]周清波，吴文斌，宋茜. 数字农业研究现状和发展趋势分析[J]. 中国农业信息，2018，3（1）：1-9.

[68]周泉锡. 常见数据预处理技术分析[J]. 通信设计与应用，2019，26（1）：17-18.

[69]朱凯. 基于 ZigBee 和 C#的农田数据采集系统[J]. 传感器与微系统，2017，36（8）：95-98.

[70]朱卫刚. 基于 CAN 总线的智能化农机控制系统框架与容错控制研究[D]. 南京：东南大学，2018.

[71]安淑芝，高林. 数据仓库与数据挖掘[M]. 北京：清华大学出版社，2005.

[72]常庆瑞，蒋平安，周勇，等. 遥感技术导论[M]. 北京：科学出版社，2004.

[73]李军，景宁，孙茂印. 集成型空间数据库技术分析[J]. 国防科技大学学报，2000，22（3）：1-5.

[74]梁迪. 系统工程[M]. 北京：机械工业出版社，2005.

[75]林生，韩海雯. 计算机通信与网络教程[M]. 北京：清华大学出版社，2004.

[76]刘钢. 计算机网络基础与实训[M]. 北京：高等教育出版社，2004.

[77]柳锦宝，张子民，等. 组件式 GIS 开发技术与案例教程[M]. 北京：清华大学出版社，2010.

[78]楼伟进等. COM/DCOM/COM+组件技术[J]. 计算机应用，2000（4）：12-15.

[79]陆守一. 地理信息系统[M]. 北京：高等教育出版社，2004.

[80]吕新. 地理信息系统及其在农业上的应用[M]. 北京：气象出版社，2004.

[81]彭望禄，王录. 遥感概论[M]. 2 版. 北京：高等教育出版社，2003.

[82]沙宗尧，边馥苓. "3S"技术的农业应用与精细农业工程[J]. 测绘通报，2003（6）：29-33.

[83]炳达. 自动控制原理[M]. 2 版. 北京：机械工业出版社，2005.

[84]孙东川，林福永. 系统工程引论[M]. 北京：清华大学出版社，2004.

[85]唐华俊，周清波. 资源遥感与数字农业——3S 技术与农业应用[M]. 北京：中国农业科学技术出版社，2005.

[86]王建新. 计算机网络[M]. 北京：北京邮电大学出版社，2004.

[87]徐云危. 数据库原理与技术[M]. 杭州：浙江大学出版社，2004.

[88]姚普选. 数据库原理及应用[M]. 北京：清华大学出版社，2002.

[89]张德纯，王兴亮. 现代通信理论与技术导论[M]. 西安：西安电子科技大学出版社，2004.

[90]张云勇，张智江，刘锦德，等. 中间件技术原理与应用[M]. 北京：清华大学出版社，2004.

[91]赵敷勤，张景安，傅文博，等. 网络数据库应用技术[M]. 北京：机械工业出版社，2005.

[92]周根贵. 数据仓库与数据挖掘[M]. 杭州：浙江大学出版社，2004.

[93]周忠谟，易杰军，周琪. GPS 卫星测量原理与应用[M]. 第 6 版. 北京：测绘出版社，2004.

[94]北京市地方志编纂委员会. 北京志 农业卷 林业志[M]. 北京：北京出版社，2003.

[95]陈喜斌. 饲料学[M]. 北京：科学出版社，2003.

[96]方中达. 中国农业植物病害[M]. 北京：中国农业出版社，1996.

[97]侯水生，张志华.畜牧业[M]. 北京：化学工业出版社，2005.

[98]白维生，张隣侠，史明昌，等. 基于 GIS 的北京市动物疫病应急指挥平台设计与应用[J]. 农业工程学报，2011，27（5）：195-201.

[99]苟喻，武伟，刘洪斌，等. 基于空间元数据的分布式农业资源地图 JR 务的研究[J]. 农业网络信息，2006（6）：82-86.

[100]郭际元，周顺平，刘修国. 空间数据库[M]. 武汉：中国地质大学出版社，2003.

[101]李昭原，吴保国，刘瑞，等. 数据库原理与应用[M]. 北京：科学出版社，2003.

[102]刘峻明，朱德海，张晓东，等. 分布式区域农业信息系统元数据设计研究[J]. 资源科学，2004，26（6）：166-171.

[103]刘忠，褚庆全，朱如，等. 农业宏观决策支持系统的研究与开发[M]. 北京：中国农业科学技术出版社，2005.

[104]孟令奎，史文中，张鹏林. 网络地理信息系统原理与技术[M]. 北京：科学出

版社，2006.

[105]李道亮. 无人农场：未来农业的新模式[M]. 北京：北京机械工业出版社，2020.

[106]邱红. 发达国家人口老龄化及相关政策研究[J]. 求是学刊，2011，38（4）：65-69.

[107]刘妮娜，孙裴佩. 我国农业劳动力老龄化现状、原因及地区差异研究[J]. 老龄科学研究，2016，3（10）：21-28.

[108]李瑾，冯献，郭美荣，等. "互联网+"现代农业发展模式的国际比较与借鉴[J]. 农业现代化研究，2018，39（2）：194-202.

[109]梁颖慧，蒋志华. 国外人工智能技术在现代农业中的应用及其对中国的启示[J]. 安徽农业科学，2019，47（17）：254-255，265.

[110]WANG CH，LI X S，HU H J，et al. Monitoring of the central blood pressure waveform via a conformal ultrasonic device[J]. Nature Biomedical Engineering，2018，2（9）：687-695.

[111]贺橙林，施光林. 一种基于机器视觉的苹果采摘机器人[J]. 机电一体化，2015（4）：15-23.

[112]王宝梁. 多功能自主农业机器人研制[D]. 南京：南京农业大学，2013.

[113]李军锋，李逃昌，彭继慎. 农业机器人视觉导航路径识别方法研究[J]. 计算机工程，2018（9）：38-44.

[114]韩瑞珍，何勇. 基于计算机视觉的大田害虫远程自动识别系统[J]. 农业工程学报，2013（29）：156-162.

[115]潘梅，李光辉，周小波，等. 基于机器视觉的茶园害虫智能识别系统研究与实现[J]. 现代农业科技，2019（18）：229-233.

[116]林立忠. 大数据技术在现代农业中的应用研究[J]. 信息记录材料，2019，20

（2）：88-89.

[117]吴重言，吴成伟，熊燕玲，等. 农业大数据综述[J]. 现代农业科技，2017（17）：290-292，295.

[118]ANDREASK，FRANCESCXP. Deep Learning in Agriculture：A Survey[J]. Computers and Electronics in Agriculture，2018，147（1）：70-90.

[119]SJAAKW，LANG，CORV，et al. Big Data in Smart Farming-A review[J]. Agricultural Systems，2017，153：69-80.

[120]TANOMKIATP，SRIPRAPHAK，SINTUYAH，et al.The Development of Smart Farm with Environmental Analysis[C]//Proceedings of the International Conference on Green and Human Information Technology. Singapore：Springer Nature Singapore Pte Ltd，2018.

[121]CARBONELL I M. The Ethics of Big Data in Big Agriculture[J]. Social Science Electronic Publishing，2016，5（1）：1-13.

[122]PAN YUN HE. Special issue on artificial intelligence 2.0[J]. Frontiers of Information Technology and Electronic Engineering，2017，18（1）：1-2.

[123]BARBEDO JGA. Detection of nutrition deficiencies in plants using proximal images and machine learning：A review Direct[J]. Computers and electronics in agriculture，2019，162：482-492.

[124]孙佰清. 智能决策支持系统的理论及应用[M]. 北京：中国经济出版社，2010.

[125]CHANDANAPALLISB，REDDYES，LAKSHMIDR. FTDT:Rough set integrated functional tangent decision tree for finding the status of aqua pond in aquaculture[J]. Journal of intelligent and fuzzy systems，2017，32（3）：1821-1832.

[126]李道亮. 互联网+农业：农业供给侧改革必由之路[M]. 北京：电子工业出版社，2017.

[127]ZHANG Q, WANG XY, XIAO X, et al.Design of a fault detection and diagnose system for intelligent unmanned aerial vehicle navigation system[J]. Proc Inst Mech Eng Part C-J Mech Eng Sci, 2019, 233: 2170-2176.

[128]李成进, 王芳. 智能移动机器人导航控制技术综述[J]. 导航定位与授时, 2016（5）: 22-26.

[129]刘宇峰, 姬长英, 田光兆, 等. 自主导航农业机械避障路径规划[J]. 华南农业大学学报, 2020, 4（12）: 117-125.

[130]ESKIO, KUZA. Control of unmanned agricultural vehicles using neural network-based control system[J]. Neural Computing and Applications, 2017, 31: 1-13.

[131]汪沛, 罗锡文, 周志艳, 等. 基于微小型无人机的遥感信息获取关键技术综述[J]. 农业工程学报, 2014, 30（18）: 1-12.

[132]孟祥宝, 黄家怪, 谢秋波, 等. 基于自动巡航无人驾驶船的水产养殖在线监控技术[J]. 农业机械学报, 2015, 46（3）: 276-281.

[133]魏晓东. 现代工业系统集成技术[M]. 北京: 电子工业出版社, 2016.

[134]韩洁华.BIM 技术在城市轨道交通中的应用[J]. 工程建设与设计, 2020（2）: 58-59.

[135]李道亮, 杨昊. 农业物联网技术研究进展与发展趋势分析[J]. 中国农业文摘-农业工程, 2018, 30（2）: 3-12.

[136]杜尚丰, 何耀枫, 梁美惠, 等.物联网温室环境调控系统[J].农业机械学报, 2017, 48（S1）: 296-301.

[137]丁启胜, 马道坤, 李道亮. 溶解氧智能传感器补偿校正方法研究与应用[J]. 山东农业大学学报（自然科学版）, 2011, 42（4）: 567-571.

[138]江煜,许飞云. 基于 M2M 平台的智能农业物联网监控系统设计[J]. 金陵科技

学院学报，2018，34（4）：52-55.

[139]JHA K，DOSHI A，PATEL P，et al. A comprehensive review on automation in agriculture using artificial intelligence[J]. Artificial Intelligence in Agriculture，2019（2）：1-12.

[140]LOHCHAB V，KUMAR M，SURYAN G，et al. A ReviewofIo based Smart Farm Monitoring[C]//2018 Second International Conference on Inventive Communication and Computational Technologies（ICICCT）.Coimbatore（IN）：IEEE，2018.

[141]朱岩. 数字农业：农业现代化发展的必由之路[M]. 北京：北京知识产权出版社，2020.

[142]李宁，潘晓，徐英淇. 数字农业：助力传统农业转型升级[M]. 北京：机械工业出版社，2015.

[143]唐珂. "互联网+"现代农业的中国实践[M]. 北京：中国农业大学出版社，2017.

[144]傅泽田，张领先，李鑫星. 互联网+现代农业：迈向智慧农业时代[M]. 北京：电子工业出版社，2016.

[145]工业和信息化部. 中国区块链技术和应用发展白皮书（2016）.

[146]华泰证券研究报告. "互联网+"，助推农业走进 3.0 时代.

[147]中国社会科学院财经战略研究院. "三农"互联网金融蓝皮书：中国"三农"互联网金融发展报告（2017）.

[148]国务院发展研究中心课题组. 用"互联网+"重塑农业竞争优势[N]. 经济日报，2017-8-18（14）.

[149]谢谨岚. 以"互联网+"农业推进乡村振兴[N]. 湖南日报，2017-12-9（6）.

[150]曹宏鑫，葛道阔，曹静，等. "互联网+"现代农业的理论分析与发展思路探

讨[J]. 江苏农业学报，2017，33（2）：314-321.

[151]林阳，贺喻. 我国农业物联网现状分析及发展对策[J]. 农业网络信息，2014（7）：26-28.

[152]张亚东，郑玉娟，郑光辉. 物联网技术在农产品冷链物流中的应用[1]. 教育界（高等教育研究），2012（9）：29.

[153]米春桥. 农业大数据技术及其在农业灾害制图中的应用[J]. 农业工程，2016，6（6）：15-17.

[154]陈凌云，匡芳君. 人工智能技术在农业领域的应用[J]. 电脑知识与技术，2017，13（29）：181-183，202.

[155]冯奇，吴胜军. 我国农作物遥感估产研究进展[J]. 世界科技研究与发展，2006（3）：32-36+6.

[156]孙百鸣，赵宝芳，郭清兰. 我国农产品电子商务主要模式探析[J]. 北方经济，2011（13）：85-86.

[157]杨凯育，李蔚青，王文博. 现代土地信托流转可行性模式研究[J]. 世界农业，2013（4）：17-21+34.

[158]李天池. "压舱石"地位更加稳固[N]. 黑龙江日报，2022-04-24（2）.

[159]黑龙江省人民政府办公厅关于印发黑龙江省支持数字经济加快发展若干政策措施的通知[EB/OL].（2022-03-30）. https://www.hlj.gov.cn/n200/2022/0330/c1093-11031344.html.

[160]刘克宝，毕洪文，李杨，等. 大数据在黑龙江省数字农业中的应用现状与展望[J]. 农业大数据学报，2020，2（1）：21-28.

[161]曹健. 黑龙江省农机管理调度指挥平台[N]. 中国农机化导报，2019-09-09.

[162]王丽娇. 智慧农业赋能高质量发展：北大荒集团七星农场智慧农业发展纪实

[J]. 中国农垦，2021（6）：29-31.

[163]李宁宁. 黑龙江省信息进村入户工程发展现状及对策[J]. 黑龙江农业科学，2020（7）：113-115.

[164]黑龙江省农业农村厅疫情防控手机云平台正式上线[J]. 农业工程技术，2020，40（9）：60.

[165]韩春晖，周志茹. 黑龙江省信息进村入户工程项目建设情况综述[J]. 农机使用与维修，2021（10）：20-23.

[166]国家数字乡村试点地区公示名单[J]. 电子政务，2020（10）：95.

[167]32个"互联网+"农产品出村进城工程试点县名单公布[J]. 农业工程技术，2020，40（24）：9.

[168]张桂英. 我省加快发展现代农业发力争当排头兵[N]. 黑龙江日报，2017-08-27（3）.

[169]刘硕颖，颜旭. 七星农场慧种田[N]. 农民日报，2020-09-04（8）.

[170]王亮.院士龙江行丨黑龙江省在植保数字化方面全国领先[EB/OL].（2022-08-02）.https://baijiahao.baidu.com/s?id=1740015583106491823&wfr=spider&for=pc.

[171]王春颖，许诺. 黑龙江省三产融合水平明显提升 规模以上农产品加工企业发展到1477家[EB/OL].（2020-01-09）.https://baijiahao.baidu.com/s?id=1655242576514571187&wfr=spider&for=pc.